DAXUE HUAXUE

大学化学

主　编　吴菊珍　熊　平

副主编　景　江　肖秀婵　彭明江

重庆大学出版社

内容提要

大学化学作为高等教育实施化学教育的基础课程,对完善学生知识结构,实施素质教育具有重要作用。它运用化学的理论、观点、方法,审视社会关注的环境、材料、能源、生命科学等热点问题,把化学理论与工程技术应用有机结合起来。

在本书编写过程中注意与中学化学的衔接,力求理论联系实际,概念阐述准确,深入浅出,循序渐进。本书包括化学热力学基础、化学反应速率与化学平衡、酸碱滴定法、配位滴定法、氧化还原滴定法、沉淀滴定法、电化学原理与应用、环境化学及材料化学、现代化学的研究进展等内容。

本书可供高等学校非化学化工类专业如材料、微电子、能源、环境、机电、地质、冶金、海洋等专业的基础化学教学使用。

图书在版编目(CIP)数据

大学化学 / 吴菊珍,熊平主编.—重庆:重庆大学出版社,2016.7(2023.8 重印)

ISBN 978-7-5624-9898-8

Ⅰ.①大… Ⅱ.①吴…②熊… Ⅲ.①化学—高等学校—教材 Ⅳ.①O6

中国版本图书馆 CIP 数据核字(2016)第 133520 号

大学化学

主 编 吴菊珍 熊 平

副主编 景 江 肖秀婵 彭明江

策划编辑:鲁 黎

责任编辑:文 鹏 兰明娟 版式设计:鲁 黎

责任校对:张红梅 责任印制:张 策

*

重庆大学出版社出版发行

出版人:陈晓阳

社址:重庆市沙坪坝区大学城西路 21 号

邮编:401331

电话:(023) 88617190 88617185(中小学)

传真:(023) 88617186 88617166

网址:http://www.cqup.com.cn

邮箱:fxk@cqup.com.cn (营销中心)

全国新华书店经销

POD:重庆新生代彩印技术有限公司

*

开本:787mm×1092mm 1/16 印张:19 字数:451千

2016 年 7 月第 1 版 2023 年 8 月第 4 次印刷

ISBN 978-7-5624-9898-8 定价:48.00 元

前 言

21世纪,我国高等教育的改革和发展进入一个新的历史阶段,教育体制、教学内容、教学方法的改革都在一个更广的范围、更深的层次展开。为了满足社会对复合型人才的需求,高校的人才培养进入知识、能力和素质有机统一的阶段。大学化学课程作为高等教育的基础课程,对完善工科学生知识能力结构、实施素质教育具有重要作用。

化学是一门在原子、分子水平上研究物质的组成、结构、性能、应用及物质之间相互转化规律的学科,是自然科学的基础学科之一。

21世纪是科学技术全面发展的世纪,也是各门学科相互渗透的时代。化学与信息、生命、材料、环境、能源、地球、空间和核科学等学科有着紧密联系,它们相互协作、交叉、融合,产生了许多生气勃勃的新学科和交叉学科,如环境化学、材料化学、地球化学、生物化学、核化学、天体化学等。化学已经成为这些学科的重要组成部分。

化学对工科大学生而言,不仅仅是对所学专业的需要,对培养其科学思维、科学方法也是极为重要的。

本书在编写过程中注意与中学化学的衔接,注重化学学科自身的系统性、完整性,在侧重学科特色的同时,不脱离化学与实际生活和社会的联系,以及与工程技术的应用,力求理论联系实际。内容上增添与现代化学及应用相关的最新成果,使化学教学跟上现代科技发展的步伐。概念阐述准确,深入浅出,循序渐进。

本书包括化学热力学基础、化学反应速率与化学平衡、四大滴定分析方法(酸碱滴定法、配位滴定法、氧化还原滴定法、沉淀滴定法)以及滴定分析的应用、电化学原理与应用、环境化学及材料化学等内容。最后对现代化学的研究进展进行了介绍。

本书可供高等学校非化学化工类专业如材料、微电子、能源、环境、机电、地质、冶金、海洋等专业的基础化学教学使用。

本书由吴菊珍、熊平担任主编,景江、肖秀婵、彭明江担任副主编。具体分工如下:吴菊珍编写第4、7、10章,熊平编写第1、5、9章,景江编写第8、11、12章,肖秀婵编写第2、6章,彭明江编写第3章。此外,周筝、邱诚、陆娟、陆一新也参加了部分编写工作,并负责参考文献和附录数据的收集和整理。全书由吴菊珍定稿。

由于水平有限,书中可能存在不足和疏漏之处,恳请读者和专家不吝批评指正,深表感谢。

编 者

2016年3月

目 录

第1章　误差与分析数据的处理

定量分析的任务是通过一定的分析方法和手段准确测量试样中各组分的含量。因此，必须使分析结果具有一定的准确度；不准确的分析结果会得出错误的结论，导致产品报废，造成资源上的浪费。

试样中各种组分的含量是客观存在的，即存在一个真实值。但在实际测量过程中，定量分析需要经过一系列步骤，每个步骤测量产生的误差均会影响分析结果的准确性；同时，由于受分析方法、测量仪器、所用试剂和分析人员主观因素的限制，测量结果与真实值不可能完全一致。即使是技术熟练的分析人员，用最完善的分析方法、最精密的仪器和最纯的试剂，在同一时间、同样条件下，对同一试样进行多次测量，也不能得到完全一致的分析结果，这表明分析过程中客观上存在难以避免的误差。在一定条件下，测量结果只能接近真实值。

在定量分析中，不仅要对试样中各组分进行准确的测量和正确的计算，还应对分析结果进行评价，判断其准确度，同时还要对产生误差的原因进行分析，采取适当措施减小误差，从而提高分析结果的准确度。

本章将重点介绍误差产生的原因和减小方法，有效数字及运算规则，以及对测量数据进行统计处理的基本方法。

1.1　误　差

1.1.1　误差的分类及产生原因

测量值与真实值之间的差值称为误差。测量值大于真实值，误差为正；测量值小于真实值，误差为负。在定量分析中，根据误差产生的原因和性质，可将误差分为系统误差、偶然误差和过失误差。

(1)系统误差

系统误差又称可定误差,是由某些确定因素造成的误差,对分析结果的影响比较固定。它的特点有:确定性——引起误差的原因通常是确定的;重复性——由于造成的原因是固定的,在同一条件下测定时,会重复出现;单向性——误差的方向一定,即误差的正或负通常是固定的;可测性——误差的大小基本固定,通过实验可测量其大小。由于系统误差的大小、正负是可以测定的,故可以设法减小或加以校正。根据误差的来源,可将系统误差分为方法误差、仪器误差、试剂误差和操作误差四类。

1)方法误差

由于分析方法本身不够完善所引起的误差,通常对测量结果影响较大。例如,滴定分析法中,由于反应不完全、副反应的产生、干扰离子的影响、滴定终点与化学计量点不完全符合等,均能产生方法误差。

2)仪器误差

由于仪器本身不够精确或未经校正所引起的误差。例如,天平两臂不等长,砝码被腐蚀,滴定管、移液管等容量仪器的刻度不准确等,均能产生仪器误差。

3)试剂误差

由于试剂不纯或蒸馏水中含有杂质所引起的误差。例如,试剂和蒸馏水中含有被测物质或干扰物质,都会使测定结果系统偏高或偏低。

4)操作误差

在正常操作情况下,由于操作者的主观原因以及控制实验条件与正规要求稍有出入所引起的误差。例如,滴定管读数时视线偏高或偏低,辨别滴定终点时颜色偏深或偏浅均能造成操作误差。

(2)偶然误差

偶然误差又称不可定误差或随机误差,是由一些随机的、不固定的偶然因素造成的误差。例如,测量时环境温度、湿度、气压的微小变化,仪器性能的微小变化等偶然因素,都可能造成测量数据的波动而带来偶然误差。

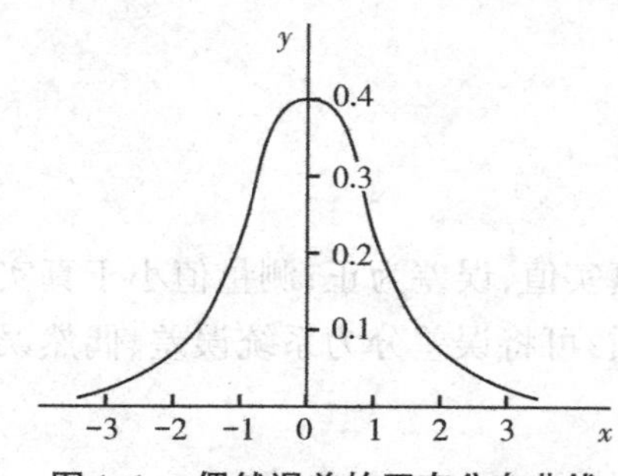

图 1.1　偶然误差的正态分布曲线

偶然误差的特点是其大小和方向都不固定,时大时小,时正时负,难以预测和控制,因此无法进行测量和校正。但在相同条件下对同一样品进行多次平行测量时,可发现偶然误差的分布符合正态分布规律:绝对值相等的正误差和负误差出现的概率相等;绝对值小的误差出现的概率大,绝对值大的误差出现的概率小。偶然误差的正态分布规律如图 1.1 所示。

偶然误差和系统误差两者常伴随出现,不能分开。

例如,某人在观察滴定终点颜色的变化时,总是习惯偏深,产生属于操作误差的系统误差;但此人在多次测量中,每次观察滴定终点的颜色深浅程度时又不可能完全一致,因此也必然有偶然误差。

(3)过失误差

除了上述两类误差外,还可能出现由于分析人员粗心大意或操作不正确所产生的过失误差,例如,读错刻度、加错试剂、溶液溅失、记录错误等。实际上,这些属于操作错误,应与操作误差严格区分开来。通常只要在分析工作中细心认真,遵守操作规程,这种错误是可以避免的。在分析工作中,当出现较大误差时,应查明原因,如确因过失误差造成的错误,应将该次测量结果弃去不用。

1.1.2 误差的表示方法

(1)准确度与误差

准确度是指测量值与真实值之间接近的程度,两者越接近,准确度越高。准确度的高低用误差来表示,误差越小,表示测量值与真实值越接近,准确度越高;反之,表示准确度越低。误差可分为绝对误差和相对误差。

1)绝对误差(E)

指测量值(x)与真实值(T)之差,如式(1.1)所示:

$$E = x - T \tag{1.1}$$

2)相对误差(E_r)

指绝对误差在真实值中所占的比例,常用百分率表示,如式(1.2)所示:

$$E_r = \frac{E}{T} \times 100\% = \frac{x - T}{T} \times 100\% \tag{1.2}$$

绝对误差和相对误差都有正、负值,正值表示测量值偏高,负值表示测量值偏低。测量值的准确度用相对误差表示较绝对误差更为合理。

例1.1 用分析天平称量两份试样,其质量分别为1.654 7 g和0.165 4 g,已知两份试样的真实质量为1.654 9 g和0.165 6 g,分别计算两份试样称量的绝对误差和相对误差。

解:称量的绝对误差分别为:

$$E_1 = x - T = 1.654\,7 - 1.654\,9 = -0.000\,2\ \text{g}$$

$$E_2 = x - T = 0.165\,4 - 0.165\,6 = -0.000\,2\ \text{g}$$

称量的相对误差分别为:

$$E_{r1} = \frac{E}{T} \times 100\% = \frac{-0.000\,2}{1.654\,9} \times 100\% = -0.012\%$$

$$E_{r2} = \frac{E}{T} \times 100\% = \frac{-0.0002}{0.1656} \times 100\% = -0.12\%$$

虽然两份试样称量的绝对误差相等,但相对误差却明显不同,第二份称量结果的相对误差是第一份称量结果相对误差的 10 倍。

可见,当测量值的绝对误差恒定时,测定的试样量越大,相对误差就越小,其准确度越高;反之,准确度则越低。因此,常量分析的相对误差应尽可能小些,而微量分析的相对误差可以允许大些。例如,用滴定分析法、质量分析法等化学分析法进行常量分析时,允许相对误差仅为千分之几;而用色谱法、光谱法等仪器分析法进行微量分析时,允许的相对误差可为百分之几甚至更高。

(2)精密度与偏差

精密度是指在相同条件下对同一试样进行多次平行测量时,各次测量值之间相互接近的程度。它反映了测量值的重复性和再现性。精密度的高低用偏差来衡量,偏差越小,表明各测量值之间越接近,测量结果的精密度越高;反之,精密度越低。偏差有以下五种表示方法:

1)绝对偏差(d)

指各单个测量值 x_i 与所有测量值的算术平均值 $\bar{x}$ 之差,如式(1.3)所示,绝对偏差只能衡量单个测量值与平均值的偏离程度。

$$d_i = x_i - \bar{x} \tag{1.3}$$

2)平均偏差($\bar{d}$)

指各测量值与平均值之差的绝对值的平均值,如式(1.4)所示,平均偏差可衡量一组数据的精密度。

$$\bar{d} = \frac{\sum_{i=1}^{n} |d_i|}{n} = \frac{\sum_{i=1}^{n} |x_i - \bar{x}|}{n} \tag{1.4}$$

式中,n 为测量次数,平均偏差均为正值。

3)相对平均偏差($R\bar{d}$)

指平均偏差占测量平均值的百分率,如式(1.5)所示,使用相对平均偏差表示测量结果的精密度比较简单、方便。

$$R\bar{d} = \frac{\bar{d}}{\bar{x}} \times 100\% \tag{1.5}$$

4)标准偏差(S)

用平均偏差和相对平均偏差表示精密度比较简单、方便,但在一系列测量结果中,由于总是小偏差占多数,大偏差占少数,如果按总的测量次数求平均值,所得结果就会偏小,大偏差得不到充分反映。因此,为了更好地说明数据的分散程度,在数理统计学中常采用标准偏差来衡量精密度，在测量次数 n 无限大时，用 σ 表示，如式(1.6) 所示：

$$\sigma = \sqrt{\frac{\sum_{i=1}^{n}(x_i - \mu)^2}{n}} \tag{1.6}$$

式中，μ 为当 n 趋于无限大时无限次测量结果的平均值，也称总体平均值。

在实际工作中，n 是有限的，当测量次数 $n \leqslant 20$ 时，标准偏差常用 S 来表示，如式(1.7) 所示：

$$S = \sqrt{\frac{\sum_{i=1}^{n}(x_i - \bar{x})^2}{n-1}} \tag{1.7}$$

计算标准偏差时，对单次绝对偏差加以平方，不仅避免了单次绝对偏差相加正负相互抵消为零的情况，而且大偏差能明显地表现出来。

例如，甲、乙两人经 8 次测得一组数据，各次测量的绝对偏差分别为：

甲：0.11，　-0.73，　0.24，　0.51，　-0.14，　0.00，　0.30，　-0.21；

乙：0.18，　0.26，　-0.25，　-0.37，　0.32，　-0.28，　0.31，　-0.27。

经计算，甲、乙两人的平均偏差都是 0.28，但甲的测量数据较为分散，其中有两个较大的偏差(-0.73 和 0.51)，所以用平均偏差无法反映两组数据精密度的高低。若用标准偏差来表示：$S_{甲} = 0.38$，$S_{乙} = 0.29$，说明乙数据的精密度较高。

5) 相对标准偏差(S_r)

指标准偏差占测量平均值的百分率，如式(1.8) 所示：

$$s_r = \frac{S}{\bar{x}} \times 100\% \tag{1.8}$$

例 1.2　分析铁矿中铁的质量分数，得到如下数据：67.48%，67.37%，67.47%，67.43%，67.40%，计算此测量结果的平均值、绝对偏差、平均偏差、相对平均偏差、标准偏差和相对标准偏差。

解：测量结果的平均值为：

$$\bar{x} = \frac{67.48\% + 67.37\% + 67.47\% + 67.43\% + 67.40\%}{5} = 67.43\%$$

各次测量的绝对偏差是：

$$d_1 = 0.05\%, d_2 = -0.06\%, d_3 = 0.04\%, d_4 = 0.00\%, d_5 = -0.03\%$$

平均偏差是：

$$\bar{d} = \frac{0.05\% + 0.06\% + 0.04\% + 0.00\% + 0.03\%}{5} = 0.04\%$$

相对平均偏差为：

$$R\bar{d} = \frac{\bar{d}}{\bar{x}} \times 100\% = \frac{0.04\%}{67.43\%} \times 100\% = 0.06\%$$

标准偏差为：

$$S=\sqrt{\frac{\sum_{i=1}^{n}(x_i-\bar{x})^2}{n-1}}=\sqrt{\frac{(0.05\%)^2+(0.06\%)^2+(0.04\%)^2+(0.00\%)^2+(0.03\%)^2}{5-1}}$$
$$=0.05\%$$

相对标准偏差为：

$$S_r=\frac{S}{\bar{x}}\times 100\%=\frac{0.05\%}{67.43}\times 100\%=0.07\%$$

(3)准确度与精密度的关系

准确度表示测量结果的正确性，精密度表示测量结果的重现性，两者的含义不同，不可混淆。系统误差是定量分析中误差的主要来源，影响测量结果的准确度；而偶然误差影响测量结果的精密度。测量结果的好坏应从准确度和精密度两个方面衡量。

如图1.2所示，采用四种不同的方法测量铜合金中铜的含量，每种方法均测量了6次，已知铜合金中铜的真实含量为10.00%。由图1.2可以看出，方法1中每次测量的结果很接近，说明它的精密度高，偶然误差很小，但平均值与真实值之间相差较大，说明它存在较大的系统误差，准确度较低；方法2的准确度、精密度都高，说明它的系统误差和偶然误差都很小；方法3虽然其平均值接近真实值，但精密度低，几个数值彼此相差很大，只是由于正负误差相互抵消的偶然结果，若少测量一次或多测量一次，都会显著影响平均值的大小；方法4的准确度、精密度都很低，即系统误差和偶然误差都很大。

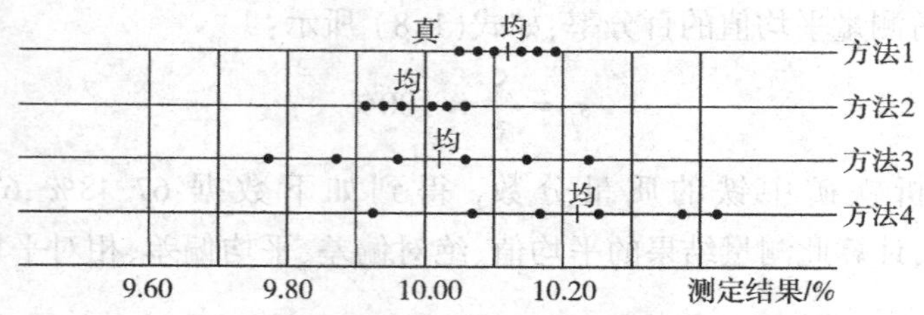

图1.2　定量分析中的准确度与精密度

由此可见，精密度是保证准确度的前提，准确度高一定需要精密度高，但精密度高，不一定准确度高。精密度低，说明测量结果不可靠，本身已失去了衡量准确度的前提。只有在消除系统误差的前提下，精密度高，准确度才会高。

在实际工作中，由于被测物的真实值是不知道的，测量结果是否正确，只能根据测量结果的精密度来衡量。

1.1.3　提高分析结果准确度的方法

要提高分析结果的准确度，应尽可能地减小系统误差和偶然误差。下面介绍减小误差的几种主要方法。

(1)选择适当的分析方法

不同的分析方法具有不同的准确度和灵敏度。对常量组分的测定，常采用重量分析法或滴定分析法；对微量或痕量组分的测定，一般都采用灵敏度较高的仪器分析法，如果采用滴定分析法，往往得不出结果。因此，在选择分析方法时，必须根据分析对象、样品情况及对分析结果的要求来选择合适的分析方法。

(2)减小测量误差

为了提高分析结果的准确度，必须尽量减小各测量步骤的误差，一般要求测量误差应 ≤ 0.1%。在消除系统误差的前提下，所有的仪器都有一个最大不确定值。例如，50 mL 滴定管每次读数的最大不确定值为 ±0.01 mL，万分之一天平每次称量的最大不确定值为 ±0.000 1 g。因此，可以增大被测物的总量来减小测量的相对误差。

例如，滴定管两次读数的最大可能误差为 ±0.02 mL，当消耗滴定液的体积为 20 mL 时，

$$E_r = \frac{\pm 0.02}{20} \times 100\% = \pm 0.1\%$$

而当滴定液的体积为 10 mL 时，

$$E_r = \frac{\pm 0.02}{10} \times 100\% = \pm 0.2\%$$

一般滴定分析的相对误差要求 ≤ 0.1%，所以滴定液的体积应 ≥ 20 mL。

又如，一般分析天平的称量误差为万分之一，用减量法称量两次，称量可能引起的绝对误差为 ±0.000 2 g，为使称量的相对误差 ≤ 0.1%，所需称量试样的最少量为：

$$m_{试样} = \frac{最大可能误差}{相对误差} = \frac{\pm 0.000\,2 \text{ g}}{\pm 0.1\%} = 0.2 \text{ g}$$

(3)减小偶然误差

根据偶然误差的正态分布规律，在消除或减小系统误差的前提下，随着平行测定次数的增多，测量的平均值越接近真实值。因此，适当增加平行测定次数，可以减小测量中的偶然误差。

需要说明的是，测定次数并不是越多越好，因为这样做会浪费大量的人力、物力和时间。实践表明，当平行测定次数很少时，偶然误差随测定次数的增加迅速减小；当平行测定次数大于 10 次时，偶然误差已经显著减小。在实际工作中，一般对同一试样平行测定 3 ~ 4 次，其精密度即可符合要求。

(4)减小系统误差

1)校准仪器

在精确的分析中，必须对仪器进行校正以减小系统误差，如砝码、移液管、滴定管和容量

瓶等,并把校正值应用到分析结果的计算中去。此外,在同一操作过程中使用同一仪器,可以使仪器误差相互抵消,这是一种简单而有效的减小系统误差的办法。

2)空白试验

用纯溶剂代替试样或者不加试样,按照与测定试样相同的方法、条件、步骤进行的分析实验,称为空白试验,所得结果称为空白值。从试样的测定值中减掉空白值,就可以消除由于试剂、溶剂、实验器皿和环境带入的杂质所引起的系统误差。

3)对照试验

对照试验是检验系统误差的有效方法。把含量已知的标准试样或纯物质当作样品,按所选用的测定方法,与未知样品平行测定。由分析结果与已知含量的差值,便可得出分析误差,用此误差值对未知试样的测定结果加以校正。对照试验主要用于检查测量方法是否可靠、反应条件是否正常、试剂是否失效。

4)回收试验

对于组成不太清楚的试样,常进行回收试验。所谓回收试验,就是向试样中加入已知量的被测物质,然后用与被测试样相同的方法进行测量。从测量结果中被测组分的增加值与加入量之比,便能估计出分析误差,并用此误差值对样品的分析结果进行校正。

1.2 有效数字及其应用

在定量分析中,为了获得准确的分析结果,不仅要准确地测量试样中组分的含量,而且要正确记录和科学计算。所谓正确记录数据,是指正确地记下根据仪器测量得到数据的位数,它不仅表示测量结果的大小,而且反映了测量的准确程度。所以记录实验数据和计算结果时,究竟应保留几位数字是很重要的,任意增加或减少位数的做法都是不正确的,下面着重介绍有效数字的概念、修约规则、运算规则及其在定量分析中的应用。

1.2.1 有效数字的概念

有效数字是指测量到的具有实际意义的数字,它包括所有准确数字和最后一位可疑数字。记录数据和计算结果时,确定几位数字作为有效数字,必须和测量方法及所用仪器的精密度相匹配,不可任意增加或减少有效数字。

例如,称一烧杯质量,记录为:

烧杯质量	有效数字位数	使用的仪器
16.5 g	3	台秤
16.543 g	5	普通摆动天平
16.544 4 g	6	分析天平

所以在记录测量数据和分析结果时，应根据所用仪器的准确度和应保留的有效数字中的最后一位数字是“可疑数字”的原则进行记录和计算。

例如，用万分之一的分析天平称量某试样的质量是4.512 8 g，表示称量结果有±0.000 1 g的绝对误差，4.512 8为五位有效数字，其中4.512是确定的数字，最后一位“8”是可疑数字。如果用百分之一的台秤称量同一试样，则应记为4.51 g，表示称量结果有 ±0.01 g的绝对误差，4.51为三位有效数字，其中4.5是确定的数字，最后一位“1”是可疑数字。

分析天平称量的相对误差为：

$$E_r = \pm\frac{0.000\,2}{4.512\,8} \times 100\% = \pm 0.004\%$$

台秤称量的相对误差为：

$$E_r = \pm\frac{0.02}{4.51} \times 100\% = \pm 0.4\%$$

结果表明分析天平测量的相对误差比台秤低100倍，因此如果错误地保留有效数字的位数，会把测量误差扩大或缩小。

在判断数据的有效数字位数时，要注意以下几点。

①数字“0”在有效数字中的双重作用。数字“0”若位于非零数字之前，不是有效数字，和小数点一并起定位作用；数字“0”若位于非零数字之间或之后，则为有效数字。

例1.3　指出下列数据的有效数字位数。

0.000 7，0.05%	一位有效数字
0.020，0.001 1，0.30%	两位有效数字
0.064 0，3.25×10^{-2}	三位有效数字
0.400 0，25.08%	四位有效数字
2.000 1，12.090，$5.031\,0 \times 10^{10}$	五位有效数字

②非测量得到的数字，如倍数、自然数、常数、分数等，可视为准确数字或无限多位的有效数字，在计算中考虑有效数字位数时与此类数字无关。例如，5 mol硫酸的5是自然数，非测量所得数，就可以看作无限多位的有效数字。

③在变换单位时，有效数字位数不变

例如，10.00 mL可写成0.010 00 L或1.000×10^{-2} L；10.5 L可写成1.05×10^{4} mL。

④对于pH、pKa、lg K等对数数据，其有效数字位数只决定于小数部分数字的位数，因为整数部分只代表原值是10的方次部分。

例如,pH = 11.02,表示[H^+] = 9.6 × 10^{-12} mol/L,有效数字是两位,而不是四位。

⑤首位数字 ≥ 8 时,其有效数字可多算一位。

例如,9.66,虽然只有三位有效数字,但已接近 10.00,故可认为它是四位有效数字。

1.2.2 有效数字的修约规则

在分析过程中,往往要进行多种不同测量,然后进行运算,得到分析结果。由于各测量值的有效数字位数可能不同,而分析结果却只能含有一位可疑数字,因此要确定各测量值的有效数字位数,将数据后面多余的数字进行取舍,这一过程称为有效数字的修约。

有效数字的修约规则如下:

①四舍六入五成双。

四舍:测量值中被修约数的后面数 ≤ 4 时,则舍弃。

六入:测量值中被修约数的后面数 ≥ 6 时,则进位。

五成双:测量值中被修约数的后面数等于 5,且 5 后无数或为 0 时,若 5 前面为偶数(0 以偶数计),则舍弃;若 5 前面为奇数,则进 1。如果测量值中被修约数的后面数等于 5,且 5 后面还有不为 0 的任何数时,无论 5 前面是偶数还是奇数,一律进 1。

例 1.4 将下列数据修约为三位有效数字。

6.044 1 ⟶ 6.04　6.046 1 ⟶ 6.05　6.045 1 ⟶ 6.05　6.035 0 ⟶ 6.04
6.045 0 ⟶ 6.04　6.045 01 ⟶ 6.05　6.054 56 ⟶ 6.05　6.056 38 ⟶ 6.06

过去沿用"四舍五入"规则,见五就进,会引入明显的舍入误差,使修约后的数值偏高。"四舍六入五成双"规则是逢五有舍、有入,使由五的舍、入引起的误差可以自相抵消。因此,有效数字修约中多采用此规则。

②只允许对原测量值一次修约到所需位数,不能分次修约。

例如,6.054 56 修约为三位有效数字只能修约为 6.05,不能先修约为 6.054 6,再修约为 6.055,最后修约为 6.06。

③在大量的数据运算过程中,为了减少舍入误差,防止误差迅速积累,对参加运算的所有数据可先多保留一位有效数字,运算后,再按运算法则将结果修约至应有的有效数字位数。

④在修约标准偏差值或其他表示准确度和精密度的数值时,修约的结果应使准确度和精密度的估计值变得更差一些

例如,标准偏差 S = 0.113,如取两位有效数字,宜修约为 0.12;如取一位有效数字,宜修约为 0.2。

1.2.3 有效数字的运算规则

在分析测定过程中,一般都要经过几个测量步骤,获得几个准确度不同的数据。由于每

个测量数据的误差都要传递到最终的分析结果中去，因此必须根据误差传递规律，按照有效数字的运算规则合理取舍，才能不影响分析结果的正确表述。为了不影响分析结果的准确度，运算时，必须遵守有效数字的运算规则。

(1)加减运算

几个数据相加或相减时，它们的和或差的有效数字的保留，应以小数点后位数最少(即绝对误差最大)的数据为准，多余的数字按“四舍六入五成双”规则修约后再进行运算，使计算结果的绝对误差与此数据的绝对误差相当。

例1.5 求0.012 1，25.64和1.057 82三个数之和。

解：上面三个数据中，25.64小数点后的位数最少，仅为两位，因此应以25.64为标准来保留有效数字，其余两个数据按规则修约到小数点后两位，然后相加，即

$$0.01 + 25.64 + 1.06 = 26.71$$

(2)乘除运算

当几个测量数据相乘或相除时，它们的积或商的有效数字的保留，应以有效数字位数最少(即相对误差最大)的测量值为准，多余的数字按“四舍六入五成双”规则修约后再进行运算，这样计算结果的相对误差才与此测量数据的相对误差相当。

例1.6 求0.012 1，25.64和1.057 82三个数之积。

解：上面三个数据的相对误差分别如下：

$$\pm\frac{0.000\,1}{0.012\,1} \times 100\% = \pm 0.8\%$$

$$\pm\frac{0.01}{25.64} \times 100\% = \pm 0.04\%$$

$$\pm\frac{0.000\,01}{1.057\,82} \times 100\% = \pm 0.000\,9\%$$

上面三个数据中，0.012 1有效数字位数最少，相对误差最大，因此应以0.012 1为标准，将其余两个数据按规则修约成三位有效数字后再相乘，即

$$0.012\,1 \times 25.6 \times 1.06 = 0.328$$

(3)对数运算

在对数运算中，所取对数的有效数字位数(对数首数除外)应与真数的有效数字位数相同。真数有几位有效数字，则其对数的尾数也应有几位有效数字。

例1.7 设$[H^+] = 2.4 \times 10^{-7}$ mol/L，求该溶液的pH值。

解：

$$pH = -\lg[H^+] = 6.62$$

目前，使用电子计算器计算定量分析的结果已相当普遍，但一定要特别注意最后结果中有效数字的位数。虽然计算器上显示的数字位数很多，但切不可全部照抄，而应根据上述规

则决定取舍。

1.2.4 有效数字运算在化学实验中的应用

(1)正确地记录

在分析样品的过程中,正确地记录测量数据,对确定有效数字的位数具有非常重要的意义。因为有效数字是反映测量准确到什么程度的,因此,记录测量数据时,其位数必须按照有效数字的规定,不可夸大或缩小。

例如,用万分之一分析天平称量时,必须记录到小数点后四位,切不可记录到小数点后三位或两位,即 18.370 0 g 不能写成 18.370 g,也不能写成 18.37 g。又如,在滴定管读取数据时,必须记录到小数点后两位,如消耗溶液 20 mL 时,要写成 20.00 mL。

(2)选择合适的仪器

根据测量结果对准确度的要求,要正确称取样品用量,必须选择合适的仪器。

例如,一般分析天平的称量误差为万分之一,即绝对误差为 ±0.000 1 g。为使称量的相对误差 ≤0.1%,样品的称取量一定不能低于 0.1 g。如果称取样品的质量在 1 g 以上时,选择称量误差为千分之一的天平进行称量,准确度也能达到 0.1% 的要求。

因此,要获得正确的测量结果,必须选择合适的仪器,方可保证测量结果的准确度。

(3)正确地表示分析结果

在化学实验中,必须正确地表示分析结果。

例 1.8 甲、乙两位同学用同样的方法来测定甘露醇原料,称取样品 0.200 0 g,测定结果:甲报告甘露醇含量为 0.889 6 g,乙报告甘露醇含量为 0.880 g。问哪位同学的报告结果正确,为什么?

解:称样的准确度: $\pm\dfrac{0.000\,1}{0.200\,0}\times 100\% = \pm 0.05\%$

甲分析结果的准确度: $\pm\dfrac{0.000\,1}{0.889\,6}\times 100\% = \pm 0.01\%$

乙分析结果的准确度: $\pm\dfrac{0.001}{0.880}\times 100\% = \pm 0.1\%$

甲报告的准确度和称样的准确度一致,所以甲同学的报告结果正确;乙报告的准确度不符合称样的准确度,报告没意义。

1.3　分析数据的处理及分析结果的表示方法

在定量分析中，通常把测定数据的平均值作为报告的结果。但对多次平行测定来说，只给出测量结果的平均值是不确切的，还应对有限次实验测量数据进行合理的分析，运用数理统计方法，对分析结果的可靠性和精密度作出判断，并给予正确、科学的评价，最终获得分析结果报告。

1.3.1　可疑值的取舍

实际分析工作中，常会在一系列平行测定的数据中，出现过高或过低的个别数据，与其他数据相差甚远；若把这样的数据引入计算中，会对测定结果的精密度和准确度产生较大影响，这种数据称为可疑值或离群值。

例如，分析某试样中 Cl 的含量时，平行测得五个数据分别为：73.14%，73.11%，73.15%，73.19%和73.30%，显然第5个测量值是可疑值。对于可疑值，初学者多倾向于随意弃去，企图获得精密度较好的分析结果，这种做法是不妥的。应该首先考虑可疑值是由什么误差造成的，如果是由过失造成的，则这个可疑值必须舍去；否则，应按一定的数理统计方法进行处理，再决定其取舍。

(1) Q-检验法

当平行测定次数较少（$n=3\sim10$）时，根据所要求的置信度（常取95%），用Q-检验法决定可疑值的取舍是比较合理的方法。具体步骤如下：

①将所有测量数据按大小顺序排列，一般可疑值为最大值或最小值。

②计算出测定值的极差（即最大值与最小值之差）和可疑值与其邻近值之差（取绝对值）。

③按式(1.9)计算出舍弃商 $Q_{计}$。

$$Q_{计}=\frac{|x_{可疑}-x_{邻近}|}{x_{最大}-x_{最小}} \tag{1.9}$$

④查Q值表（表1.1），如果 $Q_{计}\geqslant Q_{表}$，则可疑值舍去，否则应保留。

表1.1　不同置信度下的Q值表

n	3	4	5	6	7	8	9	10
Q(90%)	0.94	0.76	0.64	0.56	0.51	0.47	0.44	0.41

续表

n	3	4	5	6	7	8	9	10
Q(95%)	0.97	0.84	0.73	0.64	0.59	0.54	0.51	0.49
Q(99%)	0.99	0.93	0.82	0.74	0.68	0.63	0.60	0.57

需要指出的是，Q-检验法只适用于3～10次的平行测定，当$n>10$时就不适用了。

(2) G-检验法

G-检验法是目前应用较多、准确度较高的检验方法，使用范围较Q-检验法广。其检验步骤如下：

①计算出包括可疑值在内该组数据的平均值及标准偏差。

②按式(1.10)计算$G_{计}$值。

$$G_{计}=\frac{|x_{可疑}-\bar{x}|}{S} \tag{1.10}$$

③查G值表（表1.2），如果$G_{计}\geqslant G_{表}$，则可疑值舍去，否则应保留。

表1.2　不同置信度下的G值表

n	3	4	5	6	7	8	9	10
G(90%)	1.15	1.48	1.71	1.89	2.02	2.13	2.21	2.29
G(99%)	1.15	1.49	1.75	1.94	2.10	2.22	2.32	2.41

例1.9　标定某一溶液的浓度，平行测定四次，结果分别为：0.1020 mol/L、0.1015 mol/L、0.1017 mol/L、0.1013 mol/L，试用Q-检验法和G-检验法判断0.1020 mol/L是否应舍去？（置信度为99%）

解：(1) Q-检验法

$$Q_{计}=\frac{|x_{可疑}-x_{邻近}|}{x_{最大}-x_{最小}}=\frac{|0.1020-0.1017|}{0.1020-0.1013}=0.43$$

查表1.1，得$n=4$时，$Q_{表}=0.93$，因为$Q_{计}<Q_{表}$，所以数据0.1020 mol/L不应舍去。

(2) G-检验法

$$\bar{x}=\frac{0.1020+0.1015+0.1017+0.1013}{4}=0.1016$$

$$S=\sqrt{\frac{(0.0004)^2+(-0.0001)^2+(0.0001)^2+(-0.0003)^2}{4-1}}=0.0003$$

$$G_{计}=\frac{|x_{可疑}-\bar{x}|}{S}=\frac{|0.1020-0.1016|}{0.0003}=1.33$$

查表1.2，得$n=4$时，$G_{计}=1.49$，因为$G_{计}<G_{表}$，所以数据0.1020 mol/L不应舍去。采用Q-检验法和G-检验法两种不同的检验方法判断，最终结果一致。

G-检验法最大的优点是在判断可疑值时，引入了正态分布的两个重要参数：平均值和标准偏差，所以该法的准确性好，结论可靠性较高。

1.3.2　分析结果的表示方法

(1)一般分析结果的处理

在系统误差忽略的情况下，进行定量分析实验，一般是对每个试样平行测定3～4次，计算结果的平均值$\bar{x}$，再计算相对平均偏差$R\bar{d}$。如果$R\bar{d} \leqslant 0.2\%$，可认为取其平均值作为最后的分析结果符合要求，写出报告即可。否则，此次实验不符合要求，需要重做。

例1.10　分析某试样中Cl的含量时，测定结果分别为：73.14%，73.15%，73.19%，判断此测定实验是否需要重做？

解：$\bar{x} = \dfrac{73.14\% + 73.15\% + 73.19\%}{3} = 73.16\%$

$$\bar{d} = \frac{|-0.02\%| + |-0.01\%| + |0.03\%|}{3} = 0.02\%$$

$$R\bar{d} = \frac{0.02\%}{73.16\%} \times 100\% = 0.03\%$$

显然$R\bar{d} < 0.2\%$，符合要求，可用平均值73.16%报告分析结果，不需要重做实验。

对于准确度要求非常高的分析，如制定分析标准、涉及重大问题的试样分析、科研成果等所需的数据，就不能采用测定数据平均值简单地处理，需要对试样进行多次平行测定，将获得的多个数据用统计学的方法进行处理。

(2)平均值的精密度和置信区间

1)平均值的精密度

平均值的精密度可用平均值的标准偏差$S_{\bar{x}}$来表示。对于某一个量，测量的次数越多，则在求平均值时各次测量的偶然误差就抵消得越充分，平均值的标准偏差也越小，即越接近于真实值。统计学已证明，平均值的标准偏差与单次测定的标准偏差的关系如式(1.11)所示：

$$S_{\bar{x}} = \frac{S}{\sqrt{n}} \tag{1.11}$$

式(1.11)表明，平均值的标准偏差与测量次数n的平方根成反比，即n次测量平均值的标准偏差是单次测量标准偏差的$\dfrac{1}{\sqrt{n}}$倍。增加平行测定的次数，可使平均值的标准偏差减小，测量的精密度提高。但并不是平行测定次数增加得越多，平均值的标准偏差就会随之迅速减小。

例如,4 次测量的可靠性是 1 次测量的 2 倍,而 25 次测量的可靠性也只是 1 次测量的 5 倍,可见测量次数的增加与可靠性的增加不成正比。因此,过多增加测量次数并不能使精密度显著提高,反而费时费力。所以在实际工作中,一般平行测定 3 ~ 4 次就可以了,较高要求时,可测定 5 ~ 9 次。

2)平均值的置信区间

在对准确度要求较高的分析工作中,提出分析报告时,需根据平均值 $\bar{x}$ 和平均值的标准偏差 $S_{\bar{x}}$ 对真实值 T 作出估计。对真实值 T 作出估计并不是指某个定值,而是真实值 T 可能取值的区间,即真实值所在的范围称为置信区间。在对真实值 T 的取值区间作出估计时,还应指明这种估计的可靠性或概率,将真实值 T 落在此范围内的概率称为置信概率或置信度(用 P 表示),以说明真实值的可靠程度。

在实际分析工作中,通常对试样进行的是有限次数测定。为了对有限次数测定数据进行处理,在统计学中引入统计量 t 代替真实值 T。t 值不仅与置信度 P 有关,还与自由度 $f(n-1)$ 有关,故常写成 $t(P,f)$。在一定置信度时,用有限次测量的平均值 $\bar{x}$ 表示真实值 T 存在的取值范围,称为平均值的置信区间,具体计算如式(1.12)所示:

$$T=\bar{x}\pm t(P,f)\cdot S_{\bar{x}}=\bar{x}\pm t(P,f)\cdot\frac{S}{\sqrt{n}} \tag{1.12}$$

不同置信度 P 及不同自由度 f 所对应的 t 分布值见表 1.3。

表 1.3 不同置信度下的 t 分布值表

f	3	4	5	6	7	8	9	10	20	∞
$t(90\%)$	2.35	2.13	2.01	1.94	1.90	1.86	1.83	1.81	1.72	1.64
$t(95\%)$	3.18	2.78	2.57	2.45	2.36	2.31	2.26	2.23	2.09	1.96
$t(99\%)$	5.84	4.60	4.03	3.71	3.50	3.36	3.25	3.17	2.84	2.58

例 1.11 分析铁矿石中铁的含量,平行测定了 5 次,其结果是 $\bar{x}=39.16\%$,$S=0.05\%$,估计在 95%和 99%的置信度时平均值的置信区间。

解:查表 1.3,$f=5-1=4$,$P=95\%$ 时,$t=2.78$;$P=99\%$ 时,$t=4.60$

(1)当置信度 $P=95\%$时,平均值的置信区间为:

$$T=\bar{x}\pm t(P,f)\cdot\frac{S}{\sqrt{n}}=39.16\%\pm 2.78\times\frac{0.05\%}{\sqrt{5}}=39.16\%\pm 0.06\%$$

(2)当置信度 $P=99\%$时,平均值的置信区间为:

$$T=\bar{x}\pm t(P,f)\cdot\frac{S}{\sqrt{n}}=39.16\%\pm 4.60\times\frac{0.05\%}{\sqrt{5}}=39.16\%\pm 0.10\%$$

计算结果表明,真实值 T 在 39.10% ~ 39.22%的概率为 95%;而在 39.06% ~ 39.26%的概率为 99%,即真实值 T 在上述两个取值区间分别有 95%和 99%的可能。

习　题

一、选择题

1. 下列有关偶然误差的叙述中不正确的是(　　)。

A. 由一些不确定的因素造成的　　B. 其数据呈正态分布规律

C. 大小相等的正负误差出现的机会均等　　D. 具有单向性

2. 因称量速度慢使试样吸潮而造成的误差属于(　　)。

A. 偶然误差　　B. 试剂误差　　C. 方法误差　　D. 操作误差

3. 下列论述中正确的是(　　)。

A. 分析工作中要求误差为零　　B. 分析过程中过失误差是不可避免的

C. 精密度高,准确度不一定高　　D. 精密度高,说明系统误差小

4. 已知 HCl 溶液的实际浓度为 0.101 2 mol/L, 某同学 4 次平行测定的浓度分别为 0.104 4(mol/L)、0.104 5(mol/L)、0.104 2(mol/L)、0.104 8(mol/L),则该同学的测定结果(　　)。

A. 准确度和精密度都较高　　B. 准确度和精密度都较低

C. 精密度较高,但准确度较低　　D. 精密度较低,但准确度较高

5. 减小测定过程中的偶然误差的方法是(　　)。

A. 空白试验　　B. 对照试验

C. 校正仪器　　D. 增加平行测定的次数

6. 1.0 L 溶液表示为毫升,正确的表示为(　　)。

A. 10×10^2 mL　　B. 10×10^3 mL　　C. 1 000 mL　　D. 1 000.0 mL

7. 以下数字中属于四位有效数字的是(　　)。

A. pH = 6.549　　B. 1.0×10^3　　C. 2 000　　D. 0.030 50

8. 下列情形中,无法提高分析结果准确度的是(　　)。

A. 增加有效数字的位数　　B. 增加平行测定的次数

C. 减小测量中的系统误差　　D. 选择适当的分析方法

9. 下列叙述正确的是(　　)。

A. 偶然误差是定量分析中的主要误差,它的数值固定不变

B. 用已知溶液代替样品溶液,在相同条件下进行分析试验为空白试验

C. 相对平均偏差越小,表明分析结果的准确度越高

D. 滴定管、移液管使用时未经校正所引起的误差属于系统误差

二、填空题

1. 下列情况属于系统误差的是＿＿＿＿＿＿;属于偶然误差的是＿＿＿＿＿＿;属于过失

误差的是________________。

A. 称量过程中,天平的零点稍有变动　　B. 天平的两臂不等长

C. 读取滴定管读数时,最后一位数字估计不准　　D. 试样在称量过程中吸潮

E. 质量分析法中试样的非被测组分被共沉淀　　F. 试剂中含有少量被测组分

G. 转移溶液时,溶液溅落在实验台上　　H. 滴定管和移液管未经校正

I. 化学计量点不在指示剂的变色范围内　　J. 滴定时发现滴定管漏液

K. 将 H_2SO_4 当成 HCl 来滴定 NaOH

2. 将下列数据修约为四位有效数字。

(1)22.043 8　(　　)　　(2)4.132 6　(　　)

(3)12.765%　(　　)　　(4)0.482 550　(　　)

(5)109.252　(　　)　　(6)$1.467\,5\times10^{-8}$　(　　)

(7)101 451.8　(　　)　　(8)9.855 54　(　　)

3. 准确度体现测量值的__________性,大小用________衡量,它是测定值与________之间的差异。精密度体现测量值的__________性,大小用__________衡量,它是测定结果与________之间的差异。一般__________误差影响分析结果的准确度,而__________误差影响分析结果的精密度。

三、简答题

1. 简述误差与偏差、准确度与精密度的区别和联系。

2. 什么是系统误差,什么是偶然误差?它们有何特点?如何减免?

3. 什么是有效数字?有效数字在分析工作中有何重要意义?

4. 表示分析结果的方法有哪些?

四、计算题

1. 根据有效数字运算规则,计算下列结果。

(1)$14.953 + 2.73 - 0.359\,4$

(2)$7.823\,9 \div 1.293 - 3.05$

(3)$0.528\,1 \div (30.7 \times 0.059\,0)$

(4)$1.272 \times 4.17 + 1.7 \times 10^{-2} - 0.002\,176\,4 \times 0.012\,1$

(5)$c_{KOH} = 0.050$ mol/L,pH = ?

(6)pH = 12.74,$[H^+]$ = ?

2. 滴定管的读数误差为 ±0.01 mL,如果滴定时用去标准溶液 2.50 mL,相对误差是多少?如果滴定时用去标准溶液 25.00 mL,相对误差又是多少?计算结果说明了什么问题?

3. 用加热挥发法测定 $BaCl_2 \cdot 2H_2O$ 中结晶水的质量分数时,使用万分之一的分析天平称样 0.500 0 g,测定结果应以几位有效数字报出?

4. 两位分析者同时测定某一试样中硫的质量分数,称取试样均为 3.5 g,分别报告如下:

甲：0.042%，0.041%；乙：0.040 99%，0.042 01%，哪一份报告是合理的，为什么？

5. 测定某试样中Al的含量，得到下列结果：20.01%，20.05%，20.04%，20.03%，计算测定结果的平均值、平均偏差、相对平均偏差、标准偏差和相对标准偏差。

6. 用邻苯二甲酸氢钾标定NaOH溶液的浓度，平行测定了6次，测得浓度分别为：0.106 0 mol/L、0.102 9 mol/L、0.103 6 mol/L、0.103 2 mol/L、0.103 4 mol/L、0.101 8 mol/L，试用Q-检验法和G-检验法判断数据0.106 0 mol/L是否应舍弃？平均值的置信区间是多少？（置信度为95%）

第2章　化学热力学基础

化学热力学(Chemical Thermodynamics)是研究化学变化的方向和限度及其变化过程中能量的相互转换所遵循规律的科学。利用热力学的基本原理来研究化学现象以及和化学有关的物理现象的科学叫做化学热力学。化学热力学是一门宏观科学,研究方法是热力学状态函数的方法,不涉及物质的微观结构。本章阐述热力学的基本概念、化学反应热效应以及化学反应的方向。

2.1　热力学的基本概念

2.1.1　系　统

热力学把所研究的对象称为系统(System),在系统以外与系统有互相影响的其他部分称为环境(Surroundings)。与环境之间既有物质交换又有能量交换的系统称为敞开系统(Open System);与环境之间只有能量交换而没有物质交换的系统称为封闭系统(Closed System);与环境之间既没有物质交换也没有能量交换的系统称为孤立系统(Isolated System)。

生命系统可以认为是复杂的化学敞开系统,能与外界进行物质、能量、信息的交换,结构整齐有序。通常把化学反应中所有的反应物和生成物选作系统,所以化学反应系统通常是封闭系统。

2.1.2　热力学状态函数

系统的状态是系统的各种物理性质和化学性质的综合表现。系统的状态可以用压力、温度、体积、物质的量等宏观性质进行描述,当系统的这些性质都具有确定的数值时,系统就处于一定的状态,这些性质中有一个或几个发生变化,系统的状态也就可能发生变化。在热力学中，把这些用来确定系统状态的物理量称为状态函数(State Function)，主要有内能、焓、熵、吉布斯能等。它们具有下列特性：

①状态函数是系统状态的单值函数，状态一经确定，状态函数就有唯一确定的数值，此数值与系统到达此状态前的历史无关。

②系统的状态发生变化，状态函数的数值随之发生变化，变化的多少仅取决于系统的终态与始态，与所经历的途径无关。无论系统发生多么复杂的变化，只要系统恢复原态，则状态函数必定恢复原值，即状态函数经循环过程，其变化必定为零。

2.1.3 热和功

系统状态所发生的任何变化称为过程(Process)。常见的过程有：等温过程——系统的始态温度与终态温度相同并等于环境温度的过程。在人体内发生的各种变化过程可以认为是等温过程，人体具有温度调节系统，从而保持一定的温度。等压过程——系统的始态压力与终态压力相同并等于环境压力的过程。等容过程——系统的体积不发生变化的过程称为等容过程。

封闭系统经历一个热力学过程，常常伴有系统与环境之间能量的传递。热(Heat)和功(Work)是能量传递的两种形式。由于系统与环境的温度不同而在系统和环境之间所传递的能量称为热，热用符号 Q 表示。系统吸热，Q 值为正($Q > 0$)；系统放热，Q 值为负($Q < 0$)。除热以外，系统与环境之间的其他一切形式传递的能量称为功，用符号 W 来表示。系统对环境做功，W 值为负($W < 0$)；环境对系统做功，W 值为正($W > 0$)。功有体积功、电功、机械功等。例如，机械功等于外力 F 乘以力方向上的位移 $\mathrm{d}l$；电功等于电动势 E 乘以通过的电量 $\mathrm{d}q$；体积功等于外压 $p_{外}$ 乘以体积的改变 $\mathrm{d}V$；体积功也称为膨胀功，常用符号 W_e 表示，它是因系统在反抗外界压力发生体积变化而引起的系统与环境之间所传递的能量，在本质上是机械功，当外压恒定时：$W_e = -p\Delta V$。除体积功以外的其他功称为非体积功，用符号 W_f 表示。

热和功的 SI 单位是焦耳，符号表示为 J。

热和功不是状态函数，不能说"系统具有多少热和功"，只能说"系统与环境交换了多少热和功"。热和功总是与系统所经历的具体过程联系着的，没有过程，就没有热与功。即使系统的始态与终态相同，过程不同，热与功也往往不同。

2.1.4 热力学第一定律和热力学能

热力学第一定律(First Law of Thermodynamics)就是能量守恒定律：能量具有各种不同形式，它能从一种形式转化为另一种形式，从一个物体传递给另一个物体，但在转化和传递的过程中能量的总值不变。

热力学能(Thermodynamic Energy)也称内能(Internal Energy)，用符号 U 表示。它是系

统中物质所有能量的总和,包括分子的动能、分子之间作用的势能、分子内各种微粒(原子、原子核、电子等)相互作用的能量。内能的绝对值目前尚无法确定。

热力学能是状态函数。对于一个封闭系统,如果用 U_1 代表系统在始态时的热力学能,当系统由环境吸收了热量 Q,同时,系统对环境做功 W,此时系统的状态为终态,其热力学能为 U_2,有:

$$U_1 + Q + W = U_2$$

$$U_2 - U_1 = Q + W$$

即

$$\Delta U = Q + W \tag{2.1}$$

式(2.1)是热力学第一定律的数学表达式。

例 2.1 373 K,$p^{\ominus}$ 下,1 mol 液态水全部蒸发成为水蒸气需要吸热40.70 kJ,求此过程体系内能的改变。

解:373 K,$1p^{\ominus}$ 下 $H_2O(l) \xlongequal{} H_2O(g)$

$$Q = 40.70 \text{ kJ}$$

$$W = p_{外}\,\Delta V = p_{外}[V(g) - V(l)]$$

忽略液体体积且水蒸气压力与外压相等:

$$W \approx p_{外}\,V(g) = nRT = 1 \text{ mol} \times 8.314 \text{ J/(K·mol)} \times 373 \text{ K} = 3.10 \text{ kJ}$$

$$\Delta U = Q - W = 40.70 - 3.10 = 37.60 \text{ kJ}$$

利用热力学第一定律,可由过程热效应和功的计算求体系内能的改变。

2.1.5 焓

对于某封闭系统,在非体积功 W_f 为零的条件下经历某一等容过程,因为 $\Delta V = 0$,所以体积功为零。此时,热力学第一定律的具体形式为:

$$\Delta U = Q_V \tag{2.2}$$

Q_V 为等容过程的热效应。式(2.2)的物理意义是:在非体积功为零的条件下,封闭系统经一等容过程,系统所吸收的热全部用于增加体系的内能。

对于封闭系统,在非体积功 W_f 为零且等温等压($p_1 = p_2 = p_{外}$)的条件下的化学反应,热力学第一定律的具体形式为:

$$\Delta U = U_2 - U_1 = Q_p - p(V_2 - V_1)$$

Q_p 为化学反应的等压热效应,整理上式得

$$U_2 - U_1 = Q_p - p_2V_2 + p_1V_1$$

$$Q_p = (U_2 + p_2V_2) - (U_1 + p_1V_1)$$

$$H \xlongequal{\text{def}} U + pV \tag{2.3}$$

H 称为焓(Enthalpy),是热力学中一个极其重要的状态函数。从式(2.3)得:

$$\Delta H = H_2 - H_1 = (U_2 + p_2V_2) - (U_1 + p_1V_1) = Q_p$$

即
$$\Delta H = Q_p \tag{2.4}$$

式(2.4)表明：在非体积功为零的条件下，封闭系统经一等压过程，系统所吸收的热全部用于增加体系的焓，即化学反应的等压热效应等于系统的焓的变化。

由于无法确定内能 U 的绝对值，因而也不能确定焓的绝对值。由式(2.3)可知，焓 H 仅为 U、P、V 的函数，因为 U、P、V 均为状态函数，而状态函数的函数仍为状态函数，所以焓 H 也为状态函数。它具有能量的量纲。但是，焓没有确切的物理意义。由于化学变化大都是在等压条件下进行的，在处理热化学问题时，状态函数焓及焓的变化值更有实用价值。

对于理想气体的化学反应，等压热效应 Q_p 与等容热效应 Q_V 具有式(2.5) 所示的关系：
$$Q_p = Q_V + \Delta n_g RT \tag{2.5}$$
式中，Δn_g 为气体生成物的物质的量的总和与气体反应物的物质的量的总和之差。

对反应物和产物都是凝聚相的反应，由于在反应过程中系统的体积变化很小，$\Delta(pV)$ 值与反应热相比可以忽略不计，因此：
$$Q_p = Q_V \tag{2.6}$$

绝大多数生物化学过程发生在固体或液体中，因此，在生物系统中常常忽略 ΔH 与 ΔU(即 Q_p 和 Q_V)的差别，统称为生物化学反应的“能量变化”。

2.2　化学反应热效应

发生化学反应时总是伴随着能量变化。在等温非体积功为零的条件下，封闭体系中发生某化学反应，系统与环境之间所交换的热量称为该化学反应的热效应，亦称为反应热(Heat of Reaction)。在通常情况下，化学反应是以热效应的形式表现出来的，有些反应放热，被称为放热反应；有些反应吸热，被称为吸热反应。

2.2.1　恒容反应热效应和恒压反应热效应

化学反应热效应反应的过程中体系吸收或者放出的热量，要求在反应进行中反应物和生成物的温度相同，并且整个过程中只有膨胀功，而无其他功。在实验室或者实际生产过程中遇到的化学反应一般在恒容条件(封闭体系)或者恒压条件(敞开体系)下进行，此时的化学反应热效应分别被称为恒容热效应 Q_V 和恒压热效应 Q_p。

恒容热效应 Q_V 与系统的 U 有关，如式(2.7) 所示：
$$Q_V = U_2 - U_1 = \Delta U \tag{2.7}$$

恒压热效应 Q_p 更为常见，并与系统的另外一个物理量焓 H 有关，如式(2.8) 所示：
$$Q_p = H_2 - H_1 = \Delta H \tag{2.8}$$

以上两式中,U_1 和 H_1 均为反应起始状态时反应物的内能和焓,U_2 和 H_2 均为反应终止状态时的内能和焓。

若生成物的焓小于反应物的焓,反应过程中多余的焓将以热能的形式释放出来,该反应就为放热反应 $\Delta H < 0$;反之,若生成物的焓大于反应物的焓,则反应需要吸收热量才能进行,该反应就为吸热反应 $\Delta H > 0$。

2.2.2 反应进度

任一化学反应的计量方程式为:

$$aA + dD = gG + hH$$

$$0 = -aA - dD + gG + hH$$

$$\sum_B \nu_B B = 0$$

式中,B 为反应系统中任意物质;ν_B 为 B 的化学计量数,ν_B 对反应物为负值,对产物为正值。

显然,在化学反应中,各种物质的量的变化是彼此相关联的,受各物质的化学计量数的制约。设上述反应在反应起始时和反应进行到 t 时刻各物质的量为:

	aA	+	dD	$=\!=$	gG	+	hH
$t=0$	$n_A(0)$		$n_D(0)$		$n_G(0)$		$n_H(0)$
$t=t$	nA		nD		nG		nH

则反应进行到 t 时刻的反应进度 ξ(Advancement of Reaction) 定义为:

$$\zeta = \frac{\Delta n_B}{\nu_B} = \frac{n_B - n_B(0)}{\nu_B}$$

$$= \frac{n_A - n_A(0)}{-a} = \frac{n_D - n_D(0)}{-d} = \frac{n_G - n_G(0)}{-g} = \frac{n_H - n_H(0)}{-h} \tag{2.9}$$

ξ 是一个衡量化学反应进行程度的物理量,量纲为 mol。从式(2.9)可以看出:在反应的任何时刻,用任一反应物或产物表示的反应进度总是相等的。当 $\Delta n_B = \nu_B$ 时,反应进度 ξ 为 1 mol,表示 a mol 的 A 与 d mol 的 D 完全反应生成 g mol 的 G 和 h mol 的 H,即化学反应按化学计量方程式进行了 1 mol 的反应。

例 2.2 向洁净的氨合成塔中加入 3 mol N_2 和 8 mol H_2 的混合气体,一段时间后反应生成了 2 mol NH_3,试分别计算下列两式的反应进度。

(1)$N_2(g) + 3H_2(g) =\!= 2NH_3(g)$

(2) $\frac{1}{2}N_2(g) + \frac{3}{2}H_2(g) =\!= NH_3(g)$

解:根据化学反应方程式,生成 2 mol NH_3 需消耗 1 mol N_2 和 3 mol H_2,此时体系中还有 2 mol N_2 和 5 mol H_2。故反应在不同时刻时各物质的量为:

	$n(N_2)$/ mol	$n(H_2)$/ mol	$n(NH_3)$/ mol
$t=0$	3	8	0
$t=t$	2	5	2

方程写法不同,同一物质反应前后 Δn_B 相同,但化学计量数不同。

故按照(1)式计算:

$$\xi=\frac{\Delta n(NH_3)}{\nu(NH_3)}=\frac{2\ mol-0\ mol}{2}=1\ mol$$

$$\xi=\frac{\Delta n(N_2)}{\nu(N_2)}=\frac{2\ mol-3\ mol}{-1}=1\ mol$$

$$\xi=\frac{\Delta n(H_2)}{\nu(H_2)}=\frac{5\ mol-8\ mol}{-3}=1\ mol$$

按照(2)式计算:

$$\xi=\frac{\Delta n(NH_3)}{\nu(NH_3)}=\frac{2\ mol-0\ mol}{1}=2\ mol$$

$$\xi=\frac{\Delta n(N_2)}{\nu(N_2)}=\frac{2\ mol-3\ mol}{-\frac{1}{2}}=2\ mol$$

$$\xi=\frac{\Delta n(H_2)}{\nu(H_2)}=\frac{5\ mol-8\ mol}{-\frac{3}{2}}=2\ mol$$

因此,对于(1)式,$\xi=1$ mol,表示发生了一个单位反应;对于(2)式,$\xi=2$ mol,表示发生了两个单位反应。

由以上计算可得出如下结论:

①对于同一反应方程式,无论反应进行到任何时刻,都可以用任一反应物或任一产物表示反应进度 ξ,与物质的选择没有关系。即尽管反应方程式中各物质的化学计量系数可能不同,但反应进度是相同的数值;在不同时刻 ξ 值不同,ξ 值越大,反应完成程度越大。

②当化学反应方程式的写法不同时,反应进度 ξ 的数值不同。因此,在涉及反应进度时,必须同时指明化学反应方程式。

一个化学反应的热力学能变 $\Delta_r U$ 和焓变 $\Delta_r H$ 与反应进度成正比,当反应进度不同时,显然有不同的 $\Delta_r U$ 和 $\Delta_r H$。当反应进度为1 mol时的热力学能变化和焓变化称为摩尔热力学能变和摩尔焓变,分别用 $\Delta_r U_m$ 和 $\Delta_r H_m$ 表示,分别如式(2.10)和式(2.11)所示。

$$\Delta_r H_m=\frac{\Delta_r H}{\xi}=\frac{Q_p}{\xi} \tag{2.10}$$

$$\Delta_r U_m=\frac{\Delta_r U}{\xi}=\frac{Q_V}{\xi} \tag{2.11}$$

$\Delta_r U_m$ 和 $\Delta_r H_m$ 的 SI 单位均为 J/mol,常用单位是 kJ/mol,下标“r”“m”分别表示“化学反应”和“进度 $\xi=1$ mol”。

2.2.3 热化学方程式

既能表示化学反应又能表示其反应热效应的化学方程式称为热化学方程式(Thermochemical Equation)。热化学方程式的书写一般是在配平的化学反应方程式后边加上反应的热效应。书写热化学方程式要注意以下几点。

①注明反应的压力及温度,如果反应是在298.15 K及标准状态下进行,则习惯上可不注明。

②要注明反应物和生成物的存在状态。可分别用s、l和g代表固态、液态和气态;用aq代表水溶液,表示进一步稀释时不再有热效应。如果固体的晶型不同,也要加以注明,如C(gra)为石墨,C(dia)为金刚石。

③用$\Delta_r H_m$代表等压反应热,注明具体数值。

④化学式前的系数是化学计量数,它可以是整数或分数。但是,同一化学反应的化学计量数不同时,反应热效应的数值也不同。例如:

$$2H_2(g) + O_2 = 2H_2O(g), \Delta_r H_m^{\ominus}(298.15\ K) = -483.6\ kJ/mol$$

$$H_2(g) + \frac{1}{2}O_2(g) = H_2O(g), \Delta_r H_m^{\ominus}(298.15\ K) = -241.8\ kJ/mol$$

⑤在相同温度和压力下,正逆反应的数值相等,符号相反。如:

$$H_2O(g) = H_2 + \frac{1}{2}O_2(g), \Delta_r H_m^{\ominus}(298.15\ K) = +241.8\ kJ/mol$$

应该强调指出:热化学方程式表示一个已经完成的反应,即反应进度$\xi = 1$ mol时的反应。例如:

$$H_2(g) + I_2(g) = 2HI(g), \Delta_r H_m^{\ominus}(298.15\ K) = -51.8\ kJ/mol$$

该热化学方程式表明:在298.15 K和标准条件下,当反应进度$\xi = 1$ mol,即1 mol $H_2(g)$与1 mol $I_2(g)$完全反应生成2 mol HI(g)时,放出51.8 kJ/mol热。

2.2.4 盖斯定律和化学反应热的计算

1840年,瑞士籍俄国科学家盖斯(G. H. Hess)在总结大量反应热效应的数据后提出了一条规律:一个化学反应不论是一步完成还是分几步完成,其热效应总是相同的。这就是盖斯定律(Hess's law),是热力学第一定律的必然结果,它只对等容反应或等压反应才是完全正确的。盖斯定律揭示了在条件不变的情况下,化学反应的热效应只与起始和终止状态有关,而与变化途径无关。

对于等压反应:$Q_p = \Delta_r H$

对于等容反应:$Q_V = \Delta_r U$

由于$\Delta_r H$和$\Delta_r U$都是状态函数的改变量,它们只决定于系统的始态和终态,与反应的途径无关。因此，只要化学反应的始态和终态确定了，热效应 Q_p 和 Q_V 便是定值，与反应进行的途径无关。

盖斯定律的重要意义在于能使热化学方程式像普通代数方程式一样进行运算，从而可以根据一些已经准确测定的反应热效应来计算另一些很难测定或不能直接用实验进行测定的反应的热效应。

(1)由已知的热化学方程式计算反应热

例 2.3　碳和氧气生成一氧化碳的反应的反应热 Q_p 不能由实验直接测得，因产物中不可避免地会有二氧化碳。已知：

(1) $C(s) + O_2(g) \longrightarrow CO_2(g)$，$\Delta_r H_m^\ominus(1) = -393.509\ \text{kJ/mol}$

(2) $CO(g) + \frac{1}{2}O_2(g) \longrightarrow CO_2(g)$，$\Delta_r H_m^\ominus(2) = -282.984\ \text{kJ/mol}$

求反应(3) $C(s) + \frac{1}{2}O_2(g) \longrightarrow CO(g)$ 的 $\Delta_r H_m^\ominus(3)$。

解：由题可知：反应(1) － 反应(2)= 反应(3) 则由盖斯定律得

$$\begin{aligned}\Delta_r H_m^\ominus(3) &= \Delta_r H_m^\ominus(1) - \Delta_r H_m^\ominus(2)\\ &= -393.509\ \text{kJ/mol} - (-282.984\ \text{kJ/mol}) = -110.525\ \text{kJ/mol}\end{aligned}$$

由此可见，利用盖斯定律，可以很容易从已知的热化学方程式求算出它的反应热。盖斯定律是“热化学方程式的代数加减法”。“同类项”(即物质和它的状态均相同)可以合并、消去，移项后要改变相应物质的化学计量系数符号。若运算中反应式要乘以系数，则反应热 $\Delta_r H_m^\ominus$ 也要乘以相应的系数。

(2)由标准摩尔生成焓计算反应热

热力学中规定：在指定温度下，由稳定单质生成 1 mol 物质 B 时的焓变称为物质 B 的摩尔生成焓(molar enthalpy of formation)，用符号 $\Delta_f H_m$ 表示，单位为 kJ/mol。如果生成物质 B 的反应是在标准状态下进行，这时的生成焓称为物质 B 的标准摩尔生成焓(standard molar enthalpy of formation)，简称标准生成焓(standard enthalpy of formation)，记为 $\Delta_f H_m^\ominus$，其 SI 单位为 J/mol，常用单位为 kJ/mol。

一种物质的标准生成焓并不是这种物质的焓的绝对值，它是相对于合成它的最稳定的单质的相对焓值。标准生成焓的定义实际上已经规定了稳定单质在指定温度下的标准生成焓为零。应该注意的是碳的稳定单质指定是石墨而不是金刚石。附录 1 列出了一些物质在 298.15 K 时的标准摩尔生成焓。

$H_2O(l)$ 的标准生成焓 $\Delta_f H_m^\ominus(H_2O, l, 298.15\ K)$ 是下列生成反应的标准摩尔焓变：

$$H_2(g, 298.15\ K, p^\ominus) + \frac{1}{2}O_2(g, 298.15\ K, p^\ominus) \longrightarrow H_2O(l, 298.15\ K, p^\ominus)$$

$$\Delta_r H_m^\ominus(H_2O, l, 298.15\ K, p^\ominus) = -285.8\ \text{kJ/mol}$$

而 $H_2O(g)$ 的标准摩尔生成焓 $\Delta_f H_m^\ominus(H_2O,g,298.15\ K)$ 却是下列生成反应的标准摩尔焓变：

$$H_2(g,298.15\ K,p^\ominus)+\frac{1}{2}O_2(g,298.15\ K,p^\ominus)=\!=\!=H_2O(g,298.15\ K,p^\ominus)$$

$$\Delta_r H_m^\ominus(H_2O,g,298.15\ K,p^\ominus)=-241.8\ kJ/mol$$

因此，在书写标准态下由稳定单质形成物质 B 的反应式时，要使 B 的化学计量数 $\nu_B=1$，如上式中的 H_2O 的 $\nu_{H_2O}=1$。并且要注意生成物 B 是哪一种标准状态。

利用参加反应的各种物质的标准生成焓可以方便地计算出反应在标准状态下的等压热效应。设想化学反应从最稳定单质出发，经不同途径形成产物，如下所示：

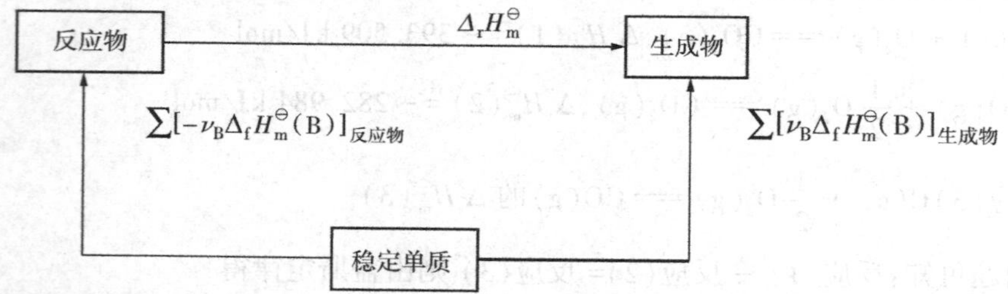

根据盖斯定律：

$$\Delta_r H_m^\ominus=\sum[\nu_B\Delta_f H_m^\ominus(B)]_{生成物}-\sum[-\nu_B\Delta_f H_m^\ominus(B)]_{反应物}$$

简写为：

$$\Delta_r H_m^\ominus=\sum_B \nu_B\Delta_f H_m^\ominus(B) \tag{2.12}$$

在指定温度和标准条件下，化学反应的热效应等于同温度下参加反应的各物质的标准摩尔生成热与其化学计量数乘积的总和。只要知道参加反应的各种物质标准摩尔生成热，就可以利用式(2.12)计算出反应的等压热效应。

例 2.4 如下反应：

$$C_6H_{12}O_6(s)=\!=\!=2C_2H_5OH(l)+2CO_2(g)$$

物　质	$C_6H_{12}O_6(s)$	$C_2H_5OH(l)$	$CO_2(g)$
各物质的标准摩尔生成焓数据 $\Delta_f H_m^\ominus/(kJ/mol)$	−1 274.45	−277.63	−393.51

该反应是生物系统中十分重要的生物化学反应，即 α-D-葡萄糖在醋酶作用下转变成醇，求该反应的标准反应热。

解：按式(2.12)，用各物质的标准摩尔生成焓数据求出反应的热效应：

$$\begin{aligned}即\ \Delta_r H_m^\ominus&=\sum_B \nu_B\Delta_f H_m^\ominus(B)\\&=2\times(-393.51\ kJ/mol)+2\times(-277.63\ kJ/mol)-(-1\ 274.45\ kJ/mol)\\&=-67.83\ kJ/mol\end{aligned}$$

(3)由标准摩尔燃烧热计算反应热

有机化合物的分子比较庞大和复杂，它们很容易燃烧或氧化，几乎所有的有机化合物都容易燃烧生成 CO_2、H_2O 等，其燃烧热很容易由实验测定。因此，利用燃烧热的数据计算有机化学反应的热效应就显得十分方便。

在标准状态和指定温度下，1 mol 某物质 B 完全燃烧(或完全氧化)生成指定的稳定产物时的等压热效应称为此温度下该物质的标准摩尔燃烧热(standard molar heat of combustion)，简称标准燃烧热(standard heat of combustion)。这里"完全燃烧(或完全氧化)"是指将化合物中的 C、H、S、N 及 X(卤素)等元素分别氧化为 $CO_2(g)$、$H_2O(l)$、$SO_2(g)$、$N_2(g)$ 及 HX(g)。由于反应物已"完全燃烧"或"完全氧化"，上述这些指定的稳定产物意味着不能再燃烧，实际上规定这些产物的燃烧值为零。标准摩尔燃烧热用符号 $\Delta_c H_m^\ominus$ 表示，其 SI 单位是 J/mol，常用单位是 kJ/mol。附录 2 列出了 298.15 K 时一些有机物的标准燃烧热。

标准燃烧热也是一种相对焓，利用标准燃烧热可以方便地计算出标准态下的等压热效应。等压热效应 $\Delta_r H_m^\ominus$ 与燃烧热 $\Delta_c H_m^\ominus$ 关系如下所示：

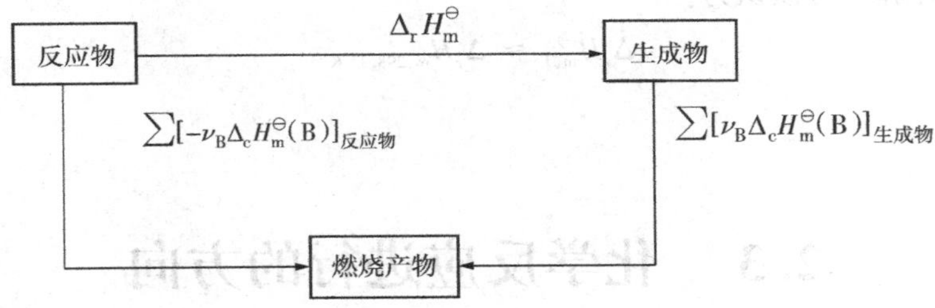

根据盖斯定律：

$$\Delta_r H_m^\ominus = \sum[-\nu_B \Delta_c H_m^\ominus(B)]_{反应物} - \sum[\nu_B \Delta_c H_m^\ominus(B)]_{生成物}$$

简写为：

$$\Delta_r H_m^\ominus = -\sum_B \nu_B \Delta_c H_m^\ominus(B) \tag{2.13}$$

注意式(2.13)中减数与被减数的关系正好与式(2.12)相反。在计算中还应注意 $\Delta_c H_m^\ominus$ 乘以反应式中相应物质的化学计量系数。

例 2.5　弱氧化醋酸杆菌(Acetobacter suboxydans)把乙醇先氧化成乙醛，然后再氧化成乙酸，试计算 298.15 K 和标准压力下分步氧化的反应热。已知 298.15 K 时下列各物质的 $\Delta_c H_m^\ominus$(kJ/mol) 为：

$C_2H_5OH(l)$	$CH_3CHO(g)$	$CH_3COOH(l)$
−1 366.75	−1 192.4	−871.5

解：此题已知各有关物质的 $\Delta_c H_m^\ominus$，所以可以用标准摩尔燃烧热计算反应热。

$$C_2H_5OH(l) + \frac{1}{2}O_2(g) \longrightarrow CH_3CHO(g) + H_2O(l)$$

$$\Delta_r H_{m,1}^\ominus = -\sum_B \nu_B \Delta_c H_m^\ominus(B)$$

$$= -1\ 366.75\ kJ/mol - (-1\ 192.4\ kJ/mol)$$
$$= -174.35\ kJ/mol$$

$$CH_3CHO(g) + \frac{1}{2}O_2(g) \longrightarrow CH_3COOH(l)$$

$$\Delta_r H_{m,2}^{\ominus} = -\sum_B \nu_B \Delta_c H_m^{\ominus}(B)$$
$$= -1\ 192.4\ kJ/mol - (-871.5\ kJ/mol)$$
$$= -320.9\ kJ/mol$$

在计算具体问题时要注意两个问题，一个是 $O_2(g)$ 和 $H_2O(l)$ 标准摩尔燃烧热均为 0，另一个是各系数的符号正好与由标准摩尔生成焓计算反应热时恰好相反。稳定单质的燃烧热与其完全燃烧的稳定产物的生成热是相等的。如：

$$\Delta_c H_m^{\ominus}(H_2, g) = \Delta_f H_m^{\ominus}(H_2O, l)$$
$$\Delta_c H_m^{\ominus}(C, graphite) = \Delta_f H_m^{\ominus}(CO_2, g)$$

标准状态下，同一反应在温度变化范围较小时的反应热效应 $\Delta_r H_{m,T}^{\ominus}$ 受温度影响较小，在较粗略的近似计算中可以认为：

$$\Delta_r H_{m,T}^{\ominus} \approx \Delta_r H_{m,298.15\ K}^{\ominus}$$

2.3　化学反应进行的方向

2.3.1　自发过程和化学反应的推动力

在一定条件下没有任何外力推动就能自动进行的过程称为自发过程（spontaneous process）。自然界中的一切宏观过程都是自发过程。自发变化的方向和限度问题是自然界的一个根本性问题。自发过程的共同特征是：

①一切自发变化都具有方向性，其逆过程在无外界干涉下是不能自动进行的。

②自发过程都具有做功的能力。

③自发过程总是趋向平衡状态，即有限度。

综上所述，自发过程总是单方向地向平衡状态进行，在进行过程中可以做功，平衡状态就是该条件下自发过程的极限。这就是热力学第二定律（the Second Law of Thermodynamics）。

为了回答化学反应自发性问题，在 19 世纪 70 年代，法国化学家贝特罗（Berthelot）和丹麦化学家汤姆孙（Thomson）提出，只有放热反应才能自发进行。例如：

$$Ag^+(aq) + Br^-(aq) \xlongequal{} AgBr(s), \Delta_r H_m^\ominus = -38.8\ kJ/mol$$

但是,煅烧石灰石制取石灰的吸热反应:

$$CaCO_3(s) \xlongequal{} CaO(s) + CO_2(g), \Delta_r H_m^\ominus = 177.8\ kJ/mol$$

在常温下不能自发进行,但温度升高到 1 123 K 也能自发进行。

由此可见,反应放热(焓值降低)虽然是推动化学反应自发进行的一个重要因素,但不是唯一的因素。反应系统的混乱度——熵(Entropy) 增加是推动化学反应自发进行的另一个重要因素。

2.3.2　孤立系统的熵增原理

"熵"是克劳修斯提出的。1872 年波尔兹曼给出了熵的微观解释:在大量分子、原子或离子微粒系统中,熵是这些微粒之间无规则排列的程度,即系统的混乱度,用符号 S 表示,单位是 J/K,熵是系统的状态函数。

影响系统熵值的主要因素有:

①同一物质:S(高温) > S(低温), S(低压) > S(高压), $S(g) > S(l) > S(s)$。例如,$S(H_2O,g) > S(H_2O,l) > S(H_2O,s)$。

②相同条件下的不同物质:分子结构越复杂,熵值越大。

③S(混合物) > S(纯净物)。

④在化学反应中,由固态物质变为液态物质或由液态物质变为气态物质(或气体的物质的量增加),熵值增加。

热力学第三定律(the third law of thermodynamics)指出:在温度为 0 K,任何纯物质的完整晶体(原子或分子的排列只有一种方式的晶体)的熵值为零。即

$$\lim_{T \to 0} S = 0$$

物质在其他温度时相对于 0 K 时的熵值,称为规定熵(conventional entropy)。1 mol 某纯物质在标准状态下的规定熵称为该物质的标准摩尔熵(standard molar entropy),用符号 $S_m^\ominus$ 表示,其 SI 单位是 J/(K · mol)。附录 1 列出一些物质在 298.15 K 时的标准摩尔熵。利用各种物质 298.15 K 时的摩尔标准熵,可以方便地计算 298.15 K 时化学反应的 $\Delta_r S_m^\ominus$,计算公式为:

$$\Delta_r S_m^\ominus = \sum \nu_B S_{m,B}^\ominus \tag{2.14}$$

例 2.6　利用 298.15 K 时的标准摩尔熵,计算下列反应在 298.15 K 时的标准摩尔熵变。

$$C_6H_{12}O_6(s) + 6O_2(g) \longrightarrow 6CO_2(g) + 6H_2O(l)$$

解:直接利用式(2.13)代入数据计算即可,但要注意单质的熵不为零,熵的单位是 J/(mol · K)。

由附录 1 查得 298.15 K 时:

$S_m^{\ominus}(C_6H_{12}O_6,s) = 212.1\ J/(mol \cdot K)$，$S_m^{\ominus}(O_2,g) = 205.2\ J/(mol \cdot K)$，

$S_m^{\ominus}(CO_2,g) = 213.6\ J/(mol \cdot K)$，$S_m^{\ominus}(H_2O,l) = 70.0\ J/(mol \cdot K)$

根据式(2.13)，反应的标准摩尔熵变为：

$$\Delta_r S_m^{\ominus} = 6\ S_m^{\ominus}(CO_2,g) + 6\ S_m^{\ominus}(H_2O,l) - S_m^{\ominus}(C_6H_{12}O_6,s) - 6\ S_m^{\ominus}(O_2,g)$$
$$= (6 \times 213.6 + 6 \times 70.0 - 212.1 - 6 \times 205.2)\ J/(mol \cdot K)$$
$$= 258.3\ J/(mol \cdot K)$$

由此可知，反应前后气体的物质的量不变，但有固体变为液体，所以熵值增加。

当温度变化时，生成物的熵的改变值与反应物的熵的改变值相近，当温度变化范围较小时，大致可以忽略温度的影响，一般认为：

$$\Delta_r S_{m,T}^{\ominus} \approx \Delta_r S_{m,298.15\ K}^{\ominus}$$

如果是孤立系统，系统和环境之间既无物质的交换，也无能量(热量)的交换，推动系统内化学反应自发进行的因素就只有一个，那就是熵增加。这就是著名的熵增加原理(principle of entropy increase)，用数学式表达为：

$$\Delta S_{孤立} \geqslant 0 \tag{2.15}$$

式(2.15)中 $\Delta S_{孤立}$ 表示孤立系统的熵变。$\Delta S_{孤立} > 0$ 表示自发过程，$\Delta S_{孤立} = 0$ 表示系统达到平衡。孤立系统中不可能发生熵变小于零即熵减小的过程。

真正的孤立系统是不存在的，因为系统和环境之间总会存在或多或少的能量交换。如果把与系统有物质或能量交换的那一部分环境也包括进去，从而构成一个新的系统，这个新系统可以看成孤立系统，其熵变为 $\Delta S_{总}$。式(2.15)可改写为式(2.16)：

$$\Delta S_{总} = \Delta S_{系统} + \Delta S_{环境} \geqslant 0 \tag{2.16}$$

式中，$\Delta S_{环境} = Q_{环境}/T$。$Q_{环境}$ 为环境所吸收的热，$Q_{环境} = -\Delta H_{系统}$；T 为系统和环境的温度。

用式(2.15)可以判断化学反应自发进行的方向，但是，既要求出系统的熵变又要求出环境的熵变，非常不方便。为此，我们引进一个新的状态函数——吉布斯能。

2.3.3 吉布斯能和反应方向

(1)吉布斯能减少原理

为了判断等温等压化学反应的方向性，1876 年，美国科学家吉布斯(Gibbs)综合考虑了焓和熵两个因素，提出一个新的状态函数 G——吉布斯能(Gibbs energy)，其数学表达式如式(2.17)所示：

$$G \overset{\text{def}}{=\!=} H - TS \tag{2.17}$$

吉布斯证明了系统吉布斯能变可以用系统在等温等压的可逆过程中对外做的最大非体积功来量度，如式(2.18)所示：

$$-\Delta G = W_{f,最大} \tag{2.18}$$

等温等压自发的化学反应则可做非体积功，所以当 $W_{f,最大} > 0$，即 $\Delta G < 0$ 时，反应自发；反之，是非自发的。由此可得等温等压条件下化学反应方向的判据为：

$\Delta G < 0$，正向反应自发进行

$\Delta G = 0$，化学反应达到平衡

$\Delta G > 0$，逆向反应自发进行

这就是吉布斯能减少原理(principle of Gibbs energy reduce)，即自发变化总是朝吉布斯能减少的方向进行。

(2)吉布斯方程及其应用

根据吉布斯能的定义式(2.17)，在等温等压下可推导出著名的吉布斯方程，如式(2.19)所示：

$$\Delta G = \Delta H - T\Delta S \tag{2.19}$$

它把影响化学反应自发进行方向的两个因素(ΔH 和 ΔS)统一起来。吉布斯方程还表明，温度对反应方向有影响，现分别将几种情况归纳于表2.1。

表2.1　温度对等温等压反应自发性的影响

情况	ΔH	ΔS	$\Delta G = \Delta H - T\Delta S$	自发方向
1	< 0	> 0	永远 < 0	放热、熵增，任何温度下反应正向自发
2	> 0	< 0	永远 > 0	吸热、熵减，任何温度下反应正向不自发
3	> 0	> 0	低温 > 0，高温 < 0	低温正向不自发，高温正向自发
4	< 0	< 0	低温 < 0，高温 > 0	低温正向自发，高温正向不自发

$C_6H_{12}O_6(s) + 6O_2(g) \longrightarrow 6CO_2(g) + 6H_2O(l)$ 的 $\Delta H < 0$，$\Delta S > 0$，在任意温度下，$\Delta G < 0$，反应都能自发进行。

$6CO_2(g) + 6H_2O(l) \longrightarrow C_6H_{12}O_6(s) + 6O_2(g)$ 的 $\Delta H > 0$，$\Delta S < 0$，在任意温度下，$\Delta G > 0$，反应不能自发进行。要使这类反应正向进行，环境必须给系统提供足够的能量(如光照辐射等)。

$CaCO_3(s) \longrightarrow CaO(s) + CO_2(g)$ 的 $\Delta H > 0$，$\Delta S > 0$，在低温时，$\Delta H > T\Delta S$，则 $\Delta G > 0$，反应不能自发进行；在高温 $T > 1\,120$ K 时，$\Delta H < T\Delta S$，则 $\Delta G < 0$，反应可以自发进行。

$N_2(g) + 3H_2(g) \longrightarrow 2NH_3(g)$ 的 $\Delta H < 0$，$\Delta S < 0$，在低温时，$|\Delta H| > |T\Delta S|$，$\Delta G < 0$，反应可以自发进行；在高温 $T > 500$ K 时，$|\Delta H| < |T\Delta S|$，$\Delta G > 0$，反应不能自发进行。

从上面的讨论可以看出，对于 ΔH 和 ΔS 符号相同的情况，当改变反应温度时，存在从自发到非自发(或从非自发到自发)的转变，我们把这个转变温度叫转向温度 $T_{转}$，计算公式如式(2.20)所示：

$$T_{转} = \frac{\Delta H}{\Delta S} \tag{2.20}$$

(3)标准摩尔生成吉布斯能

在标准状态下由最稳定单质生成 1 mol 物质 B 的吉布斯能变称为该温度下 B 物质的标准摩尔生成吉布斯能(standard molar Gibbs energy of formation),用符号 $\Delta_f G_m^{\ominus}(B)$表示,单位是 kJ/mol。

例如,298.15 K 时化学反应:

$$\frac{1}{2}N_2(g,p^{\ominus}) + \frac{3}{2}H_2(g,p^{\ominus}) = NH_3(g,p^{\ominus})$$

$\Delta_r G_m^{\ominus} = -16.4$ kJ/mol,而 N_2(g)与 H_2(g)为最稳定单质,所以298.15 K时 NH_3(g)的摩尔标准生成吉布斯能 $\Delta_f G_m^{\ominus} = -16.4$ kJ/mol。

本书附录 1 列出了一些物质在 298.15 K 下的标准摩尔生成吉布斯能。

由 $\Delta_f G_m^{\ominus}$ 计算化学反应的 $\Delta_r G_m^{\ominus}$ 的计算公式如式(2.21) 所示:

$$\Delta_r G_m^{\ominus} = \sum \nu_B \Delta_f G_m^{\ominus}(B) \tag{2.21}$$

温度对 $\Delta_r G_m^{\ominus}$ 有影响,一定温度下化学反应的标准摩尔吉布斯能变化 $\Delta_r G_{m,T}^{\ominus}$ 可按式(2.22) 计算:

$$\Delta_r G_{m,T}^{\ominus} = \Delta_r H_{m,T}^{\ominus} - T\Delta_r S_{m,T}^{\ominus} \tag{2.22}$$

例 2.7 光合作用是将 CO_2(g)和 H_2O(l)转化为葡萄糖的复杂过程,总反应为:

$$6CO_2(g) + 6H_2O(l) = C_6H_{12}O_6(s) + 6O_2$$

求此反应在 298.15 K、100 kPa 的 $\Delta_r G_m^{\ominus}$,并判断此条件下,反应是否自发?

解:由附录 1 查得 298.15 K 和标准状态下有关热力学数据如下:

	$6CO_2(g)$	$+ 6H_2O(l)$	$= C_6H_{12}O_6(s)$	$+ 6O_2(g)$
$\Delta_f G_m^{\ominus}$(kJ/mol)	−394.4	−237.1	−910.6	0
$\Delta_f H_m^{\ominus}$(kJ/mol)	−393.5	−285.8	−1 273.3	0
$S_m^{\ominus}$[J/(mol·K)]	213.8	70.0	212.1	205.2

方法一

$$\begin{aligned}\Delta_r G_m^{\ominus} &= \sum_B \nu_B \Delta_f G_m^{\ominus}(B) \\ &= -910.6\ \text{kJ/mol} - 6\times(-237.1\ \text{kJ/mol}) - 6\times(-394.4\ \text{kJ/mol}) \\ &= 2\,878.43\ \text{kJ/mol}\end{aligned}$$

方法二

$$\begin{aligned}\Delta_r H_m^{\ominus} &= \sum_B \nu_B \Delta_f H_m^{\ominus}(B) \\ &= -1\,273.3\ \text{kJ/mol} - 6\times(-285.8\ \text{kJ/mol}) - 6\times(-393.5\ \text{kJ/mol}) \\ &= 2\,802.5\ \text{kJ/mol}\end{aligned}$$

$$\begin{aligned}\Delta_r S_m^{\ominus} &= \sum_B \nu_B S_m^{\ominus}(B) \\ &= (6\times205.2 + 212.1 - 6\times70.0 - 6\times213.8)\ \text{J/(mol·K)}\end{aligned}$$

$$= -259.5\ \text{J/(mol·K)}$$

$$\Delta_r G_m^\ominus = \Delta_r H_{m,298.15}^\ominus - T\Delta_r S_{m,298.15}^\ominus$$
$$= 2\,802.5\ \text{kJ/mol} - 298.15\ \text{K} \times [-0.259\,5\ \text{kJ/(mol·K)}]$$
$$= 2\,879.87\ \text{kJ/mol}$$

【归纳】

①由于采用不同的方法计算,所得结果略有差异。

②计算结果 $\Delta_r G_m^\ominus > 0$,说明在 298.15 K 和标准状态下,反应不能自发进行。实际上,此反应是在叶绿素和阳光下进行的,靠叶绿素吸收光能,然后转化成系统的吉布斯能变,使光合反应得以实现。

(4)非标准态下吉布斯能变的计算

非标准态下化学反应的吉布斯能变化可由范特霍夫(van't Hoff)等温方程式求得,如式(2.23)所示:

$$\Delta_r G_{m,T} = \Delta_r G_{m,T}^\ominus + RT\ln Q$$
$$= \Delta_r G_{m,T}^\ominus + 2.303RT\lg Q \qquad (2.23)$$

式中,Q 为反应熵。它是各生成物相对分压(对气体,$p/p^\ominus$)或相对浓度(对溶液,$c/c^\ominus$)幂的乘积与各反应物的相对分压或相对浓度幂的乘积之比。若反应中有纯固体或纯液体,则其浓度以常数 1 表示。例如,对任意化学反应:

$$a\text{A(aq)} + b\text{B(l)} = d\text{D(g)} + e\text{E(s)}$$

$$Q = \frac{(p_D/p^\ominus)^d \times 1}{(c_A/c^\ominus) \times 1}$$

在稀溶液中进行的反应,如果溶剂参与反应,因溶剂的量很大,浓度基本不变,可以当作常数 1。由表达式可知 Q 的单位为 1。

例 2.8　非标准状态下反应方向的判断。

$CaCO_3$(s)的分解反应如下:

$$CaCO_3(s) \longrightarrow CaO(s) + CO_2(g)$$

(1) 在 298.15 K 及标准条件下,此反应能否自发进行?

(2) 若使其在标准状态下进行反应,反应温度应为多少?

【分析】　一个反应在标准条件下能否自发进行是由 $\Delta_r H_m^\ominus$ 和 $\Delta_r S_m^\ominus$ 及温度 T 决定的,在 $\Delta_r H_m^\ominus$ 和 $\Delta_r S_m^\ominus$ 的符号相同时,温度的高低决定了反应可能性,问题(1)即是求两种温度下反应的可能性。

解:反应式中有关物质在 298.15 K 和标准条件下的热力学数据如下:

	$CaCO_3$(s)	CaO(s)	CO_2(g)
$\Delta_f H_m^\ominus$(kJ/mol)	−1 206.9	−634.9	−393.5
$S_m^\ominus$[J/(mol·K)]	92.9	38.1	213.8

$$\Delta_r H_m^\ominus = \sum_B \nu_B \Delta_f H_m^\ominus(B)$$
$$= [-634.9 + (-393.5) - (-1\,206.9)]\ \text{kJ/mol}$$
$$= 178.5\ \text{kJ/mol}$$

$$\Delta_r S_m^\ominus = \sum_B \nu_B S_m^\ominus(B)$$
$$= (38.1 + 213.8 - 92.9)\ \text{J/(mol·K)}$$
$$= 159\ \text{J/(mol·K)}$$

$$\Delta_r G_m^\ominus = \Delta_r H_m^\ominus - T\Delta_r S_m^\ominus$$
$$= 178.5\ \text{kJ/mol} - 298.15\ \text{K} \times 159 \times 10^{-3}\ \text{kJ/(mol·K)}$$
$$= 131\ \text{kJ/mol} > 0$$

因此,在 298.15 K 下,上述反应不能自发进行。因为是吸热熵增反应,在标准条件下自发进行时,所需的最低温度为:

$$T = \frac{\Delta_r H_{m,T}^\ominus}{\Delta_r S_{m,T}^\ominus} \approx \frac{\Delta_r H_{m,298.15}^\ominus}{\Delta_r H_{m,298.15}^\ominus} = \frac{178.5\ \text{kJ/mol}}{159 \times 10^{-3}\ \text{kJ/(K·mol)}} = 1.12 \times 10^3\ \text{K}(\text{即}\ 847\ ℃)$$

习　题

1. 一体系由 A 态到 B 态,沿途径 Ⅰ 放热 120 J,环境对体系做功 50 J。试计算:

(1)体系由 A 态沿途经 Ⅱ 到 B 态,吸热 40 J,其 W 值为多少?

(2)体系由 A 态沿途经 Ⅲ 到 B 态对环境做功 80 J,其 Q 值为多少?

2. 在 27 ℃ 时,反应 $CaCO_3(S) = CaO(S) + CO_2(g)$ 的摩尔恒压热效应 $Q_p = 178.0$ kJ/mol,则在此温度下其摩尔恒容热效应 Q_V 为多少?

3. 写出反应 $3A + B \longrightarrow 2C$ 中 A,B,C 各物质的化学计量数,并计算反应刚生成 1 mol C 物质时反应的进度变化。

4. 在一定温度下,4.0 mol $H_2(g)$ 与 2.0 mol $O_2(g)$ 混合,经一定时间反应后,生成了 0.6 mol $H_2O(l)$。请按下列两个不同反应式计算反应进度 ξ。

(1)$2H_2(g) + O_2(g) = 2H_2O(l)$;

(2)$H_2(g) + \frac{1}{2}O_2(g) = H_2O(l)$。

5. 已知(1)$Cu_2O(s) + \frac{1}{2}O_2(g) \longrightarrow 2CuO(s)$,$\Delta_r H_m^\ominus(1) = -143.7$ kJ/mol

(2)$CuO(s) + Cu(s) \longrightarrow Cu2O(s)$,$\Delta_r H_m^\ominus(2) = -11.5$ kJ/mol

求 $\Delta_f H_m^\ominus CuO(s)$]。

6. (1)用标准摩尔生成焓数据求一下反应的 $\Delta_r H_m^\ominus(298.15\ \text{K})$:

$$4NH_3(g) + 5O_2(g) \longrightarrow 4NO(g) + 6H_2O(l)$$

(2)用标准摩尔燃烧数据求以下反应的 $\Delta_r H_m^\ominus(298.15\ K)$：

$$C_2H_5OH(l) \longrightarrow CH_3CHO(l) + H_2(g)$$

7. 计算下列反应在 298. 15 K 时的 $\Delta_r H_m^\ominus$。

(1) $CH_3COOH(l) + CH_3CH_2OH(l) \longrightarrow CH_3COOCH_2CH_3(l) + H_2O(l)$；

(2) $C_2H_4(g) + H_2(g) \longrightarrow C_2H_6(g)$。

8. 人体所需能量大多来源于食物在体内的氧化反应，例如，葡萄糖在细胞中与氧发生氧化反应生成 CO_2 和 $H_2O(l)$，并释放出能量。通常用燃烧热去估算人们对食物的需求量，已知葡萄糖的生成热为 -1 260 kJ/mol，$CO_2(g)$ 和 $H_2O(l)$ 的生成热分别为 -393. 5 kJ/mol 和 -285. 83 kJ/mol，试计算葡萄糖的燃烧热。

9. 不查表，指出在一定温度下，下列反应中熵变值由大到小的顺序：

(1) $CO_2(g) \longrightarrow C(s) + O_2(g)$；

(2) $2NH_3(g) \longrightarrow 3H_2(g) + N_2(g)$；

(3) $2SO_3(g) \longrightarrow 2SO_2(g) + O_2(g)$。

10. 对生命起源问题，有人提出最初植物或动物的复杂分子是由简单分子自动形成的。例如尿素(NH_2CONH_2)的生成可用反应方程式表示如下：

$$CO_2(g) + 2NH_3(g) \longrightarrow (NH_2)_2CO(s) + H_2O(l)$$

(1)利用附录中的数据计算 298. 15 K 时的 $\Delta_r G_m^\ominus$，并说明该反应在此温度和标准态下能否自发；

(2)在标准态下最高温度为何值时，反应就不再自发进行了？

11. 已知合成氨的反应在 298. 15 K、$p^\ominus$ 下，$\Delta_r H_m^\ominus = -92.38$ kJ/mol，$\Delta_r G_m^\ominus = -33.26$ kJ/mol，求 500 K 下 $\Delta_r G_m^\ominus$，说明升温对反应有利还是不利。

12. 已知 $\Delta_f H_m^\ominus[C_6H_6(l), 298\ K] = 49.10$ kJ/mol，$\Delta_r H_m^\ominus[C_2H_2(g), 298\ K] = 226.73$ kJ/mol；$S_m^\ominus[C_6H_6(l), 298\ K] = 173.40$ J/(K · mol)，$S_m^\ominus[C_2H_2(g), 298\ K] = 200.94$ J/(K · mol)。试判断：$C_6H_6(l) = 3C_2H_2(g)$ 在 298. 15 K，标准态下正向能否自发？并估算最低反应温度。

13. 已知乙醇在 298. 15 K 和 101. 325 kPa 下的蒸发热为 42. 55 kJ/mol，蒸发熵变为 121. 6 J/(K · mol)，试估算乙醇的正常沸点(℃)。

14. 电子工业中清洗硅片上的 $SiO_2(s)$ 反应：

$$SiO_2(s) + 4HF(g) \longrightarrow SiF_4(g) + 2H_2O(g)$$

已知 $\Delta_r H_m^\ominus(298.15\ K) = -94.0$ kJ/mol，

$\Delta_r S_m^\ominus(298.15\ K) = -75.8$ J/(K · mol)

设 $\Delta_r H_m^\ominus$ 和 $\Delta_r S_m^\ominus$ 不随温度而变化，试求：

(1)此反应自发进行的温度条件；

(2)有人提出用 HCl(g) 代替 HF，试通过计算判定此建议是否可行？

15. 不查数据表，试估算下列物质熵的大小，按由小到大的顺序排列。

A. $LiCl(s)$；　B. $Cl_2(g)$；　C. $Ne(g)$；　D. $Li(s)$；　E. $I_2(g)$

第3章　化学反应速率和化学平衡基础

化学反应需要从两个方面来研究，首先是反应的可能性，化学热力学从宏观的角度研究化学反应进行的方向和限度，不涉及时间因素和物质的微观结构，我们上一章已做讨论；其次要研究反应的现实性，具体判断反应进行的快慢，即一个化学反应在给定的条件下，究竟要多长时间才能达到平衡状态，是化学动力学研究范畴。本章将介绍有关化学反应速率、速率方程式、化学平衡等基本概念。

3.1　化学反应速率表示方法

化学反应速率是用来衡量反应快慢的物理量，是指在给定条件下，反应物转化成为产物的速率。化学反应速率通常可以使用单位时间内反应物浓度或者生成物浓度的改变量来表示，其物理量为 c/t，如 mol/(L · s)。

对于任一化学反应

$$aA + bB \longrightarrow dD + eE$$

那么，在 Δt 时间内，反应速率表达式如式(3.1) 所示：

$$\bar{\nu} = -\frac{1}{a}\frac{\Delta c_A}{\Delta t} = -\frac{1}{b}\frac{\Delta c_B}{\Delta t} = \frac{1}{d}\frac{\Delta c_D}{\Delta t} = \frac{1}{e}\frac{\Delta c_E}{\Delta t} \tag{3.1}$$

以上所得反应速率 $\bar{\nu}$ 为反应在 Δt 时刻的平均反应速率，而对于大部分反应而言，随着反应物的消耗，反应速率都会逐渐降低，并非等速反应，因此在实际生产实践中了解某一时刻的瞬时速率 ν 更具有实际价值。瞬时速率 ν 的计算公式如式(3.2) 所示：

$$\bar{\nu} = -\frac{1}{a}\frac{dc_A}{dt} = -\frac{1}{b}\frac{dc_B}{dt} = \frac{1}{d}\frac{dc_D}{dt} = \frac{1}{e}\frac{dc_E}{dt} \tag{3.2}$$

以上所表示的是反应速率的瞬时速率表达式。

对于指定的反应，按照式(3.2)定义的反应速率，其值只有一个，不因跟踪物质组分不同而异，是国际标准推荐使用的反应速率定义式。

例3.1 已知反应 $2N_2O_5 \longrightarrow 4NO_2 + O_2$

	$2N_2O_5$	$4NO_2$	O_2
0 s时，c_0(mol/L)	2.1	0	0
10 s时，c_{10}(mol/L)	1.95	0.3	0.075

试计算该反应的反应速率 ν。

解：由已知条件得：

$$\nu(N_2O_5) = -2, \nu(NO_2) = 4, \nu(O_2) = 1$$

$$\Delta c(N_2O_5) = 1.95 - 2.1 = -0.15\ \text{mol/L}, \Delta c(NO_2) = 0.3\ \text{mol/L},$$

$$\Delta c(O_2) = 0.075\ \text{mol/L}$$

$$\nu = \frac{\Delta c(N_2O_5)}{\nu(N_2O_5)\cdot\Delta t} = \frac{\Delta c(NO_2)}{\nu(NO_2)\cdot\Delta t} = \frac{\Delta c(O_2)}{\nu(O_2)\cdot\Delta t}$$

$$= \frac{-0.15\ \text{mol/L}}{(-2)\times 10\ \text{s}} = \frac{0.3\ \text{mol/L}}{4\times 10\ \text{s}} = \frac{0.075\ \text{mol/L}}{1\times 10\ \text{s}} = 7.5\times 10^{-3}\ \text{mol/(L}\cdot\text{s)}$$

3.2 反应速率理论简介

为了寻求反应进行的规律和机理，科学家们借助于统计热力学、经典力学和量子力学等多种理论来进行反应动力学的研究，并先后出现了两种化学反应速率的理论，分别是碰撞理论和过渡态理论。

3.2.1 碰撞理论

1918年，英国科学家Lewis等从气体动理论的成果，提出了气体双分子反应的硬球碰撞理论(collision theory)。

首先假设气体分子为没有内部结构的硬球，且分子之间要发生反应必须碰撞。此时，化学反应速率与单位时间内气体分子间的碰撞次数有关，分子间碰撞频率越高，则反应速率就越快。根据气体动理论的理论计算，在通常条件下，气体分子间的碰撞频率可达 10^{29} 次/($cm^3\cdot s$) 数量级。假如一经碰撞就能发生反应，那么一切气体间的反应不但能在瞬间完成，而且反应速率也应该相差不大。事实上，反应物分子间的碰撞并非每次都发生反应。只有部分分子(活化分子)间的碰撞能够发生反应。这种能发生化学反应的碰撞，称有效碰撞。而活化分子指的就是那些能量高于平均值的分子。

起初，碰撞理论只适用于十分简单的气体反应，对于复杂反应计算误差较大，因此后来又做了空间取向修正，即：活化分子采取合适的取向进行碰撞才是有效碰撞。

如图 3.1 所示，图(a)所展示的碰撞才能导致反应发生，而图(b)为无效碰撞。

图 3.1　碰撞方位对碰撞反应的影响

(a) 有效碰撞；(b) 无效碰撞

大量分子在亿万次的碰撞中能同时满足能量条件和方位条件的往往是少数，这就是气体反应的反应速率实验值大大低于理论值的根本原因。

碰撞理论直观、形象，物理意义明确，并从分子水平上解释了一些重要的实验事实，在反应速率理论的建立和发展中起到了重要的作用，但它把反应分子看成没有内部结构的刚性球体模型过于简单。

3.2.2　过渡状态理论

1935 年，美国物理学家艾琳(Henry Eyring)和加拿大物理学家(Charles Polanyi)等人在量子力学和统计力学的基础上提出了化学反应速率的过渡态理论(transition state theory)。该理论考虑了反应物分子的内部结构及运动状况，从分子角度更为深刻地解释了化学反应速率。

该理论认为化学反应并不是只通过反应物分子间简单的碰撞而完成的。从反应物到生成物的转变过程中，反应物分子中的化学键要发生重排，经过一个中间过渡状态，即经过形成活化配合物的过程，然后才变成生成物分子。

$$\underset{\text{反应物}}{A + BC} \rightleftharpoons \underset{\text{活化配合物}}{A\cdots B\cdots C} \longrightarrow \underset{\text{产物}}{AB + C}$$

在这个活化配合物中，原有的反应物分子的化学键部分地被破坏，新的生成物分子的化学键部分地形成，这是一种不稳定的中间状态，寿命很短，能很快转化为生成物分子。因此化学反应的速率取决于活化配合物的分解速率。

3.3　影响反应速率的因素

化学反应速率主要取决于参加反应的物质的本性，此外还受到外界因素的影响，主要有浓度、温度和催化剂等因素。

3.3.1　浓度对反应速率的影响

(1)基元反应

化学反应进行时,反应物分子直接碰撞而发生的化学反应称为基元反应(elementary reaction),它是一步完成的反应,故又称简单反应。例如:

$$CO + NO_2 \longrightarrow CO_2 + NO$$

该反应是双分子反应,在温度高于 225 ℃ 时,CO 和 NO_2 分子在碰撞时一步转化为 CO_2 和 NO 分子,该反应为基元反应。

但大多数化学反应的历程较为复杂,反应物分子要经过几步(即经历几个基元反应)才能转化为生成物,这种由两个或者两个以上基元反应组成的化学反应叫做复合反应。例如:

$$2NO + O_2 \longrightarrow 2NO_2$$

实验研究表明,该反应是由两个基元反应组成的复合反应:

$$2NO \longrightarrow N_2O_2 \quad (快)$$

$$N_2O_2 + O_2 \longrightarrow 2NO_2 \quad (慢)$$

复合反应的速率决定于组成该反应的各基元反应中速率最慢的一步,该步骤称为定速步骤(rate determining step)。由于化学反应历程的复杂性和实验技术的限制,在已知的化学反应中,已完全弄清反应机理的并不多。

(2)质量作用定律

对于基元反应,浓度与反应速率之间的关系可用质量作用定律(law of mass action)来描述:在一定温度下,基元反应的反应速率与各反应物浓度的幂次方乘积成正比,乘积中各反应物浓度的幂次在数值上等于化学反应方程式中该物质的化学计量系数(只取正值),这一规律称为质量作用定律。在一定温度下,对于任一基元反应:

$$aA + bB \longrightarrow cC$$

反应速率方程式为:

$$\nu = kc_A^a c_B^b \tag{3.3}$$

式(3.3)为基元反应质量作用定律的数学表示式,也称为化学反应速率方程式。其中 ν 表示反应速率,k 称为速率常数。当 $c_A = c_B = 1$ mol/L 时,此时 ν 和 k 在数值上相等,所以速率常数 k 表示各有关反应物浓度均为单位浓度时的反应速率。

k 值与反应的本性、反应温度、催化剂等因素有关,而与反应物的浓度(或压力)无关。

反应速率方程式中 a 和 b 分别称为反应物 A 和反应物 B 的分级数,分别表示反应物 A、B 的浓度对反应速率的影响程度,各反应物浓度项的指数之和 $a + b$ 称为总反应级数,简称反应级数。

对于非基元反应的速率方程,浓度的次方和反应物的系数不一定相符,不能由化学反应方程式直接写出，而要由实验测定速率与浓度的关系才能确定。

例如，① $_{88}Ra^{226} \longrightarrow _{86}Rn^{222} + _2He^4$

实验测得其速率方程式为 $r = kc_{Ra}$，该反应为一级反应。

② $CH_3COOH + C_2H_5OH \xrightarrow{H^+} CH_3COOC_2H_5 + H_2O$

实验测得其速率方程式为 $r = kc(C_2H_5OH) \cdot c(CH_3COOH)$，该反应为二级反应。

③ $2SO_2 + O_2 \longrightarrow SO_3$

实验测得其反应速率方程式为 $r = kc(SO_2)c^{-\frac{1}{2}}(SO_3)$，该反应的总级数为1/2。

④ $2NH_3 \xrightarrow[\Delta]{W} N_2 + 3H_2$

实验测得其速率方程为 $r = k$，说明该反应为零级反应，说明反应速率是一个常数，与浓度无关。

由此可见，反应级数可以为正数、负数，也可以为整数、分数，这些数值不能通过化学方程式推出来，只能由实验结果确定而来。

例3.2 600 K时，已知气体反应

$$2NO + O_2 = 2NO_2$$

的反应物浓度和反应速率的实验数据如下：

实验序号	初始浓度①		NO反应的初始速率 ν[mol(L·s)]
	$c(NO)$(mol/L)	$c(O_2)$(mol/L)	
1	0.010	0.010	2.5×10^{-3}
2	0.010	0.020	5.0×10^{-3}
3	0.030	0.020	45×10^{-3}

①为反应开始时反应物的浓度。

(1)写出该反应的速率方程，并求反应级数。

(2)试求出该反应的速率常数。

(3)当 $c(NO) = 0.015$ mol/L，$c(O_2) = 0.025$ mol/L时，反应的速率是多少？

解：(1)设该反应的速率方程为：$\nu = kc^x(NO)c^y(O_2)$

为保持 $c(NO)$ 不变求 y 值，取1、2组数据代入上式得：

$$2.5 \times 10^{-3}\ \text{mol/(L·s)} = k \times (0.010\ \text{mol/L})^x \times (0.010\ \text{mol/L})^y$$

$$5.0 \times 10^{-3}\ \text{mol/(L·s)} = k \times (0.010\ \text{mol/L})^x \times (0.020\ \text{mol/L})^y$$

由于温度恒定，k 不变，将上两式相除得：

$$\frac{1}{2} = \left(\frac{1}{2}\right)^y \qquad y = 1$$

为保持 $c(O_2)$ 不变求 x 值，取2、3组数据代入上式得：

$$5.0\times10^{-3}\ \text{mol/(L}\cdot\text{s)}=k\times(0.010\ \text{mol/L})^x\times(0.020\ \text{mol/L})^y$$

$$45\times10^{-3}\ \text{mol/(L}\cdot\text{s)}=k\times(0.030\ \text{mol/L})^x\times(0.020\ \text{mol/L})^y$$

将上两式相除得：

$$\frac{1}{9}=\left(\frac{1}{3}\right)^x \quad 即 \quad \left(\frac{1}{3}\right)^2=\left(\frac{1}{3}\right)^x \qquad x=2$$

该反应的速率方程为 $\nu=kc^2(\text{NO})c(\text{O}_2)$，为三级反应，对 NO 为 2 级反应，对 O_2 为 1 级反应。

(2)将第 1 组数据代入速率方程得：

$$k=\frac{\nu}{c^2(\text{NO})c(\text{O}_2)}=2.5\times10^3\ \text{L}^2/(\text{mol}^2\cdot\text{s})$$

(3) $\nu=kc^2(\text{NO})c(\text{O}_2)$

$=2.5\times10^3\ \text{L}^2/(\text{mol}^2\cdot\text{s})\times(0.015\ \text{mol/L}^2)\times0.025\ \text{mol/L}$

$=1.4\times10^{-2}\ \text{mol/(L}\cdot\text{s)}$

对于一个化学反应，它的速率方程必须通过实验来确定。但要注意，虽然简单反应的速率方程与质量作用定律的数学表达式一致，但通过实验来确定的速率方程与质量作用定律吻合的反应不一定就是简单反应。

3.3.2　温度对化学反应速率的影响

前面主要讨论了浓度对反应速率的影响。实际上，温度对反应速率的影响更显著，温度的影响主要集中表现在对反应速率常数的影响。大致可将反应分为如图 3.2 所示的五种类型。

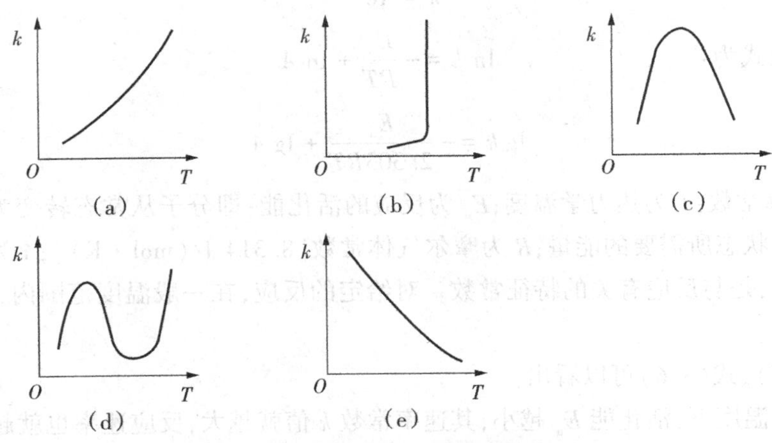

图 3.2　温度影响反应速率的五种不同类型

(a) 常见反应类型；(b) 爆炸反应类型；(c) 酶催化反应类型；
(d) 碳氢化合物的氧化；(e) 一氧化氮氧化成二氧化氮

类型 Ⅰ　温度与反应速率正相关，这类型反应速率随着温度的升高而逐步加快。大多常见的反应都属于此反应类型。

类型Ⅱ 爆炸反应类型，这类反应在低温时反应较为缓慢，达到某一临界值后，反应速率突然增加，引起爆炸。

类型Ⅲ 酶催化反应类型，这类反应通常在某一温度条件下会出现速率极大点。

类型Ⅳ 煤的氧化反应类型，这类反应随着温度的改变既会出现速率极大点，也会出现速率极小点。

类型Ⅴ 温度与反应速率负相关类型，这类反应比较特殊，例如 $2NO + O_2 \longrightarrow 2NO_2$，随着温度升高反应速率反而下降。

本章中我们主要讨论第一种反应类型。

(1)范特霍夫经验规则

1884 年，范特霍夫(Van't Hoff)根据大量的实验数据归纳出温度与反应速率的近似规则，即在其他条件恒定不变的情况下，温度每升高 10 K，反应速率会增大 2 ~ 4 倍，可表示为：

$$\frac{k_{T+10}}{k_T} = 2 \sim 4 \tag{3.4}$$

式中，k_T 和 k_{T+10} 分别表示温度为 T K 和 $(T+10)$ K 时的速率常数，由式(3.4)可近似估算温度对反应速率的影响。

(2)阿仑尼乌斯经验公式

1889 年，瑞典化学家阿仑尼乌斯(S. Arrhenius)提出了著名的反应速率与温度的关系式，即阿仑尼乌斯公式，其数学表达式如下：

$$k = A\mathrm{e}^{-\frac{E_a}{RT}} \tag{3.5}$$

写成对数式为：

$$\ln k = -\frac{E_a}{RT} + \ln A \tag{3.6}$$

或

$$\lg k = -\frac{E_a}{2.303RT} + \lg A \tag{3.7}$$

式中，k 为速率常数；T 为热力学温度；E_a 为反应的活化能；即分子从常态转变为容易发生化学反应的活跃状态所需要的能量；R 为摩尔气体常数[8.314 J/(mol·K)]；A 为指前因子或表观频率因子，是与反应有关的特征常数。对给定的反应，在一般温度范围内，可视 E_a 和 A 各为一定值。

从式(3.5)、式(3.6)可以看出：

①在相同温度下，活化能 E_a 越小，其速率常数 k 值就越大，反应速率也就越快；反之，活化能 E_a 越大，其速率常数 k 值就越小，反应速率也就越慢。

②对同一反应来说，温度越高，速率常数 k 值就越大，反应速率也就越快；反之，温度越低，k 值就越小，反应速率也就越慢。因此阿仑尼乌斯公式不仅说明了反应速率与温度的关系，而且还说明了活化能对反应速率的影响，以及活化能和温度两者与反应速率的关系。

设 k_1 和 k_2 分别表示某一反应在 T_1 和 T_2 时的速率常数,则根据式(3.7)可得:

$$\lg \frac{k_2}{k_1} = \frac{E_a}{2.303R}\left(\frac{T_2 - T_1}{T_1 T_2}\right) \tag{3.8}$$

如果某反应在不同温度下的初始浓度和反应程度都相同,则式(3.8)还可以写成:

$$\lg \frac{t_1}{t_2} = \lg \frac{k_2}{k_1} = \frac{E_a}{2.303R}\left(\frac{T_2 - T_1}{T_1 T_2}\right) \tag{3.9}$$

式中,t_1 为某温度下反应所需时间,t_2 为另一温度下反应所需时间。

阿仑尼乌斯经验方程式提供了计算不同温度下反应速率的具体关系式。阿仑尼乌斯经验方程式和由此引出的活化能概念,对反应速率理论的进一步发展提供了非常有意义的启发,并在此之后得到了广泛的应用。

例 3.3　已知反应 1 的活化能 $E_{a1} = 50\ \mathrm{kJ/mol}$,反应 2 的活化能 $E_{a2} = 100\ \mathrm{kJ/mol}$。试求:(1)由 10 ℃ 升高到 20 ℃;(2)由 60 ℃ 升高到 70 ℃ 时,反应速率常数分别增大了多少倍?从中可以得出什么结论?

解:(1)由 10 ℃ 升高到 20 ℃ 时:

$$\lg \frac{k_2}{k_1} = \frac{E_a}{2.303R}\left(\frac{T_2 - T_1}{T_1 T_2}\right)$$

对于反应 1,$T_2 = 293\ \mathrm{K}$,$T_1 = 283\ \mathrm{K}$,代入得:

$$\lg \frac{k_2}{k_1} = \frac{50 \times 10^3\ \mathrm{J/mol}}{2.303 \times 8.314\ \mathrm{J/(K \cdot mol)}}\left(\frac{10\ \mathrm{K}}{293\ \mathrm{K} \times 283\ \mathrm{K}}\right) = 0.315$$

$\frac{k_2}{k_1} = 2.07$,增大了 $2.07 - 1 = 1.07$ 倍。

对于反应 2,$T_2 = 293\ \mathrm{K}$,$T_1 = 283\ \mathrm{K}$,代入得:

$$\lg \frac{k_2}{k_1} = \frac{100 \times 10^3\ \mathrm{J/mol}}{2.303 \times 8.314\ \mathrm{J/(K \cdot mol)}}\left(\frac{10\ \mathrm{K}}{293\ \mathrm{K} \times 283\ \mathrm{K}}\right) = 0.630$$

$\frac{k_2}{k_1} = 4.27$,增大了 $4.27 - 1 = 3.27$ 倍。

(2)由 60 ℃ 升高到 70 ℃ 时:

$$\lg \frac{k_2}{k_1} = \frac{E_a}{2.303R}\left(\frac{T_2 - T_1}{T_1 T_2}\right)$$

对于反应 1,$T_2 = 343\ \mathrm{K}$,$T_1 = 333\ \mathrm{K}$,代入得:

$$\lg \frac{k_2}{k_1} = \frac{50 \times 10^3\ \mathrm{J/mol}}{2.303 \times 8.314\ \mathrm{J/(K \cdot mol)}}\left(\frac{10\ \mathrm{K}}{343\ \mathrm{K} \times 333\ \mathrm{K}}\right) = 0.229$$

$\frac{k_2}{k_1} = 1.69$,增大了 $1.69 - 1 = 0.69$ 倍。

对于反应 2，$T_2 = 343\ \text{K}, T_1 = 333\ \text{K}$，代入得：

$$\lg \frac{k_2}{k_1} = \frac{100 \times 10^3\ \text{J/mol}}{2.303 \times 8.314\ \text{J/(K} \cdot \text{mol)}}\left(\frac{10\ \text{K}}{343\ \text{K} \times 333\ \text{K}}\right)$$
$$= 0.457$$

$\frac{k_2}{k_1} = 2.86$，增大了 $2.86 - 1 = 1.86$ 倍。

［分析］ 对于反应 1，从 10 ℃ 升高到 20 ℃ 和从 60 ℃ 升高到 70 ℃ 时反应速率分别增大了 1.07 倍和 0.69 倍，对于反应 2，分别增大了 3.27 倍和 1.86 倍。

由此可见，对于同一个反应，在低温时反应速率随温度的变化更为显著；对于活化能不同的反应，升高温度时活化能大的反应其反应速率增加倍数大，即升高温度对活化能大的反应更有利。

3.3.3 催化剂对化学反应速率的影响

催化剂是参与化学反应且能改变化学反应速率，而本身的组成、质量和化学性质在反应前后保持不变的物质。凡是能够加快反应速率的催化剂叫做正催化剂，也就是我们一般所说的催化剂。凡是能够降低反应速率的叫做负催化剂，例如防止塑料老化在高分子材料中加入的添加剂就属于负催化剂。

催化剂的特征如下：

①催化剂可以改变反应机理，降低反应的活化能。

只改变反应途径，不改变反应方向，热力学上非自发的反应，催化剂不能使之变成自发反应。

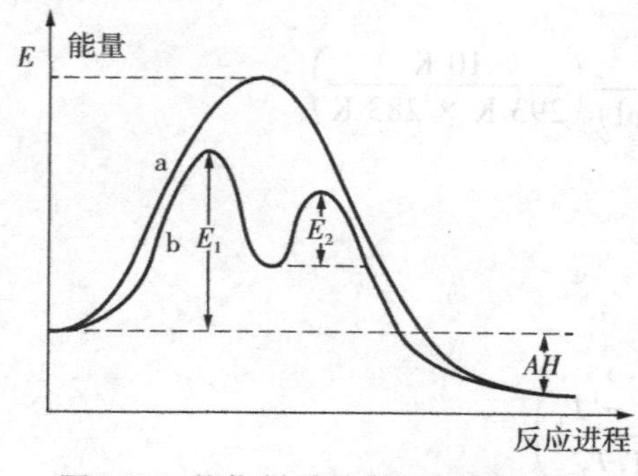

图 3.3 催化剂对反应活化能的影响

如图 3.3 所示，路径 a 为未加催化剂的反应过程，活化能为 E，反应进行较慢；路径 b 为加入催化剂后的反应过程，此时反应分为两步，故存在两个活化能 E_1 和 E_2，图中可以看出反应 $E_1 < E, E_2 < E$，因此加入催化剂后反应活化能降低，反应速率加快。

②催化剂具有特殊的选择性，不同类型的化学反应需要不同的催化剂。

例如，加热氯酸钾制氧气时加入的二氧化锰，在 SO_2 与 O_2 反应生成 SO_3 时加入的五氧化二钒等。对于同样的化学反应，如选用不同的催化剂，可能得到不同的产物。

③催化剂具有稳定性，是指催化剂抵抗中毒和衰老的能力。

催化剂的催化活性因某些物质的作用而剧烈降低的现象叫做催化剂中毒。例如合成氨工业中，O_2、H_2O、CO、CO_2 等气体都会引起铁触媒的中毒，严重影响反应产量，因此在原料气进入反应塔之前，必须经过严格的净化过程。除了中毒现象以外，在使用过程中催化剂结构、表面性质、晶体状态的改变也会使得催化剂的活性降低，这种现象就是催化剂的衰老。所以催化剂一般都有使用期限。

良好的催化剂，必须同时具有优良的催化活性、选择性和稳定性才能在工业生产上具有应用价值。

3.4　化学平衡

在实际工作或生产中，利用化学反应获得预期产物，首先要考虑在指定的条件下反应能否按照预期的方向进行，产物生成率有多大，如何进一步提高产率，应该采取哪些措施，等等，这些都是化学反应的平衡问题。通常，化学反应都具有可逆性，当可逆反应进行到一定的程度，正反应速率和逆反应速率逐渐相等，反应物的浓度和生成物的浓度就不再变化，这种宏观的静止状态就是平衡状态。这一节我们将介绍化学平衡的概念，已达平衡的体系，各组分浓度间所满足的关系式——平衡常数的表达，平衡常数的计算以及影响平衡的因素等。

3.4.1　平衡常数

在一定条件下，化学反应达到平衡态，体系的组分不随时间变化，平衡体系各组分的浓度满足一定的关系，这种关系可用平衡常数来表示。根据平衡常数的定义，标准平衡常数分两类，两者之间可以相互换算。

(1)实验平衡常数

对于一个普通的可逆反应，若用 A 和 B 代表反应物，D 和 E 代表生成物，a、b、d、e 分别代表方程式中 A、B、D、E 的计量系数，则反应方程式可写作：

$$aA + bB \rightleftharpoons dD + eE$$

在温度 T 时，平衡浓度 $c(A)$、$c(B)$、$c(D)$、$c(E)$之间的关系为：

$$K_c = \frac{c_{eq}^{d}(D)\,c_{eq}^{e}(E)}{c_{eq}^{a}(A)\,c_{eq}^{b}(B)} \tag{3.10}$$

式中，K_c 为常数，叫做该反应在温度 T 时的浓度平衡常数。

对于气相物质发生的可逆反应，由于温度一定时，气体的压力与浓度成正比，因此，用分压代替有关物质的浓度，则：

$$aA(g) + bB(g) \rightleftharpoons dD(g) + eE(g)$$

$$K_p=\frac{p_{eq}^d(D)p_{eq}^e(E)}{p_{eq}^a(A)p_{eq}^b(B)} \tag{3.11}$$

式(3.11)中 K_p 表示压力平衡常数。

浓度平衡常数(K_c)和压力平衡常数(K_p)都是反应系统达到平衡时,由实验直接测得的系统中反应物和生成物的平衡浓度或压力数据计算得到,因此称为实验平衡常数或者经验平衡常数,表明在一定条件下,当反应达到平衡时,生成物与反应物的平衡分压或者浓度以物质的计量系数为指数的乘积之比为一个常数。

注意,K_c 和 K_p 的表达式中因有关物质的浓度或压力是有单位的,所以 K_c 和 K_p 既可能有单位,也可能无单位,且随着反应方程式的书写方法不同,量纲也不同,这将为后续的计算带来不便,因此提出了标准平衡常数 $K^{\ominus}$ 的概念。

(2)标准平衡常数

标准平衡常数是通过热力学推导出来的,又称为热力学平衡常数。同样,对于反应

$$a\text{A}+b\text{B}\rightleftharpoons d\text{D}+e\text{E}$$

标准平衡常数表达式中各物质组分的浓度 c_i 均除以标准态时的标准浓度 $c^{\ominus}$(溶液中溶质的标准态指溶质浓度为 $c^{\ominus}=1.0\ \text{mol/L}$)。即

$$K^{\ominus}=\frac{[c_{eq}(D)/c^{\ominus}]^d[c_{eq}(E)/c^{\ominus}]^e}{[c_{eq}(A)/c^{\ominus}]^a[c_{eq}(B)/c^{\ominus}]^b} \tag{3.12}$$

对于气相物质发生的可逆反应

$$a\text{A(g)}+b\text{B(g)}\rightleftharpoons d\text{D(g)}+e\text{E(g)}$$

标准平衡常数表达式中各物质组分的压力 p_i 均除以标准压力 $p^{\ominus}$,即

$$K^{\ominus}=\frac{[p_{eq}(D)/p^{\ominus}]^d[p_{eq}(E)/p^{\ominus}]^e}{[p_{eq}(A)/p^{\ominus}]^a[p_{eq}(B)/p^{\ominus}]^b} \tag{3.13}$$

由式(3.12)和式(3.13)可知,标准平衡常数的量纲为1。在热力学中,标准平衡常数 $K^{\ominus}$ 简称平衡常数,平衡常数是表征化学反应进行到最大限度时反应进行程度的一个常数。对于同一类型的反应,在给定反应条件下,$K^{\ominus}$ 的值越大,表明正反应进行得越完全。在一定的温度下,对于不同反应,各有其特定的 $K^{\ominus}$ 值。对于指定的反应,其平衡常数 $K^{\ominus}$ 的值只是温度的函数,而与参与平衡的物质的量无关。

由热力学第二定律原理可知,达到平衡状态时,反应的摩尔吉布斯自由能 $\Delta_r G_m=0$ 代入范特霍夫(van't Hoff)等温方程式(2.22)可得:

$$\Delta_r G_m^{\ominus}(T)=-RT\ln K^{\ominus}(T)\text{或}\ln K^{\ominus}(T)=\frac{-\Delta_r G_m^{\ominus}(T)}{RT} \tag{3.14}$$

即

$$\lg K^{\ominus}(\text{T})=-\frac{\Delta_r G_m^{\ominus}(T)}{2.303RT} \tag{3.15}$$

通过反应熵 Q 和标准平衡常数 $K^{\ominus}$ 的比较,也可以判断指定条件下反应自发进行的方向和限度:

若 $K^{\ominus} > Q$,则 $\Delta_r G_m < 0$,反应可自发进行;

若 $K^{\ominus} = Q$,则 $\Delta_r G_m = 0$,反应达平衡;

若 $K^{\ominus} < Q$,则 $\Delta_r G_m > 0$,反应逆向自发进行。

书写平衡常数表达式时应注意以下几点:

①平衡常数 $K^{\ominus}$ 的表达式与反应方程式的书写方式有关。

例:

$$N_2O_4(g) = 2NO_2(g) \qquad (1)$$

$$K_{p(1)} = \{p(NO_2)\}^2 / p(N_2O_4)$$

$$\frac{1}{2}N_2O_4(g) = NO_2(g) \qquad (2)$$

$$K_{p(2)} = p(NO_2) / \{p(N_2O_4)\}^{1/2}$$

②如果反应中有纯固体或纯液体参加,它们的浓度或分压不写入平衡常数表达式。例如:

$$CaCO_3(s) \longrightarrow CaO(s) + CO_2(g)$$

$$K_p = p(CO_2), K_c = c(CO_2), K^{\ominus} = \frac{p(CO_2)}{p^{\ominus}}$$

(3)多重平衡规则

如果一个总反应为两个或多个反应的总和,则总反应的平衡常数等于各分步反应的平衡常数之积:$K_{总}^{\ominus} = K_1^{\ominus}K_2^{\ominus}K_3^{\ominus}\cdots$,这叫做多重平衡规则。例如:

反应　$2NO(g) + 2H_2(g) \longrightarrow N_2(g) + 2H_2O(g)$

该反应分两步进行:

$$2NO(g) + H_2(g) \longrightarrow N_2(g) + H_2O_2(g) \quad (1)$$

$$H_2O_2(g) + H_2(g) \longrightarrow 2H_2O(g) \qquad (2)$$

其中

$$K_{p_1} = \frac{p(N_2) \cdot p(H_2O_2)}{p(NO)^2 \cdot p(H_2)}$$

$$K_{p_2} = \frac{p(H_2O)^2}{p(H_2O_2) \cdot p(H_2)}$$

而总反应的平衡常数　$K_p = \dfrac{p(N_2) \cdot p(H_2O)^2}{p(NO)^2 \cdot p(H_2)^2} = K_{p_1} \cdot K_{p_2}$

许多反应的平衡常数较难测得,可以利用多重平衡规则,利用已知的有关反应的平衡常数计算出来。

例 3.4　写出下列各化学反应的标准平衡常数表示式。

(1)$NH_4Cl(s) \rightleftharpoons NH_3(g) + HCl(g)$;

(2)$Cr_2O_7^{2-} + H_2O \rightleftharpoons 2CrO_4^{2-} + 2H^+$;

(3)$C_2H_5OH + CH_3COOH \rightleftharpoons CH_3COOC_2H_5 + H_2O$。

解:(1)$NH_4Cl(s) \rightleftharpoons NH_3(g) + HCl(g)$

$$K^{\ominus} = [p_{eq(NH_3)}/p^{\ominus}][p_{eq(HCl)}/p^{\ominus}]$$

(2) $Cr_2O_7^{2-} + H_2O \rightleftharpoons 2CrO_4^{2-} + 2H^+$

$$K^{\ominus} = \frac{[c_{eq(CrO_4^{2-})}/c^{\ominus}]^2 \cdot [c_{eq(H^+)}/c^{\ominus}]^2}{[c_{eq(Cr_2O_7^{2-})}/c^{\ominus}]}$$

(3) $C_2H_5OH + CH_3COOH \rightleftharpoons CH_3COOC_2H_5 + H_2O$

$$K^{\ominus} = \frac{[c_{eq}(CH_3COOC_2H_5)/c^{\ominus}] \cdot [c_{eq}(H_2O)/c^{\ominus}]}{[c_{eq}(C_2H_5OH)/c^{\ominus}] \cdot [c_{eq}(CH_3COOH)/c^{\ominus}]}$$

例 3.5 在 1.0 L 的容器中，装有 0.1 mol HI，745 K 条件下发生下述反应：

$$2HI(g) \rightleftharpoons H_2(g) + I_2(g)$$

产生紫色 I_2 蒸气，测得 HI 平衡转化率为 22%，求此条件下实验平衡常数 K_p 和标准平衡常数 $K^{\ominus}$。

解：

	$2HI(g)$	$\rightleftharpoons$ $H_2(g)$	+ $I_2(g)$
初始物质的量 / mol	0.1	0	0
平衡时物质的量 / mol	$0.1 - 2x$	x	x

则：平衡时物质的总量

$$n_{总} = (0.1 - 2x + x + x)\ \text{mol} = 0.1\ \text{mol}$$

因为平衡转化率为 22%，$\frac{2x}{0.1} = 22\% = 0.22$

所以 $x = 0.011$

所以 $n(HI) = (0.1 - 2x)\ \text{mol} = (0.1 - 2 \times 0.011)\ \text{mol} = 0.078\ \text{mol}$

$n(H_2) = n(I_2) = 0.011\ \text{mol}$

所以 $p_{(HI)} = p_{总} \times \frac{0.078}{0.1}$，$p_{(H_2)} = p_{(I_2)} = p_{总} \times \frac{0.011}{0.1}$

$$K_p = \frac{p_{(H_2)}p_{(I_2)}}{p^2_{(HI)}} = \frac{\left(\frac{0.011}{0.1}p_{总}\right)\left(0.1\frac{0.011}{0.1}p_{总}\right)}{\left(\frac{0.078}{0.1}p_{总}\right)^2} = 0.0199$$

$$K^{\ominus} = K_p(p^{\ominus})^{-\Delta\nu} = 0.0199$$

例 3.6 查表求反应 $CO(g) + H_2O(g) \rightleftharpoons CO_2(g) + H_2(g)$ 在 298.15 K 时的标准平衡常数 $K^{\ominus}$。

解：查表得：

	$CO(g)$	$H_2O(g)$	$CO_2(g)$	$H_2(g)$
$\Delta_f G_m^{\ominus}$(kJ/mol)	−137.2	−228.4	−394.4	0

所以 $\Delta_r G_m^{\ominus}(298.15\ \text{K}) = (-394.4) + 0 - (-137.2) - (-228.4)]\ \text{kJ/mol}$

$= -28.8\ \text{kJ/mol}$

将 $\Delta_r G_m^{\ominus}(298.15\ \text{K})$ 代入　$\Delta_r G_m^{\ominus}(T) = -RT\ln K^{\ominus} = -2.303RT\lg K^{\ominus}$

得：
$$\lg K^{\ominus}=\frac{-28.8\times10^{3}}{-2.303\times8.314\times298.15}=5.04$$
$$K^{\ominus}=1.09\times10^{5}$$

例3.7 298 K时反应：

$$4NH_3(g,10.13\ kPa)+5O_2(g,1\ 013\ kPa)\rightleftharpoons 4NO(g,202.6\ kPa)+6H_2O(g,101.3\ kPa)$$

已知 $\Delta_r G_m^{\ominus}=-958.3$ kJ/mol，求 $\Delta_r G_m$ 并判断此时反应的方向。

解：先求 Q_p：

$$Q_p=\frac{(202.6/101.3\ kPa)^4(101.3/101.3\ kPa)^6}{(10.13/101.3\ kPa)^4(1\ 013/101.3\ kPa)^5}$$
$$=\frac{(2.0)^4(1.0)^6}{(0.1)^4(10)^5}=1.6$$

由式(2.23)和式(3.14)可得：

$$\Delta_r G_m(T)=-RT\ln K_p^{\ominus}+RT\ln Q,\Delta_r G_m^{\ominus}(T)=-RT\ln K_p^{\ominus}$$

所以 $\Delta_r G_m=-958.3\ kJ/mol+8.314\times298\times10^{-3}\ kJ/mol\ \ln 1.6$
$$=-957.1\ kJ/mol<0$$

表明此时正反应自发进行。

3.4.2 化学平衡的移动

化学平衡是在一定条件下的动态平衡，是相对的和暂时的，一旦外界的条件(如浓度、压力、温度等)发生变化，平衡就会遭到破坏，直到新的条件下重新建立平衡。这种因为外界条件的改变，使得可逆反应从原有的平衡转变到新的平衡状态的过程称为化学平衡的移动。所有的平衡移动都遵循勒夏特列(Le Chatelier)原理：如果改变影响平衡体系的一个因素(如浓度、压力、温度等)，平衡将沿着能够减弱这个改变的方向移动。勒夏特列原理是各种科学原理中使用范围最广的原理之一，除化学平衡外，还适用于物理、生物领域以及其他平衡系统。

化学反应处于平衡状态时 $K^{\ominus}=Q$，因此若反应条件改变，$K^{\ominus}\neq Q$，此时平衡被破坏，反应向正向(或逆向)进行，直到建立新的平衡。因此化学平衡的移动实际上就是反应的条件发生改变后，再一次考虑化学反应方向和限度的问题，根据 $K^{\ominus}$ 和 Q 的大小判断化学平衡移动的方向。温度的变化，$K^{\ominus}$ 发生变化，也会使得 $K^{\ominus}\neq Q$，从而导致平衡移动。

(1)浓度对化学平衡的影响

平衡状态下 $K^{\ominus}=Q$，若增加反应物的浓度或减小生成物的浓度，Q 值减小，使得 $Q<K^{\ominus}$，则 $\Delta_r G_m(T)<0$，系统不再处于平衡状态，反应正向进行。提高反应物的转化率；同理，当增加生成物的浓度或减小反应物的浓度时，Q 值变大，使得 $Q>K^{\ominus}$，则 $\Delta_r G_m(T)>0$，反应逆向进行，直到建立新的平衡。

(2)压力对化学平衡的影响

改变压力实质是改变浓度,压力变化对平衡的影响实质是通过浓度的变化起作用的。压力的改变对于没有气体参与的化学反应影响较小。

对于有气体参与的反应,尤其是反应前后气体的物质的量有变化的反应影响较大。在等温条件下,增大系统总压力,平衡将向气体分子数目减少的方向移动;减小系统总压力,平衡向气体分子数目增多的方向移动。如果气体反应中反应物的气体分子总数和生成物气体分子总数相等,那么增大或减小总压力,对平衡没有影响,即平衡不发生移动。

(3)温度对化学平衡的影响

温度对化学平衡的影响与浓度、压力对化学平衡的影响有着本质的区别。在一定温度下,浓度或者压力的改变导致反应体系组成发生改变,进而导致平衡发生移动,但是整个过程中平衡常数不发生改变。而温度对化学平衡的影响却是通过改变平衡常数来导致平衡发生移动的。

通过热力学公式的有关推导可以得到不同温度下,平衡常数与温度的关系:

$$\ln\frac{K_2^{\ominus}}{K_1^{\ominus}}=\frac{\Delta_r H_m^{\ominus}}{R}\left(\frac{T_2-T_1}{T_1\cdot T_2}\right) \tag{3.16}$$

由式(3.16)可以看出,对于吸热反应 $\Delta_r H_m^{\ominus}>0$,升高系统的温度,平衡常数值变大,平衡向吸热方向移动;而降低温度,平衡常数值变小,平衡向放热方向移动。对于放热反应 $\Delta_r H_m^{\ominus}<0$,升高温度,平衡常数值变小,平衡向吸热方向移动;而降低温度,平衡常数值变大,平衡向放热方向移动。

例 3.8 已知 $CaCO_3(s) \rightleftharpoons CaO(s) + CO_2(g)$ 在 973 K 时,$K^{\ominus}=3.00\times10^{-2}$,在 1 173 K 时 $K^{\ominus}=1.00$,问:

(1)上述反应是吸热反应还是放热反应?

(2)该反应的 $\Delta_r H_m^{\ominus}$ 是多少?

解:(1)由题意可以看出,温度升高,$K_p^{\ominus}$ 增大,根据勒夏特列原理,可以判知该反应为吸热反应。

(2)根据 $\lg\dfrac{K_2^{\ominus}}{K_1^{\ominus}}=\dfrac{\Delta_r H_m^{\ominus}}{2.303R}\left(\dfrac{T_2-T_1}{T_1 T_2}\right)$

得:

$$\lg\frac{1.00}{3.00\times10^{-2}}=\frac{\Delta_r H_m^{\ominus}}{2.303R}\left(\frac{1\,173-973}{1\,173\times973}\right)$$

所以

$$\Delta_r H_m^{\ominus}=1.66\times10^2\ \text{kJ/mol}$$

习 题

1. 何为基元反应,如何书写基元反应的速率方程式?

2. 何为反应级数,如何确定反应级数?

3. 影响反应速率的因素有哪些? 举例说明。

4. 设反应 $A + 3B \longrightarrow 3C$ 在某瞬间时 $c(C) = 3\ mol/dm^3$,经过 2 s 时 $c(C) = 6\ mol/dm^3$,问在 2 s 内,分别以 A、B 和 C 表示反应的速率 ν_A、ν_B、ν_C 各为多少?

5. 下列反应为基元反应

(1)$I + H \longrightarrow HI$;

(2)$I_2 \longrightarrow 2I$;

(3)$Cl + CH_4 \longrightarrow CH_3 + HCl$

写出上述各反应的质量作用定律表达式。它们的反应级数各为多少?

6. 根据实验结果,在高温时焦炭与二氧化碳的反应为:

$$C(s) + CO_2 \longrightarrow 2CO(g)$$

其活化能为 167 360 J/mol,计算自 900 K 升高到 1 000 K 时,反应速率之比。

7. 在301 K时鲜牛奶大约4.0 h变酸,但在278 K的冰箱中可保持48 h。假定反应速率与变酸时间成反比,求牛奶变酸反应的活化能。

8. 已知反应 $N_2O_4(g) \longrightarrow 2NO_2(g)$的指前因子 $A = 1 \times 1\ 022\ s^{-1}$,活化能 $E_a = 5.44 \times 10^4$ J/mol,求此反应在 298 K 时的 k 值是多少?

9. 写出下列各反应的 K_p, $K^{\ominus}$ 表达式。

(1)$NOCl(g) \rightleftharpoons \frac{1}{2}N_2(g) + \frac{1}{2}Cl_2(g) + \frac{1}{2}O_2(g)$;

(2)$Al_2O_3(s) + 3H_2(g) \rightleftharpoons 2Al(s) + 3H_2O(g)$;

(3)$NH_4Cl(s) \rightleftharpoons HCl(g) + NH_3(g)$;

(4)$2H_2O_2(g) \rightleftharpoons 2H_2O(g) + O_2(g)$;

(5)$2NaHCO_3(s) \rightleftharpoons Na_2CO_3(s) + CO_2(g) + H_2O(g)$。

10. 已知反应

(1)$H_2(g) + S(s) \rightleftharpoons H_2S(g)$, $K^{\ominus}_{(1)} = 1.0 \times 10^{-3}$

(2)$S(s) + O_2(g) \rightleftharpoons SO_2(g)$, $K^{\ominus}_{(2)} = 5.0 \times 10^6$

计算下列反应的 $K^{\ominus}$ 值。

$$H_2(g) + SO_2(g) \rightleftharpoons H_2S(g) + O_2(g)$$

11. 空气中单质氮变成各种含氮化合物的反应称为固氮反应。根据 $\Delta_f G^{\ominus}_m$,计算下列3种固氮反应的 $\Delta_r G^{\ominus}_m(298\ K)$ 及 $K^{\ominus}$。从热力学的角度看选择哪一个反应最好。

(1)$N_2(g) + O_2(g) \rightleftharpoons 2NO(g)$;

(2)$2N_2(g) + O_2(g) \rightleftharpoons 2N_2O(g)$;

(3)$N_2(g) + 3H_2(g) \rightleftharpoons 2NH_3(g)$。

12. 有反应

$$PCl_5(g) \rightleftharpoons PCl_3(g) + Cl_2(g)$$

(1)计算在 298.15 K 时该反应的 $\Delta_r G^{\ominus}_m(298\ K)$ 及 $K^{\ominus}$ 值;

(2)近似计算在 800 K 时反应的 $K^{\ominus}$。

13. 已知 $\frac{1}{2}H_2(g)+\frac{1}{2}Cl_2(g) \rightleftharpoons HCl(g)$ 在 298.15 K 时，$K^{\ominus}=4.97\times10^{16}$，$\Delta_r G_m^{\ominus}(298\ K)=-92.307\ kJ/mol$，求 500 K 时的 $K^{\ominus}$ 值。

14. 设汽车内燃机内温度因燃料燃烧反应达到 1 300 ℃，试估算下列反应在 25 ℃ 和 1 300 ℃ 时 $\Delta_r G_m^{\ominus}$ 及 $K^{\ominus}$ 值，并联系反应速率简单说明在大气污染中的影响。

$$\frac{1}{2}N_2(g)+\frac{1}{2}O_2(g) \rightleftharpoons NO(g)$$

第4章 氧化还原反应与电化学

氧化还原反应是一类重要而常见的化学反应。这类反应和前面讲过的质子传递反应(酸碱反应)不同,质子传递反应在反应的前后发生质子的转移;而氧化还原反应在反应过程中发生电子的转移或偏移。

利用自发氧化还原反应产生电流的装置叫做原电池;利用电流促使非自发氧化还原反应发生的装置叫做电解池。原电池和电解池统称为化学电池。研究化学电池中氧化还原反应过程以及电能和化学能相互转化的科学称为电化学。

4.1 氧化还原反应

4.1.1 氧化数

在反应过程中发生了电子传递的一类反应称为氧化还原反应。为了方便描述氧化还原中的变化和正确书写氧化还原平衡方程式,引入氧化数的概念。

假设把化合物中的成键电子都归于电负性较大的原子,化合物中各个原子所带的电荷(或形式电荷)数就是该元素的氧化数。例如,在KCl分子中氯元素的电负性比钾大,成键电子对归电负性大的氯原子,所以氯原子获得一个电子,氧化数为 -1,钠的氧化数为 +1;在H_2O分子中,两对成键电子都归电负性大的氧原子所有,因而氧的氧化数为 -2,氢的氧化数为 +1。氧化数的概念与化合价不同,后者只能是整数,而氧化数可以是分数。

确定氧化数的一般规则是:

①单质中元素的氧化数为零。

②氧在化合物中的氧化数一般为 -2,在OF_2 中为 +2;在过氧化物(如H_2O_2、Na_2O_2)中为 -1,在超氧化物(如KO_2)中为 -1/2。

③氢在化合物中的氧化数一般为 +1。在与活泼金属生成的离子型氢化物(如NaH、CaH_2)中为 -1。

④碱金属和碱土金属在化合物中的氧化数分别为 +1 和 +2;氟的氧化数是 -1。

⑤在任何化合物分子中各元素氧化数的代数和都等于零;在多原子离子中各元素氧化数的代数和等于该离子所带电荷数。

4.1.2 氧化与还原

氧化还原反应是伴随着电子得失,反应前后相应元素氧化数发生改变的一类反应,例如:

$$Fe(s) + Cu^{2+} \rightleftharpoons Fe^{2+} + Cu(s)$$

在反应中,Fe给出电子,氧化数由0升到 +2,氧化数升高的过程叫氧化;Cu^{2+} 得到电子,氧化数由 +2 降低到0,氧化数降低的过程叫还原。Cu^{2+} 是氧化剂,Fe是还原剂。氧化剂在反应中得到电子,使还原剂氧化而本身被还原;还原剂在反应中失去电子,使氧化剂还原而本身被氧化。整个氧化还原反应可分解为氧化与还原两个半反应:

氧化半反应　$Fe(s) \longrightarrow Fe^{2+} + 2e^-$

还原半反应　$Cu^{2+} + 2e^- \longrightarrow Cu(s)$

在半反应中,同一种元素的不同氧化态物质构成一个氧化还原电对,其中,高氧化数的物质称为氧化型,低氧化数的物质称为还原型,电对一般表示为:氧化型/还原型。例如 Fe^{2+}/Fe、Cu^{2+}/Cu 等。

氧化半反应和还原半反应相加构成一个氧化还原反应,氧化还原反应一般可写成:

$$\text{还原型(I)} + \text{氧化型(II)} \rightleftharpoons \text{氧化型(I)} + \text{还原型(II)}$$

Ⅰ和Ⅱ分别表示其所对应的两种物质构成的不同电对,氧化反应和还原反应总是同时发生,相辅相成。

4.1.3 氧化还原反应方程式的配平

配平氧化还原方程式,首先要知道在反应条件(如温度、压力、介质的酸碱性)下,氧化剂的还原产物和还原剂的氧化产物,然后再根据氧化剂和还原剂氧化数变化相等的原则,或氧化剂和还原剂得失电子数相等的原则进行配平。前者称为氧化数法,后者称为离子-电子法。在此主要介绍后一种方法。

下面以重铬酸钾和硫酸亚铁在硫酸溶液中的反应为例,说明用离子-电子法配平氧化还原反应方程式的具体步骤。

$$K_2Cr_2O_7 + FeSO_4 + H_2SO_4 \longrightarrow Cr_2(SO)_4)_3 + Fe_2(SO_4)_3 + K_2SO_4$$

第一步,将发生电子转移的反应物和生成物以离子形式列出:

$$Cr_2O_7^{2-} + Fe^{2+} \longrightarrow Cr^{3+} + Fe^{3+}$$

第二步,将氧化还原反应分成两个半反应式:

还原　$Cr_2O_7^{2-} \longrightarrow Cr^{3+}$

氧化　$Fe^{2+} \longrightarrow Fe^{3+}$

第三步，配平半反应式，使半反应两边的原子数和电荷数相等。

还原半反应　　$Cr_2O_7^{2-} + 14H^+ + 6e^- \longrightarrow 2Cr^{3+} + 7H_2O$

反应式中产物Cr^{3+}和反应物$Cr_2O_7^{2-}$比较，应在Cr^{3+}前加上系数2，$Cr_2O_7^{2-}$被还原成Cr^{3+}，2个铬的氧化数共降低了6，因此在左边需加6个电子，反应在酸性介质中进行，配平反应时在多氧的一边加H^+，少氧的一边加H_2O，由电荷数相等可知在H^+前加14，在H_2O前加7，这样半反应两边的原子数和电荷数相等，半反应式配平。

氧化半反应　　$Fe^{2+} \longrightarrow Fe^{3+} + e^-$

氧化半反应中Fe^{2+}比Fe^{3+}的氧化数少1，在生成物这边加一个电子就配平了该反应。

第四步，根据氧化剂获得的电子数和还原剂失去的电子数必须相等的原则，求出两个半反应式中得失电子的最小公倍数，将两个半反应式各自乘以相应的系数，然后相加消去电子就可得到配平的离子方程式：

$$\begin{array}{rl} & 1 \times Cr_2O_7^{2-} + 14H^+ + 6e^- \longrightarrow 2Cr^{3+} + 7H_2O \\ +) & 6 \times Fe^{2+} \longrightarrow Fe^{3+} + e^- \\ \hline & Cr_2O_7^{2-} + 14H^+ + 6Fe^{2+} = 2Cr^{3+} + 6Fe^{3+} + 7H_2O \end{array}$$

第五步，在离子反应式中添上不参加反应的反应物和生成物的离子，并写出相应的分子式，就得到配平的反应方程式：

$$K_2Cr_2O_7 + 6FeSO_4 + 7H_2SO_4 = 2Cr_2(SO_4)_3 + 3Fe_2(SO_4)_3 + K_2SO_4 + 7H_2O$$

通常，第五步可以省略。

4.2　电解质溶液的导电机理与法拉第定律

4.2.1　电解质溶液的导电机理

能导电的物质称为导电体，简称导体。导体主要有两类：一类是电子导体（也称第一类导体），如金属、石墨及某些金属化合物，其导电主要靠自由电子定向运动；另一类为离子导体（也称第二类导体），它依靠离子的定向运动（即离子的定向迁移）而导电，例如电解质溶液或熔融的电解质等。在外加电场作用下，电解质溶液中解离的正、负离子向两极定向移动，并在电极表面发生氧化或还原反应。当温度升高时，溶液的黏度降低，离子运动速度加快，所以离子导体导电能力随温度升高而增强。

将两个第一类导体作为电极浸入电解质溶液，在两极间外加直流电源，这样的装置称为电解池,其中与外电源正极相连的电极称阳极,在该电极上发生氧化反应;与外电源负极相连的电极称阴极,在该电极上发生还原反应。电解池示意图如图4.1所示。

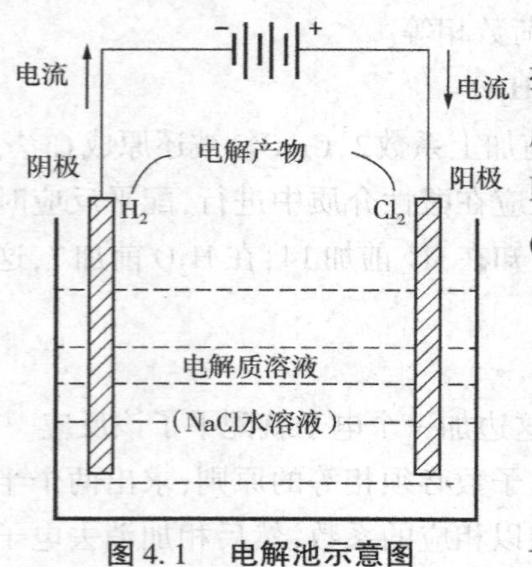

图4.1 电解池示意图

例如,将NaCl的水溶液置于图4.1所示的电解池中,插入两个石墨或惰性金属做的电极,并加以一定的直流电压。NaCl的水溶液中有NaCl解离的Na^+、Cl^-和水解离的H^+、OH^-。在电场的作用下,Na^+和H^+向阴极运动,Cl^-和OH^-向阳极运动,同时在两极上发生下列反应:

阳极　氧化反应　$2Cl^- \longrightarrow Cl_2(g) + 2e^-$

阴极　还原反应　$2H^+ + 2e^- \longrightarrow H_2(g)$

总反应　$2Cl^- + 2H^+ = Cl_2(g) + H_2(g)$

在上述装置中,由于Cl^-移向阳极并在电极上放出电子发生氧化反应,H^+移向阴极并在电极上得到电子发生还原反应,就使电流通过了电解质溶液,同时也发生了化学反应,产生了氢气和氯气。如果电极上的外加电压较低,溶液中的离子虽能定向移动,但在电极上没有氧化、还原反应发生,电流仍不能通过溶液。

4.2.2 法拉第电解定律

法拉第(Faraday)归纳了多次实验的结果,于1833年总结了一条基本规律,称为法拉第定律:通电于电解质溶液之后,在电极上发生化学变化的物质,其物质的量与通入的电量成正比;若将几个电解池串联,通入一定的电量后,在各个电解池的电极上发生反应的物质其物质的量相同。

如果电极上发生如下反应:

$$B^{z+} + ze^- \longrightarrow B(s)$$

当反应进度$\xi = 1$ mol时,从溶液中析出1 mol金属,需通入的电量为:

$$Q = zeL = zF$$

式中,z为电极反应的电子转移数;e为元电荷的电量;L为阿伏伽德罗常数;F为1 mol电子的电量,称法拉第常数。

$$F = Le = 6.022 \times 10^{23}\,\text{mol} \times 1.6022 \times 10^{-19}\,\text{C} = 96\,484.5\ \text{C/mol} \approx 96\,500\ \text{C/mol}$$

若反应进度为ξ时,通入的电量为:

$$Q = zF\xi$$

通入电量Q,沉积出的金属的物质的量为:

$$n_B = \xi\nu_B = \frac{Q}{zF} \tag{4.1}$$

或

$$m_B = \frac{Q}{zF}M_B \tag{4.2}$$

式中，M_B 为金属 B 的摩尔质量。

式(4.1)和式(4.2)为法拉第定律的数学表达式，它概括了法拉第定律的两条文字表述。

在实际电解过程中，电极上常有副反应发生，所以实际通过的电流并非全部用在所需电解的某一种产物上。把实际产量与理论产量之比称为电流效率 η。

$$\eta = \frac{\text{电极上实际析出某物质的量}}{\text{按法拉第定律应析出该物质的量}}$$

例 4.1 在 $10 \times 10\ cm^2$ 的薄铜片两面镀上 0.005 cm 厚的 Ni 层[镀液用 $Ni(NO_3)_2$]，假定镀层能均匀分布，用 2.0 A 的电流强度需通电多长时间？设电流效率为 96.0%，已知金属 Ni 的密度为 $8.9\ g/cm^3$，Ni 的摩尔质量为 58.699 g/mol。

解：电镀层中 Ni 的物质的量为：

$$n = \frac{(10 \times 10)\ cm^2 \times 2 \times 0.005\ cm \times 8.9\ g/cm^3}{58.69\ g/mol} = 0.151\,6\ mol$$

电极反应为：　　$Ni^{2+} + 2e^- \longrightarrow Ni(s)$

则所需的电量：$Q = nzF/0.96 = 0.151\,6\ mol \times 2 \times 96\,500\ C/mol/0.96 = 3.05 \times 10^4\ C$

通电所需的时间：$t = Q/I = 3.05 \times 10^4\ C/2.0\ A = 15\,250\ s = 4.24\ h$

4.3 电解质溶液的电导

4.3.1 电导、电导率、摩尔电导率

物体导电的能力可用电阻 R 或电导 G 来表示。电导是电阻的倒数，单位为西门子，用 S 或 Ω^{-1} 表示。

若导体的截面积均匀，其电阻与长度 L 和截面积 A 的关系为 $R = \rho \cdot L/A$，ρ 为电阻率，所以：

$$G = \frac{1}{\rho} \times \frac{A}{L} = k\frac{A}{L} \tag{4.3}$$

式中，比例常数 $k = 1/\rho$，称为电导率。电导率可看作是长 1 m、截面积为 $1\ m^2$ 的导体的电导。k 的单位是 S/m 或 $\Omega^{-1} \cdot m^{-1}$。

为了比较电解质溶液的导电能力，还常使用摩尔电导率 Λ_m。摩尔电导率是指把含有 1 mol 电解质的溶液置于相距为 1 m 的两个平行电极之间，这时所具有的电导，用 Λ_m 表示。因为含 1 mol 电解质的溶液体积 V 等于电解质溶液物质的量浓度的倒数，即 $V = 1/c$，而电导率是相距 1 m 的两个平行电极板间 $1\ m^3$ 溶液的电导，所以 Λ_m 的计算如式(4.4)所示：

$$\Lambda_m = kV = \frac{k}{c} \tag{4.4}$$

Λ_m 的单位为 $S \cdot m^2/mol$。

由于习惯上浓度 c 采用 mol/dm^3，故 $\Lambda_m = k \times 10^{-3}/c$。另外，在使用摩尔电导率这个量时，应将浓度为 c 的物质基本单元置于 Λ_m 后括号中。如 $\Lambda_m(1/2\ CuSO_4)$ 与 $\Lambda_m(CuSO_4)$ 都可称为摩尔电导率，但是所取的基本单元不同，显然：

$$\Lambda_m(CuSO_4) = 2\Lambda_m\left(\frac{1}{2}CuSO_4\right)$$

由于摩尔电导率指定了溶液中电解质的数量为 1 mol，这样用 Λ_m 来比较不同类型的电解质的导电能力比用电导率更方便。

4.3.2 电导的测定

电导是电阻的倒数，测定电导实际上就是测定导体的电阻。测定电阻可用交流惠斯顿电桥，电导测定示意图如图 4.2 所示。

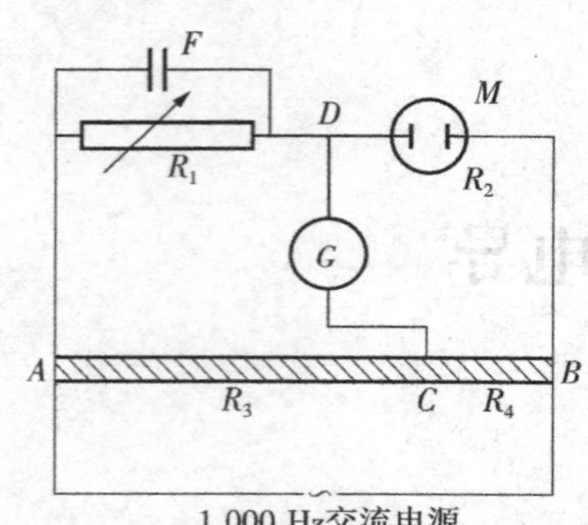

图 4.2 电导测定示意图

图中 AB 为均匀滑线电阻，R_1 为可变电阻，在可变电阻上并联一个电容 F 是为了与电导池阻抗平衡。M 为放有待测溶液的电导池，设其电阻为 R_x。为了减少极化和增大电极表面积，电导池中的两个电极用镀铂黑的铂电极。G 为阴极示波器（或耳机）。电源为 1 000 Hz 左右的交流电源，不用直流电源是因为直流电通过电解质溶液时会有电化学反应发生，影响测定。接通电源后，移动触点 C，直到示波器中无电流通过（或耳机中声音最小）为止。这时 D、C 两点的电位相等，电桥达平衡，有 $\frac{R_1}{R_3} = \frac{R_x}{R_4}$，电导池的电导为：

$$G = \frac{1}{R_x} = \frac{R_3}{R_4 R_1} = \frac{AC}{BC} \cdot \frac{1}{R_1}$$

如果再知道电极间的距离、电极面积和溶液的浓度，由式（4.3）和式（4.4）可求得电解质溶液的 k、Λ_m 等物理量。但电导池中两极之间的距离 l 和电极面积 A 是很难直接准确测量的。通常是把已知电导率的溶液（如一定浓度的 KCl 溶液）注入电导池，测其电阻，根据式（4.3）就可确定 l/A 的值，该值称为电导池常数，用 K 表示，即

$$K = \frac{l}{A} \tag{4.5}$$

由式（4.3）可得：

$$k = G\frac{l}{A} = GK \tag{4.6}$$

不同浓度的 KCl 溶液的电导率已准确测定。298.15 K 时 KCl 溶液的电导率见表 4.1。

表 4.1　298.15 K 时 KCl 溶液的电导率

c(mol/dm^3)	0.001	0.01	0.1	1.0
k(S/m)	0.014 7	0.141 1	1.289	11.2
Λ_m(S · m^2/mol)	0.014 7	0.014 11	0.012 9	0.011 2

例 4.2　298.15 K 时在一电导池中装有 0.01 mol/dm^3 的 KCl 溶液，测得电阻为 150.00 Ω；用同一电导池装有 0.01 mol/dm^3 的 HCl 溶液时，测得电阻为 51.40 Ω，求 HCl 溶液的电导率和摩尔电导率。

解：由表 4.1 得知 298.15 K 时 0.01 mol/dm^{3}KCl 溶液的电导率是 0.141 1 S/m，由式(4.6)知该电导池常数为：

$$K = \frac{k}{G} = kR = 0.141\ 1\ \text{S/m} \times 150.00\ \Omega = 21.17\ \text{m}^{-1}$$

所以 298.15 K 时 0.01 mol/dm^3 的 HCl 溶液的电导率 k 和摩尔电导率 Λ_m 分别为：

$$K = GK = \frac{1}{R}K = \frac{1}{51.40\ \Omega} \times 27.17\ \text{m}^{-1} = 0.411\ 9\ \text{S/m}$$

$$\Lambda_m = \frac{k}{c} = \frac{0.411\ 9\ \text{S/m}}{0.01 \times 10^3\ \text{mol/m}^3} = 4.119 \times 10^{-2}\ \text{S} \cdot \text{m}^2/\text{mol}$$

4.3.3　摩尔电导与浓度的关系

实验证明，电解质溶液的摩尔电导率随浓度 c 的降低而增大。一些电解质水溶液的摩尔电导与$\sqrt{c}$ 的关系示意图如图 4.3 所示。从图中可以看出，对强电解质，在很稀的溶液中 Λ_m 与$\sqrt{c}$ 成直线关系。

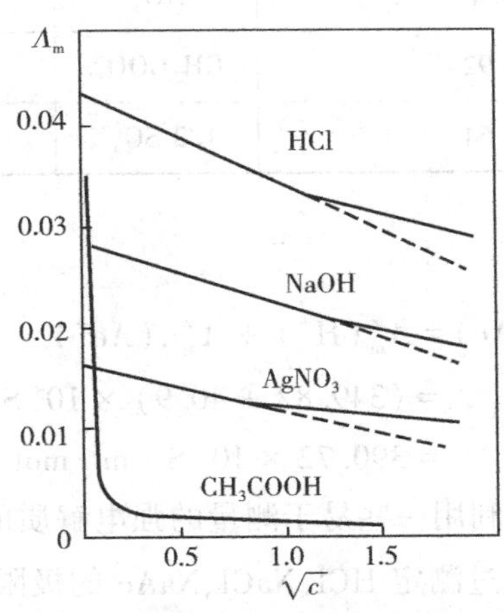

图 4.3　一些电解质水溶液的摩尔电导与$\sqrt{c}$ 的关系示意图

科尔劳施(Kohlrausch)根据实验结果总结出适用于浓度极稀的强电解质溶液的公式如下:

$$\Lambda_m = \Lambda_m^{\infty} - A\sqrt{c} \tag{4.7}$$

式中,Λ_m^{∞} 为无限稀释时的摩尔电导率,称为极限摩尔电导率。用 Λ_m 对 $\sqrt{c}$ 作图,再外推到 $c = 0$,由直线与纵轴的交点可得 Λ_m^{∞},A 为一常数,可由直线的斜率求得。

4.3.4 离子的独立运动定律和离子的摩尔电导率

科尔劳施根据大量的实验数据总结出了一条规律:电解质溶液在无限稀释时,每一种离子的运动是独立的,不受其他离子的影响,每一种离子对电解质溶液的 Λ_m^{∞} 都有恒定的贡献。由于溶液通过电流后,电流的传递分别由正、负离子共同分担,因而电解质溶液的 Λ_m^{∞} 可认为是组成该电解质的正负离子的摩尔电导率之和,这就是离子独立运动定律。若 1 mol 电解质中产生 ν_+ 摩尔阳离子和 ν_- 摩尔阴离子,则:

$$\Lambda_m^{\infty} = \nu_+ \Lambda_{m,+}^{\infty} + \nu_- \Lambda_{m,-}^{\infty} \tag{4.8}$$

式中,Λ_{m+}^{∞}、Λ_{m-}^{∞} 分别表示正、负离子在无限稀释时的摩尔电导率,即为离子的极限摩尔电导率。25 ℃ 时一些离子的极限摩尔电导率见表 4.2。

表 4.2　25 ℃ 时一些离子的极限摩尔电导率

正离子	Λ_{m+}^{∞} (10^{-4} S · m²/mol)	负离子	Λ_{m-}^{∞} (10^{-4} S · m²/mol)
H^+	349.82	OH^-	198.0
Li^+	38.69	Cl^-	76.34
Na^+	50.11	Br^-	78.4
K^+	73.52	I^-	76.8
NH_4^+	73.4	NO_3^-	71.44
Ag^+	61.92	CH_3COO^-	40.9
$1/2Ba^{2+}$	63.64	$1/2\ SO_4^{2-}$	79.8

例如:

$$\begin{aligned}\Lambda_m^{\infty}(HAc) &= \Lambda_m^{\infty}(H^+) + \Lambda_{m}^{\infty},(Ac^-)\\ &= (349.82 + 40.9) \times 10^4\ S \cdot m^2/mol\\ &= 390.72 \times 10^4\ S \cdot m^2/mol\end{aligned}$$

根据离子独立运动定律可利用一些易于测量的强电解质的 Λ_m^{∞} 来求某些不易于测量的弱电解质的 Λ_m^{∞}。例如,可以通过测定 HCl、NaCl、NaAc 的极限摩尔电导率来计算醋酸 HAc 的极限摩尔电导率。

$$\begin{aligned}\Lambda_m^\infty(\mathrm{HAc}) &= \Lambda_m^\infty(\mathrm{H^+}) + \Lambda_m^\infty(\mathrm{Ac^-}) \\ &= [\Lambda_m^\infty(\mathrm{H^+}) + \Lambda_m^\infty(\mathrm{Cl^-})] + [\Lambda_m^\infty(\mathrm{Na^+}) + \Lambda_m^\infty(\mathrm{Ac^-})] - \\ &\quad [\Lambda_m^\infty(\mathrm{Na^+}) + \Lambda_m^\infty(\mathrm{Cl^-})] \\ &= \Lambda_m^\infty(\mathrm{HCl}) + \Lambda_m^\infty(\mathrm{NaAc}) - \Lambda_m^\infty(\mathrm{NaCl})\end{aligned}$$

4.3.5　电导率测定的应用

(1)弱电解质解离常数的测定

在无限稀释的电解质溶液中,可以认为弱电解质已全部解离,此时溶液的摩尔电导率为 Λ_m^∞,而一定浓度下弱电解质只是部分电离,此时溶液的摩尔电导率为 Λ_m。如果弱电解质的解离度较小,离子的浓度很低,离子间的相互作用力可以忽略。则弱电解质的解离度 α 可由式(4.9) 计算:

$$\alpha = \frac{\Lambda_m}{\Lambda_m^\infty} \tag{4.9}$$

对于 1-1 型弱电解质,如醋酸,设其在水溶液中浓度为 c,解离度为 α,则:

	HAc	$\longrightarrow$	H^+	+	Ac^-
起始时	c		0		0
平衡时	$c(1-\alpha)$		$c\alpha$		$c\alpha$

解离常数为:

$$K_a^\ominus = \frac{c(\mathrm{H+})\cdot c(\mathrm{Ac^-})}{c(\mathrm{HAc})}\left(\frac{1}{c^\ominus}\right)^{\sum\nu_B} = \frac{(c\alpha)^2}{c(1-\alpha)\cdot c^\ominus}$$

将式(4.9)代入上式整理得:

$$K_a^\ominus = \frac{\Lambda_m^2(c/c^\ominus)}{\Lambda_m^\infty(\Lambda_m^\infty - \Lambda_m)} \tag{4.10}$$

(2)难溶盐溶解度的测定

一些难溶盐如 AgCl、$BaSO_4$ 等在水中的溶解度很小,可用电导法测定其溶解度。通过测定难溶盐饱和溶液的电导率,然后按式(4.4)来计算。由于溶液极稀,水的电导率不能忽略,必须从溶液的电导率中减去,即:

$$\kappa_{盐} = \kappa_{溶液} - \kappa_{水} \tag{4.11}$$

由于难溶盐的溶解度很小,溶液极稀,可用 Λ_m^∞ 代替 Λ_m,故式(4.4)变为:

$$c = \frac{\kappa}{\Lambda_m} \approx \frac{\kappa_{盐}}{\Lambda_m^\infty} \tag{4.12}$$

式中,Λ_m^∞ 的值可由离子摩尔电导率相加得到,c 就是所求得的难溶盐的饱和溶液的溶解度,其单位为 mol/m^3,要注意 Λ_m^∞ 所取粒子的基本单元,如 AgCl、1/2 $BaSO_4$ 等。

例 4.3 在 298.15 K 时测得 $BaSO_4$ 饱和溶液的电导率为 4.20×10^{-4} S/m，在同一温度下纯水的电导率为 1.05×10^{-4} S/m。求 $BaSO_4$ 在该温度下的溶解度和溶度积。

解：$\kappa_{BaSO_4}=\kappa_{溶液}-\kappa_{水}=(4.20-1.05)\times10^{-4}\ \text{S/m}=3.15\times10^{-4}\ \text{S/m}$

$$\Lambda_m^\infty\left(\frac{1}{2}BaSO_4\right)=\Lambda_m^\infty\left(\frac{1}{2}Ba^{2+}\right)+\Lambda_m^\infty\left(\frac{1}{2}SO_4^{2-}\right)$$

$$=(63.64+79.8)\times10^{-4}\ \text{S}\cdot\text{m}^2/\text{mol}=1.434\times10^{-2}\ \text{S}\cdot\text{m}^2/\text{mol}$$

$$c\left(\frac{1}{2}BaSO_4\right)=\frac{\kappa}{\Lambda_m^\infty}=\frac{3.15\times10^{-4}\text{S/m}}{1.434\times10^{-2}\text{S}\cdot\text{m}^2/\text{mol}}=2.197\times10^{-2}\ \text{mol/m}^3$$

$BaSO_4$ 的溶解度 s 为：

$$s(BaSO_4)=\frac{1}{2}c\left(\frac{1}{2}BaSO_4\right)=1.10\times10^{-2}\ \text{mol/m}^3=1.10\times10^{-5}\ \text{mol/dm}^3$$

$BaSO_4$ 的溶度积为：

$$K_{sp}^\ominus(BaSO_4)=\frac{c(Ba^{2+})}{c^\ominus}\cdot\frac{c(SO_4^{2-})}{c^\ominus}=(1.10\times10^{-5})^2=1.21\times10^{-10}$$

4.4 强电解质溶液的活度、活度系数和离子强度

为了校正实际溶液对理想溶液的偏差，引入了活度和活度系数，用活度代替浓度，就可将理想溶液的热力学公式，在保持原来简单形式的情况下，用于实际溶液。强电解质在溶液中全部解离成正、负离子，即使溶液很稀，离子间的静电引力也不能忽略，因此电解质溶液的活度与非电解质溶液的活度不同，有着不同的特点。

4.4.1 电解质溶液的活度与活度系数

对于 1 mol $M_{\nu+}A_{\nu-}$ 型电解质，其化学势为：

$$\mu=\mu^\ominus+RT\ln a \tag{4.13}$$

电解质在溶液中全部解离成 ν_+ 正离子和 ν_- 负离子，所以电解质的化学势为：

$$\mu=\nu_+\mu_++\nu_-\mu_- \tag{4.14}$$

正离子的化学势为：

$$\mu=\mu_+^\ominus+RT\ln a_+ \tag{4.15}$$

负离子的化学势为：

$$\mu_-=\mu_-^\ominus+RT\ln a_- \tag{4.16}$$

将式(4.15)、式(4.16)代入式(4.14)整理得：

$$\mu=(\nu_+\mu_+^\ominus+\nu_-\mu_-^\ominus)+RT\ln(a_+^{\nu+}a_-^{\nu-}) \tag{4.17}$$

将式(4.17)和式(4.13)比较，得：

$$\mu^{\ominus} = (\nu_+ \mu_+^{\ominus} + \nu_- \mu_-^{\ominus}) \tag{4.18}$$

$$a = a_+^{\nu+} a_-^{\nu-} \tag{4.19}$$

由于溶液是电中性的，溶液中不可能只有正离子或只有负离子，因此单独离子的活度是无法测定的。用实验测定的只是离子的平均活度。定义离子的平均活度 $a_{\pm}$ 为：

$$a_{\pm} = (a_+^{\nu+} a_-^{\nu-})^{\frac{1}{\nu_+ + \nu_-}} \tag{4.20}$$

令 $\nu = \nu_+ + \nu_-$，于是：

$$a = a_{\pm}^{\nu} \tag{4.21}$$

所以电解质的化学式为：

$$\mu = \mu^{\ominus} + \nu RT \ln a_{\pm} \tag{4.22}$$

式中离子的平均活度 $a_{\pm}$ 为：

$$a_{\pm} = \gamma_{\pm} \cdot \frac{b_{\pm}}{b^{\ominus}} \tag{4.23}$$

$b_{\pm}$ 为离子的平均质量摩尔浓度：

$$b_{\pm} = (b_+^{\nu_+} b_-^{\nu_-})^{\frac{1}{\nu}} \tag{4.24}$$

式中，$\gamma_{\pm}$ 为离子的平均活度系数。

离子的平均质量摩尔浓度可由电解质的质量摩尔浓度求得，而离子的平均活度系数可由实验测定。298.15 K 时水溶液中某些电解质离子的平均活度系数见表4.3。

表4.3　298.15 K 时水溶液中某些电解质离子的平均活度系数

质量摩尔浓度 m(mol/kg)	0.001	0.005	0.01	0.05	0.1	0.5	1.0	2.0
NaCl	0.966	0.929	0.904	0.823	0.778	0.682	0.658	0.671
HCl	0.965	0.928	0.904	0.830	0.796	0.757	0.809	1.009
KCl	0.965	0.927	0.901	0.815	0.769	0.650	0.605	0.575
HNO_3	0.965	0.927	0.902	0.823	0.785	0.715	0.720	0.783
NaOH	0.965	0.927	0.899	0.818	0.765	0.693	0.679	0.700
$CaCl_2$	0.887	0.789	0.732	0.584	0.524	0.58	0.725	1.554
$ZnCl_2$	0.881	0.767	0.708	0.556	0.502	0.376	0.325	
H_2SO_4	0.830	0.639	0.544	0.340	0.265	0.154	0.130	0.124
$CuSO_4$	0.740	0.530	0.48	0.28	0.150	0.068	0.047	
$ZnSO_4$	0.734	0.477	0.387	0.202	0.148	0.063	0.043	0.035

4.4.2　离子强度

从表4.3所列数据可以看出，当电解质的浓度从零开始逐渐增大时，所有电解质的离子平均活度系数均随浓度的增大而减小。但经过一极小值后,又随浓度的增大而增大。因此一般情况下,电解质稀溶液中活度小于实际浓度。但浓度超过某一定值后,活度又大于实际浓度。前者是因为离子间的静电引力作用引起的,后者是由于离子的水化作用,使较浓溶液中的溶剂分子被束缚在离子周围的水化层中不能自由运动,相当于使溶剂量相对下降,因而溶液的活度比实际浓度大。

从表 4.3 中还可看出,在稀溶液中,对于相同价型的电解质,浓度相同,其离子的平均活度系数近乎相等。对于不同价型的电解质,当浓度相同时,正、负离子价数的乘积越大,$\gamma_\pm$ 偏离 1 的程度越大,即与理想溶液的偏差越大。

1921 年,路易斯根据大量实验结果指出:在稀溶液的情况下,影响强电解质 $\gamma_\pm$ 的决定因素是离子的浓度和离子价数,且离子价数的影响要大些,离子价数越高,影响越大。

路易斯定义离子强度 I

$$I = \frac{1}{2}\sum_{B}(b_B z_B^2) \tag{4.25}$$

路易斯根据实验进一步指出,活度系数在稀溶液中存在如下关系:

$$\lg \gamma_\pm = -\text{常数}\sqrt{I} \tag{4.26}$$

德拜 - 休克尔(Debye-Huckel)1923 年在强电解质溶液互吸理论基础上推导出德拜 - 休克尔极限公式,如式(4.27) 所示:

$$\lg \gamma_\pm = -A\,|z_+ z_-|\,\sqrt{I} \tag{4.27}$$

式中,z_+、z_- 分别表示正、负离子的价数,A 是与溶剂和温度有关的常数,在 25 ℃ 的水溶液中,$A = 0.509(\text{kg/mol})^{1/2}$,德拜 - 休克尔极限公式只适用于稀溶液。

4.5 原电池和电极电势

4.5.1 原电池

(1)原电池的组成

将硫酸铜溶液中放入一片锌,将发生下列氧化还原反应:

$$Zn(s) + Cu^{2+}(aq) = Zn^{2+}(aq) + Cu(s)$$

电子直接从锌片传递给 Cu^{2+},使 Cu^{2+} 在锌片上还原而析出金属铜,同时锌被氧化为 Zn^{2+}。氧化还原反应中释放的化学能转变成了热能。

这一反应也可在图 4.4 所示的装置中分开进行。铜锌原电池示意图如图 4.4 所示。

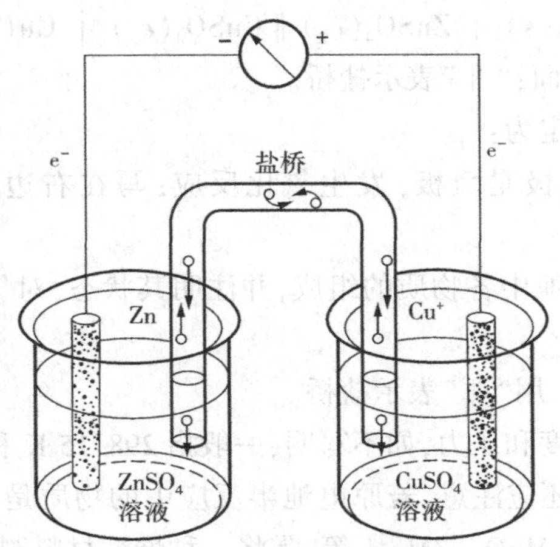

图 4.4　铜锌原电池示意图

在两烧杯中分别放入 $ZnSO_4$ 溶液和 $CuSO_4$ 溶液。在前一只烧杯中插入锌片，与 $ZnSO_4$ 溶液构成锌电极，在后一只烧杯中插入铜片，与 $CuSO_4$ 溶液构成铜电极。用盐桥(一个装满饱和 KCl 溶液，并添加琼脂使之成为胶冻状黏稠体的倒置 U 形管)把两个烧杯中的溶液连通起来。当用导线把铜电极和锌电极连接起来时，检流计指针会发生偏转，说明导线中有电流通过，同时 Zn 片开始溶解，Cu 片上有 Cu 沉积上去。这种能将化学能转变成电能的装置称为原电池。

(2)原电池的半反应式和图式

在上述原电池中，由检流计指针偏转的方向可知电流是由铜电极流向锌电极，因此铜电极是正极，锌电极是负极。锌的溶解表明锌极上的锌失去电子，变成了 Zn^{2+} 进入溶液，锌极上的电子通过导线流到铜电极。溶液中的 Cu^{2+} 在铜电极上得到电子，析出金属铜。因此在两电极上进行的反应分别是：

锌电极(负极)　$Zn(s) \longrightarrow Zn^{2+} + 2e^-$

铜电极(正极)　$Cu^{2+} + 2e \longrightarrow Cu(s)$

在电化学中，把发生氧化反应的电极称为阳极，把发生还原反应的电极称为阴极，故锌电极为阳极，铜电极为阴极。

合并两个电极反应，得到原电池中发生的氧化还原反应，称为电池反应：

$$Zn(s) + Cu^{2+} \longrightarrow Zn^{2+} + Cu(s)$$

随着反应的进行，Zn^{2+} 不断进入溶液，过剩的 Zn^{2+} 将使电极附近的 $ZnSO_4$ 溶液带正电，这样会阻止继续生成 Zn^{2+}；同时 Cu^{2+} 被还原成 Cu 后，电极附近多余的 SO_4^{2-} 使 $CuSO_4$ 溶液带负电，这样也会阻止 Cu^{2+} 继续在铜电极上结合电子，以至于实际上不能产生电流。用盐桥连接两个溶液，K^+ 从盐桥移向 $CuSO_4$ 溶液，Cl^- 从盐桥移向 $ZnSO_4$ 溶液，分别中和过剩的电荷，保持溶液电中性，原电池放电得以持续。

在电化学中为了书写方便，上述的铜锌原电池常用图式表示为：

$$(-)Zn(s) \mid ZnSO_4(c_1) \parallel CuSO_4(c_2) \mid Cu(s)(+)$$

图式中“｜”表示相界面；“‖”表示盐桥。

原电池图式的书写规定为：

①写在图式左边的电极是负极，发生氧化反应；写在右边的电极是正极，发生还原反应。

②以化学式表示原电池中各物质的组成，并注明其状态，对气体要注明压力，对溶液要注明活度或浓度。

③用“｜”表示相界面，用“‖”表示盐桥。

④注明电池反应的温度和压力，如不写明，一般指 298.15 K 和标准压力 $p^{\ominus}$。

书写原电池的图式时还应注意，若原电池半反应中的物质是同一种元素的不同氧化态的两种离子，如 Fe^{3+}/Fe^{2+}、MnO_{4-}/Mn^{2+} 等，需将一种惰性材料制成的电极如铂或石墨电极作为电子的载体，插在含有同种元素不同氧化态的两种离子的溶液中构成，电极符号写成 $Pt \mid Fe^{3+},Fe^{2+}$。对于电对如 H^+/H_2 等气体电极的半反应，这时也应加上惰性电极，如 $Pt \mid H_2(g) \mid H^+$。

例 4.4　将下列化学反应设计成原电池：

(1) $6Fe^{2+}(aq) + Cr_2O_7^{2-}(aq) + 14H^+(aq) = 6Fe^{3+}(aq) + 2Cr^{3+}(aq) + 7H_2O$;

(2) $Ag(s) + H^+(aq) + I^-(aq) = AgI(s) + 1/2H_2(g)$;

(3) $Ag^+(aq) + Cl^-(aq) = AgCl(s)$。

解：(1)先确定正极和负极的氧化还原电对。反应中 Fe^{2+} 失去电子被氧化成 Fe^{3+}，发生氧化反应，故电对 Fe^{3+}/Fe^{2+} 是负极；$Cr_2O_7^{2-}$ 在反应中得到电子被还原成 Cr^{3+}，发生还原反应，故 $Cr_2O_7^{2-}/Cr^{3+}$ 是正极。正负极反应中没有固体电极作为电子的载体，需用惰性材料制成的电极作为电子的载体，则设计成的原电池为：

$$(-)Pt(s) \mid Fe^{2+},Fe^{3+} \mid \mid Cr_2O_7^{2-},Cr^{3+} \mid Pt(s)(+)$$

(2)同理可知，电对 AgI/Ag 是负极，电对 H^+/H_2 是正极。正极反应中没有固体电极作为电子的载体，故用 Pt 作电极，则设计成的原电池为：

$$(-)Ag(s) \mid AgI(s) \mid I^-(aq) \parallel H^+(aq) \mid H_2(g) \mid Pt(s)(+)$$

(3)不是氧化还原反应，但在反应式两边分别加上 Ag，就能确定氧化还原电对。

$$Ag(s) + Ag^+(aq) + Cl^-(aq) = AgCl(s) + Ag(s)$$

在该反应中 Ag 失电子被氧化成 AgCl，Ag^+ 得电子被还原成 Ag，故正极电对是 Ag +/Ag，负极电对是 AgCl/Ag，则设计成的原电池为：

$$(-)Ag(s) \mid AgCl(s) \mid Cl^-(aq) \parallel Ag^+ \mid Ag(s)(+)$$

4.5.2　原电池的电动势和电极电势

(1)原电池的电极类型和电动势

任何一个原电池都是由两个电极构成的。构成原电池的电极通常分为三类，电极类型见表 4.4。

表 4.4　电极类型

电极类型		电极图式示例	电极反应示例
第一类电极	金属 - 金属离子电极	$Zn \mid Zn^{2+}$ $Cu \mid Cu^{2+}$	$Zn^{2+} + 2e^- \rightleftharpoons Zn$ $Cu^{2+} + 2e^- \rightleftharpoons Cu$
	气体 - 离子电极	$Pt \mid Cl^2 \mid Cl^-$ $Pt \mid O_2 \mid OH^-$	$Cl^{2+}\ 2e^- \rightleftharpoons Cl^-$ $O_2 + 2H_2O + 4e^- \rightleftharpoons 4OH^-$
第二类电极	金属 - 难溶盐电极	$Ag \mid AgCl(s) \mid Cl^-$ $Pt \mid Hg(l) \mid Hg_2Cl_2(s) \mid Cl^-$	$AgCl(s) + e^- \rightleftharpoons Ag(s) + Cl^-$ $Hg_2Cl_2(s) + 2e^- \rightleftharpoons 2Hg(s) + 2Cl^-$
	金属 - 难溶氧化物电极	$Sb \mid Sb_2O_3(s) \mid H^+, H_2O$	$Sb_2O_3(s) + 6H^+ + 6e^- \rightleftharpoons 2Sb + 3H_2O$
第三类电极	氧化还原电极	$Pt \mid Fe^{3+}, Fe^{2+}$ $Pt \mid Sn^{4+}, Sn^{2+}$	$Fe^{3+} + e^- \rightleftharpoons Fe^{2+}$ $Sn^{4+} + 2e^- \rightleftharpoons Sn^{2+}$

在表4.4中所示的气体-离子电极和氧化还原电极中，电极反应中没有固体电极，因此常用惰性材料，如铂或石墨等作为电子导体，它们仅起吸附气体或传递电子的作用，不参与电极反应。其余类型的电极，一般则以参与反应的金属本身作导体。金属 - 金属离子电极是将金属插入含有该金属离子的溶液中构成，金属 - 难溶盐电极是在金属上覆盖一层金属难溶盐，并把它浸入含有该难溶盐的负离子溶液中构成。

在原电池中，电子能够从原电池的负极通过导线流向正极，说明原电池两极之间存在电势差。用电位差计测得的原电池的正极和负极之间的电势差就是原电池的电动势（即通过外电路电流为零时的电极电势差），用符号 E 表示，单位为伏特，符号表示为 V。则原电池的电动势：

$$E = E^{+} - E^{-} \tag{4.28}$$

式中，E^{+} 和 E^{-} 分别代表正、负电极的电极电势。

(2)原电池中电对的电极电势

电池电动势等于正、负电极电势之差,为什么会产生电极电势呢?

当将锌这样的金属插入含有该金属离子的溶液中时,由于极性很大的水分子吸引构成晶格的金属离子,从而使金属锌以水合离子的形式进入金属表面附近的溶液,即 $Zn(s) \longrightarrow Zn^{2+}(aq) + 2e^-$,电极带有负电荷,而电极表面附近的溶液由于有过多的 Zn^{2+} 而带正电荷。开始时,溶液中过量的金属离子浓度较小,溶解速度较快。随着锌的不断溶解,溶液中锌离子浓度增加,同时锌片上的电子也不断增加,这样就阻碍了锌的继续溶解。另一方面,溶液中的水合锌离子由于受其他锌离子的排斥作用和受锌片上电子的吸引作用,又有从金属锌表面获得电子而沉积在金属表面的倾向:$Zn^{2+}(aq) + 2e^- \longrightarrow Zn(s)$。而且随着水合锌离子浓度和锌片上电子数目的增加,沉积速度不断增大。当溶解速度和沉积速度相等时,达到了动态平衡:

$$Zn(s) \rightleftharpoons Zn^{2+}(aq) + 2e^-$$

这样,金属锌片带负电荷,在锌片附近的溶液中就有较多的 Zn^{2+} 吸引在金属表面附近,结果形成一个双电层,双电层示意图如图 4.5 所示。

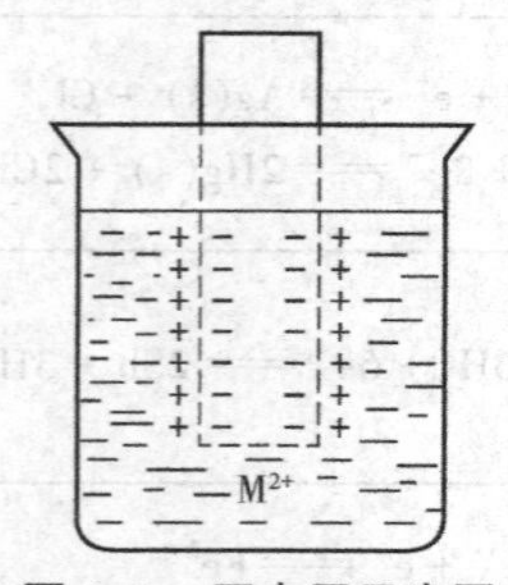

图 4.5　双电层示意图

双电层之间存在电势差,这种在金属和溶液之间产生的电势差,就叫做金属电极的电极电势。

若将金属 Cu 插于 $CuSO_4$ 溶液时,则溶液中 Cu^{2+} 更倾向于从 Cu 表面获得电子而沉积,最终形成电极带正电溶液带负电的双电层。

除此之外,不同的金属相接触,不同的液体接触界面或同一种液体但浓度不同的接触界面上都会产生双电层,从而产生所谓的接触电势。

电极电势的大小除了与电极的本性有关外,还与温度、介质及离子浓度等因素有关。当外界条件一定时,电极电势的大小只取决于电极的本性。

4.5.3　标准电极电势

目前,对电极电势的绝对值还无法测量,但是可以用两个不同的电极构成原电池测量其电动势,如果选择某种电极作为基准,规定它的电极电势为零,则可以方便地确定其他各种电极的电极电势。通常选择标准氢电极为基准,将待测电极和标准氢电极组成一个原电池:

$$Pt \mid H_2(p^{\ominus}) \mid H^+(a=1) \parallel 待测电极$$

用电位差计测量电动势 E,$E = E(待测电极) - E(H^+/H_2)$,这样就可求出电极的电极电势。

(1)标准氢电极

按照IUPAC(国际纯粹与应用化学联合会)的建议,采用标准氢电极作为标准电极,氢电极构造图如图 4.6 所示。

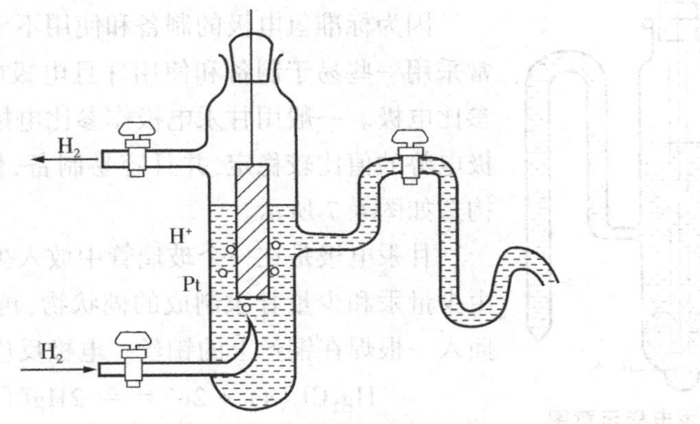

图 4.6　氢电极构造图

它是把表面镀上一层铂黑的铂片插入氢离子活度为 1 的溶液中,并不断地通入压力为 100 kPa 的纯氢气冲打铂片,使铂黑吸附氢气并达到饱和,这样的电极就是标准氢电极,规定标准氢电极的电极电势为零,即 $E^{\ominus}(H^+/H_2)=0.000\,0\ V$,其电极反应为:

$$1/2H_2[g,p(H_2)] \rightleftharpoons H^+[a(H^+)]+e^-$$

(2)标准电极电势

标准状态下的各种电极与标准氢电极组成原电池:

标准氢电极 ‖ 待测电极

测定这些原电池的电动势就得到标准电动势 $E^{\ominus}$,从而可求出这些电极的标准电极电势。例如,用标准氢电极与标准铜电极组成电池:

标准氢电极 ‖ $Cu^{2+}(a=1)$ | $Cu(s)$

298.15 K 时测得该电池电动势 $E^{\ominus}=0.341\,9\ V$,即

$$E^{\ominus}=E^{\ominus}(Cu^{2+}/Cu)-E^{\ominus}(H^+/H_2)=0.341\,9\ V$$

所以
$$E^{\ominus}(Cu^{2+}/Cu)=E^{\ominus}+E^{\ominus}(H^+/H_2)$$
$$=0.341\,9\ V+0\ V=0.341\,9\ V$$

又如,用标准锌电极与标准氢电极组成电池:

标准氢电极 ‖ $Zn^{2+}(a=1)$ | $Zn(s)$

在 298.15 K 时测得其电动势为 0.761 8 V。但实验发现电流是由标准氢电极流向锌电极,所以标准氢电极实际上是正极,发生还原反应,锌电极实际上是负极,发生氧化反应。

所以
$$E^{\ominus}=E^{\ominus}(H^+/H_2)-E^{\ominus}(Zn^{2+}/Zn)=0.761\,8\ V$$
$$E^{\ominus}(Zn^{2+}/Zn)=E^{\ominus}(H^+/H_2)-E^{\ominus}$$
$$=0\ V-0.761\,8\ V=-0.761\,8\ V$$

用类似的方法可以测得一系列电对的标准电极电势，附录 3 中列出了一些氧化还原电对的标准电极电势数据。

(3)参比电极

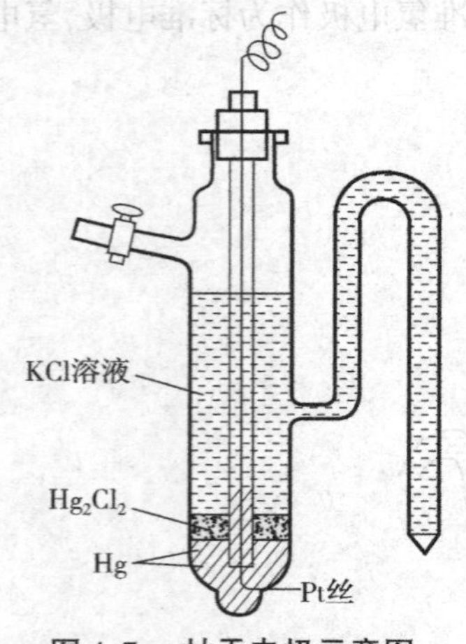

图 4.7　甘汞电极示意图

因为标准氢电极的制备和使用不十分方便，在实际工作中常采用一些易于制备和使用并且电极电势相对稳定的电极作参比电极。一般用甘汞电极作参比电极，甘汞电极在定温下电极电势的值比较稳定，并且容易制备，使用方便。甘汞电极的构造如图 4.7 所示。

甘汞电极是在一个玻璃管中放入少量纯汞，上面盖上一层由少量汞和少量甘汞制成的糊状物，再上面是 KCl 溶液，汞中插入一根焊在铜丝上的铂丝。电极反应为：

$$Hg_2Cl_2(s) + 2e^- \rightleftharpoons 2Hg(l) + 2Cl^-(aq)$$

甘汞电极的电极电势与 KCl 溶液浓度有关。常用的饱和甘汞电极的 KCl 溶液是饱和溶液，298.15 K 时饱和甘汞电极的电极电势为 0.241 5 V。

4.6　可逆电池热力学

4.6.1　可逆电池

可逆电池必须满足两个条件：

①电极上的化学反应可向正、反两个方向进行，互为可逆反应。

②通过电极的电流必须无限小，电池在无限接近平衡状态下反应。

例如：将电池 $Zn(s) \mid ZnSO_4(c_1) \parallel CuSO_4(c_2) \mid Cu(s)$ 与外电源并联，当外电压稍低于电池的电动势时，电池放电，其反应为：

负极　$Zn(s) \longrightarrow Zn^{2+}(aq) + 2e^-$

正极　$Cu^{2+}(aq) + 2e^- \longrightarrow Cu(s)$

电池反应　$Zn(s) + Cu^{2+}(aq) = Zn^{2+}(aq) + Cu(s)$

当外电压稍大于电池电动势时，电池充电，其反应为：

负极　$Zn^{2+}(aq) + 2e^- \longrightarrow Zn(s)$

正极　$Cu(s) \longrightarrow Cu^{2+}(aq) + 2e^-$

电池反应　$Zn^{2+}(aq) + Cu(s) = Zn(s) + Cu^{2+}(aq)$

可见该电池的充、放电反应正好互逆，满足可逆电池的第一个条件。

但并不是充、放电反应互逆的电池都是可逆电池。只有当电池充、放电时，通过电池的电流无限小，能量的转化才是可逆的。

4.6.2　可逆电池电动势与吉布斯函数变化的关系

如果将一个化学反应在可逆电池中进行，可逆电功等于电池的电动势 E 与电量的乘积。根据 $\delta Q = zFd\xi$，得可逆电功为：

$$\delta W'_{\mathrm{r}} = -(zFd\xi)E$$

在等温等压条件下系统发生变化时，系统吉布斯函数的减少等于对外所做的最大非体积功（即电功），即：

$$\mathrm{d}G = \delta W'_{\mathrm{r}} = -zFEd\xi$$

即：

$$\Delta_{\mathrm{r}}G_{\mathrm{m}} = \left(\frac{\partial G}{\partial \xi}\right)_{T,p} = -zFE \tag{4.29}$$

式中，E 为可逆电池的电动势；F 为法拉第常数；z 为氧化还原反应中得失电子数。同理可得标准摩尔吉布斯函数变化值 $\Delta_{\mathrm{r}}G_{\mathrm{m}}^{\ominus}(T)$ 与标准电池电动势 $E^{\ominus}$ 的关系为：

$$\Delta_{\mathrm{r}}G_{\mathrm{m}}^{\ominus}(T) = -zFE^{\ominus} \tag{4.30}$$

需要注意的是 $\Delta_{\mathrm{r}}G_{\mathrm{m}}^{\ominus}$ 与计量方程的写法有关，而 $E^{\ominus}$ 是强度性质，对于给定的电池，与计量方程写法无关。

4.6.3　可逆电池电动势 E 与参加反应各组分活度的关系

若电池反应写成一般式：$c\mathrm{C} + d\mathrm{D} \rightleftharpoons g\mathrm{G} + h\mathrm{H}$

根据化学反应等温方程式，上述反应的 $\Delta_{\mathrm{r}}G_{\mathrm{m}}$ 为：

$$\Delta_{\mathrm{r}}G_{\mathrm{m}} = \Delta_{\mathrm{r}}G_{\mathrm{m}}^{\ominus} + RT\ln\frac{a_{\mathrm{G}}^{g}a_{\mathrm{H}}^{n}}{a_{\mathrm{C}}^{c}a_{\mathrm{D}}^{d}}$$

将式（4.29）和式（4.30）代入得：

$$E = E^{\ominus} - \frac{RT}{zF}\ln\frac{a_{\mathrm{G}}^{g}a_{\mathrm{H}}^{h}}{a_{\mathrm{C}}^{c}a_{\mathrm{D}}^{d}}$$

$$= E^{\ominus} - \frac{RT}{zF}\ln\prod_{\mathrm{B}} a_{\mathrm{B}}^{\nu_{\mathrm{B}}} \tag{4.31}$$

式（4.31）称为电池反应的 Nernst 方程；式中 $E^{\ominus}$ 是所有参加反应的组分都处于标准状态时的电动势，z 为电池反应中的得失电子数。a_{B} 为物质 B 的活度，当涉及纯液体或固态纯物质时，其活度为 1；当涉及气体时，$a_{\mathrm{B}} = f_{\mathrm{B}}/p^{\ominus}$。$f_{\mathrm{B}}$ 为气体 B 的逸度，若气体可看作理想气体时，$a_{\mathrm{B}} = p_{\mathrm{B}}/p^{\ominus}$，$p_{\mathrm{B}}$ 为气体 B 的分压。ν_{B} 为物质 B 的化学计量数，若 B 为反应物则取负值，若 B 为产物，则取正值。$\prod_{\mathrm{B}}$ 为物质 B 的连乘符号。

若温度选取 298.15 K,则式(4.31)变为:

$$E(298.15\ \mathrm{K}) = E^{\ominus}(298.15\ \mathrm{K}) - \frac{8.3145\ \mathrm{J/(K \cdot mol)} \times 298.15\ \mathrm{K}}{z \times 96485\ \mathrm{C/mol}} \times 2.303\ \lg \prod_{\mathrm{B}} a_{\mathrm{B}}^{\nu_{\mathrm{B}}}$$

$$= E^{\ominus}(298.15\ \mathrm{K}) - \frac{0.05916\ \mathrm{V}}{z} \lg \prod_{\mathrm{B}} a_{\mathrm{B}}^{\nu_{\mathrm{B}}} \tag{4.32}$$

4.6.4 $\Delta_r S_m$ 和 $\Delta_r H_m$ 与电动势的关系

在等压条件下将 $\Delta_r G_m = -zFE$ 对温度 T 微分,得:

$$\left(\frac{\partial \Delta_r G_m}{\partial T}\right)_p = -zF\left(\frac{\partial E}{\partial T}\right)_p$$

因为

$$\Delta_r S_m = -\left(\frac{\partial \Delta_r G_m}{\partial T}\right)_p$$

所以

$$\Delta_r S_m = zF\left(\frac{\partial E}{\partial T}\right)_p \tag{4.33}$$

$(\partial E/\partial T)_p$ 表示在等压条件下电池电动势随温度的变化率,成为电池电动势的温度系数,可由实验测得。

在等温下

$$\Delta_r H_m = \Delta_r G_m + T\Delta_r S_m$$

$$= zFE + ZFT(\partial E/\partial T)_p \tag{4.34}$$

可逆电池可逆放电时,化学反应的热效应 Q_{rev} 为:

$$Q_{rev} = T\Delta_r S_m = nFT\left(\frac{\partial E}{\partial T}\right)_p \tag{4.35}$$

从$(\partial E/\partial T)_p$ 数值的正、负,可确定可逆电池在等温等压下工作时是吸热还是放热。

例 4.5 在 298.15 K 和 313.15 K 时分别测定丹尼尔电池的电动势,得到 E_1(298.15 K) = 1.1030 V,E_2(313.15 K) = 1.0961 V,设丹尼尔电池的反应为:

$$\mathrm{Zn(s)} + \mathrm{CuSO_4}(a=1) \rightleftharpoons \mathrm{ZnSO_4}(a=1) + \mathrm{Cu(s)}$$

并设在上述温度范围内 E 随 T 的变化率保持不变,求丹尼尔电池在 298.15 K 时反应的 $\Delta_r G_m$、$\Delta_r H_m$、$\Delta_r S_m$ 和可逆热效应 Q_{rev}。

解:因为在 298.15 ~ 313.15 K 温度区间内 E 随 T 的变化率保持不变,所以有:

$$\left(\frac{\partial E}{\partial T}\right)_p = \frac{E_2 - E_1}{T_2 - T_1} = \frac{(1.0961 - 1.1030)\ \mathrm{V}}{(313 - 298.15)\ \mathrm{K}} = -4.6 \times 10^{-4}\ \mathrm{V/K}$$

$$\Delta_r G_m = -zFE = -2 \times 1.1030\ \mathrm{V} \times 96485\ \mathrm{C/mol} = -212.9\ \mathrm{kJ/mol}$$

$$\Delta_r S_m = zF(\partial E/\partial T)_p = 2 \times 96485\ \mathrm{C/mol} \times (-4.6 \times 10^{-4}\ \mathrm{V/K})$$

$$= -88.78\ \mathrm{J/(K \cdot mol)}$$

$$\Delta_r H_m = \Delta_r G_m + T\Delta_r S_m$$

$$= -212.9\ \mathrm{kJ/mol} + 298.15\ \mathrm{K} \times (-88.78 \times 10^{-3})\ \mathrm{kJ/(K \cdot mol)}$$

$$= -239.4\ \mathrm{kJ/mol}$$

$$Q_{rev} = T\Delta_r S_m = 298.15\ \mathrm{K} \times -88.78\ \mathrm{J/(K \cdot mol)} = -26.46\ \mathrm{kJ/mol}$$

4.7　影响电极电势的因素

4.7.1　浓度对电极电势的影响——电极电势的能斯特方程式

对于任意电极，电极反应通式为：

$$g(\mathrm{Ox}) + ze^- \rightleftharpoons h(\mathrm{Red})$$

则
$$E(\mathrm{Ox/Red}) = E^{\ominus}(\mathrm{Ox/Red}) - \frac{RT}{zF}\ln\frac{a^h(\mathrm{Red})}{a^g(\mathrm{Ox})} \tag{4.36}$$

298.15 K时

$$E(\mathrm{Ox/Red}) = E^{\ominus}(\mathrm{Ox/Red}) - \frac{0.059\,16}{z}\lg\frac{a^h(\mathrm{Red})}{a^g(\mathrm{Ox})} \tag{4.37}$$

式(4.36)和式(4.37)称为电极电势的能斯特方程。式中，z 为电极反应中所转移的电子数。g 和 h 分别代表电极反应式中氧化态和还原态的化学计量数。a 为物质的活度，但在稀溶液中一般用浓度代替活度来计算电对的电极电势。

应用能斯特方程式时，应注意以下几点：

①如果电极反应中有纯固体、纯液体和水参加反应，则纯固体、纯液体和水的量不出现在能斯特方程式中；若是气体B，则用 $a_B = p_B/p^{\ominus}$ 表示；在稀溶液中一般用浓度代替活度来计算电对的电极电势。

②如果在电极反应中，除氧化态与还原态物质外，还有参加电极反应的其他物质，如 H^+、OH^- 等，这些物质的浓度也应出现在能斯特方程式中。

③标准电极电势 $E^{\ominus}$ 反映的是物质得失电子的能力，与方程式的写法无关。如：$Zn^{2+} + 2e^- \rightleftharpoons Zn(s)$ 的 $E^{\ominus}(Zn^{2+}/Zn)$ 是 $-0.761\,8$ V，$2Zn^{2+} + 4e^- \rightleftharpoons 2Zn(s)$ 的 $E^{\ominus}(Zn^{2+}/Zn)$ 仍是 $-0.761\,8$ V，而不是前者的2倍。

例4.6　计算常温下下列电极反应的电极电势。

(1) $Zn^{2+}(0.1\ \mathrm{mol/dm^3}) + 2e^- \rightleftharpoons Zn(s)$；

(2) $AgCl(s) + e^- \rightleftharpoons Ag(s) + Cl^-(0.1\ \mathrm{mol/dm^3})$；

(3) $PbO_2(s) + 4H^+(0.1\ \mathrm{mol/dm^3}) + 2e^- \rightleftharpoons Pb^{2+}(0.1\ \mathrm{mol/dm^3}) + 2H_2O$。

解：(1) $E(Zn^{2+}/Zn) = E^{\ominus}(Zn^{2+}/Zn) - \frac{0.059\,16}{2}\mathrm{V}\lg\frac{1}{c(Zn^{2+})/C^{\ominus}}$

$$= \left(-0.761\,8 - \frac{0.059\,16}{2}\lg\frac{1}{0.1}\right)\mathrm{V} = -0.791\,4\ \mathrm{V}$$

$$(2) E(AgCl/Ag) = E^{\ominus}(AgCl/Ag) - 0.05916\,V\lg[c(Cl^-)/c^{\ominus}]$$
$$= (0.2223 - 0.05916\lg 0.1)\,V = 0.2815\,V$$

$$(3) E(PbO_2/Pb^{2+}) = E^{\ominus}(PbO_2/Pb^{2+}) - \frac{0.05916}{2}\lg\frac{c(Pb^{2+})/c^{\ominus}}{[c(H^+)/c^{\ominus}]^4}$$
$$= \left(1.46 - \frac{0.05916}{2}\lg\frac{0.1}{0.1^4}\right)V = 1.37\,V$$

4.7.2 pH 值对电极电势的影响

在电极反应中如果有 H^+ 或 OH^- 参加反应,溶液的 pH 值也影响电极电势。本书采用的是还原电极电势,还原电极电势是衡量氧化型物质得电子转变成还原型物质的能力。在不同的电极反应中,标准电极电势值越大,氧化型物质夺电子的能力越强。例如,对电极反应

$$MnO_4^- + 8H^+ + 5e^- \rightleftharpoons Mn^{2+} + 4H_2O$$

根据平衡移动原理,MnO_4^- 或 H^+ 的浓度增大时,电极反应向右方进行的趋势增大,电极电势值也随之增大,所以 MnO_4^- 在酸性溶液中的氧化能力强;减少 MnO_4^- 或 H^+ 的浓度时,电极电势值也随之变小。

例 4.7 $KMnO_4$ 在酸性溶液中作氧化剂,被还原成 Mn^{2+},当盐酸的浓度为 10 mol/dm³ 制备氯气时,电对 MnO_4^-/Mn^{2+} 的电极电势是多少[假设平衡时溶液中 $c(MnO_4^-) = c(Mn^{2+}) = 1.00\ mol/dm^3$,溶液的温度为 298.15 K]?

解:$MnO_4^- + 8H^+ + 5e^- \rightleftharpoons Mn^{2+} + 4H_2O, E^{\ominus} = 1.507\,V$

$$E(MnO_4^-/Mn^{2+}) = E^{\ominus}(MnO_4^-/Mn^{2+}) - \frac{0.05916\,V}{5}\lg\frac{c(Mn^{2+})/c^{\ominus}}{[c(MnO_4^-)/c^{\ominus}][c(H^+)c^{\ominus}]^8}$$

$$= 1.507\,V - \frac{0.05916\,V}{5}\lg\frac{1\,mol\cdot dm^{-3}/1\,mol\cdot dm^{-3}}{1\,mol\cdot dm^{-3}/1\,mol\cdot dm^{-3}\times(10\,mol\cdot dm^{-3}/1\,mol\cdot dm^{-3})^8}$$

$$= 1.507\,V + \frac{0.05916\,V}{5}\lg 10^8$$

$$= 1.602\,V$$

4.7.3 沉淀和配合物的生成对电极电势的影响

在电极反应中有沉淀或配合物生成时,电极反应中相应离子的浓度也会发生变化,从而使电极电势发生变化。

例 4.8 金属银与硝酸银溶液组成的半电池的电极反应为 $Ag^+ + e^- \rightleftharpoons Ag$。如果在这个半电池中加入 HCl,直到溶液中 $c(Cl^-)$ 为 1.0 mol/dm³,计算 $E(Ag^+/Ag)$。

解:加入 HCl,溶液中发生反应:$Ag^+ + Cl^- \rightleftharpoons AgCl(s)$。AgCl 的生成,降低了溶液中 Ag^+ 的浓度,当溶液中 $c(Cl^-) = 1.0\ mol/dm^3$ 时,根据 $K_{sp}^{\ominus}(AgCl) = 1.77\times10^{-10}$ 可以算出溶

液中 Ag^+ 的浓度：

$$c(Ag^+) = \frac{K_{sp}^{\ominus}(AgCl) \cdot c^{\ominus}}{c(Cl^-)/c^{\ominus}} = 1.77 \times 10^{-10}\ mol/dm^3$$

根据能斯特公式

$$\begin{aligned} E(Ag^+/Ag) &= E^{\ominus}(Ag^+/Ag) - 0.059\,16\ V\ lg\frac{1}{c(Ag^+)/c^{\ominus}} \\ &= 0.799\,6\ V + 0.059\,16\ V\ lg(1.77 \times 10^{-10}) \\ &= 0.223\ V \end{aligned}$$

$c(Cl^-) = 1.0\ mol/dm^3$ 时银电极的电极电势为 0.223 V。

从以上计算可以看出，由于溶液中生成了 AgCl 沉淀，Ag^+ 的浓度减少，使 $Ag^+ + e^- \rightleftharpoons Ag$ 的平衡左移，Ag^+ 的氧化能力下降，$E(Ag^+/Ag)$的数值变小。$K_{sp}^{\ominus}$ 越小，$E(Ag^+/Ag)$的数值变得越小。此题中 $c(Cl^-) = 1.0\ mol/dm^3$，所以 0.223 V 实际上是 AgCl/Ag 电对的标准电极电势 $E^{\ominus}(AgCl/Ag)$，即

$$\begin{aligned} E^{\ominus}(AgCl/Ag) &= E^{\ominus}(Ag^+/Ag) + 0.059\,16\ V\ lg[c(Ag^+)/c^{\ominus}] \\ &= E^{\ominus}(Ag^+/Ag) + 0.059\,16\ V\ lg\frac{K_{sp}^{\ominus}(AgCl)}{c(Cl^-)/c^{\ominus}} \end{aligned}$$

也可根据 $\Delta_r G_m^{\ominus} = -zFE^{\ominus} = -RT\ln K^{\ominus}$ 求出 $E^{\ominus}(AgCl/Ag)$。

①$AgCl(s) \rightleftharpoons Ag^+ + Cl^-$，$\Delta_r G_m^{\ominus}(1) = -RT\ln K_{sp}^{\ominus}(AgCl)$

②$Ag^+ + e^- \rightleftharpoons Ag$，$\Delta_r G_m^{\ominus}(2) = -1 \times FE^{\ominus}(Ag^+/Ag)$

③$AgCl(s) + e^- \rightleftharpoons Ag + Cl^-$，$\Delta_r G_m^{\ominus}(3) = -1 \times FE^{\ominus}(AgCl/Ag)$

因为反应③ = ① + ②，所以有：

$$\Delta_r G_m^{\ominus}(3) = \Delta_r G_m^{\ominus}(1) + \Delta_r G_m^{\ominus}(2)$$

即 $-1 \times FE^{\ominus}(AgCl/Ag) = [-RT\ln K_{sp}^{\ominus}(AgCl)] + [-1 \times FE^{\ominus}(Ag^+/Ag)]$

$$E^{\ominus}(AgCl/Ag) = E^{\ominus}(Ag^+/Ag) + 0.059\,16\ lg\,K_{sp}^{\ominus}(AgCl)$$

同样，若在金属银与硝酸银组成的半电池中，Ag^+ 形成配离子，也会使溶液中 Ag^+ 浓度下降，电极电势降低，形成配离子的 $K_{sp}^{\ominus}$ 越大，电极电势 E 的数值越小。

例 4.9　计算 25 ℃ 时 Ag(s) 与 $[Ag(NH_3)_2]^+$ 组成的半电池的 $E^{\ominus}\{[Ag(NH_3)_2]^+/Ag\}$。

解：电极反应

①$[Ag(NH_3)_2]^+ + e^- \rightleftharpoons Ag + 2NH_3$，$\Delta_r G_m^{\ominus}(1) = -1 \times FE^{\ominus}\{[Ag(NH_3)_2]^+/Ag\}$

该反应可以看成是由下列两个反应组成：

②$[Ag(NH_3)_2]^+ \rightleftharpoons Ag + 2NH_3$，$\Delta_r G_m^{\ominus}(2) = -RT\ln\frac{1}{K_{稳}\{[Ag(NH_3)_2]^+\}}$

③$Ag^+ + e^- \rightleftharpoons Ag$，$\Delta_r G_m^{\ominus}(3) = -1 \times FE^{\ominus}(Ag^+/Ag)$

反应① = ② + ③，所以有：

$$\Delta_r G_m^{\ominus}(1) = \Delta_r G_m^{\ominus}(2) + \Delta_r G_m^{\ominus}(3)$$

即 $-1\times FE^{\ominus}\{[Ag(NH_3)_2]^+/Ag\}=-RT\ln\dfrac{1}{K^{\ominus}_{稳}\{[Ag(NH_3)_2]^+\}}-1\times FE^{\ominus}(Ag^+/Ag)$

有 $$E^{\ominus}\{[Ag(NH_3)_2]^+/Ag\}=0.059\ 16\lg\frac{1}{K^{\ominus}_{稳}\{[Ag(NH_3)_2]^+\}}+E^{\ominus}(Ag^+/Ag)$$
$$=E^{\ominus}(Ag^+/Ag)-0.059\ 16\ \text{V}\times\lg K^{\ominus}_{稳}\{[Ag(NH_3)_2]^+\}$$
$$=0.799\ 6\ \text{V}-0.059\ 16\ \text{V}\times\lg(1.12\times10^7)$$
$$=0.382\ \text{V}$$

则该电极反应的 $E^{\ominus}\{[Ag(NH_3)_2]^+/Ag\}$ 为0.382 V。

4.8 电极电势的应用

在电化学中电极电势应用广泛,它可以计算原电池的电动势,比较氧化剂和还原剂的相对强弱,判断氧化还原反应进行的方向和限度等。

4.8.1 判断氧化剂和还原剂的强弱

电极电势的大小反映了氧化还原电对中氧化型物质和还原型物质氧化还原能力的相对强弱。电对的电极电势值越负,则该电对中还原型物质越易失去电子,其还原能力越强,而对应的氧化型物质越难得电子,氧化型物质的氧化能力越弱。反之,若电对的电极电势值越正,则该电对中氧化型物质越易得电子,其氧化能力越强,而对应的还原型物质的还原能力越弱。

根据标准电极电势表可选择合适的氧化剂或还原剂。例如要对含有 Cl^-、Br^-、I^- 的混合溶液中做 I^- 的定性鉴定时,需选择合适的氧化剂只氧化 I^-,而不氧化 Cl^- 和 Br^-。I^- 被氧化成 I_2,再用 CCl_4 将 I_2 萃取出来成紫红色即可鉴定 I^-。从下面的标准电极电势数据可以找到合适的氧化剂。

电对	电极反应	$E^{\ominus}$/V
I_2/I^-	$I_2+2e^-\rightleftharpoons 2I^-$	0.535 5
Fe^{3+}/Fe^{2+}	$Fe^{3+}+e^-\rightleftharpoons Fe^{2+}$	0.771
Br_2/Br^-	$Br_2+2e^-\rightleftharpoons 2Br^-$	1.066
Cl_2/Cl^-	$Cl_2+2e^-\rightleftharpoons 2Cl^-$	1.358

$E^{\ominus}(Fe^{3+}/Fe^{2+})$大于 $E^{\ominus}(I_2/I^-)$,小于 $E^{\ominus}(Br_2/Br^-)$和 $E^{\ominus}(Cl_2/Cl^-)$,因此 Fe^{3+} 可把 I^- 氧化成 I_2,而不能氧化 Br^- 和 Cl^-,Br^- 和 Cl^- 仍留在溶液中,该反应为:

$$2Fe^{3+} + 2I^- \rightleftharpoons 2Fe^{2+} + I_2$$

可见根据电极电势的大小可判断氧化剂的相对强弱为：$Cl_2 > Br_2 > Fe^{3+} > I_2$，还原剂的相对强弱为：$Cl^- < Br^- < Fe^{2+} < I^-$。

一般来说，对于简单的电极反应，离子浓度的变化对电极电势 E 值影响不大，因而只要两个电对的标准电极电势相差较大，通常可直接用标准电极电势来进行比较。但当两电对的标准电极电势相差较小时，要用电极电势进行比较。例如，对于含氧酸盐，在介质的 H^+ 浓度不为 1 mol/dm³ 时，需先计算电极电势，再进行比较。

4.8.2　判断氧化还原反应进行的方向

一个氧化还原反应能自发进行的条件是 $\Delta_r G_m < 0$，而 $\Delta_r G_m = -zFE$，所以 $E > 0$ 时该氧化还原反应可自发进行。而电动势 $E = E_+ - E_-$，则 $E_+ > E_-$ 时氧化还原反应可自发进行，即只要氧化剂电对的电极电势大于还原剂电对的电极电势，则此氧化还原反应能自发进行。

如果氧化还原反应是在标准条件下进行，只需找出该反应的氧化剂和还原剂对应电对的标准电极电势，若氧化剂电对的标准电极电势大于还原剂电对的标准电极电势，则该氧化还原反应可自发进行。如果氧化还原反应是在非标准情况下进行，则需根据能斯特公式计算出氧化剂和还原剂对应电对的电极电势，然后比较大小，再得出正确的结论。但若两个电对的标准电极电势值之差大于 0.2 V，浓度虽影响电极电势的大小，但一般不影响电池电动势数值的正负变化，因此可直接用标准电极电势值来判断。

例 4.10　试分别判断反应：

$$Pb^{2+} + Sn(s) = Pb(s) + Sn^{2+}$$

在标准状态和 $c(Sn^{2+}) = 1\ mol/dm^3$、$c(Pb^{2+}) = 0.1\ mol/dm^3$ 时能否自发进行？

解：将反应设计成电池 $Sn(s) \mid Sn^{2+} \parallel Pb^{2+} \mid Pb(s)$

查附录 3 知：$E^\ominus(Pb^{2+}/Pb) = 0.126\,2\ V$，$E^\ominus(Sn^{2+}/Sn) = 0.137\,5\ V$

在标准状态下

$$E(Pb^{2+}/Pb) = E^\ominus(Pb^{2+}/Pb) = 0.126\,2\ V, E(Sn^{2+}/Sn) = E^\ominus(Sn^{2+}/Sn) = -0.137\,5\ V$$

$$E = E(Pb^{2+}/Pb) - E(Sn^{2+}/Sn) > 0$$

在标准状态下正反应可自发进行。

当 $c(Sn^{2+}) = 1\ mol/dm^3$ 时，由能斯特公式得：

$$E(Sn^{2+}/Sn) = E^\ominus(Sn^{2+}/Sn) - \frac{0.059\,16\ V}{2}\lg\frac{1}{c(Sn^{2+})/c^\ominus}$$

$$= -0.137\,5\ V$$

$c(Pb^{2+}) = 0.1\ mol/dm^3$ 时，由能斯特公式得：

$$E(Pb^{2+}/Pb) = E^\ominus(Pb^{2+}/Pb) - \frac{0.059\,16\ V}{2}\lg\frac{1}{c(Pb^{2+})/c^\ominus}$$

$$= -0.126\,2\ \text{V} - \frac{0.059\,16\ \text{V}}{2}\lg\frac{1}{0.1}$$
$$= -0.155\,8\ \text{V}$$

可见 $E = E(Pb^{2+}/Pb) - E(Sn^{2+}/Sn) < 0$

所以在 $c(Sn^{2+}) = 1\ mol/dm^3$，$c(Pb^{2+}) = 0.1\ mol/dm^3$ 时反应不能自发向右进行。

4.8.3 判断氧化还原反应进行的程度

一个化学反应进行的程度可由反应的标准平衡常数 $K^\ominus$ 的大小来衡量，由 $\Delta_r G_m^\ominus = -RT\ln K^\ominus$ 及 $\Delta_r G_m^\ominus = -zFE^\ominus$ 可得：

$$E^\ominus = \frac{RT}{zF}\ln K^\ominus \tag{4.38}$$

当 $T = 298.15\ K$ 时

$$E^\ominus = \frac{0.059\,16\ \text{V}}{z}\lg K^\ominus \tag{4.39}$$

则

$$\lg K^\ominus = \frac{zE^\ominus}{0.059\,16\ \text{V}} \tag{4.40}$$

例 4.11 计算 298.15 K 时反应

$$MnO_4^- + 5Fe^{2+} + 8H^+ \rightleftharpoons Mn^{2+} + 5Fe^{3+} + 4H_2O$$

的标准平衡常数。

解：查附录 8 知 $E^\ominus(MnO_4^-/Mn^{2+}) = 1.507\ V$，$E^\ominus(Fe^{3+}/Fe^{2+}) = 0.771\ V$

$$E^\ominus = E^\ominus(MnO_4^-/Mn^{2+}) - E^\ominus(Fe^{3+}/Fe^{2+})$$
$$= (1.507 - 0.771)\ \text{V} = 0.736\ \text{V}$$

则

$$\lg K^\ominus = \frac{5 \times 0.736\ \text{V}}{0.059\,16\ \text{V}} = 62.20$$
$$K^\ominus = 1.60 \times 10^{62}$$

$K^\ominus$ 很大，说明反应进行得很完全。

应当指出，这里对氧化还原反应方向和程度的判断是从化学热力学角度进行讨论的，并未涉及反应速率问题。热力学看来可以进行完全的反应，它的反应速率不一定很快。因为反应进行的程度与反应速度是两个不同性质的问题。

4.8.4 元素的标准电极电势图及其应用

当某种元素具有多种氧化态时，可以把该元素的各种氧化态从高到低排列起来，每两者之间用一条短直线连接，并将相应电对的标准电极电势写在短线上，这样构成的表明元素各氧化态之间标准电极电势关系的图，称为元素的标准电极电势图，简称元素电势图。

例如：

酸性溶液中

$$MnO_4^- \xrightarrow{0.558\ V} MnO_4^{2-} \xrightarrow{2.24\ V} MnO_2 \xrightarrow{0.907\ V} Mn^{3+} \xrightarrow{1.541\ V} Mn^{2+} \xrightarrow{-1.185\ V} Mn$$

（$MnO_4^- \to MnO_2$：1.679 V；$MnO_2 \to Mn^{2+}$：1.224 V）

碱性溶液中

$$MnO_4^- \xrightarrow{0.558\ V} MnO_4^{2-} \xrightarrow{0.60\ V} MnO_2 \xrightarrow{-0.20\ V} Mn(OH)_3 \xrightarrow{0.15\ V} Mn(OH)_2 \xrightarrow{-1.55\ V} Mn$$

（$MnO_4^- \to MnO_2$：0.595 V；$MnO_2 \to Mn(OH)_2$：−0.045 V）

由标准电极电势图知，MnO_4^-、MnO_2 在酸性介质中比在碱性介质中的氧化能力要强。

元素电势图的用途如下：

①判断歧化反应元素电极电势图可用来判断一个元素的某一氧化态能否发生歧化反应（同一种元素的一部分原子或离子氧化，另一部分原子或离子还原的反应）。同一元素不同氧化态的3种物种从左到右按氧化态由高到低排列如下：

$$A \xrightarrow{E^{\ominus}_{左}} B \xrightarrow{E^{\ominus}_{右}} C$$

假设B能发生歧化反应，生成氧化数较高的物种A和氧化数较低的物种C，若将这两个电对组成原电池，B作氧化剂的电对为正极，即 $E^{\ominus}_{右}$，B作还原剂的电对为负极，即 $E^{\ominus}_{左}$，要使氧化还原反应能发生，则必须 $E^{\ominus}_{右} > E^{\ominus}_{左}$。因此判断某物种能否发生歧化反应，其依据为：$E^{\ominus}_{右} > E^{\ominus}_{左}$。根据锰的电极电势图可以判断，在酸性溶液中，$MnO_4^{2-}$ 会发生歧化反应：

$$3MnO_4^{2-} + 4H^+ \Longrightarrow MnO_4^- + MnO_2 + 2H_2O$$

在碱性溶液中，$Mn(OH)_3$ 可发生歧化反应：

$$2Mn(OH)_3 \Longrightarrow Mn(OH)_2 + MnO_2 + 2H_2O$$

②计算电对的标准电极电势。例如，已知酸性介质中铜的元素电极电势图，可以利用铜的元素电势图求出 $E^{\ominus}(Cu^{2+}/Cu)$。

$$Cu^{2+} \xrightarrow[z_1 = 1]{0.1628\ V} Cu^+ \xrightarrow[z_2 = 1]{0.521\ V} Cu$$

（$Cu^{2+} \to Cu$：$E_3^{\ominus} = ?$，$z_3 = 2$）

图中对应的半反应为：

①$Cu^{2+} + e^- \rightleftharpoons Cu^+$，$\Delta_r G_m^{\ominus}(1) = -z_1 F E_1^{\ominus}$

②$Cu^+ + e^- \rightleftharpoons Cu$，$\Delta_r G_m^{\ominus}(2) = -z_2 F E_2^{\ominus}$

两式相加：

③$Cu^{2+} + 2e^- \rightleftharpoons Cu$，$\Delta_r G_m^{\ominus}(3) = -z_3 F E_3^{\ominus}$

因为 $\Delta_r G_m^{\ominus}(3) = \Delta_r G_m^{\ominus}(1) + \Delta_r G_m^{\ominus}(2)$

则 $z_3 E_3^{\ominus} = z_1 E_1^{\ominus} + z_2 E_2^{\ominus}$

$$E_3^{\ominus} = E^{\ominus}(Cu^{2+}/Cu) = \frac{z_1 E_1^{\ominus} + z_2 E_2^{\ominus}}{z_3} = \frac{(0.1628 + 0.521)\ V}{2} = 0.3419\ V$$

推广到一般，设有一种元素的电势图如下：

$$\mathrm{A}\xrightarrow[z_1]{E_1^{\ominus}}\mathrm{B}\xrightarrow[z_2]{E_2^{\ominus}}\mathrm{C}\xrightarrow[z_3]{E_3^{\ominus}}\mathrm{D}\quad(\mathrm{A}\xrightarrow[z_x]{E_x^{\ominus}}\mathrm{D})$$

$$E_x^{\ominus}=\frac{z_1E_1^{\ominus}+z_2E_2^{\ominus}+z_3E_3^{\ominus}}{z_x}$$

4.8.5 水的电势-pH图

水是使用最多的溶剂，许多氧化还原反应在水溶液中进行，同时水本身又具有氧化还原性，因此研究水的氧化还原性，以及氧化剂或还原剂在水溶液中的稳定性等问题十分重要。水的氧化还原性与下列两个电极反应有关。

(1)水被还原，放出氢气

$$2H_2O+2e^-\rightleftharpoons H_2(g)+2OH^-,E^{\ominus}(H_2O/H_2)=-0.828\ \mathrm{V}$$

在298.15 K，$p(H_2)=100$ kPa时，则

$$E(H_2O/H_2)=E^{\ominus}(H_2O/H_2)+\frac{0.059\,16\ \mathrm{V}}{2}\lg\frac{1}{\{p(H_2)/p^{\ominus}\}\{a(OH^-)\}^2}$$

$$=-0.828\ \mathrm{V}+0.059\,16\ \mathrm{V}\times \mathrm{pOH}$$

$$=-0.828\ \mathrm{V}+0.059\,16\ \mathrm{V}\times(14-\mathrm{pH})$$

$$=-0.059\,16\ \mathrm{V}\times \mathrm{pH}$$

(2)水被氧化，放出氧气

$$O_2(g)+4H^++4e^-\rightleftharpoons 2H_2O,E^{\ominus}(O_2/H_2O)=1.229\ \mathrm{V}$$

在298.15 K，$p(O_2)=100$ kPa时，则

$$E(O_2/H_2O)=E^{\ominus}(O_2/H_2O)+\frac{0.059\,16\ \mathrm{V}}{4}\lg\left[\frac{p(O_2)}{p^{\ominus}}a^4(H^+)\right]$$

$$=1.229-0.059\,16\ \mathrm{pH}$$

可见水作为氧化剂和还原剂时，其电极电势都是pH的函数。以电极电势为纵坐标，pH为横坐标作图，就可得到水的电势-pH图，简称E-pH图，水及某些电对的E-pH图如图4.8所示。图中的直线B和直线A分别是以上述两方程画得的直线。

由于动力学等因素的影响，实际测量的值要比理论值差0.5 V。因此A线、B线各向外推出0.5 V，实际水的E-pH图为图4.8中a、b虚线。

利用水的E-pH图可以判断氧化剂和还原剂能否在水溶液中稳定存在。当某种氧化剂的E值在a线以上，该氧化剂就能与水反应放出氧气；当某种还原剂的E值在b线以下，该还

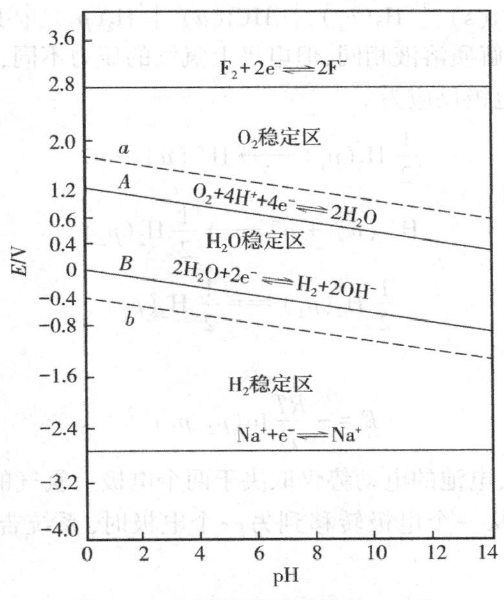

图 4.8　水及某些电对的 E-pH 图

原剂就能与水反应放出氢气。例如$E^{\ominus}(F_2/F^-)=2.87$ V,在a线以上,则F_2在水中不能稳定存在,要氧化水放出氧气,反应为:

$$2F_2(g)+2H_2O \rightleftharpoons 4HF+O_2(g)$$

而$E^{\ominus}(Na^+/Na)=-2.714$ V,在b线以下,则金属钠在水中不能稳定存在,要还原水放出氢气,反应为:

$$2Na+2H_2O \rightleftharpoons 2NaOH+H_2(g)$$

如果某一种氧化剂或还原剂的E值处于a、b线间,则它可在水中稳定存在。因此,a线以上是$O_2(g)$的稳定区,b线以下是$H_2(g)$的稳定区,a线、b线间为H_2O的稳定区。

4.9　浓差电池

电池可分为化学电池和浓差电池两大类。电池总反应是某种化学反应的电池,称为化学电池。而浓差电池中,净结果是一种物质从高浓度向低浓度的迁移,这种电池的标准电动势＝0。浓差电池又分为电极浓差电池和电解质浓差电池。

4.9.1　电极浓差电池

例如以下浓差电池:

$$Pt(s) \mid H_2(p_1) \mid HCl(a) \mid H_2(p_2) \mid Pt$$

在电池中,电极材料和电解质溶液相同,但电极上氢气的压力不同,设 $p_2 < p_1$,此电池称为电极浓差电池。该电池的电极反应为:

负极 $\frac{1}{2}H_2(p_1) \longrightarrow H^+(a) + e^-$

正极 $H^+(a) + e^- \longrightarrow \frac{1}{2}H_2(p_2)$

电池反应 $\frac{1}{2}H_2(p_1) = \frac{1}{2}H_2(p_2)$

该电池的电动势为:

$$E = -\frac{RT}{F}\ln(p_2/p_1)^{1/2} \tag{4.41}$$

由此可见,在指定温度下,电池的电动势仅取决于两个电极上氢气的压力比。这类电池的电能是靠组成电极的物质从一个电极转移到另一个电极时,系统吉布斯函数的改变转化而来的。

4.9.2 电解质浓差电池

如果电极材料和电解质相同,但电解质溶液的浓度不同,此类电池称为电解质浓差电池。如:

$$Zn(s) \mid Zn^{2+}(a_1) \parallel Zn^{2+}(a_2) \mid Zn(s)(a_1 < a_2)$$

电池电极反应为:

负极 $Zn(s) \longrightarrow Zn^{2+}(a_1) + 2e^-$

正极 $Zn^{2+}(a_2) + 2e^- \longrightarrow Zn(s)$

电池反应 $Zn^{2+}(a_2) \longrightarrow Zn^{2+}(a_1)$

电池电动势为:

$$E = -\frac{RT}{2F}\ln\frac{a_1(Zn^{2+})}{a_2(Zn^{2+})} \tag{4.42}$$

可见电池的电动势仅取决于两种电解质溶液的离子活度比。这类电池产生电动势的过程就是电解质从浓溶液向稀溶液转移的过程。上述电池若不用盐桥,让两种不同浓度的溶液直接接触,这样在液-液界面上就有电势差存在,这种电势称为液接电势。此时,整个电池的电动势由浓差电势和液接电势两部分组成。利用盐桥可消除或减小液接电势。

4.10 电池电动势测定的应用

由电池电动势可求出电池反应的各种热力学参数;利用电极电势可判断氧化剂或还原

剂的相对强弱,判断氧化还原反应可能进行的方向和限度等。总之,电动势测定的应用是很广泛的,下面列举几例。

4.10.1　求难溶盐的标准溶度积

以 AgCl 为例:

$$AgCl(s) = Ag^+ + Cl^-$$
$$K_{sp}^{\ominus} = [c(Ag^+)/c^{\ominus}][c(Cl^-)/c^{\ominus}]$$

AgCl(s)溶解反应对应的电池为:

$$Ag(s) \mid Ag^+ \parallel Cl^- \mid AgCl \mid Ag(s)$$

负极　　$Ag(s) \longrightarrow Ag^+ + e^-$

正极　　$AgCl(s) + e^- \longrightarrow Ag + Cl^-$

总反应　　$AgCl(s) = Ag^+ + Cl^-$

电池电动势　　$E^{\ominus} = E^{\ominus}(AgCl/Ag) - E^{\ominus}(Ag^+/Ag)$

$$= 0.222\ 3\ V - 0.799\ 6\ V$$
$$= 0.577\ 3\ V$$

$$\lg K_{sp}^{\ominus} = \frac{zE^{\ominus}}{0.059\ 16} = \frac{1 \times (-0.577\ 3\ V)}{0.059\ 16\ V} = -9.76$$
$$K_{sp}^{\ominus} = 1.74 \times 10^{-10}$$

用类似的方法还可求出弱酸、弱碱的解离常数,水的离子积和配合物的不稳定常数等。

4.10.2　pH 值的测定

测定 pH 值需要一个对 H^+ 敏感的电极,使用较多的是玻璃电极。玻璃电极是一支玻璃管下端焊接一个特殊原料制成的玻璃球形薄膜,膜内盛有一种 pH 值固定的缓冲溶液,溶液中浸入一根 Ag—AgCl 电极作为内参比电极。玻璃电极如图 4.9 所示。

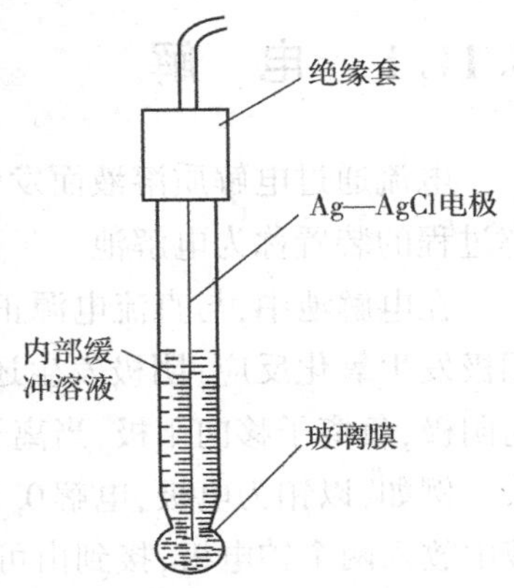

图 4.9　玻璃电极

玻璃膜两侧溶液 pH 值不同时就产生一定的膜电势。当球泡内溶液 pH 值固定时,膜电势随外部溶液的 pH 值改变。玻璃电极具有可逆电极性质,其电极电势为:

$$E_{玻} = E_{玻}^{\ominus} - \frac{RT}{F}\ln\frac{1}{[a(H^+)]_x}$$
$$= E_{玻}^{\ominus} - \frac{RT}{F} \times 2.303(pH)_x$$

将玻璃电极、饱和甘汞电极及待测溶液组成原电池:

$$Ag \mid AgCl(s) \mid 缓冲液 \underset{玻璃膜}{\mid} 被测溶液(pH) \mid 饱和甘汞电极$$

在 298.15 K 时,该原电池电动势 E 为:

$$E = E_{甘} - E_{玻} = 0.241\,5\ \mathrm{V} - E^{\ominus}_{玻} + 0.059\,16\ \mathrm{V} \times \mathrm{pH}$$

$$\mathrm{pH} = \frac{E - 0.241\,5\ \mathrm{V} + E^{\ominus}_{玻}}{0.059\,16\ \mathrm{V}} \tag{4.43}$$

式中 $E^{\ominus}_{玻}$对给定玻璃电极为一个常数,但不同玻璃电极的 $E^{\ominus}_{玻}$不一定相同,因此在实际使用中,先用一种已知 pH 值的缓冲溶液 S 测其电动势值 E_s,再用同支玻璃电极测量未知溶液 X 的电动势值 E_x,则:

$$E_s = 0.241\,5\ \mathrm{V} - \left[E^{\ominus}_{玻} - \frac{2.303RT}{F}(\mathrm{pH})_s\right]$$

$$E_x = 0.241\,5\ \mathrm{V} - \left[E^{\ominus}_{玻} - \frac{2.303RT}{F}(\mathrm{pH})_x\right]$$

两式联立得:

$$(\mathrm{pH})_x = (\mathrm{pH})_s - \frac{(E_s - E_x)F}{2.303RT}$$

若在 298.15 K 时,

$$(\mathrm{pH})_x = (\mathrm{pH})_s - \frac{E_s - E_x}{0.059\,16\ \mathrm{V}}$$

玻璃电极的优点是操作方便,不易中毒,在有氧化剂或还原剂存在时不受影响;缺点是不适于碱性较大的溶液,其次玻璃膜极薄,易破损,用时需加小心。

4.11　实用电化学

4.11.1　电　解

电流通过电解质溶液而发生化学反应,将电能转变成化学能的过程称为电解。实现电解过程的装置称为电解池。

在电解池中,与直流电源正极相连的电极是阳极,与直流电源负极相连的电极是阴极。阳极发生氧化反应;阴极发生还原反应。由于阳极带正电,阴极带负电,电解液中正离子移向阴极,负离子移向阳极,当离子到达电极上分别发生氧化和还原反应,称为离子放电。

例如,以铂为电极,电解 0.1 mol/dm^3 的 H_2SO_4 溶液示意图如图 4.10 所示。在 H_2SO_4 溶液中放入两个铂电极,接到由可变电阻器和电源组成的分压器上。逐渐增加电压,并记录相应的电流值,以电流对电压作图得到如图 4.11 所示的电流 - 电压曲线。分解电压示意图如图 4.11 所示。

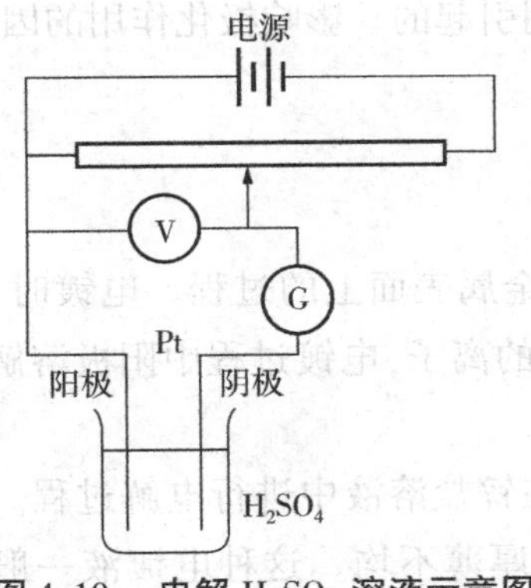

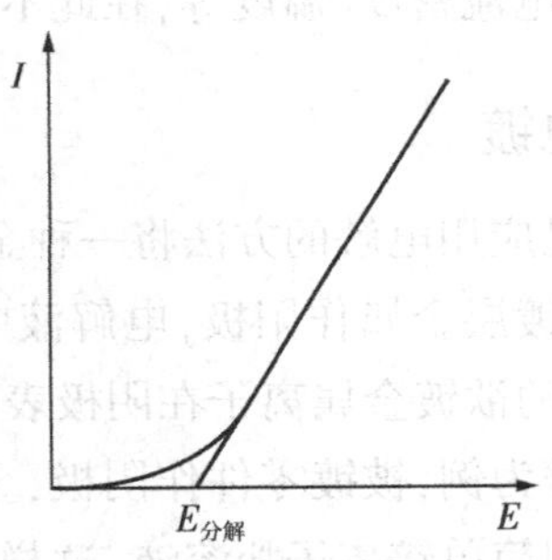

图 4.10　电解 H_2SO_4 溶液示意图　　图 4.11　分解电压示意图

刚开始加电压时，电流强度很小，电极上观察不到电解现象。当电压增加到某一数值时，电流突然直线上升，同时电极上有气泡逸出，电解开始。电流由小突然变大时的电压是电解质溶液发生电解所必须施加的最小电压，称为分解电压。电解池中通入电流后发生的反应为：

阴极反应　　$4H^+ + 4e^- \longrightarrow 2H_2(g)$

阳极反应　　$4OH^- \longrightarrow 2H_2O + O_2(g) + 4e^-$

总反应　　$2H_2O \longrightarrow 2H_2(g) + O_2(g)$

可见，以铂为电极电解 H_2SO_4 溶液，实际上是电解水，H_2SO_4 的作用只是增加溶液的导电性。

产生分解电压的原因是电解时，在阴极上析出的 H_2 和阳极上析出 O_2，分别被吸附在铂片上，形成了氢电极和氧电极，组成原电池：

$$(-)\mathrm{Pt} \mid \mathrm{H_2}[\mathrm{g}, p(\mathrm{H_2})] \mid \mathrm{H_2SO_4}(0.1\ \mathrm{mol/dm^3}) \mid \mathrm{O_2}[\mathrm{g}, p(\mathrm{O_2})] \mid \mathrm{Pt}(+)$$

在 298.15 K，$a(H^+) = 0.1$ 时，当 $p(H_2) = p(O_2) = p^\ominus$ 时，原电池的电动势 E 为：

$$E_+ = E(\mathrm{O_2/OH^-}) = E^\ominus(\mathrm{O_2/OH^-}) + \frac{0.059\,16\ \mathrm{V}}{4}\lg\frac{p(\mathrm{H_2})/p^\ominus}{[a(\mathrm{OH^-})]^4}$$

$$= 0.40\ \mathrm{V} + \frac{0.059\,16\ \mathrm{V}}{4}\lg\frac{1}{(10^{-13})^4} = 1.169\,1\ \mathrm{V}$$

$$E_- = E(\mathrm{H^+/H_2}) = E^\ominus(\mathrm{H^+/H_2}) + \frac{0.059\,16\ \mathrm{V}}{2}\lg\frac{[a(\mathrm{H^+})]^2}{p(\mathrm{H_2})/p^\ominus}$$

$$= 0.00\ \mathrm{V} + \frac{0.059\,16\ \mathrm{V}}{2}\lg 0.1^2 = -0.059\,16\ \mathrm{V}$$

$$E = 1.169\,1\ \mathrm{V} - (-0.059\,16\ \mathrm{V}) = 1.228\,3\ \mathrm{V}$$

此电池电动势的方向和外加电压相反，显然，要使电解顺利进行，外加电压必须克服这一反向的电动势，所以将此反向电动势称为理论分解电压。

当外加电压稍大于理论分解电压，电解似乎应能进行。但实际的分解电压为 1.70 V，比理论分解电压高很多。超出理论分解电压的原因，除了因为内阻所引起的电压降外，主要是由于电极反应是不可逆的,产生了所谓的“极化”作用引起的。影响极化作用的因素很多,如电极材料、电流密度、温度等,在此不作详细介绍。

(1)电镀

电镀是应用电解的方法将一种金属镀到另一种金属表面上的过程。电镀时,把被镀零件作阴极,镀层金属作阳极,电解液中含有欲镀金属的离子,电镀过程中阳极溶解成金属离子,溶液中的欲镀金属离子在阴极表面析出。

以镀锌为例,被镀零件作阴极,金属锌作阳极,在锌盐溶液中进行电解过程。锌盐一般不能直接用简单锌离子盐溶液,这样会使镀层粗糙、厚薄不均。这种电镀液一般是由氧化锌、氢氧化钠和添加剂等配成,氧化锌在 NaOH 溶液中形成 $Na_2[Zn(OH)_4]$,由于 $[Zn(OH)_4]^{2-}$ 配离子的形成,降低了 Zn^{2+} 的浓度,使金属锌在镀件上析出的过程中有个适宜的速率,可得到紧密光滑的镀层。随着电镀的进行,Zn^{2+} 不断还原析出,同时 $[Zn(OH)_4]^{2-}$ 不断离解,保证电镀液中 Zn^{2+} 的浓度基本稳定。电镀中两极主要反应为:

阴极 $Zn^{2+} + 2e^- \longrightarrow Zn$

阳极 $Zn \longrightarrow Zn^{2+} + 2e^-$

实际工作中常将两种(或两种以上的)金属进行复合电镀,以达到外观、防腐、力学性能等综合性能要求。同时除了在金属工件上的电镀外,还发展了在塑料、陶瓷表面的非金属电镀。

(2)电抛光

电抛光是金属表面精加工方法之一。电抛光时,把欲抛光工件作阳极(如钢铁工件),铅板作阴极,含有磷酸、硫酸和铬酐的溶液为电解液。阳极铁因氧化而发生溶解:

阳极 $Fe \longrightarrow Fe^{2+} + 2e^-$

生成的 Fe^{2+} 与溶液中的 $Cr_2O_7^{2-}$ 发生氧化还原反应:

$$6Fe^{2+} + Cr_2O_7^{2-} + 14H^+ \longrightarrow 6Fe^{3+} + 2Cr^{3+} + 7H_2O$$

Fe^{3+} 进一步与溶液中的 HPO_4^{2-}、SO_4^{2-} 形成 $Fe_2(HPO_4)_3$ 和 $Fe_2(SO_4)_3$ 等盐,由于阳极附近盐的浓度不断增加,在金属表面形成一种黏度较大的液膜,因金属凹凸不平的表面上液膜厚度分布不均匀,凸起部分电阻小、液膜薄、电流密度较大、溶解较快,于是粗糙表面逐渐得以平整光亮。

(3)电解加工

电解加工原理与电抛光相同,利用阳极溶液将工件加工成型。区别在于,电抛光时阳极与阴极间距离较大,电解液在槽中是不流动的,通过的电流密度小,金属去除量少,只能进行抛光,不能改变工件形状。电解加工时,工件仍为阳极,而用模具作阴极电解加工示意图如图 4.12 所示。在两极间保持很小的间隙,电解液从间隙中高速流过并及时带走电解产物,工件阳极表面不断溶解，形成与阴极模具外形相吻合的形状。

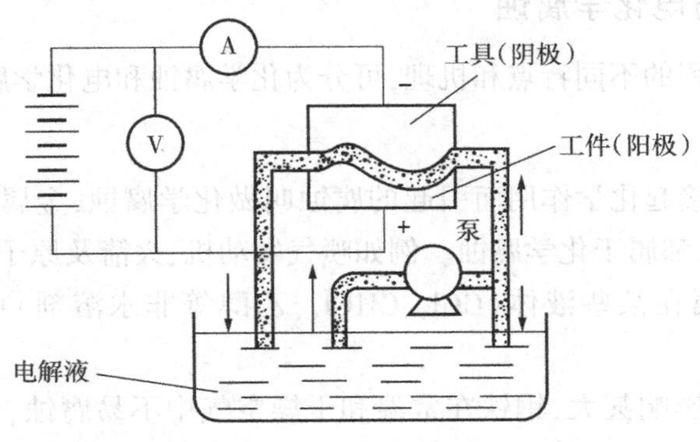

图 4.12 电解加工示意图

电解加工适用范围广，能加工高硬度金属或合金，特别是形状复杂的工件，加工质量好。

(4)**阳极氧化**

有些金属在空气中能自然生成一层氧化物保护膜，起到一定的防腐作用。如铝和铝合金能自然形成一层氧化铝膜，但膜厚度仅为0.02 ~ 1 μm，保护能力不强。阳极氧化的目的是使其表面形成氧化膜以达到防腐耐蚀的要求。

以铝和铝合金阳极氧化为例，将经过表面抛光、除油等处理的铝合金工件作电解池的阳极，铅板作阴极，稀硫酸作电解液，通适合电流电压，阳极铝工件表面可生成一层氧化铝膜。电极反应如下：

阳极 $2Al + 6OH^- = Al_2O_3 + 3H_2O + 6e^-$ （主）

$4OH^- = H_2O + O_2 + 4e^-$ （次）

阴极 $2H^+ + 2e^- = H_2$

阳极氧化所得氧化膜能与金属结合牢固，厚度均匀，可大大地提高铝及铝合金的耐腐蚀性和耐磨性，并可提高表面的电阻和热绝缘性，同时氧化铝膜中有许多小孔，可吸附各种染料，以增强工件表面的美观。

4.11.2 金属的腐蚀与防护

当金属与周围介质接触时，由于发生化学作用或电化学作用而引起的破坏叫做金属的腐蚀。金属的腐蚀十分普遍，机械设备在强腐蚀性介质中极易腐蚀破坏，钢铁制件在潮湿空气中容易生锈，钢铁在加热时会生成一层氧化层，地下金属易腐蚀。金属因腐蚀而损失的量相当于年生产量的1/4 ~ 1/3，经济损失十分严重。

(1)化学腐蚀与电化学腐蚀

根据金属腐蚀过程的不同特点和机理,可分为化学腐蚀和电化学腐蚀两大类。

1)化学腐蚀

由金属与介质直接起化学作用而引起的腐蚀叫做化学腐蚀,金属在干燥气体和无导电性非水溶液中的腐蚀,都属于化学腐蚀。例如喷气发动机、火箭及原子能工业设备在高温下同干燥气体作用、金属在某些液体(CCl_4、$CHCl_3$、乙醇等非水溶剂)中的腐蚀都属于化学腐蚀。

温度对化学腐蚀影响甚大,钢铁在常温和干燥空气中不易腐蚀,但在高温下易被氧化生成氧化皮(由 FeO、Fe_2O_3 和 Fe_3O_4 组成)。钢铁中的渗碳体 Fe_3C 与气体介质作用而脱碳:

$$Fe_3C(s) + O_2(g) = 3Fe(s) + CO(g)$$

$$Fe_3C(s) + CO_2(g) = 3Fe(s) + 2CO(g)$$

$$Fe_3C(s) + H_2O(g) = 3Fe(s) + CO_2(g) + H_2(g)$$

反应产生的气体离开金属,而碳从邻近区域扩散到反应区,形成脱碳层,脱碳使表面膜的完整性受到破坏,使钢铁的表面硬度和疲劳极限降低。

在高温高压下,氢能与钢发生反应,氢沿着晶粒边缘扩散到金属的内部生成的 CH_4 气体会引起晶粒边缘破裂,引起金属强度下降,此种化学腐蚀称为氢蚀。

$$Fe_3C(s) + 2H_2(g) = 3Fe(s) + CH_4(g)$$

2)电化学腐蚀

当金属与电解质溶液接触时,由电化学作用而引起的腐蚀叫做电化学腐蚀。电化学腐蚀与化学腐蚀不同之处在于前者形成了原电池反应。金属在大气中的腐蚀,在土壤及海水中的腐蚀和在电解质溶液中的腐蚀都是电化学腐蚀。电化学腐蚀中常将发生氧化反应的部分叫做阳极,将还原反应的部分叫做阴极。电化学腐蚀可分为析氢腐蚀、吸氧腐蚀和氧浓差腐蚀。

当钢铁暴露于潮湿的空气中时,因表面吸附作用,使钢铁表面覆盖一层水膜,它能溶解空气中的 SO_2 和 CO_2 气体,这些气体溶于水后电离出 H^+、SO_3^{2-}、CO_3^{2-} 等离子。钢铁中的石墨、渗碳体等杂质的电极电势较大,铁的电极电势较小。这样,铁和杂质就好像放在含 H^+、SO_3^{2-}、CO_3^{2-} 等离子的电解质溶液中,形成原电池,铁为阳极(负极),杂质为阴极(正极),发生下列电极反应:

阳极 $Fe = Fe^{2+} + 2e^-$

$Fe^{2+} + 2OH^- = Fe(OH)_2$

阴极 $2H^+ + 2e^- = H_2\uparrow$

总反应 $Fe + 2H_2O = Fe(OH)_2 + H_2\uparrow$

生成的 $Fe(OH)_2$ 在空气中被氧气氧化成棕色铁锈 $Fe_2O_3 \cdot xH_2O$。由于此过程有氢气放出，故称析氢腐蚀。钢铁析氢腐蚀示意图如图4.13所示。

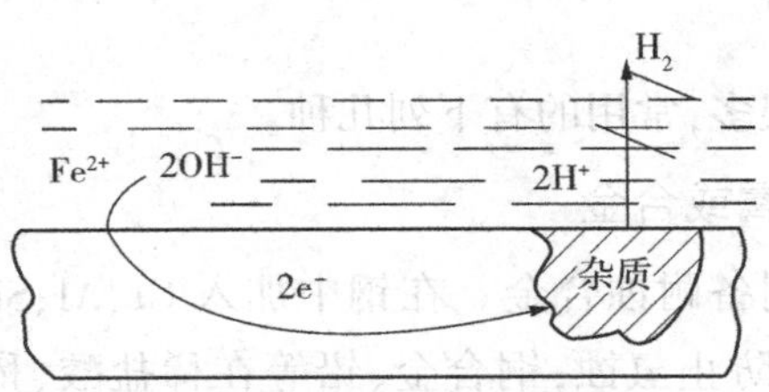

图4.13　钢铁析氢腐蚀示意图

若钢铁处于弱酸性或中性介质中，且氧气供应充分，则 O_2/OH^- 电对的电极电势大于 H^+/H_2 电对的电极电势，阴极上是 O_2 得到电子：

阳极　$2Fe = Fe^{2+} + 4e^-$

阴极　$O_2 + 2H_2O + 4e^- = 4OH^-$

总反应　$2Fe + O_2 + 2H_2O = 2Fe(OH)_2$

然后 $Fe(OH)_2$ 进一步被氧化为 $Fe_2O_3 \cdot xH_2O$。这种过程因需消耗氧，故称为吸氧腐蚀。

当金属插入水或泥沙中时，由于金属与含氧量不同的液体接触，各部分的电极电势就不一样。氧电极的电势与氧的分压有关：

$$E(O_2/OH^-) = E^{\ominus}(O_2/OH^-) + \frac{0.0592\ V}{4}\lg\frac{\{p(O_2)/p^{\ominus}\}}{\{c(OH^-)/c^{\ominus}\}^4}$$

在溶液中氧浓度小的地方，电极电势低，成为阳极，金属发生氧化反应而溶解腐蚀，而氧浓度较大的地方，电极电势较高而成为阴极却不会受到腐蚀。例如，插入水中泥土的铁桩，常常在埋入泥土的地方发生腐蚀。埋在泥土中的地方氧不容易到达，氧气浓度低，电极电势较小而成为阳极，发生氧化而腐蚀。铁桩氧浓差腐蚀如图4.14所示。

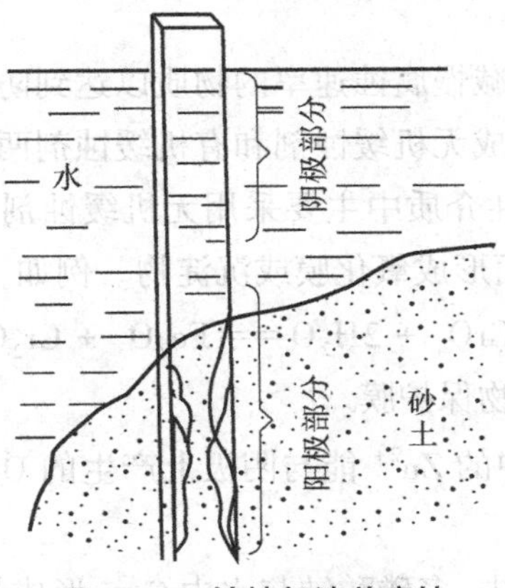

图4.14　铁桩氧浓差腐蚀

插入水中的金属设备，因水中溶解氧比空气中少，紧靠水面下的部分电极电势较低而成为阳极易被腐蚀，工程上常称之为水线腐蚀。

(2)金属腐蚀的防护

金属腐蚀的防护方法很多,常用的有下列几种。

1)选择合适的耐蚀金属或合金

根据不同的用途选择制备耐蚀合金。在钢中加入 Cr、Al、Si 等元素可增加钢的抗氧化性,加入 Cr、Ti、V 等元素可防止氢蚀;铜合金、铅等在稀盐酸、稀硫酸中是相当耐蚀的。含 Cr18%、Ni8%的不锈钢在大气、水和硝酸中极耐腐蚀。

2)覆盖保护层法

可将耐腐蚀的非金属材料(如油漆、塑料、橡胶、陶瓷、玻璃等)覆盖在要保护的金属表面上;另外,可用耐腐蚀性较强的金属或合金覆盖欲保护金属,覆盖的主要方法是电镀。

3)阴极保护法

阴极保护法有牺牲阳极的阴极保护法和外加电流的阴极保护法。

①牺牲阳极的阴极保护法是将较活泼的金属或合金连接在被保护的金属上,形成原电池,较活泼的金属作为腐蚀电池的阳极而被腐蚀,被保护金属作为阴极而得到保护。一般常用的阳极牺牲材料有铝合金、镁合金、锌合金等。此法适用于浸在水中或埋在土壤里金属设备的保护,如海轮的外壳、地下输油管道等。

②外加电流保护法是在外电流作用下,用不溶性辅助阳极(常用废钢和石墨)作为阳极,将被保护金属作为电解池的阴极而进行保护。此法也可保护土壤或水中的金属设备,但对强酸性介质因耗电过多则不适宜。

阴极保护法若与覆盖层保护法联合使用,效果更佳。

4)缓蚀剂法

在腐蚀介质中加入少量能减慢腐蚀速率的物质以达到防止腐蚀的方法叫做缓蚀剂法。

缓蚀剂按其组分不同可分成无机缓蚀剂和有机缓蚀剂两大类。

①无机缓蚀剂。在中、碱性介质中主要采用无机缓蚀剂,如重铬酸盐、铬酸盐、磷酸盐、碳酸氢盐等,它们能使金属表面形成氧化膜或沉淀物。例如,铬酸钠可使铁氧化成氧化铁:

$$2Fe + 2Na_2CrO_4 + 2H_2O \longlongequal Fe_2O_3 + Cr_2O_3 + 4NaOH$$

氧化铁与 Cr_2O_3 形成复合氧化物保护膜。

在中性水溶液中,硫酸锌中的 Zn^{2+} 能与阴极上产生的 OH^- 反应,生成氢氧化锌沉淀保护膜。

在含有一定钙盐的水溶液中,多磷酸钠与水中 Ca^{2+} 形成带正电荷的胶粒,向金属阴极迁移,生成保护膜,减缓金属的腐蚀。

②有机缓蚀剂。在酸性介质中,常用有机缓蚀剂乌洛托品[六次甲基四胺 $(CH_2)_6N_4$]、若丁(二邻苯甲基硫脲)等。有机缓蚀剂被吸附在金属表面上,阻碍了 H^+ 的放电,减慢了腐蚀速率。有机缓蚀剂的极性基团是亲水性的(如 RNH_2 中的 —NH_2),而非极性基团(如

RNH_2 中的 —R）是亲油性的，极性基团吸附于金属表面，而非极性基团则背向金属表面。

有机缓蚀剂在工业上常被用作酸洗钢板、酸洗锅炉及开采油气田时进行地下岩层的酸化处理等。

4.11.3 化学电源

原电池是使化学能转变为电能的一种装置。但是，要把电池作为实用的化学电源，设计时必须考虑到实用上的要求，如电压比较高、电容量比较大、电极反应容易控制，体积小便于携带以及适当的价格等。电池的种类很多，按其使用的特点大体可分为：

①一次性电池。如通常使用的锰锌电池等，这种电池放电之后不能再使用。

②蓄电池。如铅蓄电池、Fe-Ni 蓄电池等，这些电池放电后可以再充电反复使用多次。

③燃料电池。此类电池又称为连续电池，只要不断地向正、负极输送反应物质，就可连续放电。

④太阳能电池等。

以下仅简要介绍其中的几种。

(1)一次性电池

手电筒用的锌锰电池是一次性电池，干电池构造如图 4.15 所示。

以锌皮为外壳，中央是石墨棒，棒附近是细密的石墨粉和 MnO_2 的混合物。周围再装入用 NH_4Cl 溶液浸湿的 $ZnCl_2$、NH_4Cl 和淀粉调制成的糊状物。为了避免水的蒸发，外壳用蜡和沥青封固。干电池的图式为：

$(-)Zn(s) \mid ZnCl_2, NH_4Cl(\text{糊状}) \mid MnO_2(s) \mid C(s)(+)$

放电时的电极反应为：

锌极（负极） $Zn(s) \longrightarrow Zn^{2+}(aq) + 2e^-$

碳极（正极） $2NH^+(aq) + 2e^- \longrightarrow 2NH_3(aq) + H_2(g)$

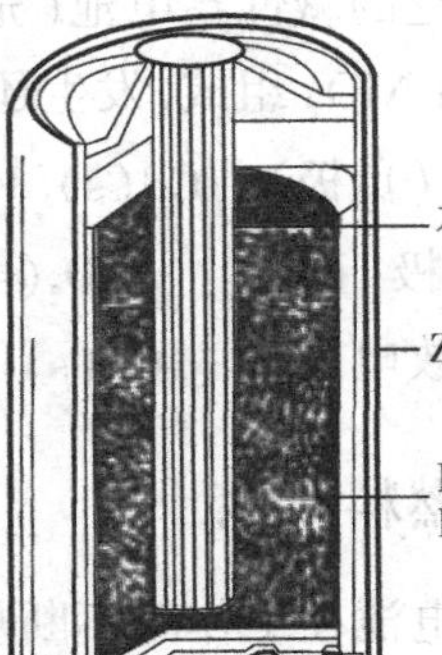

图 4.15 干电池

在使用过程中，H_2 在碳棒附近不断积累，会阻碍碳棒与 NH_4^+ 接触，从而使电池的内阻增大，产生极化作用。MnO_2 能消除电极上集积的氢气，所以又叫去极剂，反应式为：

$$2MnO_2(s) + H_2(g) \xlongequal{} 2MnO(OH)(s)$$

所以正极上总的反应式为：

$$2MnO_2(s) + 2NH_4^+(aq) + 2e^- \xlongequal{} 2MnO(OH)(s) + 2NH_3(aq)$$

锌锰电池的电动势约 1.5 V，其容量小，使用寿命不长。若将普通锌锰干电池中的填充物 $ZnCl_2$ 和 NH_4Cl 换成 KOH，就得到了碱性干电池，其使用寿命有较大的增加。

(2)蓄电池

1)酸性蓄电池

蓄电池是可以积蓄电能的一种装置。蓄电池放电后，用直流电源充电，可使电池回到原来的状态，因此可反复使用。最常用的酸性蓄电池是铅蓄电池。

铅蓄电池图式为：

$(-)Pb(s) \mid PbSO_4(s) \mid H_2SO_4(aq) \mid PbSO_4(s) \mid PbO_2(s) \mid Pb(s)(+)$

其电极是铅锑合金制成的栅状极片，分别填塞 $PbO_2(s)$ 和海绵状金属铅作为正极和负极。电极浸在 $w(H_2SO_4) = 0.30$ 的硫酸溶液（相对密度 $\rho = 1.2\ g/cm^3$）中，放电时：

Pb 极（负极）　$Pb(s) + SO_4^{2-}(aq) \longrightarrow PbSO_4(s) + 2e^-$

PbO_2 极（正极）　$PbO_2(s)(aq) + SO_4^{2-}(aq) + 4H^+ + 2e^- \longrightarrow PbSO_4(s) + 2H_2O(l)$

总放电反应　$Pb(s) + PbO_2(s) + 2H_2SO_4(aq) = 2PbSO_4(s) + 2H_2O(l)$

在放电时，两极表面都沉积着一层 $PbSO_4$，同时硫酸的浓度逐渐降低，当电动势由 2.2 V 降到 1.9 V 左右时，就不能继续使用了。此时应该及时充电，否则就难以复原，从而造成电池损坏。

2)碱性蓄电池

碱性蓄电池有 Fe-Ni 蓄电池、Cd-Ni 蓄电池、Ag-Zn 蓄电池等，其中镍镉电池是一种近年来使用广泛的碱性蓄电池（充电电池）。镍镉电池的负极为镉，在碱性电解质中发生氧化反应，正极由 NiO_2 组成，发生还原反应：

Cd 极（负极）　$Cd(s) + 2OH^-(aq) \longrightarrow Cd(OH)_2(s) + 2e^-$

NiO_2 极（正极）　$NiO_2(s) + 2H_2O(l) + 2e^- \longrightarrow Ni(OH)_2(s) + 2OH^-(aq)$

总的放电反应　$Cd(s) + NiO_2(s) + 2H_2O(l) = Cd(OH)_2(s) + Ni(OH)_2(s)$

(3)燃料电池

燃料电池在工作时不断从外界输入氧化剂和还原剂，同时将电极反应产物不断排出，可不断地放电使用，因而又称为连续电池。燃料电池是以氢、甲烷或一氧化碳等为负极反应物质，以氧气、空气或氯气等为正极反应物质制成的电池。电解质采用 KOH 溶液或固体电解质。此外电池中还包含适当的催化剂。这种电池是使燃料与氧化剂之间发生的化学反应直接在电池中进行，使化学能直接转化为电能，提高了能量的利用效率；而且对环境污染少，因此成为研究的热点。

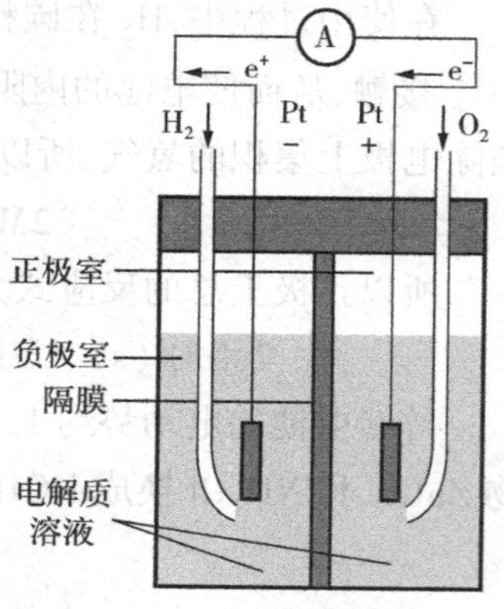

图 4.16　氢 - 氧燃料电池

氢 - 氧燃料电池如图 4.16 所示。

$(-)Pt \mid H_2(g) \mid KOH(aq) \mid O_2(g) \mid Pt(+)$

负极　$H_2(g) + 2OH^-(aq) \longrightarrow 2H_2O(l) + 2e^-$

正极　$O_2(g) + 2H_2O(l) + 4e^- \longrightarrow 4OH^-(aq)$

总反应　$2H_2(g) + O_2(g) \longrightarrow 2H_2O(l)$

20世纪60年代美国阿波罗登月飞船上的工作电源就是燃料电池,直至今日,所有航天飞行器,其能源都是燃料电池。

习　题

1. 用离子-电子法配平下列方程式。

酸性介质中:

(1) $KClO_3 + FeSO_4 \longrightarrow Fe_2(SO_4)_3 + KCl$;

(2) $H_2O_2 + Cr_2O_7^{2-} \longrightarrow Cr^{3+} + O_2$;

(3) $Na_2S_2O_3 + I_2 \longrightarrow Na_2S_4O_6 + NaI$;

(4) $MnO_4^{2-} \longrightarrow MnO_2 + MnO_4^-$;

(5) $As_2O_3 + ClO_3^- \longrightarrow H_2AsO_4 + SO_4^{2-} + Cl^-$。

碱性介质中:

(1) $Al + NO_3^- \longrightarrow Al(OH)_3 + NH_3$;

(2) $ClO_3^- + MnO_2 \longrightarrow Cl^- + MnO_4^{2-}$;

(3) $Fe(OH)_2 + H_2O_2 \longrightarrow Fe(OH)_3$;

(4) $Br_2 + IO_3^- \longrightarrow Br^- + IO_4^-$;

(5) $S^{2-} + ClO_3^- \longrightarrow S + Cl^-$。

2. 当$CuSO_4$溶液中通过1 930 C电量后,在阴极上有0.009 mol的Cu沉积出来,试求在阴极上析出$H_2(g)$的物质的量。

3. 某电导池内装有两个直径为4.0×10^{-2} m并相互平行的圆形银电极,电极之间的距离为0.12 m。若在电导池内盛满浓度为0.1 mol/dm^{3}的$AgNO_3$溶液,施以20 V电压,所得电流强度为0.197 6 A。试计算电导池常数、溶液的电导、电导率和$AgNO_3$的摩尔电导率。

4. 某温度时AgBr饱和溶液的电导率为$1.567 \times 10^{-4}\ \Omega^{-1} \cdot m^{-1}$,电导水的电导率为$1.519 \times 10^{-4}\ \Omega^{-1} \cdot m^{-1}$,$Ag^+$和$Br^-$的摩尔电导率分别为$6.192 \times 10^{-3}\ \Omega^{-1} \cdot m^2/mol$和$7.84 \times 10^{-3}\ \Omega^{-1} \cdot m^2/mol$。求AgBr的溶度积。

5. 在298.15 K时,浓度为0.01 mol/dm^{3}的HAc溶液在某电导池中测得电阻为2 220 Ω,已知电池常数为36.7 m^{-1}。试求在该条件下HAc的解离度和解离平衡常数。

6. 写出下列电池中各电极上的反应和电池反应:

(1) $Pt \mid H_2[p(H_2)] \mid HCl(aq) \mid Cl_2[p(Cl_2)] \mid Pt$;

(2) $Ag(s) \mid AgI(s) \mid I^-[a(I^-)] \parallel Cl^-[a(Cl^-)] \mid AgCl(s) \mid Ag(s)$;

(3) $Pb(s) \mid PbSO_4(s) \mid SO_4^{2-}[a(SO_4^{2-})] \parallel Cu^{2+}[a(Cu^{2+})] \mid Cu(s)$；

(4) $Pt \mid H_2[p(H_2)] \mid NaOH(aq) \mid HgO(s) \mid Hg(l) \mid Pt$；

(5) $Pt \mid Hg(l) \mid Hg_2Cl_2(s) \mid KCl(aq) \mid Cl_2[p(Cl_2)] \mid Pt$；

(6) $Pt \mid H_2[p(H_2)] \mid OH^-[a(OH^-)] \mid Sb_2O_3(s) \mid Sb(s)$。

7. 试将下列化学反应设计成电池：

(1) $Fe^{2+}[a(Fe^{2+})] + Ag^+[a(Ag^+)] = Fe^{3+}[a(Fe^{3+})] + Ag(s)$；

(2) $AgCl(s) = Ag^+[a(Ag^+)] + Cl^-[a(SO_4^{2-})]$；

(3) $AgCl(s) + I^-[a(I^-)] = AgI(s) + Cl^-[a(Cl^-)]$；

(4) $H_2[p(H_2)] + 1/2[p(O_2)] = H_2O(l)$；

(5) $H_2[p(H_2)] + HgO(s) = H_2O(l) + Hg(l)$。

8. 参考标准电极电势表，分别选择一个合适的氧化剂，能够氧化(1) Cl^- 成 Cl_2；(2) Pb 成 pb^{2+}；(3) Fe^{2+} 成 Fe^{3+}。再分别选择一种合适的还原剂，能够还原(1) Fe^{3+} 成 Fe；(2) Ag^+ 成 Ag；(3) NO_3^- 成 NO。

9. 当溶液中 $c(H^+)$ 增加时，下列氧化剂的氧化能力是增加、减弱还是不变？

(1) Cl_2；(2) $Cr_2O_7^{2-}$；(3) Fe^{3+}；(4) MnO_4^-。

10. 电池 $Zn(s) \mid ZnCl_2(a = 0.555) \mid AgCl(s) \mid Ag$ 在 298.15 K 时 $E = 1.015$ V，$(\partial E/\partial T)_p = -4.02 \times 10^{-4}$ V/K，求电池反应的 $\Delta_r G_m$、$\Delta_r S_m$、$\Delta_r H_m$ 和电池的可逆热效应 Q_r。

11. 已知下列化学反应(298.15 K)：

$$2I^-(aq) + 2Fe^{3+}(aq) = I_2(s) + 2Fe^{2+}(aq)$$

(1) 用图式表示原电池；

(2) 计算原电池的 $E^\ominus$；

(3) 计算反应的 $\Delta_r G_m^\ominus$ 和 $K^\ominus$；

(4) 若 $a(I^-) = 1.0 \times 10^{-2}$，$a(Fe^{3+}) = 1/10a(Fe^{2+})$，计算原电池的电动势；

(5) 若反应写成 $I^-(aq) + Fe^{3+}(aq) = 1/2I_2(s) + Fe^{2+}(aq)$，计算该反应的 $\Delta_r G_m^\ominus$ 和 $K^\ominus$ 及该反应组成的原电池的 $E^\ominus$。

12. 参考附录3中标准电极电势值 $E^\ominus$，判断下列反应能否进行？

(1) I_2 能否使 Mn^{2+} 氧化为 MnO_2？

(2) 在酸性溶液中 $KMnO_4$ 能否使 Fe^{2+} 氧化为 Fe^{3+}？

(3) Sn^{2+} 能否使 Fe^{3+} 还原为 Fe^{2+}？

(4) Sn^{2+} 能否使 Fe^{2+} 还原为 Fe？

(5) Mn^{2+}、Co^{3+}、Cu^{2+} 的矿物在自然界中能否与 Fe^{2+} 的矿物共存？

13. 计算说明在 pH = 4.0 时，下列反应能否自动进行（假定除 H^+ 之外的其他物质均处于标准条件下）：

(1) $Cr_2O_7^{2-}(aq) + H^+(aq) + Br^-(aq) \longrightarrow Br_2(l) + Cr^{3+}(aq) + H_2O(l)$；

(2) $MnO_4^-(aq) + H^+(aq) + Cl^-(aq) \longrightarrow Cl_2(g) + Mn^{2+}(aq) + H_2O(l)$。

14. 解释下列现象：

(1)在配制 $SnCl_2$ 溶液时，需加入金属 Sn 粒后再保存待用；

(2) H_2S 水溶液放置后会变浑浊；

(3) $FeSO_4$ 溶液久放后会变黄。

15. 计算下列电池反应在 298.15 K 时的 $E^{\ominus}$、E、$\Delta_r G_m^{\ominus}$ 和 $\Delta_r G_m$，指出反应的方向：

(1) $1/2Cu(s) + 1/2Cl_2(p = 100\ kPa) \rightleftharpoons 1/2Cu^{2+}[a(Cu^{2+}) = 1] + Cl^-[a(Cl^-) = 1]$；

(2) $Cu(s) + 2H[b(H^+) = 0.01\ mol/kg] \rightleftharpoons Cu^{2+}[b(Cu^{2+} = 0.1\ mol/kg] + H_2(p = 90\ kPa)$

16. 298.15 K 时，反应 $MnO_2 + 4HCl = MnCl_2 + Cl_2 + 2H_2O$ 在标准状态下能否发生？为什么实验室可以用 MnO_2 和浓 HCl(浓度为 12 mol/dm^3)制取 Cl^2？能不能用 $KMnO_4$ 代替 MnO_2 与 1 mol/dm^3 的 HCl 作用制备 $C1_2$？[设用 12 mol/dm^3 浓盐酸时，假定 $c(Mn^{2+}) = 1.0\ mol/dm^3$，$p(Cl_2) = 100\ kPa$]。

17. 银不能置换 1 mol/dm^3 HCl 里的氢，但可以和 1 mol/dm^3 的 HI 起置换反应产生氢气，通过计算解释此现象。

18. 计算原电池 $(-)Cu \mid Cu^{2+}(1.0\ mol/kg) \parallel Ag^+(1.0\ mol/kg) \mid Ag(+)$ 在下述情况下电动势的改变值？

(1) Cu^{2+} 浓度降至 1.0×10^{-3} mol/kg；

(2)加入足够量的 Cl^- 使 AgCl 沉淀，设 Cl^- 浓度为 1.56 mol/kg。

19. 反应 $3A(s) + 2B^{3+}(aq) \rightleftharpoons 3A^{2+}(aq) + 2B(s)$ 平衡时 $b(B^{3+}) = 0.02$ mol/kg，$b(A^{2+}) = 0.005$ mol/kg。

(1)求反应在 25 ℃ 时的 $E^{\ominus}$，$K^{\ominus}$，$\Delta_r G_m^{\ominus}$；

(2)若 $E = 0.059\ 2$ V，$b(B^{3+}) = 0.1$ mol/kg，计算 $b(A^{2+})$ 的值。

20. 已知下列电极反应在 298.15 K 时的 $E^{\ominus}$ 值，求 AgCl 的 $K_{sp}^{\ominus}$。

$Ag^+ + e^- \rightleftharpoons Ag(s)$，$E^{\ominus}(Ag^+/Ag) = 0.799\ 6$ V；

$AgCl(s) + e^- \rightleftharpoons Ag(s) + C1^-$，$E^{\ominus}(AgCl/Ag) = 0.222\ 3$ V。

21. 已知 $PbCl_2$ 的 $K_{sp}^{\ominus} = 1.7 \times 10^{-5}$，$E^{\ominus}(Pb^{2+}/Pb) = -0.126\ 2$ V，计算 298.15 K 时 $E^{\ominus}(PbCl_2/Pb)$ 的值。

22. 碘在碱性介质中元素电势图为：

$$IO^- \xrightarrow{?} I_2 \xrightarrow{0.54\ V} I^- \quad (IO^- \to I^-:\ 0.56\ V)$$

求 $E^{\ominus}(IO^-/I_2)$，并判断 I_2 能否歧化成 IO^- 和 I^-。

23. 计算在 25 ℃ 时下列氧化还原反应的平衡常数：

$3CuS(s) + 2NO_3^-(aq) + 8H^+(aq) \rightleftharpoons 3S(s) + 2NO(g) + 3Cu^{2+}(aq) + 4H^2O(l)$

24. 已知某原电池的正极是氢电极，负极是一个电势恒定的电极。当氢电极插入 pH = 4 的溶液中，电池电动势为 0.412 V；若氢电极插入某缓冲溶液时，测得电池电动势为 0.427 V，求缓冲溶液的 pH 值。

25. 用玻璃电极和饱和甘汞电极在 $a(H^+) = 1 \times 10^{-4}$ 的 HCl 溶液中测得电动势为 0.336 4 V，改测某未知溶液时，电动势为 0.436 4 V，求未知溶液的 pH 值。

26. 用电极反应表示下列物质的主要电解产物：

(1)电解 $NiSO_4$ 水溶液，阳极用镍，阴极用铁；

(2)电解熔融 NaCl，阳极用石墨，阴极用铁。

27. 两种金属在以下介质中接触，会遭到腐蚀，写出主要的反应式：

(1)Sn-Fe 在酸性介质中；

(2)Al-Fe 在中性介质中；

(3)Cu-Fe 在 pH = 8 的介质中。

第 5 章　酸碱滴定法

酸和碱是两类重要的化学物质,酸碱反应是基本化学反应之一。本章将在介绍酸碱概念的基础上,从酸碱质子理论出发,重点讨论弱酸和弱碱的电离平衡问题;各类酸碱溶液 pH 值的计算;缓冲溶液的组成、原理和配制;常见酸碱滴定体系的滴定曲线、指示剂选择以及酸碱滴定法及其应用等问题。

5.1　酸碱理论

5.1.1　酸碱电离理论

1887 年,瑞典化学家阿仑尼乌斯提出了酸碱电离理论。该理论认为:凡是在水溶液中能够电离产生 H^+ 的物质叫做酸,能电离产生 OH^- 的物质叫做碱,酸碱反应的实质是 H^+ 与 OH^- 作用生成水。

酸碱电离理论科学地定义了酸和碱,是人们对酸碱认识由现象到本质的一次飞跃,促进了化学发展,对处理水溶液中的酸碱反应现在仍然普遍运用。但该理论将酸、碱及酸碱反应仅限于水溶液中,对非水体系及无溶剂体系均不适用,具有很大的局限性。

随着科学的发展,人们对酸碱的认识越来越深入。1923 年,丹麦化学家布朗斯特和英国化学家劳瑞各自独立提出了酸碱质子理论。

5.1.2　酸碱质子理论

(1)酸碱的定义

酸碱质子理论认为:凡是能给出质子的物质都是酸,凡是能接受质子的物质都是碱。按照酸碱质子理论,酸是质子的给予体,酸给出质子变为相应的碱;碱是质子的接受体,碱接受

质子后变为相应的酸,酸碱的对应关系可表示为:

酸	⇔	碱	+	质子(H^+)
HCl	⇔	Cl^-	+	H^+
HAc	⇔	Ac^-	+	H^+
HCO_3^-	⇔	CO_3^{2-}	+	H^+
H_2O	⇔	OH^-	+	H^+
NH_4^+	⇔	NH_3	+	H^+

上述关系表明,酸和碱不是孤立的,通过给出或接受质子可以相互转化,我们把这种相互联系、相互依存的关系称为共轭关系,对应的酸和碱称为共轭酸碱对。如:HAc 和 Ac^- 就是共轭酸碱对,其中 HAc 是 Ac^- 的共轭酸,Ac^- 是 HAc 的共轭碱。酸越强,其共轭碱就越弱;反之,碱越强,其共轭酸就越弱。例如,在水溶液中,HCl 是强酸,其共轭碱 Cl^- 就是弱碱;OH^- 是强碱,其共轭酸 H_2O 是弱酸。

共轭酸碱对之间在化学组成上仅相差一个质子(H^+),其通式如下:

$$HA(\text{酸}) \Leftrightarrow H^+ + A^-(\text{碱})$$

按照酸碱质子理论,HCl、HAc、HCO_3^-、H_2O、NH_4^+ 等都是酸,Cl^-、Ac^-、CO_3^{2-}、OH^-、NH_3 等都是碱。酸和碱既可以是中性分子,也可以是阴离子或阳离子。有些物质,如 H_2O、HCO_3^- 等,它们既能给出质子,又能接受质子,既是酸又是碱,这类物质称为两性物质。

(2)酸碱反应的实质

酸碱质子理论认为:酸碱反应的实质是两个共轭酸碱对之间的质子传递反应,是两个共轭酸碱对共同作用的结果。

例如: $HCl + NH_3 \Leftrightarrow NH_4^+ + Cl^-$

酸(1)　碱(2)　酸(2)　碱(1)

上述反应无论是在水溶液中、非水溶液中,还是气相中,其实质都是质子的传递反应。即 HCl 将质子传递给 NH_3,然后转变为它的共轭碱 Cl^-;NH_3 接受质子后转变为它的共轭酸 NH_4^+。因此从质子传递的观点来说,电离理论中所有酸、碱、盐的离子平衡,均可视为酸碱反应。

酸碱质子理论扩大了酸碱的含义及酸碱反应的范围,摆脱了酸碱反应必须发生在水中的局限性,解决了非水溶液或气相中的酸碱反应,并把在水溶液中进行的电离、中和、水解等反应概括成一类反应,即质子传递式酸碱反应。但该理论也有一定的缺点,例如,对不含氢的一类化合物的酸碱问题无能为力。

5.1.3　酸碱电子理论

1923 年,美国物理学家路易斯提出了酸碱电子理论。该理论认为:凡是可以接受电子对的物质是酸，凡是可以给出电子对的物质是碱。因此，酸是电子对的接受体，碱是电子对的给予体。酸碱反应的实质是配位键的形成并生成酸碱配合物。

例如：

$$\text{酸} + \text{碱} \longrightarrow \text{配合物}$$

$$H^+ + :OH \longrightarrow H:OH$$

$$HCl + :\underset{\underset{H}{|}}{\overset{\overset{N}{|}}{N}}—H \longrightarrow \left[H\leftarrow\underset{\underset{H}{|}}{\overset{\overset{H}{|}}{N}}—H\right]^+ + Cl^-$$

碱中给出电子的原子至少有一对孤对电子，而酸中接受电子的原子至少有一个空轨道，以便接受碱给予的电子对。

酸碱电子理论不受溶剂的限制，摆脱了体系必须具有某种离子或元素的观点，对酸碱的定义比其他酸碱理论更为广泛和全面，以电子的给出和接受来说明酸碱反应，更能体现物质的本质属性。但正因为如此，其对酸碱的认识过于笼统，不易掌握酸碱的特性。

5.2　酸碱的电离平衡

5.2.1　一元弱酸、弱碱的电离平衡

(1)电离常数

一元弱酸、一元弱碱是常见的弱电解质，在水溶液中仅有很少一部分电离成为离子，其电离是可逆的，存在分子和离子之间的电离平衡。例如，一元弱酸 HAc 在水溶液中有平衡：

$$HAc \Leftrightarrow H^+ + Ac^-$$

在一定温度下达到电离平衡时，其平衡常数表达式为：

$$K_a = \frac{[H^+]\cdot[Ac^-]}{[HAc]} \tag{5.1}$$

K_a 称为弱酸的电离平衡常数，简称电离常数。

一元弱碱的电离过程与一元弱酸相似。例如，$NH_3 \cdot H_2O$ 在水溶液中的电离过程为：

$$NH_3 \cdot H_2O \Leftrightarrow NH_4^+ + OH^-$$

在一定温度下达到电离平衡时，其平衡常数表达式为：

$$K_b = \frac{[NH_4^+]\cdot[OH^-]}{[NH_3 \cdot H_2O]} \tag{5.2}$$

K_b 称为弱碱的电离平衡常数。

电离常数表明在一定温度下，不同弱电解质的强弱，它和其他平衡常数一样，主要取决于电解质的本性，不受浓度变化的影响，随温度略有变化。但温度对多数弱电解质的影响小，故一般情况下不考虑温度的影响。

(2)电离度

当弱电解质在溶液中达到电离平衡时，溶液中的离子浓度保持一定，已经电离的电解质分子数占原有电解质总分子数的百分数叫做电离度。电离度用符号 α 表示。

$$\alpha = \frac{\text{电离部分弱电解质浓度}}{\text{未电离前弱电解质浓度}} \times 100\%$$

电离度的大小主要取决于电解质的本性，同时也与溶液的浓度和温度有关。在相同温度和浓度条件下，α 越小，电解质越弱。

弱电解质的电离过程是吸热反应，按照平衡移动原理，升高温度，电离度增大；降低温度，电离度减小。当溶液浓度升高时，有利于自由水合离子变为弱电解质分子，电离度减小；当溶液浓度降低时，有利于弱电解质分子变为自由水合离子，电离度增大。

(3)一元弱酸、弱碱溶液 pH 值的计算

以 HA 代表一元弱酸为例，设酸的起始浓度为 c，达到电离平衡时$[H^+]$为 x。

	HA	$\Leftrightarrow$	H^+	+	A^-
起始浓度	c		0		0
平衡浓度	$c-x$		x		x

HA 在水溶液中的电离常数表达式为：$K_a = \dfrac{c(H^+)\cdot c(A^-)}{c(HA)} = \dfrac{x^2}{c-x}$

当溶液中 $c(H^+) < c(HA) \times 5\%$ 时，即 $c(HA)/K_a \geqslant 400$ 时，$c(H^+)$ 和 $c(HA)$ 相比，$c(H^+)$ 很小，$c-x$ 中的 x 可以忽略，因此平衡时 HA 的浓度可以近似认为是一元弱酸的初始浓度，即

$$c(HA)_{平衡} = c - x \approx c$$

将上式带入电离常数表达式，得到：

$$K_a = \frac{c(H^+)\cdot c(A^-)}{c(HA)} = \frac{x^2}{c}$$

$$c(H^+) = x \approx \sqrt{K_a c(HA)} \tag{5.3}$$

$$pH = -\lg c(H^+)/c^{\ominus} = -\lg\sqrt{K_a c(HA)} \tag{5.4}$$

式(5.3)是计算一元弱酸 HA 溶液中 H^+ 浓度的近似公式，只要满足 $c(HA)/K_a \geqslant 400$ 时，就可以直接用此公式进行 H^+ 浓度的计算。

对于一元弱碱 B 的电离平衡

$$B \Leftrightarrow BH^+ + OH^-$$

用上述同样方法，可推导出计算一元弱碱 B 溶液中 OH^- 离子浓度的近似公式为：

$$c(OH^-) \approx \sqrt{K_b c(B)} \tag{5.5}$$

$$pOH = -\lg c(OH^-)/c^{\ominus} = -\lg\sqrt{K_b c(B)}$$

$$pH = 14 - pOH = 14 - \lg\sqrt{K_b c(B)} \tag{5.6}$$

使用式(5.5)时,同样必须满足 $c(B)/K_b \geqslant 400$ 这个条件。

例5.1 计算0.10 mol/L HAc 溶液中的 H^+ 浓度和溶液的 pH 值。

解:查表知 $K(HAc) = 1.8 \times 10^{-5}$,

因 $c(HAc)/K(HAc) = 0.10/1.8 \times 10^{-5} > 400$,所以可以用近似公式(5.3)计算。

$$c(H^+) \approx \sqrt{K(HAc) \cdot c(HAc)} = \sqrt{1.8 \times 10^{-5} \times 0.10} = 1.3 \times 10^{-3}\ mol/L$$

$$pH = -\lg c(H^+)/c^{\ominus} = -\lg 1.3 \times 10^{-3} = 2.88$$

例5.2 计算浓度0.10 mol/L 氨水溶液中的 OH^- 浓度和溶液的 pH 值。

解:查表知 $K(NH_3 \cdot H_2O) = 1.8 \times 10^{-5}$

因 $c(NH_3 \cdot H_2O)/K(NH_3 \cdot H_2O) = 0.10/1.8 \times 10^{-5} > 400$,所以可以用近似公式(5.5)计算。

$$c(OH^-) \approx \sqrt{K(NH_3 \cdot H_2O) \cdot c(NH_3 \cdot H_2O)}$$

$$= \sqrt{1.8 \times 10^{-5} \times 0.10} = 1.3 \times 10^{-3}\ mol/L$$

$$pOH = -\lg c(OH^-)/c^{\ominus} = -\lg 1.3 \times 10^{-3} = 2.88$$

$$pH = 14 - pOH = 14 - 2.88 = 11.12$$

(4)影响电离平衡的因素

电离平衡和其他化学平衡相同,是暂时的、相对的和有条件的。当外界条件发生变化时,平衡会遭到破坏而发生移动。影响电离平衡的主要因素有温度、同离子效应和盐效应。由于电离过程的热效应不显著,温度对电离平衡的影响较小,所以在室温范围内忽略温度对电离平衡的影响。下面主要讨论同离子效应和盐效应对电离平衡的影响。

1)同离子效应

在弱电解质的溶液中,如果加入含有该弱电解质相同离子的强电解质,就会使弱电解质的电离度降低,这种现象叫做同离子效应。例如,HAc 在水溶液中存在下列平衡:

$$HAc \Leftrightarrow H^+ + Ac^-$$

若在体系中加入NaAc,由于NaAc是强电解质,在溶液中完全电离为 Na^+ 和 Ac^-,因而溶液中 Ac^- 的浓度会显著增大。根据平衡移动原理,HAc 的电离平衡会向左移动,从而导致 HAc 的电离度减小。

同样,在 $NH_3 \cdot H_2O$ 中加入强电解质 NH_4Cl,也会使 $NH_3 \cdot H_2O$ 的电离平衡向左移动,从而导致 $NH_3 \cdot H_2O$ 的电离度减小。

例5.3 在0.1 mol/L HAc溶液中加入固体NaAc,使NaAc浓度达到0.2 mol/L,求该溶液中 H^+ 浓度和电离度。

解:设达到电离平衡时$[H^+]$为x。

$$
\begin{array}{lccccc}
 & HAc & \Leftrightarrow & H^+ & + & Ac^- \\
\text{起始时} & 0.1 & & 0 & & 0.2 \\
\text{平衡时} & 0.1-x & & x & & 0.2+x
\end{array}
$$

HAc 在水溶液中的电离常数表达式为:$K_a = \dfrac{c(H^+)\cdot c(Ac^-)}{c(HAc)} = \dfrac{x(0.2+x)}{0.1-x}$

因为$0.2+x \approx 0.2, 0.1-x \approx 0.1$,

所以$K_a = \dfrac{0.2\,x}{0.1} = 2\,x = 1.8 \times 10^{-5}$

$c(H^+) = x = 9.0 \times 10^{-6}$ mol/L

$\alpha = \dfrac{c(H^+)}{c(HAc)} \times 100\% = \dfrac{9.0 \times 10^{-6}}{0.1} = 0.009\%$

可见,加入 NaAc 后,同离子效应使 HAc 溶液中 H^+ 浓度大大减小,电离度显著降低。

2)盐效应

往弱电解质溶液中加入与弱电解质没有相同离子的强电解质时,由于溶液中离子总浓度增大,离子间相互牵制作用增强,使得弱电解质电离的阴、阳离子结合形成分子的机会减小,从而使弱电解质分子浓度减小,离子浓度相应增大,电离度增大,这种现象称为盐效应。

需要指出,在同离子效应发生的同时,亦存在盐效应,但两者相比,同离子效应的影响要大得多。

5.2.2 多元弱酸的电离平衡

在水溶液中,一个分子能电离出一个以上 H^+ 的弱酸,叫做多元弱酸。例如,H_2S 和 H_2CO_3 是二元弱酸,H_3PO_4 和 H_3AsO_4 是三元弱酸。多元弱酸在水中是分级电离的,每一级电离都有一个电离常数。

例如,在 298 K 时,H_2S 的第一级电离为:

$$H_2S \Leftrightarrow H^+ + HS^-, \quad K_{a1} = 1.1 \times 10^{-7}$$

H_2S 的第二级电离为:

$$HS^- \Leftrightarrow H^+ + S^{2-}, \quad K_{a2} = 1.3 \times 10^{-13}$$

从上面的电离常数可以看出,K_{a1} 远大于 K_{a2},即多级电离的电离常数是逐级显著减小的,这是多级电离的一个规律。因为从带负电荷的离子中电离出带正电荷的 H^+ 要比从中性分子中电离出 H^+ 更为困难。

在多元弱酸中,由于第一级电离是最主要的,其他级电离的 H^+ 极少,可忽略不计,所以多元弱酸的 H^+ 浓度可按第一级电离计算,其计算公式与一元弱酸中 H^+ 浓度的计算公式完

全相似,所不同的是用多元弱酸的第一级电离常数 K_{a1} 代替一元弱酸的 K_a,即

当 $c(H_nA)/K_{a1} \geq 400$ 时,

$$c(H^+) = \sqrt{K_{a1} \cdot c(H_nA)} \tag{5.7}$$

式中,$c(H_nA)$表示多元弱酸 H_nA 的初始浓度。

对于二元弱酸 H_2A 的 A^{2-} 浓度,可由下面推导而得:

$$H_2A \Leftrightarrow H^+ + HA^-, \quad K_{a1} = \frac{c(H^+) \times c(HA^-)}{c(H_2A)}$$

$$HA^- \Leftrightarrow H^+ + A^{2-}, \quad K_{a2} = \frac{c(H^+) \times c(A^{2-})}{c(HA^-)}$$

若 K_{a1} 远大于 K_{a2},则 HA^- 的电离程度很小,溶液中 $c(H^+)$和 $c(HA^-)$不会因 HA^- 的电离而明显改变,因此 $c(H^+) \approx c(HA^-)$,所以

$$K_{a2} = \frac{c(H^+) \times c(A^{2-})}{c(HA^-)} \approx c(A^{2-}) \tag{5.8}$$

由以上讨论可得出结论:多元弱酸的 H^+ 浓度,一般按第一级电离计算;若是二元弱酸 H_2A,则 $c(A^{2-}) \approx K_{a2}$。要比较同浓度的多元弱酸的强弱时,只要比较第一级电离常数的大小就可以了。

例 5.4　已知 25 ℃ 时 H_2S 饱和溶液的浓度为 0.10 mol/L,计算该溶液中 H^+ 和 S^{2-} 的浓度。

解:查表可知 H_2S 的 $K_{a1} = 1.1 \times 10^{-7}$,$K_{a2} = 1.3 \times 10^{-13}$

因 K_{a1} 远大于 K_{a2},而且 $c(H_2S)/K_{a1} \geq 400$ 时,

根据式(5.7)

$$c(H^+) = \sqrt{K_{a1} \cdot c(H_2S)} = \sqrt{1.1 \times 10^{-7} \times 0.10} = 1.0 \times 10^{-4}\ \text{mol/L}$$

$$c(S^{2-}) \approx K_{a2} = 1.3 \times 10^{-13}\ \text{mol/L}$$

5.3　缓冲溶液

5.3.1　缓冲溶液的概念、组成及作用原理

(1)缓冲溶液的概念

缓冲溶液是一种能对溶液的酸度(即溶液中 H^+ 浓度)起稳定(缓冲)作用的溶液。如果

向缓冲溶液中加入少量酸或碱,或者将溶液稍加稀释,缓冲溶液都能使溶液的酸度基本上稳定不变。

缓冲溶液在工业、农业生产及生活中具有重要意义和广泛应用。例如,金属电镀中需要用缓冲溶液来控制电镀液的 pH 值,使其保持一定的酸度;在金属离子的分离、鉴定中需要控制 pH 值;在动植物体内也有复杂和特殊的缓冲体系在维持体液的 pH 值,以保证生命的正常活动。如人体血液中除有机血红蛋白和血浆蛋白缓冲体系外,H_2CO_3-HCO_3^- 和 $H_2PO_4^-$-HPO_4^{2-} 是最重要的无机盐缓冲体系,能对体内新陈代谢产生的有机酸或来源于食物的碱性物质起缓冲作用,使血液的 pH 值始终保持在 7.40 ±0.05 范围内。

(2)缓冲溶液的组成

缓冲溶液一般由浓度较大的弱酸及其盐或弱碱及其盐组成,例如,HAc—NaAc、NH_3—NH_4Cl、$NaHCO_3$—Na_2CO_3 等,称为缓冲对。

缓冲对中,一部分是抗酸成分,另一部分是抗碱成分。例如,HAc—NaAc 缓冲对中,HAc 是抗碱成分,NaAc 是抗酸成分。

(3)缓冲溶液的作用原理

缓冲溶液为什么能抵抗少量酸或碱而保持本身 pH 值基本不变呢?现以 HAc—NaAc 缓冲溶液为例进行讨论。

在 HAc—NaAc 混合溶液中,存在下列电离过程:

$$HAc \rightleftharpoons H^+ + Ac^-$$

$$NaAc \longrightarrow Na^+ + Ac^-$$

NaAc 是强电解质,在溶液中完全电离成离子,溶液中 Ac^- 浓度较大。HAc 是弱酸,在溶液中存在电离平衡。由于同离子效应,使 HAc 的电离度大大降低。这样,溶液中 HAc 和 Ac^- 的浓度都较大,而 H^+ 浓度却相对较小。如果在此缓冲溶液中加入少量的酸,则加入的 H^+ 与溶液中的 Ac^- 结合成 HAc 分子,使 HAc 的电离平衡向左移动,当重新达到平衡时,溶液中的 H^+ 浓度增加不多,pH 值变动不大。如果在此缓冲溶液中加入少量的碱,则加入的 OH^- 与溶液中的 H^+ 结合生成水分子 H_2O,从而引起 HAc 继续电离(即电离平衡向右进行)以补充消耗了的 H^+ 浓度,因此溶液中的 H^+ 浓度降低不多,pH 值变动不大。

当然,缓冲溶液的缓冲能力并不是无限的,如果在缓冲溶液中加入大量的酸或碱,溶液中抗酸成分和抗碱成分消耗殆尽时,就会失去缓冲能力。

5.3.2　缓冲溶液 pH 值的计算

现以 HAc—NaAc 缓冲溶液为例,推导弱酸及其弱酸盐缓冲溶液 pH 值的计算公式。

设弱酸的初始浓度为$c_{酸}$,弱酸盐的初始浓度为$c_{盐}$,平衡时 H^+ 浓度为x,在溶液中存在下列平衡:

$$\begin{array}{llll} & HAc & \Leftrightarrow & H^+ & + & Ac^- \\ 平衡时 & c_{酸}-x & & x & & c_{盐}+x \end{array}$$

$$K_a = \frac{x(c_{盐}+x)}{(c_{酸}-x)}$$

由于K_a值较小,而且存在同离子效应,此时x很小,因而$c_{酸}-x \approx c_{酸}$,$c_{盐}+x \approx c_{盐}$,所以

$$c(H^+) = x = K_a \frac{c_{酸}}{c_{盐}} \tag{5.9}$$

将上式两边取负对数: $-\lg c(H^+) = -\lg K_a - \lg \frac{c_{酸}}{c_{盐}}$

即
$$pH = pK_a - \lg \frac{c_{酸}}{c_{盐}} \tag{5.10}$$

式(5.10)即为计算一元弱酸及弱酸盐组成的缓冲溶液 pH 值的通式。

同理,弱碱及其弱碱盐缓冲溶液 pH 值的计算公式为:

$$c(OH^-) = K_b \frac{c_{碱}}{c_{盐}} \tag{5.11}$$

$$-\lg c(OH^-) = -\lg K_b - \lg \frac{c_{碱}}{c_{盐}}$$

$$pOH = pK_b - \lg \frac{c_{碱}}{c_{盐}}$$

$$pH = 14 - pOH = 14 - pK_b + \lg \frac{c_{碱}}{c_{盐}} \tag{5.12}$$

式(5.12)即为计算一元弱碱及弱碱盐组成的缓冲溶液 pH 值的通式。

例 5.5　计算0.10 mol/L HAc 与0.10 mol/L NaAc 缓冲溶液的 pH 值。若往1 L上述缓冲溶液中加入 0.010 mol HCl,则溶液的 pH 值变为多少?若往 1 L 纯水中加入 0.010 mol HCl,则溶液的 pH 值又变为多少?

解:(1)根据式(5.10)

$$pH = pK_a - \lg \frac{c(HAc)}{c(NaAc)}$$

查表知 $K(HAc) = 1.8 \times 10^{-5}$, $pK_a = 4.75$

所以　$pH = 4.75 - \lg \frac{0.10}{0.10} = 4.75$

(2)因 HCl 在溶液中完全电离,加入的

$$c(H^+) = \frac{0.010}{1.0} = 0.010 \text{ mol/L}$$

由于加入的 H^+ 与溶液中的 Ac^- 结合生成 HAc，从而使溶液中 Ac^- 浓度减小，HAc 浓度增大。设平衡时 H^+ 浓度为 x，在溶液中存在下列平衡：

	HAc	⇔	H^+	+	Ac^-
初始浓度	0.10 + 0.010		0		0.10 − 0.010
平衡浓度	0.11 − x		x		0.090 + x

$$c(\text{HAc}) = 0.11 - x \approx 0.11$$

$$c(\text{NaAc}) = 0.090 + x \approx 0.090$$

$$\text{pH} = 4.75 - \lg\frac{0.11}{0.090} = 4.66$$

(3)因 HCl 在纯水中完全电离，加入的

$$c(\text{H}^+) = \frac{0.010}{1.0} = 0.010\ \text{mol/L}$$

$$\text{pH} = -\lg c(\text{H}^+) = -\lg 0.01 = 2$$

可见，0.010 mol HCl 加入到 1 L HAc—NaAc 缓冲溶液中，pH 值仅变化 0.09，而将 0.010 mol HCl 加入到 1 L 纯水中，pH 值变化 2.75，充分证明了缓冲溶液对 pH 值的稳定作用。

5.3.3 缓冲溶液的选择和配制

(1)缓冲溶液的缓冲范围

缓冲溶液缓冲能力的大小取决于缓冲组分的浓度及其比值 c(弱酸或弱碱)/c(弱酸盐或弱碱盐)。理论上已证明，若缓冲组分的浓度较大，且缓冲组分的比值为 1∶1 时，缓冲能力最大。对任何缓冲体系，都有一个有效的缓冲范围，此范围为：

弱酸及弱酸盐体系　$\text{pH} \approx \text{p}K_a \pm 1$

弱碱及弱碱盐体系　$\text{pOH} \approx \text{p}K_b \pm 1$

(2)缓冲溶液的选择原则

①缓冲溶液不能与欲控制 pH 值的溶液发生反应。

②所需控制的 pH 值应在缓冲溶液的缓冲范围之内。如果缓冲溶液是由弱酸及其弱酸盐组成的，则 $\text{p}K_a$ 值应尽量与所需控制的 pH 值一致，即 $\text{p}K_a \approx \text{pH}$；如果缓冲溶液是由弱碱及其弱碱盐组成的，则 $\text{p}K_b \approx \text{pOH}$。

③缓冲组分的浓度应较大，且 c(弱酸或弱碱)/c(弱酸盐或弱碱盐)的比值最好等于或接近 1。

5.4　酸碱滴定法

酸碱滴定法又称中和滴定法，是以溶液中的酸碱反应为基础建立起来的一类滴定分析方法，具有反应速度快、操作简单、应用范围广等特点，是滴定分析中最重要、应用最广泛的方法之一。由于在酸碱滴定过程中，酸碱溶液通常不发生任何外观变化，所以需要选择适当的指示剂，利用其颜色变化作为达到滴定终点的标志，因此酸碱滴定法的关键是滴定终点的确定。要解决这个问题，不仅要了解指示剂的性质、变色原理、变色范围，还要了解滴定过程中溶液 pH 值的变化规律和选择指示剂的原则，以便正确地选择指示剂，获得准确的分析结果。

5.4.1　酸碱指示剂

(1)酸碱指示剂的变色原理

能够利用本身颜色改变来指示溶液 pH 值变化的一类物质，称为酸碱指示剂。酸碱指示剂一般是结构复杂的有机弱酸或有机弱碱，它们的酸式结构和碱式结构具有不同的颜色。当酸碱滴定达到化学计量点之后，酸碱指示剂也参与了质子的传递反应，指示剂获得质子转化为酸式或失去质子转化为碱式，从而引起溶液颜色的变化。

下面分别以甲基橙和酚酞为例加以说明。

1)甲基橙

甲基橙是一种双色指示剂，属于有机弱碱，在水溶液中存在如下电离平衡和颜色变化：

反应式

$$(CH_3)_2N^+{=}C_6H_4{=}N{-}NH{-}C_6H_4{-}SO_3^- \underset{H^+}{\overset{OH^-}{\rightleftharpoons}}$$

红色(醌式，酸式色)　　　　$pK_a = 3.4$

$$(CH_3)_2N{-}C_6H_4{-}N{=}N{-}C_6H_4{-}SO_3^-$$

黄色(偶氮式，碱式色)

由平衡关系看出，当溶液酸度增加时，平衡向左移动，甲基橙主要以呈红色的酸式结构(醌式)存在；当溶液酸度减小时，平衡向右移动，甲基橙主要以呈黄色的碱式结构(偶氮式)

存在。

2)酚酞

酚酞是一种单色指示剂,属于有机弱酸,在水溶液中存在如下电离平衡和颜色变化:

反应式

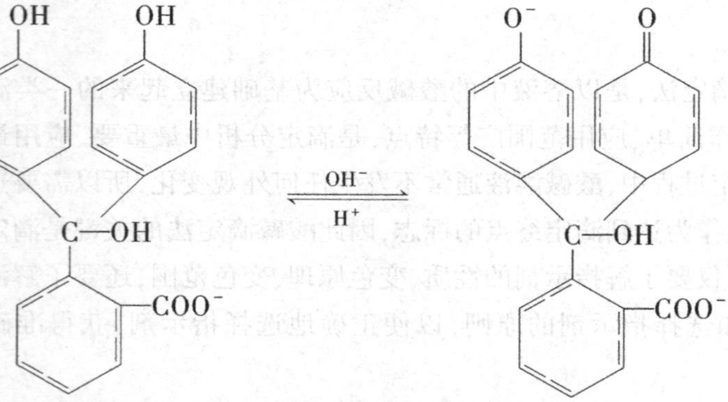

无色(内酯式)　　$pK_{a1} = 9.1$　　红色(醌式)

由平衡关系看出,酸性溶液中,酚酞以无色形式存在;在碱性溶液中转化为红色醌式结构。

由上可知,酸碱指示剂颜色的改变并非在某一特定的pH值发生,而是在一定的pH值范围内发生,溶液的pH值改变,指示剂的结构发生改变,从而导致颜色改变,这即为酸碱指示剂的变色原理。

(2)酸碱指示剂的变色范围

酸碱指示剂颜色的变化与溶液的pH值有关,现以弱酸型指示剂HIn为例讨论酸碱指示剂的pH值变化。为了简便,用HIn代表指示剂的酸式色成分,In^-代表指示剂的碱式色成分。HIn和In^-在水溶液中存在平衡:

$$HIn \Leftrightarrow H^+ + In^-$$

达到平衡时,有

$$K_{HIn} = \frac{c(H^+) \cdot c(In^-)}{c(HIn)}$$

式中的K_{HIn}称为指示剂的电离常数,也称为指示剂常数,在一定温度下是一个定值。

$$c(H^+) = K_{HIn} \frac{c(HIn)}{c(In^-)}$$

两边取负对数,得:

$$pH = pK_{HIn} - \lg \frac{c(HIn)}{c(In^-)} \tag{5.13}$$

指示剂呈现的颜色取决于$c(HIn)/c(In^-)$的比值,而$c(HIn)/c(In^-)$的大小是由K_{HIn}和溶液pH值所决定的。K_{HIn}在一定温度下是一个常数,所以指示剂的颜色只随溶液pH值的变化而改变。但并非溶液pH值稍有改变就能观察到指示剂颜色的变化,在溶液中,指示剂的两种颜色必然同时存在。人的肉眼只是在一种颜色的浓度是另一种颜色浓度的10倍或10倍以上时，才能观察出其中浓度较大的那种颜色。即

当 $c(\mathrm{HIn})/c(\mathrm{In^-}) \geqslant 10$，即 $\mathrm{pH} \leqslant \mathrm{p}K_{\mathrm{HIn}} - 1$ 时，指示剂呈酸式色；

当 $c(\mathrm{HIn})/c(\mathrm{In^-}) \leqslant 1/10$，即 $\mathrm{pH} \geqslant \mathrm{p}K_{\mathrm{HIn}} + 1$ 时，指示剂呈碱式色；

当 $10 > c(\mathrm{HIn})/c(\mathrm{In^-}) > 1/10$，指示剂呈混合色。

综上所述，只有当溶液pH值由 $\mathrm{p}K_{\mathrm{HIn}} - 1$ 变化到 $\mathrm{p}K_{\mathrm{HIn}} + 1$ 时，才能观察到指示剂颜色的改变，把指示剂这一颜色变化时的pH值范围，即 $\mathrm{pH} = \mathrm{p}K_{\mathrm{HIn}} \pm 1$ 称为指示剂的变色范围。

当 $c(\mathrm{HIn})/c(\mathrm{In^-}) = 1$，此时 $c(\mathrm{H^+}) = K_{\mathrm{HIn}}$，$\mathrm{pH} = \mathrm{p}K_{\mathrm{HIn}}$，观察到的是指示剂酸式色和碱式色的混合色，这时的pH值称为指示剂的理论变色点。

指示剂的理论变色范围一般约为两个pH单位，即变色范围为 $\mathrm{pH} = \mathrm{p}K_{\mathrm{HIn}} \pm 1$，实际的变色范围是根据实验测得的，并不都是两个pH单位，而略有上下。这主要是由于人的眼睛对混合色调中两种颜色的敏感程度不同造成的。例如，甲基橙 $\mathrm{p}K_{\mathrm{HIn}} = 3.4$，理论变色范围为2.4～4.4，但实测范围是3.1～4.4，这是由于人的肉眼辨别红色比黄色更敏感的缘故。

不同指示剂的 $\mathrm{p}K_{\mathrm{HIn}}$ 不同，其变色范围也不同，常用酸碱指示剂的变色规律见表5.1。

表5.1　常用的酸碱指示剂

指示剂	变色范围（pH值）	酸式色	碱式色	$\mathrm{p}K_{\mathrm{HIn}}$	用量（滴/10 mL）	指示剂浓度
百里酚蓝（酸）	1.2～2.8	红	黄	1.65	1～2	0.1%乙醇（20%）溶液
甲基黄	2.9～4.0	红	黄	3.25	1	0.1%乙醇（90%）溶液
甲基橙	3.1～4.4	红	黄	3.45	1	0.1%水溶液
溴酚蓝	3.0～4.6	黄	紫	4.1	1	0.1%乙醇（20%）溶液
溴甲酚绿	3.8～5.4	黄	蓝	4.9	1～3	0.1%乙醇（20%）溶液
甲基红	4.4～6.2	红	黄	5.0	1	0.1%乙醇（60%）溶液
氯酚红	4.8～6.4	黄	红	6.1	1～2	0.1%其钠盐水溶液
溴甲酚紫	5.2～6.8	黄	紫	6.1	1	0.1%水溶液
溴百里酚蓝	6.2～7.6	黄	蓝	7.3	1	0.1%乙醇（20%）溶液
中性红	6.8～8.0	红	黄橙	7.4	1	0.1%乙醇（60%）溶液
酚红	6.7～8.4	黄	红	8.0	1	0.1%乙醇（60%）溶液
百里酚蓝（碱）	8.0～9.6	黄	蓝	8.9	1～4	0.1%乙醇（20%）溶液
酚酞	8.0～10.0	无	红	9.1	1	0.1%乙醇（90%）溶液
百里酚酞	9.4～10.6	无	蓝	10.0	1～2	0.1%乙醇（90%）溶液

(3)影响指示剂变色范围的因素

1)指示剂的用量

指示剂的用量不宜过多,也不宜过少。用量过少,颜色太浅,不易观察溶液的变色情况;用量过多,会使双色指示剂的颜色变化不明显,且由于指示剂本身就是弱酸或弱碱,因而指示剂本身会或多或少消耗标准溶液。例如,甲基橙的酸式色和碱式色的混合色是橙色,当其用量过多时会导致橙、红亮色色调差异减小。另外,对单色指示剂,指示剂用量的变化还会改变指示剂的变色范围。例如,酚酞是单色指示剂,在50 ~ 100 mL溶液中加2 ~ 3滴0.1%酚酞,则 pH = 9.0 时出现红色;而在同样条件下,若加入10 ~ 15滴0.1%酚酞,则 pH = 8.0 时出现红色。

2)指示剂的滴定顺序

在具体选择指示剂时,由于肉眼观察显色比观察退色容易,观察深色比观察浅色容易,所以还应注意滴定过程中滴定顺序对指示剂变色的影响。例如,用碱滴定酸时常用酚酞作指示剂,终点时由无色变为红色,颜色变化明显,易于辨别;反之,则由红色到无色,颜色变化不明显,往往滴定过量,带来较大误差。用酸滴定碱时常用甲基橙作指示剂,终点时由黄色变为橙色,颜色变化较明显。

3)温度

由于指示剂的变色范围与 K_{HIn} 有关,而 K_{HIn} 与温度有关,所以指示剂变色范围与温度有关。例如在18 ℃时,甲基橙的变色范围为3.1 ~ 4.4,而在100 ℃时,其变色范围则为2.5 ~ 3.7。

4)溶剂

指示剂在不同溶剂中的 pK_{HIn} 值不同,因此指示剂在不同溶剂中的变色范围不同。例如,甲基橙在水溶液中 $pK_{HIn} = 3.4$,而在甲醇中 $pK_{HIn} = 3.8$。

(4)混合指示剂

在某些酸碱滴定中,要求把滴定终点限制在很窄的 pH 值范围内,以达到较高的准确度,这时可采用混合指示剂。混合指示剂主要是利用两种颜色的互补作用,具有变色范围窄、变色敏锐的特点。混合指示剂的配制方法有下面两种:

①由两种或两种以上酸碱指示剂混合而成,当溶液 pH 值发生变化时,几种指示剂都能变色。在某种 pH 值时,由于指示剂的颜色互补,使滴定终点颜色变化敏锐并使变色范围变窄。

例如,甲酚红(pH 值:7.2 ~ 8.8,颜色:黄 ~ 紫)和百里酚蓝(pH 值:8.0 ~ 9.6,颜色:黄 ~ 蓝)按1∶3混合,所得混合指示剂的变色范围变窄,为 pH 值8.2(粉红) ~ 8.4(紫)。

②在酸碱指示剂中加入一种惰性染料，后者的颜色不随 pH 值变化，只起着背景的作用。当溶液的 pH 值达到某个数值，指示剂呈现某种色调时，指示剂颜色与染料颜色互补，颜色发生突变，使混合指示剂变色敏锐。

例如，甲基橙（pH 值:3.1 ~ 4.4，颜色:红 ~ 橙 ~ 黄）与靛蓝（惰性染料，蓝色）混合而成指示剂，其颜色变化为 pH 值 3.1（紫）~ 4.4（绿），中间过渡色为近于无色的浅灰色，颜色变化十分明显，易于观察，可在灯光下滴定使用。常用的混合指示剂见表 5.2。

表 5.2　常用的混合指示剂

混合指示剂的组成	变色点（pH 值）	酸式色	碱式色	备　注
1 份 0.1% 甲基黄乙醇溶液 1 份 0.1% 亚甲基蓝乙醇溶液	3.25	蓝紫	绿	pH = 3.2，蓝紫色 pH = 3.4，绿色
1 份 0.1% 甲基橙水溶液 1 份 0.25% 靛蓝二磺酸钠水溶液	4.1	紫	黄绿	pH = 4.1，灰色
3 份 0.1% 溴甲酚绿乙醇溶液 1 份 0.2% 甲基红乙醇溶液	5.1	酒红	绿	颜色变化极显著
1 份 0.1% 溴甲酚绿钠盐水溶液 1 份 0.1% 氯酚红钠盐水溶液	6.1	黄绿	蓝紫	pH = 5.4，蓝绿色 pH = 5.8，蓝色 pH = 6.0，蓝微带紫色 pH = 6.2，蓝紫色
1 份 0.1% 中性红乙醇溶液 1 份 0.1% 亚甲基蓝乙醇溶液	7	蓝紫	绿	pH = 7.0，蓝紫色
1 份 0.1% 溴甲酚红钠盐水溶液 3 份 0.1% 百里酚蓝钠盐水溶液	8.3	黄	紫	pH = 8.2，粉色 pH = 8.4，紫色
1 份 0.1% 酚酞乙醇溶液 2 份 0.1% 甲基绿乙醇溶液	8.9	绿	紫	pH = 8.8，浅蓝色 pH = 9.0，紫色
1 份 0.1% 酚酞乙醇溶液 1 份 0.1% 百里酚乙醇溶液	9.9	无	紫	pH = 9.6，玫瑰色 pH = 10.0，紫色

5.4.2　酸碱滴定曲线和指示剂的选择

在进行酸碱滴定时，必须根据实验的误差要求，选择在化学计量点前后（常为 ±0.1% 或 ±0.2%）适当 pH 值范围内变色的指示剂来指示终点，否则滴定终点误差较大。为了选择合适的指示剂，必须了解滴定过程中溶液 pH 值的变化情况，尤其是在计量点前后溶液 pH 值的变化情况。

不同类型的酸碱滴定过程中，pH 值的变化特点、滴定曲线的形状和指示剂的选择都有所不同，下面介绍几种类型的酸碱滴定曲线及其指示剂的选择。

(1)强酸强碱滴定

这类滴定包括用强碱滴定强酸和用强酸滴定强碱,其滴定反应为:

$$H^+ + OH^- \longrightarrow H_2O$$

1)滴定过程中 pH 值的计算

现以分析浓度为 0.100 0 mol/L 的 NaOH 溶液滴定 20.00 mL 浓度为 0.100 0 mol/L 的 HCl 为例,讨论强酸强碱滴定过程中 pH 值的变化。

当滴定开始之前,溶液为 HCl 溶液,pH 值较低。滴定开始后,随着 NaOH 的加入,中和反应进行,溶液的 pH 值不断升高。当加入的 NaOH 的物质的量恰好等于 HCl 的物质的量时,中和反应进行完全,滴定达到化学计量点,溶液为 NaCl 溶液,此时 $c(H^+) = c(OH^-) = 10^{-7}$ mol/L,pH = 7。超过化学计量点,继续滴加 NaOH 溶液,pH 值继续升高。现分四个阶段进行讨论:

①滴定开始前,溶液的 pH 值取决于 HCl 的原始浓度。

$$c(H^+) = c(HCl) = 0.100\,0\ \text{mol/L}$$

$$pH = -\lg 0.100\,0 = 1.0$$

②滴定开始至化学计量点前溶液的 pH 值由剩余 HCl 的物质的量决定。例如,每一滴 NaOH 的体积为 0.02 mL,当化学计量点前少滴一滴,滴入 19.98 mL NaOH 溶液时,

$$n(HCl) = 0.100\,0 \times 20.00 \times 10^{-3} - 0.100\,0 \times 19.98 \times 10^{-3} = 2 \times 10^{-6}\ \text{mol}$$

$$V = 19.98 + 20.00 = 39.98\ \text{mL}$$

$$c(H^+) = c(HCl) = \frac{n(HCl)}{V} = 5 \times 10^{-5}\ \text{mol/L}$$

$$pH = 4.3$$

其他各点的 pH 值可按上述方法计算。

③在化学计量点时 NaOH 与 HCl 恰好中和完全,溶液呈中性,即

$$c(H^+) = c(OH^-) = 10^{-7}\ \text{mol/L} \qquad pH = 7$$

④化学计量点后溶液的 pH 值根据过量的 NaOH 的量进行计算。如滴入 20.02 mL NaOH 溶液,即过量 0.1%。

$$c(OH^-) = \frac{0.100\,0 \times 20.02 \times 10^{-3} - 0.100\,0 \times 20.00 \times 10^{-3}}{(20.02 + 20.00) \times 10^{-3}} = 5 \times 10^{-5}\ \text{mol/L}$$

$$pOH = 4.3,\ pH = 14 - pOH = 9.7$$

用类似方法可逐一计算滴定过程中溶液的 pH 值,部分计算结果列于表 5.3 中。

表 5.3 0.100 0 mol/L NaOH 溶液滴定 20.00 mL 0.100 0 mol/L HCl 溶液 pH 值的变化

加入 NaOH (mL)	HCl 被滴定的体积分数(%)	剩余 HCl (mL)	过量 NaOH (mL)	溶液的 $c(H^+)$ (mol/L)	溶液的 pH 值
0.00	0.00	20.00		1.00×10^{-1}	1.00

续表

加入 NaOH (mL)	HCl 被滴定的体积分数(%)	剩余 HCl (mL)	过量 NaOH (mL)	溶液的 $c(H^+)$ (mol/L)	溶液的 pH 值
10.00	50.00	10.00		3.33×10^{-2}	1.48
18.00	90.00	2.00		5.26×10^{-3}	2.28
19.80	99.00	0.20		5.02×10^{-4}	3.30
19.98	99.90	0.02		5.00×10^{-5}	4.30
20.00	100.0	0.00		1.00×10^{-7}	7.00
20.02	100.1		0.02	2.00×10^{-10}	9.70
20.20	101.0		0.20	2.00×10^{-11}	10.70
22.00	110.0		2.00	2.10×10^{-12}	11.70
40.00	200.0		20.00	5.00×10^{-13}	12.50

2)滴定曲线和滴定突跃

在酸碱滴定过程中，以加入滴定剂的体积为横坐标，以相应溶液的 pH 值为纵坐标，绘出的一条溶液 pH 值随滴定剂的加入量而变化的曲线，称为酸碱滴定曲线，它能很好地描述滴定过程中溶液 pH 值的变化情况。

用 0.100 0 mol/L 的 NaOH 溶液滴定 20.00 mL 浓度为 0.100 0 mol/L 的 HCl 溶液的滴定曲线如图 5.1 所示。

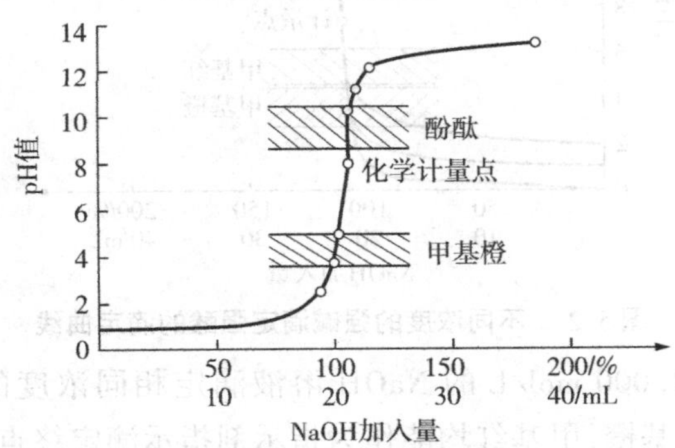

图 5.1　用 NaOH(0.100 0 mol/L)滴定 HCl(0.100 0 mol/L)的滴定曲线

从图 5.1 可以看出，强碱滴定强酸的滴定曲线具有以下特点：

①从滴定开始到加入 19.98 mL NaOH 溶液，溶液的 pH 值从 1.00 增大到 4.30，仅仅改变了 3.0 个 pH 单位，pH 值变化曲线较为平坦。

②当加入的 NaOH 从 19.98 mL 增加到 20.02 mL，即总共加入了 0.04 mL NaOH 溶液时(相当于化学计量点前后 ±0.1%范围内)，pH 值由 4.30 急剧增加到 9.70，改变了 5.40 个 pH

单位，溶液由酸性突变到碱性。这种在化学计量点附近 pH 值的突变，称为滴定突跃，突跃所在的 pH 值范围称为滴定突跃范围。

③化学计量点时 pH = 7.00，恰好在滴定突跃范围 4.30 ~ 9.70 的中间。

④突跃后继续加入 NaOH 溶液，溶液 pH 值的变化比较缓慢，曲线后段较为平坦。

如果用强酸滴定强碱，则滴定曲线恰好与图 5.1 的曲线对称，pH 值变化方向相反。

3)指示剂的选择

滴定突跃范围具有十分重要的实际意义，是选择指示剂的依据。凡是变色范围全部或部分在滴定突跃范围内的指示剂，都可用来指示滴定终点。图 5.1 中滴定突跃范围为 4.30 ~ 9.70，强碱滴定强酸选用酚酞、甲基红、甲基橙等作指示剂。

在实际工作中，应考虑滴定顺序和指示剂变色的灵敏度。因此，用强碱滴定强酸时，常选用酚酞作指示剂，因为在滴定突跃范围内，溶液由无色变为红色，极易观察；如果用强酸滴定强碱，选择甲基红或溴甲酚绿作指示剂较好。

4)突跃范围与浓度的关系

强酸强碱滴定体系中，突跃范围的大小与溶液浓度有关。例如，分别用 1.000 mol/L、0.100 0 mol/L、0.010 00 mol/L 三种浓度的 NaOH 溶液滴定相同浓度的 HCl 时，它们的突跃范围如图 5.2 所示，分别为 3.30 ~ 10.70、4.30 ~ 9.70、5.30 ~ 8.70。可见溶液浓度越大，突跃范围越大，可供选择的指示剂越多；溶液浓度越小，突跃范围越小，可供选择的指示剂越少。

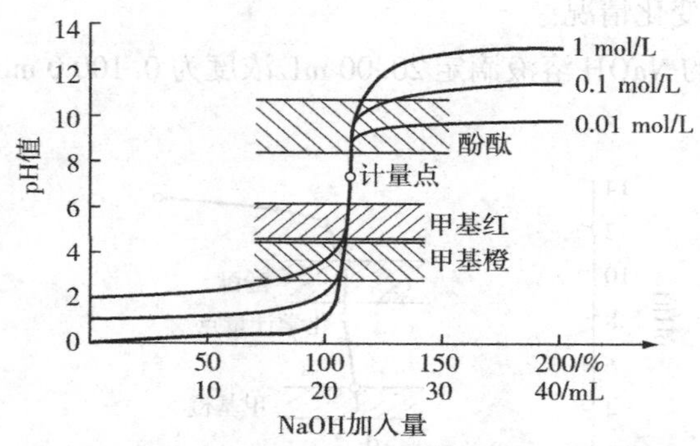

图 5.2　不同浓度的强碱滴定强酸的滴定曲线

由图 5.2 可见，用 1.000 mol/L 的 NaOH 溶液滴定相同浓度的 HCl 时，突跃范围为 3.30 ~ 10.70，酚酞、甲基橙、甲基红均能作为指示剂指示滴定终点，用 0.010 00 mol/L 的 NaOH 溶液滴定相同浓度的 HCl 时，突跃范围为 5.30 ~ 8.70，甲基橙就不能用来指示滴定终点了。

在实际工作中，一般选用标准溶液的浓度为 0.1 ~ 0.5 mol/L。浓度过大则取样量多，并且在化学计量点附近多加或少加半滴酸(或碱)标准溶液，都可以引起较大误差；浓度过小，则滴定突跃不明显。

(2)强碱(酸)滴定一元弱酸(碱)

1)滴定过程中 pH 值的计算

现以浓度为 0.100 0 mol/L 的 NaOH 溶液滴定 20.00 mL 浓度为 0.100 0 mol/L 的 HAc 为例,说明强碱滴定一元弱酸过程中 pH 值的变化情况,滴定反应为:

$$HAc \quad + \quad OH^- \quad \Leftrightarrow \quad Ac^- \quad + \quad H_2O$$

整个滴定过程可以分为四个阶段,各个不同滴定阶段的 pH 值计算如下:

①滴定开始前。此时,溶液是 0.100 0 mol/L 的 HAc 溶液,$c(H^+)$和 pH 值可用一元弱酸的公式进行计算,即

$$c(H^+) = \sqrt{c(HAc) \cdot K_a} = 1.34 \times 10^{-3}\ mol/L, pH = 2.87$$

②滴定开始至化学计量点前。在此阶段,由于滴入的 NaOH 和 HAc 反应生成 NaAc,同时还有部分 HAc 没有被完全中和,此时溶液组成为 HAc—NaAc 缓冲体系,故溶液的 pH 值可按缓冲溶液公式进行计算,即

$$pH = pK_a - \lg \frac{c(HAc)}{c(NaAc)}$$

假设此时加入的 NaOH 溶液的量为 19.98 mL,则

$$pH = 4.75 - \lg \frac{0.100\,0 \times 0.020\,00 - 0.100\,0 \times 0.019\,98}{0.100\,0 \times 0.019\,98} = 7.75$$

③化学计量点时。当滴定反应进行到化学计量点时,已加入的 NaOH 溶液的量为 20.00 mL,此时 HAc 被完全中和成 NaAc,溶液为一元弱碱体系,因此溶液的 pH 值可按一元弱碱溶液 pH 值的公式进行计算,即

$$c(OH^-) = \sqrt{c(NaAc) \cdot K_b} = \sqrt{\frac{0.100\,0 \times 1.0 \times 10^{-14}}{2 \times 1.76 \times 10^{-5}}} = 5.33 \times 10^{-6}\ mol/L$$

$$pOH = 5.28, pH = 14 - pOH = 14 - 5.27 = 8.72$$

④化学计量点后。在此阶段,溶液的组成为 NaAc 和过量的 NaOH,由于 NaAc 的碱性比 NaOH 弱,因此溶液的 pH 值由过量的 NaOH 所决定,即

$$c(OH^-) = \frac{c(NaOH) \cdot V(NaOH) - c(HAc) \cdot V(HAc)}{V(NaOH) + V(HAc)}$$

假设此时加入的 NaOH 溶液为 20.02 mL,则

$$c(OH^-) = \frac{0.100\,0 \times 0.020\,02 - 0.100\,0 \times 0.020\,00}{0.020\,02 + 0.020\,00} = 5.0 \times 10^{-5}\ mol/L$$

$$pOH = 4.30, pH = 14 - pOH = 14 - 4.30 = 9.70$$

用类似方法可逐一计算滴定过程中溶液的 pH 值,部分计算结果列于表 5.4 中。

表 5.4　0.100 0 mol/L NaOH 溶液滴定 20.00 mL 0.100 0 mol/L HAc 溶液 pH 值的变化

加入 NaOH (mL)	HAc 被滴定的体积分数(%)	剩余 HAc (mL)	过量 NaOH (mL)	溶液的 pH 值
0.00	0.00	20.00	—	2.87
10.00	50.00	10.00	—	4.75
18.00	90.00	2.00	—	5.70
19.80	99.00	0.20	—	6.74
19.98	99.90	0.02	—	7.75
20.00	100.0	0.00	—	8.72
20.02	100.1	—	0.02	9.70
20.20	101.0	—	0.20	10.70
22.00	110.0	—	2.00	11.70
40.00	200.0	—	20.00	12.50

2)滴定曲线和滴定突跃

根据表 5.4 中的数据绘制滴定曲线,如图 5.3 所示。

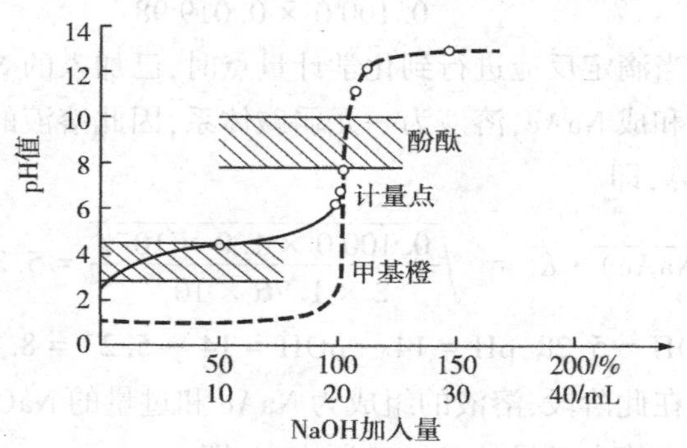

图 5.3　用 NaOH(0.100 0 mol/L)滴定 HAc(0.100 0 mol/L)的滴定曲线

从图 5.3 可以看出,强碱滴定一元弱酸的滴定曲线具有以下特点:

①滴定突跃明显变窄,化学计量点和 pH 值突跃范围处在碱性区间(pH = 7.75 ~ 9.70),根据滴定突跃范围,不能选择在酸性范围内变色的指示剂如甲基橙、甲基红等指示终点,而只能选择在碱性范围内变色的指示剂,如酚酞、百里酚蓝等。

②滴定前,滴定曲线的起点较高,这是因为 HAc 是弱酸,溶液中的 $c(H^+)$ 较强酸 HCl 小的缘故。

③滴定开始后,pH 值增加较快,曲线的斜率较大,这是因为反应生成的少量 Ac^- 的同离子效应抑制了 HAc 的电离。

④随着滴定的继续进行,HAc 浓度不断降低,而 Ac^- 浓度不断增大,与溶液中剩余的

HAc 组成缓冲溶液，溶液 pH 值变化变慢，当 50% HAc 被滴定时，溶液 pH = pK_a，此时溶液的缓冲能力较强，故曲线较平坦。

⑤滴定到近化学计量点时，剩余的 HAc 浓度减小，溶液的缓冲作用变弱，溶液 pH 值变化又加快，曲线变得陡直，出现 pH 值突跃，突跃后 pH 值由过量 NaOH 决定，因此，化学计量点时的溶液不是中性而是弱碱性。

⑥化学计量点后，溶液 pH 值的变化规律与强碱滴定强酸时相似。

3）滴定突跃范围与一元弱酸浓度、强度的关系

①滴定突跃范围与弱酸浓度的关系。用强碱滴定弱酸的滴定突跃范围与弱酸浓度有关。弱酸浓度越大，滴定突跃范围越大；反之，滴定突跃范围越小。

②滴定突跃范围与弱酸强度的关系。用强碱滴定弱酸的滴定突跃范围与弱酸强度有关，即与弱酸的 K_a 有关。例如，用 0.100 0 mol/L 的 NaOH 溶液滴定 20.00 mL 浓度为 0.100 0 mol/L 的各种强度的弱酸，绘制出滴定曲线，如图 5.4 所示。当弱酸的浓度一定时，K_a 值越大，突跃范围越大；反之，突跃范围越小。

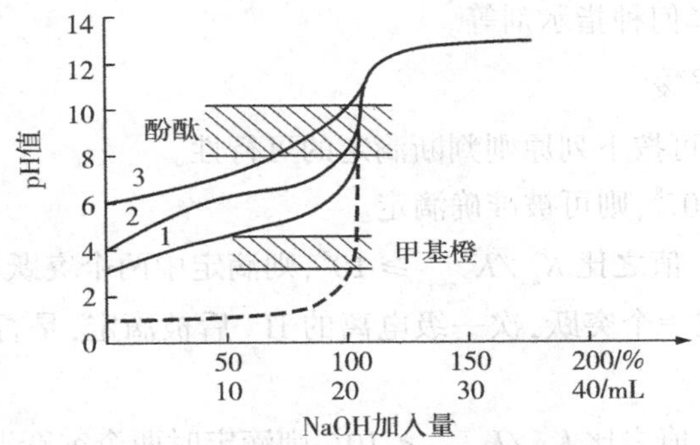

图 5.4　用强碱滴定不同强度酸的滴定曲线

1. $K_a = 10^{-5}$　2. $K_a = 10^{-7}$　3. $K_a = 10^{-9}$

从图 5.4 可以看出，如果弱酸的电离常数 K_a 很小或酸的浓度极低，突跃范围必然也很小，当突跃范围小到一定程度就无法进行准确的测定了。只有当 c(弱酸)$K_a \geqslant 10^{-8}$ 时，才会有明显的滴定突跃，才能保证滴定终点误差在 ±0.2%以内。因此，通常把 c(弱酸)$K_a \geqslant 10^{-8}$ 作为一元弱酸能否被直接准确滴定的条件。

强酸滴定一元弱碱的情况与强碱滴定一元弱酸相似。如图 5.5 是用 0.100 0 mol/L 的 HCl 溶液滴定 20.00 mL 浓度为 0.100 0 mol/L 的 NH_3 水溶液的滴定曲线，该滴定体系的化学计量点及突跃范围均在酸性区间，指示剂应选择甲基橙、甲基红或溴甲酚绿。

对强酸对一元弱碱的滴定，只有当 c(弱碱)$K_b \geqslant 10^{-8}$ 时，才会有较大的滴定突跃，才能保证滴定终点误差在 ±0.2%以内。因此，通常把 c(弱碱)$K_b \geqslant 10^{-8}$ 作为一元弱碱能否被直接准确滴定的条件。

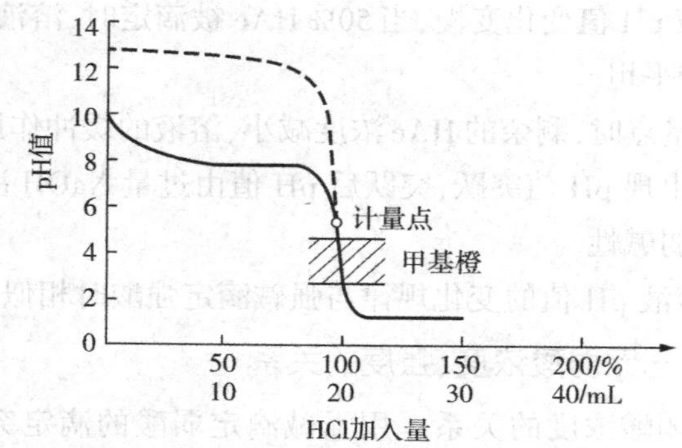

图 5.5　用 HCl(0.100 0 mol/L) 滴定 $NH_3 \cdot H_2O$(0.100 0 mol/L) 的滴定曲线

(3)强碱(酸)滴定多元弱酸(碱)

多元弱酸(碱)在溶液中是分步电离的,所以在多元弱酸(碱)的滴定中,情况较复杂,涉及的问题较多。如多元弱酸(碱)能否分步滴定、能准确滴定到哪一级、化学计量点的 pH 值如何计算、各步滴定选择何种指示剂等。

1)强碱滴定多元弱酸

强碱滴定多元弱酸可按下列原则判断滴定的可行性。

①若 $c(\text{酸})K_{a_n} \geqslant 10^{-8}$,则可被准确滴定。

②若相邻的两个 K_a 值之比 $K_{a_n}/K_{a_{n+1}} \geqslant 10^4$,则滴定中两个突跃可明显分开。前一级电离的 H^+ 先被滴定,形成一个突跃,次一级电离的 H^+ 后被滴定,是否能产生突跃,则取决于 $c(\text{酸})K_{a_{n+1}}$ 是否 $\geqslant 10^{-8}$。

③若相邻的两个 K_a 值之比 $K_{a_n}/K_{a_{n+1}} < 10^4$,则滴定时两个突跃混在一起,只形成一个突跃(两个 H^+ 一次被滴定)。

例如,用浓度为 0.100 0 mol/L 的 NaOH 溶液滴定 20.00 mL 浓度为 0.100 0 mol/L 的 H_3PO_4,由于 H_3PO_4 是三元弱酸,分三步电离如下:

$$H_3PO_4 \Leftrightarrow H^+ + H_2PO_4^-, \quad K_{a_1} = 7.6 \times 10^{-3}$$

$$H_2PO_4^- \Leftrightarrow H^+ + HPO_4^{2-}, \quad K_{a_2} = 6.2 \times 10^{-8}$$

$$HPO_4^{2-} \Leftrightarrow H^+ + PO_4^{3-}, \quad K_{a_3} = 4.4 \times 10^{-13}$$

用 NaOH 滴定 H_3PO_4 时,酸碱反应也是分步进行:

$$H_3PO_4 + NaOH = NaH_2PO_4 + H_2O$$

$$NaH_2PO_4 + NaOH = Na_2HPO_4 + H_2O$$

$$Na_2HPO_4 + NaOH = Na_3PO_4 + H_2O$$

由于 HPO_4^{2-} 的 K_{a_3} 太小,$c(H_3PO_4)K_{a_3} \leqslant 10^{-8}$,不能直接滴定。因此在滴定曲线上只有两个滴定突跃,如图 5.6 所示。

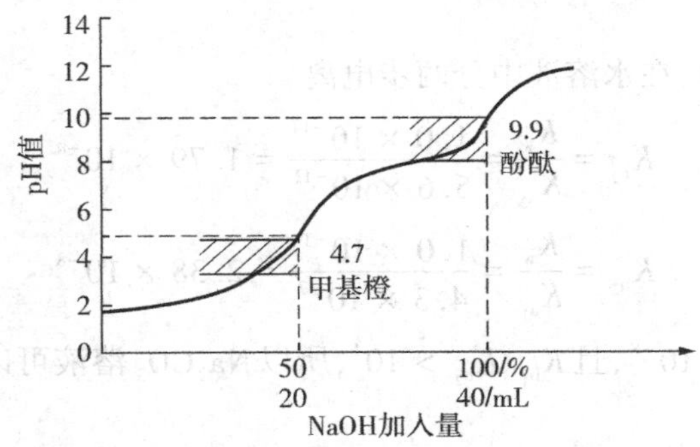

图5.6 NaOH溶液(0.100 0 mol/L)滴定 H_3PO_4 溶液(0.100 0 mol/L)的滴定曲线

多元弱酸的滴定曲线计算比较复杂,在实际工作中,常根据化学计量点的 pH 值作为选择指示剂的依据。H_3PO_4 化学计量点的 pH 值可用最简式计算。

第一化学计量点:

$$c(H^+) = \sqrt{K_{a_1} \cdot K_{a_2}}$$

$$pH = \frac{1}{2}(pK_{a_1} + pK_{a_2}) = \frac{1}{2}(2.12 + 7.21) = 4.66$$

第一步滴定可选甲基红作指示剂,也可选用甲基橙与溴甲酚绿的混合指示剂,变色点 pH = 4.3,溶液由橙色变为绿色,滴定终点变色明显。

第二化学计量点:

$$c(H^+) = \sqrt{K_{a_2} \cdot K_{a_3}}$$

$$pH = \frac{1}{2}(pK_{a_2} + pK_{a_3}) = \frac{1}{2}(7.21 + 12.46) = 9.84$$

第二步滴定可选酚酞作指示剂,也可选用酚酞与百里酚酞的混合指示剂,变色点 pH = 9.9,溶液由无色变为紫色,滴定终点变色明显。

又如,草酸($H_2C_2O_4$)的 $K_{a_1} = 5.4 \times 10^{-2}$,$K_{a_2} = 5.4 \times 10^{-5}$。因为 c(酸)$K_{a_1} > 10^{-8}$,c(酸)$K_{a_2} > 10^{-8}$,所以第一级、第二级电离的 H^+ 都能被准确滴定。但是由于 $K_{a_1}/K_{a_2} < 10^4$,故只有一个滴定突跃,不能分步滴定,只能一次滴定至正盐。

2)强酸滴定多元弱碱

酸碱滴定中的多元弱碱,一般是指多元弱酸与强碱作用生成的盐,如 Na_2CO_3、$Na_2B_4O_7$ 等。

与多元弱酸的滴定一样,强酸滴定多元弱碱可按下列三个原则判断滴定的可行性:

①若 c(碱)$K_{b_n} \geq 10^{-8}$,则可被准确滴定。

②若相邻的两个 K_b 值之比 $K_{b_n}/K_{b_{n+1}} \geq 10^4$,则滴定中两个突跃明显分开,可分步滴定。

③若相邻的两个 K_b 值之比 $K_{b_n}/K_{b_{n+1}} < 10^4$,则滴定时两个突跃混在一起,只形成一个突跃。

现以浓度为 0.100 0 mol/L 的 HCl 溶液滴定 20.00 mL 浓度为 0.100 0 mol/L 的 Na_2CO_3

溶液为例加以说明。

Na_2CO_3 为二元弱碱,在水溶液中分两步电离

$$K_{b_1} = \frac{K_w}{K_{a_2}} = \frac{1.0 \times 10^{-14}}{5.6 \times 10^{-11}} = 1.79 \times 10^{-4}$$

$$K_{b_2} = \frac{K_w}{K_{a_1}} = \frac{1.0 \times 10^{-14}}{4.3 \times 10^{-7}} = 2.38 \times 10^{-8}$$

由于K_{b_1}、K_{b_2} 均大于10^{-8},且$K_{b_1}/K_{b_2} > 10^4$,所以 Na_2CO_3 溶液可以用强酸分步滴定,如图5.7所示。

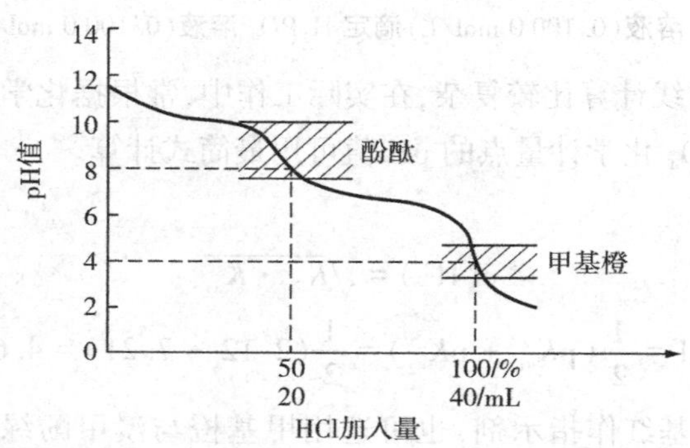

图 5.7 HCl 溶液(0.100 0 mol/L)滴定 Na_2CO_3 溶液(0.100 0 mol/L)的滴定曲线

当滴定至第一化学计量点时,生成的 HCO_3^- 为两性物质,pH 值可按下式计算:

$$c(H^+) = \sqrt{K_{a_1} \cdot K_{a_2}} = \sqrt{4.3 \times 10^{-7} \times 5.6 \times 10^{-11}} = 4.9 \times 10^{-9}\ \text{mol/L}$$

$$pH = 8.31$$

根据上式计算出来的 pH 值,可选酚酞作指示剂,但滴定终点颜色较难判断(红色到微红色)。为准确判断第一滴定终点,选用甲酚红与酚酞混合指示剂,滴定终点颜色比较明显(粉红色到紫色)。

当滴定至第二化学计量点时,生成的 H_2CO_3 溶液的 pH 值由 H_2CO_3 电离平衡计算。因 K_{a_1} 远大于 K_{a_2},故只考虑第一级电离,H_2CO_3 饱和溶液的浓度约为 0.04 mol/L。

$$c(H^+) = \sqrt{K_{a_1} \cdot c(H_2CO_3)} = \sqrt{4.3 \times 10^{-7} \times 0.04} = 1.3 \times 10^{-4}\ \text{mol/L}$$

$$pH = 3.89$$

根据上式计算出来的 pH 值,可选用甲基橙作指示剂。为防止形成 CO_2 的过饱和溶液,使溶液的酸度稍有增加,终点过早出现,在滴定到终点附近时,应剧烈摇动或煮沸溶液,以除去 CO_2。

5.4.3 酸碱标准溶液的配制和标定

在酸碱滴定中,常用的酸碱标准溶液分别是 HCl 和 NaOH 标准溶液,有时也用 H_2SO_4、KOH 和 $Ba(OH)_2$ 标准溶液。酸碱标准溶液的浓度通常为 0.1 mol/L,有时根据需要也可以

配制为1 mol/L或0.01 mol/L。若浓度太高，则消耗试剂太多，造成浪费；若浓度太低，则不易得到准确的结果。

(1)酸标准溶液

HCl溶液酸性强、性质稳定、价格低廉、易于得到，且其稀溶液无氧化还原性，在酸标准溶液中用得最多。但市售的盐酸溶液中HCl的含量不稳定，且含有杂质，因而只能用间接法配制，即先用浓盐酸配成近似浓度的溶液，然后用基准物质进行标定。标定时，常用的基准物质有无水碳酸钠和硼砂。

1)无水碳酸钠

碳酸钠容易获得纯品，价格便宜。用无水碳酸钠基准试剂标定HCl溶液容易得到准确的标定结果。但碳酸钠有强烈的吸湿性，因此使用前必须在270 ~ 300 ℃下加热约1 h进行干燥，然后密封于瓶内，保存在干燥器中备用。另外，称量速度要快，以免因吸湿而引入误差。

从强酸滴定多元弱碱可知，当Na_2CO_3滴定到第一化学计量点时，溶液的pH值约为8.3，可用酚酞作为指示剂，但终点颜色的判断较为困难，当滴定到第二化学计量点时，溶液的pH值约为3.9，可用甲基橙作为指示剂，但终点的pH突跃范围较小，终点误差较大；也可用甲基红作为指示剂，滴定到指示剂变红的时候，煮沸溶液以除去CO_2，冷却到室温后继续滴定到橙红色即为终点。

用Na_2CO_3作基准试剂的缺点是Na_2CO_3易吸湿，滴定终点时指示剂变色不敏锐以及摩尔质量较小，称量误差较大。

若欲标定的盐酸浓度约为0.1 mol/L，欲消耗的盐酸体积为20 ~ 30 mL，根据滴定反应可算出称取Na_2CO_3的质量应为0.11 ~ 0.16 g。

2)硼砂

硼砂的优点是容易制得纯品，不易吸湿，且相对分子质量大，称量的误差较小，但当相对湿度低于39%时，容易失去结晶水，故应保存在相对湿度为60%的环境中。实验室常采用在干燥器底部装入食盐和蔗糖饱和溶液的方法，使其上部相对湿度维持在60%。

用硼砂标定盐酸溶液，化学计量点时pH约为5.3，可选用甲基红作指示剂，滴定至溶液由黄色变为红色即为滴定终点。

例5.6　用硼砂标定浓度大约为0.1 mol/L的盐酸溶液，欲使消耗的盐酸体积为20 ~ 30 mL，应称取硼砂多少克？

解：由滴定反应　$Na_2B_4O_7 \cdot 10H_2O + 2HCl \longrightarrow 4H_3BO_3 + 2NaCl + 5H_2O$

可知$\dfrac{n(Na_2B_4O_7 \cdot 10H_2O)}{n(HCl)} = \dfrac{1}{2}$

即1 mol的$Na_2B_4O_7 \cdot 10H_2O$会消耗2 mol的盐酸。

查表可知硼砂的摩尔质量为381.4 g/mol

$$m(Na_2B_4O_7 \cdot 10H_2O) = \frac{c(HCl) \cdot V(HCl) \cdot M(Na_2B_4O_7 \cdot 10H_2O)}{2}$$

消耗的盐酸体积为 20 ~ 30 mL,所以

$$m(Na_2B_4O_7 \cdot 10H_2O) = \frac{0.1 \times 20.00 \times 10^{-3} \times 384.1}{2} = 0.384\,1\text{g}$$

$$m(Na_2B_4O_7 \cdot 10H_2O) = \frac{0.1 \times 30.00 \times 10^{-3} \times 384.1}{2} = 0.572\,1\text{ g}$$

若欲标定的盐酸浓度约为0.1 mol/L,欲消耗的盐酸体积为20 ~ 30 mL,根据滴定反应可算出称取硼砂的质量应为0.38 ~ 0.57 g。显然,标定相同浓度的盐酸,称取硼砂的质量大于 Na_2CO_3 的质量,因而称量的相对误差小,所以用硼砂标定盐酸优于 Na_2CO_3。

除上述两种基准物质外,还可用碳酸氢钾、酒石酸氢钾等基准物质标定盐酸。

(2)碱标准溶液

NaOH 是常用的碱标准溶液,容易吸收空气中的水分和 CO_2,使溶液中含有杂质 Na_2CO_3,因此不能用直接法配制 NaOH 标准溶液,而只能用间接法配制,即先用 NaOH 配成近似浓度的溶液,然后用基准物质进行标定。标定时,常用的基准物质有草酸和邻苯二甲酸氢钾。

1)邻苯二甲酸氢钾

邻苯二甲酸氢钾具有容易制得纯品、易溶于水、不含结晶水、不易吸收空气中的水分、易保存且摩尔质量较大等优点,是标定 NaOH 溶液的理想基准物质。

由于它的滴定产物是邻苯二甲酸钾钠呈弱碱性,因此用 NaOH 溶液滴定时用酚酞作指示剂。

2)草酸

草酸是二元弱酸,稳定性高,相对湿度在50% ~95%时不风化、不吸水,常保存在密闭容器中。

由前面的讨论可知,草酸只能一次滴定到 $Na_2C_2O_4$。第二化学计量点时的 pH 值为 8.36,因此常选择酚酞作为指示剂。由于 $H_2C_2O_4$ 与 NaOH 按1∶2的物质的量之比反应,且其摩尔质量不大,因此在直接称取单份基准物质标定时,称量误差必然较大。因此,为减小称量误差,可以多称一些草酸配在容量瓶中,然后移取部分溶液来进行标定。

由于 NaOH 溶液强烈吸收空气中的 CO_2,使得溶液中常含有少量 Na_2CO_3,因此用含有少量 Na_2CO_3 的 NaOH 溶液作标准溶液,若用甲基橙或甲基红作指示剂,则其中的 Na_2CO_3 被完全中和;若用酚酞作指示剂,则其中的 Na_2CO_3 仅被中和至 $NaHCO_3$,这样就会引起滴定误差。

习　题

一、选择题

1. 共轭酸碱对的 K_a 和 K_b 的关系是(　　)。

A. $K_a = K_b$　　B. $K_aK_b = 1$　　C. $K_a/K_b = K_w$　　D. $K_aK_b = K_w$

2. 下列各组溶液中,能以一定体积比组成缓冲溶液的是(　　)。

A. 浓度均为 0.1 mol/L 的 NaAc 溶液和 HAc 溶液

B. 浓度均为 0.1 mol/L 的 NaOH 溶液和 HCl 溶液

C. 浓度均为 0.1 mol/L 的 NaOH 溶液和 NH_3 溶液

D. 浓度均为 0.1 mol/L 的 NaOH 溶液和 H_2SO_4 溶液

3. 影响缓冲溶液缓冲能力的主要因素是(　　)。

A. 缓冲溶液的 pH 和缓冲比　　B. 弱酸的 pK_a 和缓冲比

C. 弱酸的 pK_a 和缓冲溶液的总浓度　　D. 缓冲溶液的总浓度和缓冲比

4. 某弱酸 HA 的 $K_a = 1 \times 10^{-5}$,则其 0.1 mol/L 的溶液的 pH 为(　　)。

A. 1.0　　B. 2.0　　C. 3.0　　D. 3.5

5. 欲配制 pH 值为 5.0 的缓冲溶液,应选择哪一种酸及其盐才合适(　　)。

A. 甲酸　　B. 醋酸　　C. 氢氟酸　　D. 氢氰酸

6. 将 0.1 mol/L 的 HAc 与 0.1 mol/L 的 NaAc 混合溶液加水适当稀释,其 $c(H^+)$ 和 pH 的变化分别为(　　)。

A. 原来的 1/2 倍和增大　　B. 原来的 1/2 倍和减小

C. 增大和减小　　D. 均不发生变化

7. 酸碱滴定中指示剂选择的原则是(　　)。

A. 指示剂的变色范围与化学计量点完全相符

B. 指示剂的变色范围全部和部分落入滴定的 pH 突跃范围之内

C. 指示剂应在 pH = 7.0 时变色

D. 指示剂的变色范围完全落在滴定的 pH 突跃范围之内

8. 酸碱滴定中,需要用待装溶液润洗的器皿是(　　)。

A. 锥形瓶　　B. 移液管　　C. 烧杯　　D. 量筒

9. 下列有关指示剂变色点叙述正确的是(　　)。

A. 指示剂的变色点就是滴定反应的化学计量点

B. 指示剂的变色点随反应不同而改变

C. 指示剂的变色点与指示剂的本质有关,其 $pH = pK_a$

D. 指示剂的变色点一般是不确定的

10. NaOH 滴定 HAc 时,应该选用下列哪一种指示剂(　　)。

A. 甲基橙　　B. 甲基红　　C. 酚酞　　D. 百里酚蓝

二、简答题

1. 根据酸碱质子理论,什么是酸？什么是碱？酸碱反应的实质是什么？

2. 什么是缓冲溶液？举例说明缓冲溶液的作用原理。

3. 在酸碱滴定法中,一般都采用强酸或强碱作为滴定剂,为什么不采用弱酸或弱碱作为滴定剂？

4. 何谓滴定突跃？它的大小与哪些因素有关？

5. 酸碱滴定中指示剂的选择原则是什么？

6. 若用已吸收少量水的碳酸钠标定盐酸溶液的浓度,所标定的浓度是偏高还是偏低？

7. 若使用的硼砂未能保存在相对湿度60%的容器中,而是存放在相对湿度30%的容器中,采用该硼砂标定盐酸溶液时,所标定的浓度是偏高还是偏低？

三、计算题

1. 计算下列溶液的 pH 值。

(1)0.1 mol/L 的 H_2SO_4 溶液；

(2)0.1 mol/L 的 HCN 溶液；

(3)0.040 mol/L 的 H_2CO_3 溶液。

2. 计算:向浓度为0.40 mol/L的HAc溶液中加入等体积的0.20 mol/L的NaOH溶液后,溶液的pH值。

3. 溶液中同时含有 NH_3 和 NH_4Cl,且 $c(NH_3)=0.20$ mol/L,$c(NH_4Cl)=0.20$ mol/L,计算该溶液的 pH 值和 NH_3 的电离度。

4. 欲配制pH = 9.00的缓冲溶液,应在500 mL 0.10 mol/L的氨水溶液中加入固体NH_4Cl多少克？假设加入固体后溶液总体积不变。

5. 欲配制1 L pH = 5.00,HAc浓度为0.20 mol/L的缓冲溶液,需要1.0 mol/L的HAc和NaAc溶液各多少毫升？

6. 准确吸取20.00 mL 0.050 40 mol/L 的 H_2SO_4 标准溶液,移入500 mL容量瓶中,以水定容稀释成500 mL溶液,求稀释后 H_2SO_4 标准溶液的浓度。

7. 用0.100 0 mol/L 的 NaOH 溶液滴定20.00 mL 0.100 0 mol/L 的醋酸溶液,化学计量点时 pH 为多少？应选择何种指示剂指示终点？滴定突跃为多少？

8. 称取基准物质草酸($C_2H_2O_4\cdot 2H_2O$)0.380 2 g,溶于水,用 NaOH 溶液滴定至终点时,消耗 NaOH 溶液24.50 mL,计算 NaOH 标准溶液的准确浓度。

第6章 配位滴定法

配位滴定法也称为络合滴定法，是以配位反应为基础的滴定分析方法，配位滴定法与酸碱滴定法有许多相似之处，但是更为复杂，是广泛应用于测定金属离子的方法之一。由于配位滴定法的基础是配位化合物和配位平衡，因此本章首先介绍配位化合物的概念和溶液中配位平衡的基本理论，然后学习配位滴定法的基本原理及应用。

6.1 配位化合物的基本概念

配位化合物简称配合物，也称络合物。配位化合物数量很多，元素周期表中绝大多数金属元素都能形成配合物，因此对配位化合物的研究已发展成一个主要的化学分支——配位化学，并广泛应用于工业、农业、生物、医药等领域。

6.1.1 配合物的组成

配合物一般分内界和外界两部分，内界又分为形成体和配位体两部分，组成如下：

配合物
- 内界，又称内层（配离子）
  - 形成体
  - 配位体
- 外界，又称外层（反离子）

(1)形成体

形成体又称中心离子或原子，通常是金属离子或原子以及高氧化值的非金属元素，它位于配合物的中心位置，是配合物的核心。如$[Cu(NH_3)_4]^{2+}$中的Cu(Ⅱ)，$Ni(CO)_4$中的Ni原子，$[Si(F)_6]^{2-}$中的Si(Ⅳ)。

(2)配位体

简称配体，是与形成体以配位键结合的阴离子或中性分子。例如$[Cu(NH_3)_4]^{2+}$中的

NH_3 分子，$[Fe(CN)_6]^{3-}$ 中的 CN^- 离子。

(3)配位原子

配位原子是指在配体中能给出孤对电子的原子。如 NH_3 中的 N，CN^- 中的 C，H_2O 和 OH^- 中的 O 原子等。常见的配位原子主要是周期表中电负性较大的非金属元素，如 N、O、S、C 以及 F、Cl、Br、I 等原子。

(4)配位体齿数

配位体中含配位原子的数目。配体分为单齿配体和多齿配体。单齿配体只含一个配位原子且与中心离子或原子形成一个配位键，其组成比较简单，往往是一些无机物等；多齿配体含两个或两个以上配位原子，它们与中心离子或原子可以形成多个配位键，其组成常较复杂，多数是有机分子。表 6.1 列出一些常见的配体。

表 6.1 一些常见的配体

配体类型	实例						
单齿配体	$H_2\ddot{O}$: 水	$:NH_3$ 氨	$:F^-$ 氟	:Cl 氯	$:I^-$ 碘	$[:C\equiv N]^-$ 氰根离子	$[:OH]^-$ 羟基
多齿配体	$H_2C—CH_2$ $H_2\ddot{N}$ $\ddot{N}H_2$ 乙二胺(en)	$\left(\begin{matrix}O & & O\\ & C—C & \\ \ddot{O} & & \ddot{O}\end{matrix}\right)^{2-}$ 草酸根(ox)	$\left(\begin{matrix}\ddot{O} & & & & \ddot{O}\\ C—CH_2 & & & & CH_2—C\\ O & N—CH_2—CH_2—N & & & O\\ C—CH_2 & & & & CH_2—C\\ \ddot{O} & & & & \ddot{O}\end{matrix}\right)^{4-}$ 乙二胺四乙酸根离子(EDTA)				

(5)配位数

在配合物中与中心离子成键的配位原子数目。注意的是：配位数是指配位原子的总数，而不是配体总数。即由单齿配体形成的配合物，中心离子的配位数等于配体个数，而含有多齿配体时，则不能仅从与中心离子结合的配体个数来确定配位数。对某一中心离子来说，常有一特征配位数，最常见的配位数为 4 和 6，如 Cu^{2+}、Zn^{2+}、Hg^{2+}、Co^{2+}、Ni^{2+} 等离子的特征配位数为 4；Fe^{2+}、Fe^{3+}、Co^{3+}、Al^{3+}、Cr^{3+}、Ca^{2+} 等离子的特征配位数为 6；另外还有 Ag^+、Cu^+、Au^+ 等离子的特征配位数为 2。特征配位数是中心离子形成配合物时的代表性配位数，并非唯一的配位数。如 Ni^{2+} 等离子既能形成配位数为 4，也能形成配位数为 6 的配合物。

(6)配离子的电荷

中心离子的电荷与配体电荷的代数和即为配离子的电荷。如在 $[CoCl(NH_3)_5]Cl_2$ 中，配离子$[CoCl(NH_3)_5]^{2+}$的电荷为:$3\times1+(-1)\times1+0\times5=+2$。

也可根据配合物呈电中性,配离子电荷可以简便地由外界离子的电荷来确定。如$[Cu(NH_3)_4]SO_4$的外界为SO_4^{2-},据此可知配离子的电荷为+2。

6.1.2　配合物的命名

配合物的命名服从无机化合物命名的一般原则,大体归纳有如下规则。

①配合物为配离子化合物,命名时阴离子在前,阳离子在后。若为配位阳离子化合物,则叫"某化某"或"某酸某";若为配位阴离子化合物,则配阴离子与外界阳离子之间用"酸"字连接。

②内界的命名顺序为:配体个数—配体名称—合—中心离子或原子(氧化值),书写时配体前用汉字标明其个数,中心离子后面的括号中用罗马数字标明其氧化值。

③当配体不止一种时,不同配体之间用圆点(·)分开,配体顺序为:阴离子配体在前,中性分子配体在后;无机配体在前,有机配体在后;同类配体的名称,按配位原子元素符号的英文字母顺序排列。

表 6.2 列出一些配合物的命名实例。

表 6.2　一些配合物的命名实例

化学式	名　称	分　类
$[Pt(NH_3)_6]Cl_4$	四氯化六氨合钴(Ⅲ)	配位酸
$[CoCl(NH_3)_3(H_2O)_2]Cl_2$	二氯化氯·三氨·二水合钴(Ⅲ)	
$K_4[Fe(CN)_6]$	六氰合铁(Ⅱ)酸钾	
$K[FeCl_2(OX)(en)]$	二氯·草酸根·乙二胺合铁(Ⅲ)酸钾	
$H[AuCl_4]$	四氯合金(Ⅲ)酸	配位酸
$H_2[PtCl_6]$	六氯合铂(Ⅳ)酸	
$[Ag(NH_3)_2]OH$	氢氧化二氨合银(Ⅰ)	配位碱
$[Ni(NH_3)_4]OH_2$	二氢氧化四氨合镍(Ⅱ)	
$[CoCl_3(NH_3)_3]$	三氯·三氨合钴(Ⅲ)	中性配合物
$[Cr(OH)_3(H_2O)(en)]$	三羟·水·乙二胺合铬(Ⅲ)	

有些配合物有其习惯沿用的名称,不一定符合命名规则,如$K_4[Fe(CN)_6]$称亚铁氰化钾(黄血盐),$H_2[PtCl_6]$称氯铂酸,$H_2[SiF_6]$称氟硅酸等。

6.2 配合物的类型

6.2.1 简单配合物

简单配合物是由一个中心离子和单齿配体所形成，如 AlF_6^{3-}，$Cu(NH_3)_4^{2+}$ 等。简单配合物一般不稳定，常形成逐级配合物，同多元弱酸一样，存在逐级解离平衡关系，这种现象称为分级络合现象。

6.2.2 螯合物

螯合物是目前应用最广的一类络合物。它的稳定性高，虽然螯合物有时也存在分级络合现象，但情况较为简单，如控制适当的反应条件，就能得到所需的络合物。

(1)螯合物的结构

螯合物是由一个中心离子和多齿配体形成的，具有环状结构。螯合物结构中的环称为螯环，能形成螯环的配体叫螯合剂，如乙二胺(en)、草酸根、乙二胺四乙酸(EDTA)、氨基酸等均可作螯合剂。配位原子隔 2 ~ 3 个原子的五元环、六元环最稳定。

例如，乙酰丙酮基等配位剂可形成六元环螯合物：

```
[              CH3   ]-
               |
   Cl       O—C
     \     /    \\
      Pt        CH
     /    ↖     /
   Cl       O=C
               |
[              CH3   ]
```

Cu^{2+} 与双齿配体氨基乙酸形成的螯合物具有 2 个五元环：

```
                    H2
O=C — O           N —CH2
       \        ↙      |
         Cu
   |    ↗      \       |
H2C—N            O — C=O
    H2
```

二氨基乙酸合铜(Ⅱ)

(2)螯合物的特性

①在中心离子相同、配位原子相同的情况下,螯合物要比一般配合物稳定。

②螯合物中所含的环越多,其稳定性越高。故乙二胺四乙酸为配体形成的螯合物都较稳定。

③某些螯合物呈特征的颜色,可用于金属离子的定性鉴定或定量测定。

6.2.3　EDTA及其螯合物

(1)EDTA的概念

乙二胺四乙酸简称EDTA,是一类含有以氨基二乙酸基团[$-N(CH_2COOH)_2$]为基体的有机配位体,统称为氨羧配位体,是同时含有羧基和氨基的螯合剂。其中乙二胺四乙酸是最为重要的氨羧配位体,乙二胺四乙酸的结构式为:

$$\begin{matrix} {}^{-}OOCCH_2 \quad H^+ & & H^+ \quad CH_2COO^- \\ \quad\diagdown & & \diagup \\ & N—CH_2—CH_2—N & \\ \quad\diagup & & \diagdown \\ HOOCCH_2 & & CH_2COOH \end{matrix}$$

两个羧基上的H原子移至N原子上,形成双偶极离子,用 H_4Y 表示。

(2)EDTA的性质

1)乙二胺四乙酸二钠盐

EDTA微溶于水(室温下溶解度为0.02克/100克水),难溶于酸和一般有机溶剂,但易溶于氨水和NaOH溶液,且通常只有离解出的酸根 Y^{4-} 能与金属离子直接配位,故常把它制成乙二胺四乙酸二钠盐($Na_2H_2Y \cdot 2H_2O$)来代替EDTA,一般也简称为EDTA。$Na_2H_2Y \cdot 2H_2O$ 溶解度较大,在22 ℃时,每100 mL水可溶解11.1 g。此时pH值约为4.4。

2)EDTA的配位特点

双偶极离子结构的EDTA再接受两个质子便转变成六元酸 H_6Y^{2+},在水溶液中以 H_6Y^{2+}、H_5Y^+、H_4Y、H_3Y^-、H_2Y^{2-}、HY^{3-}、Y^{4-} 七种型体存在,在不同pH值下的主要存在型体列于表6.3。

表6.3　不同pH值时,EDTA的主要存在型体

pH值	<1	1~1.6	1.6~2	2~2.7	2.7~6.2	6.2~10.3	>10.3
主要存在型体	H_6Y^{2+}	H_5Y^+	H_4Y	H_3Y^-	H_2Y^{2-}	HY^{3-}	Y^{4-}

可见酸度越低，Y^{4-} 的分布分数越大，EDTA 的配位能力越强。

EDTA 几乎能与所有的金属离子（碱金属离子除外）发生配位反应，生成稳定的螯合物。在一般情况下，EDTA 与金属离子形成的配合物都是1∶1的螯合物。EDTA 与金属离子所形成的配合物一般都具有五元环的结构，所以稳定常数大，稳定性高。由 EDTA 与金属离子形成的配合物一般都可溶于水，使滴定能在水溶液中进行。此外，EDTA 与无色金属离子配位时，一般生成无色配合物；与有色金属离子则生成颜色；若金属离子本身有色，那么与 EDTA 形成螯合物后颜色加深。例如 Cu 显浅蓝色，而 CuY 显深蓝色；Ni 显浅绿色，而 NiY 显蓝绿色。

6.3 配位化合物的平衡常数

6.3.1 稳定常数和不稳定常数

配位平衡可用稳定常数（形成常数）或不稳定常数（离解常数）来描述配离子或者中性配合物的生成或离解。金属离子 M 和配体 L 形成络合物 ML 时，溶液中存在反应如下：

$$M + L \rightleftharpoons ML$$

对于该反应的稳定常数 $K_{稳} = \frac{[ML]}{[M][L]}$，$K_{稳}$表示配离子的稳定性，而对于该反应的逆反应平衡常数 $K_{不稳} = \frac{[M][L]}{[ML]}$，表示配离子离解能力，$K_{不稳}$越大，表示配合物越不稳定，故两者互为倒数，即 $K_{不稳} = \frac{1}{K_{稳}}$。

$K_{稳}$的数值与溶液的温度和离子强度有关，通常以其对数值 $\lg K_{稳}$表示，部分金属离子与 EDTA 络合物的 $\lg K_{稳}$值列于表 6.4。

表 6.4　部分金属离子-EDTA 络合物的 $\lg K_{稳}$（20 ℃，I = 0.1 mol/L）

Li^+	2.79	Mn^{3+}	26.3（25 ℃）	Ce^{3+}	26.98
Na^+	1.66	Fe^{3+}	26.1	Pr^{3+}	16.40
K^+	0.8	Co^{3+}	41.4（25 ℃）	Nd^{3+}	16.61
Ag^+	7.32	Mn^{2+}	13.87	Pt^{3+}	16.4
Be^{2+}	9.2	Zr^{4+}	29.5	Pm^{3+}	17.0
Mg^{2+}	8.79	Hf^{4+}	29.5（I = 0.2）	Sm^{3+}	17.14

续表

Ca^{2+}	10.69	VO^{2+}	18.8	Eu^{3+}	17.35
Sr^{2+}	8.73	VO_2^+	16.55	Gd^{3+}	17.37
Ba^{2+}	7.86	Ag^+	7.32	Tb^{3+}	17.93
Ra^{2+}	7.1	Tl^+	6.54	Dy^{3+}	18.30
Sc^{3+}	23.1	Pd^{2+}	18.5(25 ℃, I = 0.2)	Ho^{3+}	18.62
Y^{3+}	18.09	Zn^{2+}	16.50	Er^{3+}	18.85
La^{3+}	16.50	Ni^{2+}	18.60	Tm^{3+}	19.32
Pb^{2+}	18.04	Cu^{2+}	18.80	Fe^{3+}	26.1

6.3.2　逐级稳定常数

金属离子和多个配体形成 ML_n 型络合物时，会发生逐级络合现象，每一级络合反应的平衡常数称为逐级稳定常数。

$$M + L \rightleftharpoons ML, K_{稳_1} = \frac{[ML]}{[M][L]}$$

$$ML + L \rightleftharpoons ML_2, K_{稳_2} = \frac{[ML_2]}{[ML][L]},$$

…

$$ML_{(n-1)} + L \rightleftharpoons ML_n, K_{稳_n} = \frac{[ML_n]}{[ML_{n-1}][L]}$$

对于 ML_n 型络合物，可用累积稳定常数表示其各级络合物稳定性。

第一级累积稳定常数　$\beta_1 = K_{稳_1}$

第二级累积稳定常数　$\beta_2 = K_{稳_1} \cdot K_{稳_2}$

……

第 n 级累积稳定常数　$\beta_n = K_{稳_1} \cdots K_{稳n}$

即
$$\beta_n = \prod_{i=1}^{n} (K_{稳_i}) \tag{6.1}$$

或
$$\lg \beta_n = \sum_{i=1}^{n} (\lg K_{稳_i}) \tag{6.2}$$

最后一级累积稳定常数 β_n 称为总稳定常数。

例 6.1　室温下，将 0.020 mol/L 的 $CuSO_4$ 溶液与浓度为 0.28 mol/L 的氨水等体积混合，求达成配位平衡后，$c(Cu^{2+})$，$c(NH_3)$ 和 $c([Cu(NH_3)_4]^{2+})$ 各为多少？（$[Cu(NH_3)_4]^{2+}$ 的 $\beta = 4.3 \times 10^{13}$）

解：$c(Cu^{2+}) = 0.010\ mol/L$；$c(NH_3) = 0.14\ mol/L$，可见是 NH_3 过量，于是：

离解前 $c([Cu(NH_3)_4]^{2+}) = 0.010\ mol/L$

剩余 $c(NH_3) = 0.14 - 4 \times 0.010 = 0.10\ mol/L$

设 $[Cu(NH_3)_4]^{2+}$ 离解掉 x mol/L

$$[Cu(NH_3)_4]^{2+} \rightleftharpoons Cu^{2+} + 4NH_3$$

平衡 / mol/L　　$0.010 - x$　　　y　　　$0.010 + z$

即

$$\frac{1}{\beta} = \frac{c'(Cu^{2+})\{c'(NH_3)\}^4}{c'([Cu(NH_3)_4]^{2+})} = \frac{y \times 0.10^4}{0.010} = \frac{1}{4.3 \times 10^{13}}$$

解得：$y = 2.3 \times 10^{-12}$

所以 $c(Cu^{2+}) = 2.3 \times 10^{-12}\ mol/L$

6.4　副反应系数和条件稳定常数

在复杂的化学反应中，常常把主要研究的一种反应看作主反应，其他与之有关的反应看作副反应，副反应会影响主反应的反应物或者产物的平衡浓度。

6.4.1　副反应及副反应系数

(1)络合剂 Y 的副反应及副反应系

在配位滴定法中，主反应是被测金属离子 M 与滴定剂 Y 的络合反应为主反应，当存在其他配位体或共存金属离子 N 以及溶液的酸度不同，还可能存在如下的副反应。

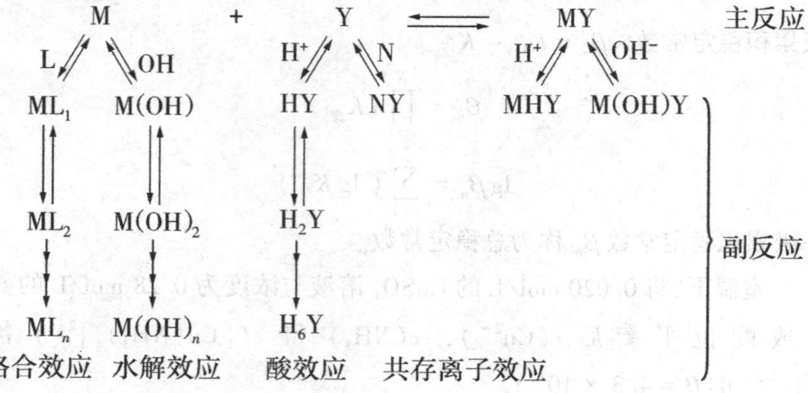

反应物M及Y的各种副反应不利于主反应的进行，而生成物MY的各种副反应则有利于主反应的进行，副反应对于主反应的影响可用副反应系数来进行衡量。

1)酸效应及酸效应系数 $\alpha_{Y(H)}$

在配位体为弱酸根的配离子中加入 H^+（或降低pH值），会促使配位体与 H^+ 结合形成稳定的弱酸，从而降低配位体与形成体配位的能力，这种现象称为酸效应。

如EDTA中的 Y^{4-} 与金属离子 M^{n+} 配位形成配离子 $[MY]^{-(4-n)}$ 时，加入的 H^+ 与 Y^{4-} 之间发生副反应生成 HY^{3-}、H_2Y^{2-}、H_3Y^-、H_4Y、H_5Y^+ 或 H_6Y^{2+} 等六种EDTA酸式型体中的几种，使EDTA参加主反应的能力下降。酸效应影响EDTA参加主反应能力的程度，可用酸效应系数 $\alpha_{Y(H)}$ 来衡量，$\alpha_{Y(H)}$ 的定义式为：

$$\alpha_{Y(H)} = \frac{[Y']}{Y} \tag{6.3}$$

它表示在一定酸度下，未参加配位反应的EDTA的总浓度 $[Y']$ 是Y的平衡浓度 $[Y]$ 的多少倍。

可见，pH值越小，酸效应越严重，或 $\alpha_{Y(H)}$（或 $\lg\alpha_{Y(H)}$）值越大。当 $pH > 12$ 时，EDTA几乎没有受到酸效应影响，酸效应系数达到最小值，即 $\alpha_{Y(H)} = 1$ 或 $\lg\alpha_{Y(H)} = 0$，此时EDTA的配位能力最强；当 $pH \leqslant 12$ 时，EDTA受到不同程度酸效应的影响，此时 $\lg\alpha_{Y(H)} > 0$，不同pH值时的 $\lg\alpha_{Y(H)}$ 值见表6.5。

表6.5　不同pH值时的 $\lg\alpha_{Y(H)}$ 值

pH值	$\lg\alpha_{Y(H)}$	pH值	$\lg\alpha_{Y(H)}$	pH值	$\lg\alpha_{Y(H)}$
0.0	23.64	3.4	9.70	6.8	3.55
0.4	21.32	3.8	8.85	7.0	3.32
0.8	19.08	4.0	8.44	7.5	2.78
1.0	18.01	4.4	7.64	8.0	2.27
1.4	16.02	4.8	6.84	8.5	1.77
1.8	14.27	5.0	6.45	9.0	1.28
2.0	13.51	5.4	5.69	9.5	0.83
2.4	12.19	5.8	4.98	10.0	0.45
2.8	11.09	6.0	4.65	11.0	0.07
3.0	10.06	6.4	4.06	12.0	0.01

例6.2　计算pH=5时，EDTA的酸效应系数，若此时EDTA各种存在形式的总浓度为0.02 mol/L，则 $[Y^{4-}]$ 为多少？

解：pH=5时，$[H^+] = 10^{-5}$。查表得EDTA六种酸式型体的 $Ka_1 \sim Ka_6$ 分别为 $10^{-0.9}$、$10^{-1.6}$、$10^{-2.07}$、$10^{-2.75}$、$10^{-6.24}$、$10^{-10.34}$，代入 $\alpha_{Y(H)}$ 的计算公式得：

$$\alpha_{Y(H)}=\frac{10^{-30}}{10^{-0.9-1.6-2.07-2.75-6.24-10.34}}+\frac{10^{-25}}{10^{-1.6-2.07-2.75-6.24-10.34}}+\frac{10^{-20}}{10^{-2.07-2.75-6.24-10.34}}+\frac{10^{-15}}{10^{-2.75-6.24-10.34}}+\frac{10^{-10}}{10^{-6.24-10.34}}+\frac{10^{-5}}{10^{-10.34}}+1$$

$$=10^{-6.1}+10^{-2.0}+10^{1.4}+10^{4.33}+10^{6.58}+10^{5.34}+1=10^{6.60}$$

$$[Y^{4-}]=\frac{[Y]_{总}}{\alpha_{Y(H)}}=\frac{0.02}{10^{6.60}}=7\times10^{-9}\text{mol/L}$$

2)EDTA 与共存离子的副反应及副反应系数

当溶液中除了金属离子 M 还存在其他金属离子 N,N 也可以与 Y 发生配位反应,这种反应可看作是Y的一种副反应,它能降低Y的平衡浓度,而使得EDTA参加主反应的能力下降,这种现象叫做共存离子效应。共存离子的副反应系数称为共存离子效应系数,用 $\alpha_{Y(N)}$ 表示。$\alpha_{Y(N)}$ 的计算式可由定义式推出:

$$\alpha_{Y(N)}=\frac{[Y']}{[Y]}=\frac{[Y]+[NY]}{[Y]}=1+K_{NY}[N] \tag{6.4}$$

式中,$[Y']$是NY的平衡浓度与游离Y的平衡浓度之和;K_{NY} 为NY的稳定常数;$[N]$为共存离子 N 在平衡时的游离浓度。

当有多种共存离子存在时,$\alpha_{Y(N)}$ 往往只取其中一种或者少数几种影响较大的共存离子副反应系数之和,而其他次要项可忽略不计。

3)EDTA 的总副反应系数 α_Y

若在配位滴定中,EDTA 既有酸效应又有共存离子效应,则 Y 参加主反应的平衡浓度降低。这两种副反应的影响可用总副反应系数 α_Y 来表示并计算。

$$\alpha_Y=\alpha_{Y(H)}+\alpha_{Y(N)}-1 \tag{6.5}$$

根据定义式可得平衡浓度$[Y]=\dfrac{[Y']}{\alpha_Y}$。

例 6.3 在 pH = 6.0 的溶液中,含有浓度为 0.010 mol/L 的 EDTA,Zn^{2+} 及 Ca^{2+},计算 $\alpha_{Y(Ca)}$ 和 α_Y。

解:已知 $K_{Ca}=10^{10.69}$,pH = 6.0 时,$\alpha_{Y(H)}=10^{4.65}$

$$\alpha_{Y(Ca)}=1+K_{CaY}[Ca]=1+10^{10.69}\times0.010=10^{8.69}$$

$$\alpha_Y=\alpha_{Y(H)}+\alpha_{Y(Ca)}-1=10^{4.65}+10^{8.69}-1\approx10^{8.69}$$

例 6.4 在 pH = 1.5 的溶液中,含有浓度为 0.010 mol/L 的 EDTA,Fe^{3+} 及 Ca^{2+},计算 $\alpha_{Y(Ca)}$ 和 α_Y。

解:已知 $K_{Ca}=10^{10.69}$,pH = 1.5 时,$\alpha_{Y(H)}=10^{15.55}$

$$\alpha_{Y(Ca)}=1+K_{CaY}[Ca]=1+10^{10.69}\times0.010=10^{8.69}$$

$$\alpha_Y = \alpha_{Y(H)} + \alpha_{Y(Ca)} - 1$$
$$= 10^{15.55} + 10^{8.69} - 1 \approx 10^{15.55}$$

(2)金属离子M的副反应及副反应系数

1)配位效应与配位效应系数

在配位滴定中,如果有除了EDTA之外的其他配位体L存在,并且L可以与M发生配位反应,形成逐级配位化合物,如ML,ML_2,…,ML_n,而使得金属离子M参加主反应能力降低的,这种由于其他配位体存在而使得金属离子M参加主反应能力减小的现象称为配位效应。

配位剂L引起副反应时的副反应系数称为配位效应系数,用$\alpha_{M(L)}$表示。

以[M′]表示没有参加主反应的金属离子总浓度,[M]为游离金属离子浓度,则

$$[M'] = [M] + ML + ML_2 + \cdots + ML_n$$

由于L与M配位使[M]降低,影响M与Y的主反应,其影响可用配位效应系数$\alpha_{M(L)}$表示:

$$\alpha_{M(L)} \frac{[M']}{[M]} = \frac{[M] + [ML] + [ML_2] + \cdots + [ML_n]}{[M]} \tag{6.6}$$

$\alpha_{M(L)}$表示未与Y配位的金属离子的各种形式的总浓度是游离金属离子浓度的多少倍。当$\alpha_{M(L)} = 1$时,[M′]=[M],表示金属离子没有发生副反应,$\alpha_{M(L)}$值越大,副反应越严重。

若用$k_1, k_2, \cdots, k_n$表示配合物ML_n的各级稳定常数,即

配位平衡	各级稳定常数
$M + L \rightleftharpoons ML$	$k_1 = \frac{[ML]}{[M][L]}$
$ML + L \rightleftharpoons ML_2$	$k_2 = \frac{[ML_2]}{[ML][L]}$
⋮	⋮
$ML_{n-1} + L \rightleftharpoons ML_n$	$k_n = \frac{[ML_n]}{[ML_{n-1}][L]}$

将k的关系式代入式(6.1),整理得:

$$\alpha_{M(L)} = 1 + \beta_1[L] + \beta_2[L]^2 + \cdots + \beta_n[L]^n \tag{6.7}$$

其中,β_i为累积稳定常数,定义为:$\beta_1 = k_1, \beta_2 = k_1k_2, \cdots, \beta_n = k_1k_2\cdots k_n$。可见,L的浓度越大以及与M配位的能力越强,配位效应越严重,其$\alpha_{M(L)}$值越大,不利于主反应的进行。

2)水解效应与水解效应系数

当溶液的酸度较低时,金属离子M因水解而形成各种氢氧根或者多核氢氧根配合物。这种由水解而引起的副反应称为金属离子M的水解效应,相应的副反应系数称为水解效应系数,用$\alpha_{M(OH)}$表示。由于氢氧根离子与M发生的是配位反应,所以氢氧根离子也是一种配位体,因此有

$$\alpha_{M(OH)} = 1 + \beta_1[OH] + \beta_2[OH]^2 + \cdots + \beta_n[OH]^n \tag{6.8}$$

一些金属离子在不同 pH 值下的 $\lg\alpha_{M(OH)}$ 值也已计算出,见表 6.6。

表 6.6　金属离子的 $\lg\alpha_{M(OH)}$ 值

金属离子	I(mol/L)	pH 值													
		1	2	3	4	5	6	7	8	9	10	11	12	13	14
Ag(Ⅰ)	0.1											0.1	0.5	2.3	5.1
Al(Ⅲ)	2					0.4	1.3	5.3	9.3	13.3	17.3	21.3	25.3	29.3	33.3
Ba(Ⅱ)	0.1													0.1	0.5
Bi(Ⅲ)	3	0.1	0.5	1.4	2.4	3.4	4.4	5.4							
Ca(Ⅱ)	0.1													0.3	1.0
Cd(Ⅱ)	3									0.1	0.5	2.0	4.5	8.1	12.0
Ce(Ⅳ)	1 ~ 2	1.2	3.1	5.1	7.1	9.1	11.1	13.1							
Cu(Ⅱ)	0.1								0.2	0.8	1.7	2.7	3.7	4.7	5.7
Fe(Ⅱ)	1									0.1	0.6	1.5	2.5	3.5	4.5
Fe(Ⅲ)	3			0.4	1.8	3.7	5.7	7.7	9.7	11.7	13.7	15.7	17.7	19.7	21.7
Hg(Ⅱ)	0.1			0.5	1.9	3.9	5.9	7.9	9.9	11.9	13.9	1.9	17.9	19.9	21.9
La(Ⅲ)	3										0.3	1.0	1.9	2.9	3.9
Mg(Ⅱ)	0.1											0.1	0.5	1.3	2.3
Ni(Ⅱ)	0.1									0.1	0.7	1.6			
Pb(Ⅱ)	0.1							0.1	0.5	1.4	2.7	4.7	7.4	10.4	13.4
Th(Ⅳ)	1				0.2	0.8	1.7	2.7	3.7	4.7	5.7	6.7	7.7	8.7	9.7
Zn(Ⅱ)	0.1									0.2	2.4	5.4	8.5	11.8	15.5

3)金属离子的总副反应系数

若金属离子 M 既有配位效应又有水解效应时,其影响可用 M 的总副反应系数 α_M 来进行计算。

$$\alpha_M = \alpha_{M(L)} + \alpha_{M(OH)} - 1 \tag{6.9}$$

根据定义式可得金属离子 M 的平衡浓度 $[M] = \dfrac{[M']}{\alpha_M}$。

例 6.5　在 pH = 12.00 的 Zn^{2+} 的氨溶液中,$[NH_3]$ = 0.10 mol/L,计算锌离子的总副反应系数 α_{Zn} 和游离 Zn^{2+} 的浓度。

解:查表得 Zn-NH_3 各级配合物的 $\lg\beta$ 值分别为 2.37、4.81、7.31、9.46,则:

$$\alpha_{Zn(NH_3)} = 1 + 10^{2.37} \times 10^{-1.00} + 10^{4.81} \times 10^{-2.00} + 10^{7.31} \times 10^{-3.00} + 10^{9.46} \times 10^{-4.00}$$
$$= 1 + 10^{1.37} + 10^{2.81} + 10^{4.31} + 10^{5.46} = 10^{5.49}$$

已知 $Zn(OH)_4^{2-}$ 的各级配合物的 $\lg\beta$ 值分别为 4.4、10.1、14.2、15.5。

pH = 12.00 时,$[OH^-] = 1 \times 10^{-2.0}$ mol/L

$$\alpha_{(ZnOH)} = 1 + \beta_1[OH^-] + \beta_2[OH^-]^2 + \beta_3[OH^-]^3 + \beta_4[OH^-]^4$$
$$= 1 + 10^{4.4} \times 10^{-2.0} + 10^{10.1} \times (10^{-2.0})^2 + 10^{14.2} \times (10^{-2.0})^3 + 10^{15.5} \times (10^{-2.0})^4$$
$$\approx 10^{8.3}$$

$$\alpha_{Zn} = \alpha_{Zn(NH_3)} + \alpha_{Zn(OH)} - 1 = 10^{5.49} + 10^{8.3} - 1$$

$$\alpha_{Zn} = \frac{[Zn^{2+'}]}{[Zn^{2+}]}$$

$$[Zn^{2+}] = \frac{[Zn^{2+'}]}{\alpha_{Zn}} = \frac{0.010}{10^{8.3}} = 10^{-10.3} = 5.0 \times 10^{-11}\ \text{mol/L}$$

(3)配位化合物 MY 的副反应及副反应系数 α_{MY}

在配位滴定中,如果溶液的酸度较高,则易形成酸式配合物 MHY;如果溶液酸度较低,则易行成碱式配合物 M(OH)Y。MHY 和 M(OH)Y 的形成都利于主反应的进行,但由于酸式和碱式化合物都不太稳定,故在多数反应中忽略不计。

6.4.2　条件稳定常数

在溶液中,金属离子 M 与络合剂 EDTA 反应生成 MY。如果没有副反应发生,当达到平衡时,KMY 是衡量此络合反应进行程度的主要标志。如果有副反应发生,将受到 M,Y,MY 的副反应的影响。若未参加主反应的 M 的总浓度为[M'],Y 的总浓度为生成的 MY、MHY 和 M(OH)Y 的总浓度为[(MY)'],当达到平衡时,可以得到以[M'],[Y']及[(MY)']表示的络合物的稳定常数——条件稳定常数 K'_{MY}。

$$K'_{MY} = \frac{[MY]}{[M'][Y']} \tag{6.10}$$

从上面副反应系数的讨论中可以看到:

$$[M'] = \alpha_M[M]$$
$$[Y'] = \alpha_Y[Y]$$
$$[(MY)'] = \alpha_{MY}[MY]$$

将这些关系式代入式(6.10)中,得到条件稳定常数的表达式:

$$K'_{MY} = \frac{\alpha_{MY}[MY]}{\alpha_M[M]\alpha_Y[Y]} = K_{MY}\frac{\alpha_{MY}}{\alpha_M\alpha_Y} \tag{6.11}$$

取对数,得:

$$\lg K'_{MY} = \lg K_{MY} - \lg \alpha_M - \lg \alpha_Y + \lg \alpha_{MY} \tag{6.12}$$

K'_{MY} 表示在有副反应的情况下,络合反应进行的程度。在一定条件下,α_M,α_Y 及 α_{MY} 为定值,故此为 K'_{MY} 常数。

在许多情况下,MHY 和 MY(OH)可以忽略,故上式可简化为:

$$\lg K'_{MY} = \lg K_{MY} - \lg \alpha_M - \lg \alpha_Y \tag{6.13}$$

例 6.6 设只考虑酸效应,计算 pH = 2.0 和 pH = 5.0 时 ZnY 的 K'_{ZnY}。

解:①查表得,$\lg K_{ZnY} = 16.50$,pH = 2.0 时,$\lg \alpha_{Y(H)} = 13.51$

所以 $\lg K'_{ZnY} = 16.50 - 13.51 = 2.99$,$K'_{ZnY} = 10^{2.99}$

②查表得,pH = 5.0 时,$\lg \alpha_{Y(H)} = 6.45$

所以 $\lg K'_{ZnY} = 16.50 - 6.45 = 10.05$,$K'_{ZnY} = 10^{10.05}$

计算表明,在 pH > 2.0 时,ZnY 不稳定。

6.5 配位滴定法

以配位反应为基础的滴定分析方法称为配位滴定法。在配位滴定中,随着配位体的不断加入,被滴定的金属离子浓度不断减小,其改变的情况跟酸碱滴定类似。利用氨羧配位体进行配位滴定的方法称为氨羧配位滴定法。由于乙二胺四乙酸(即 EDTA)是目前最常用、最有效的氨羧配位体,因此本节专门介绍以 EDTA 为配体的氨羧配位滴定法。

6.5.1 配位滴定滴定曲线

以 EDTA 加入量为横坐标,对应的 pM(即 $-\lg C_M$)值为纵坐标所绘制的曲线。

在利用 EDTA 滴定金属离子 M^{2+} 时,反应为:

$$H_2Y^{2-} + M^{2+} \xlongequal{} MY^{2-} + 2H^+$$

在此滴定过程中不断释放出 H^+,且金属指示剂都要在一定的 pH 范围内使用,所以必须要用缓冲溶液维持一定的酸度。若只考虑 EDTA 的酸效应,则在整个滴定过程中,EDTA 的酸效应系数是一个定值。如果考虑金属离子的辅助配位效应,则因其他配位体的总浓度会随滴定剂的不断加入而被稀释,αM(L)不断降低,因此 EDTA 的条件稳定常数将不断增大,但这种影响一般较小,忽略不计。继续加入滴定剂至化学计量点附近,溶液的 pM 值将发生突变;计量点后,溶液的 pM 值决定于滴定剂的浓度,曲线将又趋于平缓。影响滴定突跃范围大小的因素可由不同条件下进行配位滴定的滴定曲线图得到。

用0.01 mol/L EDTA滴定同浓度的金属离子M，若条件稳定常数$\lg K_{MY}^{\ominus\prime}$分别为2，4，6，8，10，12，14，可绘制出相应的滴定曲线如图6.1所示。

当金属离子浓度不同时，分别用等浓度的EDTA滴定，而条件稳定常数在此情况下都相等，可绘制出如图6.2所示的滴定曲线。

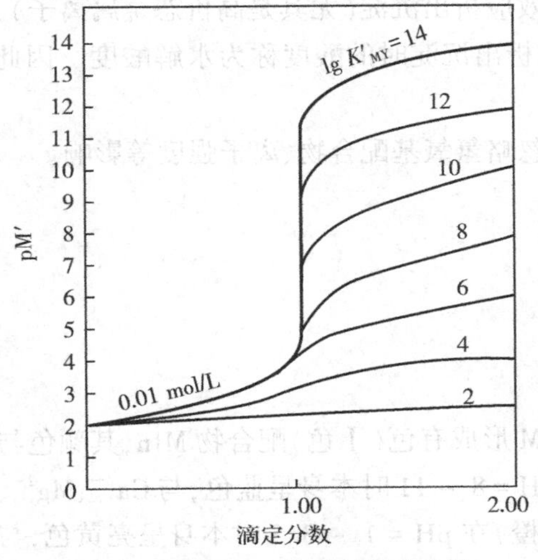

图6.1　不同$\lg K_{MY}^{\ominus\prime}$时的滴定曲线

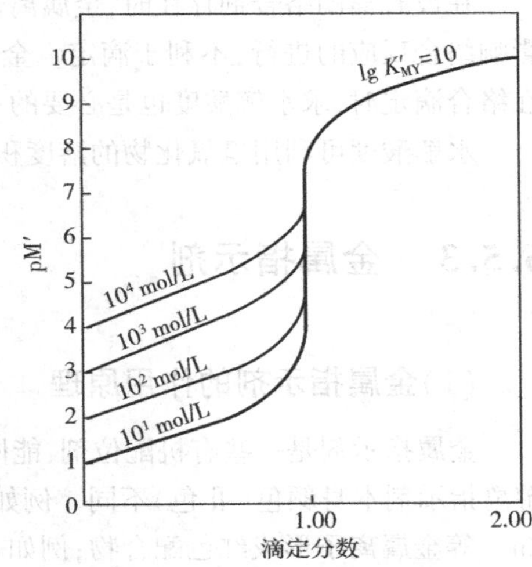

图6.2　不同浓度的EDTA与M的滴定曲线

由图可见，当c_M一定时，滴定突跃的大小与$\lg K_{MY}^{\ominus\prime}$有关。$\lg K_{MY}^{\ominus\prime}$较大者，滴定突跃越大。而当$\lg K_{MY}^{\ominus\prime}$一定时，滴定突跃的大小与$c_M$有关，$c_M$较大者滴定突跃越大。

因此，影响滴定突跃大小的主要因素是c_M和$\lg K_{MY}^{\ominus\prime}$，且由图6.1可知，当$\lg K_{MY}^{\ominus\prime} < 10^8$时，已经没有明显的滴定突跃，从而不能找到合适的指示剂进行准确的滴定。所以常常认为EDTA可以准确测定单一金属离子的条件是：

$$\lg(c_M K'_{MY}) \geqslant 6 \qquad (6.14)$$

6.5.2　滴定单一金属离子的适宜酸性范围

(1)最小pH值

设金属离子的起始浓度c_M为0.01 mol/L，副反应仅考虑酸效应，根据式(6.3)和式(6.13)可求得准确测定单一金属离子的最小pH值：

$$\lg c_M + \lg K'_{MY} = \lg(10^{-2}) + \lg K_{MY} - \lg \alpha_{Y(H)} \geqslant 6$$

$$\lg \alpha_{Y(H)} \leqslant \lg K_{MY} - 8$$

例6.7　Zn^{2+}的起始浓度为0.01 mol/L，求用EDTA滴定Zn^{2+}的最小pH值。（已知$\lg K_{ZnY} = 16.50$）

解：$\lg \alpha_{Y(H)} \leqslant \lg K_{ZnY} - 8 = 16.50 - 8 = 8.5$

查表10-4得，欲使 $\lg \alpha_{Y(H)} \leq 8.5$，pH应大于4.0。

所以EDTA滴定 Zn^{2+} 的最小pH值为4.0。

(2)滴定金属离子的最低酸度

在没有辅助络合剂存在时，金属离子由于水解效应析出沉淀（尤其是高价态金属离子），影响络合反应的进行，不利于滴定。金属离子水解析出沉淀时的酸度称为水解酸度。因此在络合滴定时，求水解酸度也是必要的。

水解酸度可利用氢氧化物的溶度积粗略计算，忽略氢氧基配合物、离子强度等影响。

6.5.3 金属指示剂

(1)金属指示剂的作用原理

金属指示剂是一些有机配位剂，能同金属离子M形成有色（Ⅰ色）配合物MIn，其颜色与游离指示剂本身颜色（Ⅱ色）不同。例如铬黑T在pH = 8 ~ 11时本身呈蓝色，与 Ca^{2+}、Mg^{2+}、Zn^{2+} 等金属离子形成红色配合物；例如XO（二甲酚橙）在pH = 1 ~ 3.5时本身呈亮黄色，与 Bi^{3+}、Th^{4+} 结合形成红色配合物。

在EDTA滴定中，金属指示剂的作用原理可以简述如下：加入的少量金属指示剂In与少量M形成配合物MIn，此时溶液呈Ⅰ色；随后滴入的EDTA逐步与M配合形成MY（Ⅲ色），此时溶液呈（Ⅰ + Ⅲ）色；当游离的M反应完毕，再稍过量的Y将夺取MIn中的M，使指示剂游离出来（MIn + Y → MY + In），此时溶液变为（Ⅱ + Ⅲ）色，以表示终点的到达。

(2)金属指示剂必须具备的条件

①金属离子与指示剂形成配合物（MIn）的颜色与指示剂（In）的颜色有明显区别，且In与M的反应灵敏、快速。这样终点变化才明显，易于眼睛判断。

②指示剂与金属离子配合物的溶解度要大，以防止指示剂僵化。同时指示剂应比较稳定，便于贮藏和使用。

③金属离子与指示剂形成的配合物应有足够的稳定性才能测定低浓度的金属离子。通常要求 $\lg K_{MIn} \geq 4$，以免终点提前。

④指示剂与金属离子配合物的稳定性应小于 Y^{4-} 与金属离子所生成配合物的稳定性，通常要求 $\lg K_{MY} - \lg K_{MIn} \geq 2$。这样在接近化学计量点时，$Y^{4-}$ 才能较迅速地夺取所指示剂结合的金属离子，以免终点推迟甚至终点观察不到。

(3)使用络合滴定指示剂应避免的现象

1)指示刻的封闭

当MIn的稳定性超过MY的稳定性时，临近化学计量点处，甚至滴定过量之后EDTA也不能把指示剂置换出来。指示剂因此而不能指示滴定终点的现象称为指示剂的封闭。

例如，铬黑T能被Fe^{3+}、Al^{3+}等封闭。滴定Ca^{2+}、Mg^{2+}时，如有这些离子存在，可加入配位掩蔽剂三乙醇胺使它们形成更稳定的配合物而消除封闭现象。

2）指示剂的僵化

有些指示剂与金属离子形成的配合物水溶性较差，容易形成胶体或沉淀。滴定时，EDTA不能及时把指示剂置换出来而使终点拖长的现象称为指示剂的僵化。

例如，PAN指示剂在温度较低时易产生僵化现象。这时可加入乙醇或适当加热，使指示剂变色明显。

3）指示剂的氧化变质

金属指示剂大多是含有双键的有机化合物，易被日光、空气所破坏，有些在水溶液中更不稳定，容易变质。

例如，铬黑T和钙指示剂等不宜配成水溶液，常用NaCl作稀释剂配成固体指示剂使用。常用的金属指示剂及其主要应用列于表6.7中。

表6.7　常用的金属指示剂及其主要应用

指示剂	颜色		直接滴定离子	指示剂配制
	In	MIn		
铬黑T	蓝	红	pH 10：Mg^{2+}、Zn^{2+}、Ca^{2+}、Pb^{2+}	1∶100NaCl（固体）
二甲酚橙	黄	红	pH < 1：ZrO^{2+} pH 1～3：Bi^{3+}、Th^{4+} pH 5～6：Zn^{2+}、Pb^{2+}、Cd^{2+}、Hg^{2+}	0.5%水溶液
PAN	黄	红	pH 2～3：Bi^{3+}、Th^{4+} pH 4～5：Cu^{2+}、Ni^{3+}	0.1%乙醇溶液
酸性铬蓝K	蓝	红	pH 10：Mg^{2+}、Zn^{2+} pH 13：Ca^{2+}	1∶100NaCl（固体）
钙指示剂	蓝	红	pH 12～13：Ca^{2+}	1∶100NaCl（固体）
磺基水杨酸	无	紫红	pH 1.5～2：Fe^{3+}	2%水溶液

6.6　提高络合滴定选择性的方法

由于EDTA能与许多金属离子形成稳定的配合物，而被滴定溶液中常可能同时存在几种金属离子，滴定时很可能相互干扰。因此，如何提高络合滴定的选择性，消除干扰，选择滴定某一种或几种离子是络合滴定中的重要问题。提高络合滴定的选择性的方法主要有以下两种。

6.6.1 控制溶液的酸度

酸度对络合物的稳定性有很大的影响。被测金属离子 M 与 EDTA 形成的络合物 MY 的稳定性远大于干扰离子 N 与 EDTA 形成的络合物 NY 时（当 cM = cN 时，$\lg K = \lg K_{MY} - \lg K_{NY} \geqslant 5$），可用控制酸度的方法，使被测离子 M 与 EDTA 形成的络合物，而干扰离子 N 不被络合，以避免干扰。例如，在测定垢样中 Fe_2O_3 时，Al^{3+}、Ca^{2+}、Mg^{2+}、Zn^{2+} 等为干扰离子，但在 pH = 1 ~ 2 的介质中，只有 Fe^{3+} 能与 EDTA 形成稳定的络合物，该 pH 值远小于 Al^{3+}、Ca^{2+}、Zn^{2+}、Mg^{2+}、Zn^{2+} 等与 EDTA 形成稳定的络合物的最低 pH 值，所以它们不干扰测定。

6.6.2 掩蔽作用

在络合滴定中，若被测金属离子的络合物与干扰离子的络合物的稳定性相差不大（$\lg K = \lg K_{MY} - \lg K_{NY} < 5$）时，就不能用控制酸度的方法消除干扰。在溶液中加入某种试剂，它能与干扰离子反应，而又不与被测离子作用，这种降低干扰离子浓度从而消除其对测定干扰的方法称掩蔽法。

掩蔽方法按所用反应的类型不同可分为络合掩蔽法、沉淀掩蔽法和氧化还原掩蔽法等，其中用得最多的是络合掩蔽法。

(1)络合掩蔽法

络合掩蔽法是利用干扰离子与掩蔽剂形成稳定的络合物来消除干扰。例如，用 EDTA 滴定水中的 Ca^{2+}、Mg^{2+} 测定水的硬度时，如有 Fe^{3+}、Al^{3+} 等离子的存在，对测定有干扰。若先加入三乙醇胺，使之与 Fe^{3+}、Al^{3+} 生成更稳定的配合物，则 Fe^{3+}、Al^{3+} 为三乙醇胺所掩蔽而不产生干扰。

作为络合掩蔽剂，必须满足下列条件。

①干扰离子与掩蔽剂所形成的络合物应远比与 EDTA 形成的络合物稳定，且形成络合物应为无色或浅色，不影响终点的判断。

②掩蔽剂应不与待测离子络合或形成络合物稳定性远小于干扰离子与 EDTA 所形成的络合物，在滴定时能被 EDTA 所置换。

③掩蔽剂的应用有一定的 pH 值范围，且要符合测定要求的范围。

例如，测定垢样中 ZnO 时，若在 pH = 5 ~ 6 的介质中，用二甲酚橙作指示剂，可用 NH_4F 掩蔽 Al^{3+}；在测定 Ca^{2+}、Mg^{2+} 总量时，在 pH = 10 时滴定，因为 F^- 与被测物 Ca^{2+} 会生成 CaF 沉淀，因此不能用氟化物掩蔽 Al^{3+}。

(2)氧化还原掩蔽法

利用氧化还原反应来消除干扰的方法称为氧化还原掩蔽法。例如滴定 Bi^{3+} 时,Fe^{3+} 的存在干扰测定,可利用抗坏血酸或盐酸羟胺等还原剂将 Fe^{3+} 还原为 Fe^{2+}。因 $\lg K_{FeY^{2-}} = 14.3$ 比 $\lg K_{FeY^-} = 25.1$ 小得多,就可以用控制酸度的方法来滴定 Bi^{3+}。

氧化还原掩蔽法只适用于那些易于发生氧化还原反应的金属离子,并且生成的还原性物质或氧化性物质不干扰测定的情况,因此,目前只有少数几种离子可用这种掩蔽方法。

(3)沉淀掩蔽剂

于溶液中加入一种沉淀剂,使干扰离子浓度降低,在不分离沉淀的情况下直接进行滴定,这种消除干扰的方法称为沉淀掩蔽法。

例如,在强碱性($pH = 12 \sim 12.5$)溶液中用 EDTA 滴定 Ca^{2+} 时,强碱与 Mg^{2+} 形成 $Mg(OH)_2$ 沉淀而不干扰 Ca^{2+} 的测定,此时 OH^- 就是 Mg^{2+} 的沉淀掩蔽剂;在测定垢样中 ZnO 时,$pH = 5 \sim 6$ 时用 EDTA 滴定 Zn^{2+},Fe^{3+} 对测定有干扰,可加入过量浓氨水,Fe^{3+} 生成氢氧化物沉淀,Zn^{2+} 存在于溶液中与 Fe^{3+} 分离。

沉淀掩蔽法在实际应用中有一定的局限性,因此,要求用于沉淀掩蔽法的沉淀反应必须具备下列条件:

①沉淀的溶解度要小,否则掩蔽不完全。

②生成的沉淀应是无色或浅色致密的,最好是晶形沉淀,吸附作用小;否则会因为颜色深、体积大、吸附指示剂或待测离子而影响终点的观察。

6.7　络合滴定法的应用

在络合滴定中,采用不同的滴定方式可以扩大其应用范围,提高其选择性。

6.7.1　直接滴定

凡是 $K_{稳}$ 足够大、配位反应快速进行又有适宜指示剂的金属离子都可以用 EDTA 直接滴定。如在酸性溶液中滴定 Fe^{3+},弱酸性溶液中滴定 Cu^{2+}、Zn^{2+}、Al^{3+},碱性溶液中滴定 Ca^{2+}、Mg^{2+} 等都能直接进行,且有很成熟的方法。

例如,水的总硬度通常是用EDTA直接滴定法测定的。将水样调节至 $pH = 10$,加入铬黑 T 指示剂,用 EDTA 标准溶液滴定至溶液由酒红色变成蓝色为终点。此时,水样中的 Ca^{2+}、Mg^{2+} 均被滴定。

若在 pH ≥ 12 的溶液中加入钙指示剂，用 EDTA 标准溶液滴至红色变蓝色，则因 Mg^{2+} 生成 $Mg(OH)_2$ 沉淀而被掩蔽，可测得 Ca^{2+} 的含量，Mg^{2+} 的含量可由 Ca^{2+}、Mg^{2+} 总量及 Ca^{2+} 的含量求得。

直接滴定迅速简便，引入误差少，在可能情况下应尽量采用直接滴定法。

6.7.2 返滴定

如果待测离子与 EDTA 反应的速度很慢，或者直接滴定缺乏合适的指示剂，可以采用返滴定法。

例如，测定垢样中 Al_2O_3 时，Al^{3+} 虽能与 EDTA 定量反应，但因反应缓慢而难以直接滴定。测定 Al^{3+} 时，可加入过量的 EDTA 标准溶液加热煮沸，待反应完全后用 Cu^{2+} 标准溶液返滴定剩余的 EDTA。

6.7.3 置换滴定

利用置换反应能将 EDTA 络合物中的金属离子置换出来，或者将 EDTA 置换出来，然后进行 Cu^{2+} 滴定。

例如，测定垢样中 Al_2O_3 时，Cu^{2+}、Zn^{2+} 对测定有干扰，可以用置换滴定的方法向待测试液中加入过量的 EDTA，并加热使 Al^{3+} 和共存的 Cu^{2+}、Zn^{2+} 等离子都与 EDTA 络合，然后在 pH = 4.5 时以 PAN 为指示剂，用铜盐溶液回滴过剩的 EDTA，到达终点后再加入 NH_4F，使 AlY^- 转变为更稳定的络合物 AlF_6^{3-}，置换出的 EDTA 再用铜盐溶液滴定。

习 题

1. 命名下列配合物，指出中心离子的配位数，写出配离子 $K_{稳}$ 表达式。

(1) $[Co(NH_3)_6]Cl_2$；

(2) $K_2[Co(SCN)_4]$；

(3) $Na_2[SiF_6]$；

(4) $[Co(NH_3)_5Cl]Cl_2$；

(5) $K_2[Zn(OH)_4]$。

2. 解释下列现象：

(1) AgCl 溶于氨水形成 $[Ag(NH_3)_2]^+$ 后，若用 HNO_3 酸化溶液，则又出现沉淀；

(2) 将 KSCN 加入 $NH_4Fe(SO_4)_2 \cdot 12H_2O$ 溶液中出现红色，但加入 $K_3[Fe(CN)_6]$ 溶液并不出现红色。

3. EDTA 作为配位滴定剂有哪些特点？

4. 配合物的稳定常数和条件稳定常数有何不同,为什么引入条件稳定常数?

5. 已知 $Zn(NH_3)_4^{2+}$ 的 $\lg\beta_n$ 为 2. 37、4. 81、7. 31、9. 46。试求:

(1) $Zn(NH_3)^{2+}$ 的 K_1 值;

(2) $Zn(NH_3)_3^{2+}$ 的 K_3 和 β_3 值;

(3) $Zn(NH_3)_4^{2}$ 的 $K_{不稳}$。

6. 将 $AgNO_3$ 溶液(20 mL,0. 025 mol/L)与 NH_3(2. 0 mL,1. 0 mol/L)混合,所得溶液的 $Ag(NH_3)_2^+$ 浓度是多少? 此溶液中再加入 KCN(2. 0 mL,1. 0 mol/L),所得溶液中 $Ag(NH_3)_2^+$ 浓度是多少(忽略 CN^- 的水解)? 配位反应的方向与配合物的稳定性关系如何?

7. 已知 $M(NH_3)^{2+}$ 的 $\lg\beta_1$ ~ $\lg\beta_4$ 为 2. 0,5. 0,7. 0,10. 0;$M(OH)_4^{2-}$ 的 $\lg\beta_1$ ~ $\lg\beta_4$ 为 4. 0,8. 0,14. 0,15. 0,在浓度为 0. 1 mol/L 的 M^{2+} 溶液中,滴加氨水至溶液中的游离 NH_3 浓度为 0. 01 mol/L,pH = 9. 0。试问溶液中的主要存在形式是哪一种? 浓度为多大? 若将 M^{2+} 溶液用 NaOH 和氨水调节至 pH = 13 且游离氨浓度为 0. 01 mol/L,则上述溶液的主要存在形式是什么? 浓度又是什么?

8. 在 pH = 9. 26 的氨性缓冲溶液中,除氨配合物之外的缓冲剂总浓度为 0. 2 mol/L,游离 $C_2O_4^{2-}$ 浓度为 0. 10 mol/L,已知 Cu(Ⅱ)-$C_2O_4^{2-}$ 配合物的 $\lg\beta_1 = 4.5$, $\lg\beta_2 = 8.9$;Cu(Ⅱ)-OH 配合物的 $\lg\beta_1 = 6.0$,计算 Cu^{2+} 的总副反应系数 α_{Cu}。

9. 在 pH = 6. 0 的溶液中,含有 0. 020 mol/L Zn^{2+} 和 0. 020 mol/L Cd^{2+},游离酒石酸根离子(Tart)浓度为 0. 20 mol/L,加入等体积的 0. 020 mol/L EDTA,计算 $\lg K_{CdY}^{\ominus'}$ 和 $\lg K_{ZnY}^{\ominus'}$ 值。(已知 Cd^{2+}-Tart 的 $\lg\beta_1 = 2.8$, Zn^{2+}-Tart 的 $\lg\beta_1 = 2.4$, $\lg\beta_2 = 8.32$,酒石酸在 pH = 6. 0 时的酸效应忽略不计)

第7章　氧化还原滴定法

氧化还原滴定法是以氧化还原反应为基础的滴定分析方法。氧化还原反应的特点是反应物之间发生电子转移,还原剂给出电子被氧化生成与之对应的氧化物,氧化剂接受电子被还原生成与之对应的还原物,在反应中得失电子总数相等;但反应的机理比较复杂;有些反应常常伴随副反应发生;反应的速率一般比较慢;有时介质对反应也有较大的影响。因此,在应用氧化还原反应进行滴定分析时,反应条件的控制是十分重要的。

可用于滴定分析的氧化还原反应是很多的。根据所用的氧化剂和还原剂的不同,可以将氧化还原滴定法分为高锰酸钾法、重铬酸钾法、碘量法、溴酸盐法和硫酸铈法等。本章主要讲述高锰酸钾法、重铬酸钾法、碘量法。

氧化还原滴定法应用十分广泛,它能直接或间接测定许多无机物和有机物。在水质分析中也广为应用,如用高锰酸钾法测定高锰酸盐指数;重铬酸钾法测定化学需氧量(COD);碘量法测定溶解氧(DO)等。

7.1　氧化还原滴定曲线

在氧化还原滴定过程中,随着滴定剂的加入,反应物和产物的浓度不断改变,有关电对的电极电势也随之发生变化,以电极电势为纵坐标,滴定剂体积或滴定百分数为横坐标可以绘制滴定曲线。不同量的滴定剂加入时的电极电势可以用实验方法测得,也可用能斯特方程计算得到,但后一种方法只有当两个半反应都是可逆时,所得曲线才与实际测得结果一致。现以1 mol/dm^3 H_2SO_4溶液中,用0.100 0 mol/dm^3 $Ce(SO_4)_2$溶液滴定20.00 mL 0.100 0 mol/dm^3 $FeSO_4$溶液为例,计算不同滴定阶段的电极电势。

滴定反应为:

$$Ce^{4+}(aq) + Fe^{2+}(aq) = Ce^{3+}(aq) + Fe^{3+}(aq)$$

该滴定反应由两个半反应组成,在1 mol/dm^3 H_2SO_4溶液中:

$$Ce^{4+} + e^- \rightleftharpoons Ce^{3+}, E^{\ominus\prime}(Ce^{4+}/Ce^{3+}) = 1.44\ V$$

$$Fe^{3+} + e^- \rightleftharpoons Fe^{2+}, E^{\ominus\prime}(Fe^{3+}/Fe^{2+}) = 0.68\ V$$

这两个电对 Ce^{4+}/Ce^{3+} 和 Fe^{3+}/Fe^{2+} 均是可逆的，且得失电子数相等。滴定过程中电极电势的变化可计算如下。

(1)滴定开始后到化学计量点

滴定开始后，系统中就同时存在两个电对。在任何一个滴定点达到平衡时，两电对的电势相等，即

$$E = E^{\ominus}(Fe^{3+}/Fe^{2+}) + 0.059\ 16\lg\frac{c(Fe^{3+})}{c(Fe^{2+})}$$

$$= E^{\ominus}(Ce^{4+}/Ce^{3+}) + 0.059\ 16\lg\frac{c(Ce^{4+})}{c(Ce^{3+})}$$

原则上，可以根据任何一个电对来计算溶液的电势，但是由于加入的 Ce^{4+} 几乎都被还原成 Ce^{3+}，其浓度不易求得。相反地，知道了 Ce^{4+} 的加入量，就可以确定 $c(Fe^{3+})/c(Fe^{2+})$，所以可用电对 Fe^{3+}/Fe^{2+} 来计算 E 值。为简便计，用滴定的百分数代替浓度比。例如，加入 2.00 cm^3 Ce^{4+} 溶液，即有 10% Fe^{2+} 被滴定生成 Fe^{3+}，还剩余 90% Fe^{2+}，则：

$$c(Fe^{3+})/c(Fe^{2+}) = 1/9 \approx 0.1$$

$$E = E^{\ominus}(Fe^{3+}/Fe^{2+}) + 0.059\ 16\lg\frac{c(Fe^{3+})}{c(Fe^{2+})}$$

$$= 0.68\ V + 0.591\ 6\ V\lg 0.1 = 0.62$$

(2)化学计量点时

在化学计量点时，Ce^{4+} 和 Fe^{2+} 均定量地转变为 Ce^{3+} 和 Fe^{3+}，所以 Ce^{3+} 和 Fe^{3+} 的浓度是知道的，但无法确知 Ce^{4+} 和 Fe^{2+} 的浓度，因而不可能根据某一电对计算，而要通过两个电对的浓度关系来计算。

计量点时的电势 $E_{计}$ 可分别表示成：

$$E_{计} = E^{\ominus}(Ce^{4+}/Ce^{3+}) + 0.059\ 16\lg\frac{c(Ce^{4+})}{c(Ce^{3+})}$$

$$E_{计} = E^{\ominus}(Fe^{3+}/Fe^{2+}) + 0.059\ 16\lg\frac{c(Fe^{3+})}{c(Fe^{2+})}$$

两式相加，得：

$$2E_{计} = E^{\ominus}(Ce^{4+}/Ce^{3+}) + E^{\ominus}(Fe^{3+}/Fe^{2+}) + 0.059\ 16\lg\frac{c(Ce^{4+})c(Fe^{3+})}{c(Ce^{3+})c(Fe^{2+})}$$

在计量点时，$c(Ce^{3+}) = c(Fe^{3+})$，$c(Ce^{4+}) = c(Fe^{2+})$，因此上式中对数项为0，所以

$$E_{计} = \frac{E^{\ominus}(Ce^{4+}/Ce^{3+}) + E^{\ominus}(Fe^{3+}/Fe^{2+})}{2} = \frac{1.44\ V + 0.68\ V}{2} = 1.06\ V$$

(3)化学计量点后

由于 Fe^{2+} 已定量地氧化成 Fe^{3+}，$c(Fe^{2+})$ 很小且无法知道。而 $c(Ce^{4+})$ 过量的百分数是

已知的,从而可确定 $c(Ce^{4+})/c(Ce^{3+})$ 值,这样就可根据电对 Ce^{4+}/Ce^{3+} 计算 E 值。

例如,当加入 $20.02\ cm^3\ Ce^{4+}$ 溶液,即 Ce^{4+} 过量0.1%时,$c(Ce^{4+})/c(Ce^{3+})=0.001$,所以

$$E = E^{\ominus}(Ce^{4+}/Ce^{3+}) + 0.059\ 16\ \lg\frac{c(Ce^{4+})}{c(Ce^{3+})}$$

$$= 1.44\ V + 0.059\ 2\ V \times \lg 0.001 = 1.26\ V$$

按照上述方法,逐一计算出滴入不同体积 $Ce(SO_4)_2$ 时的电势,可绘成滴定曲线。$0.100\ 0\ mol/dm^3\ Ce(SO_4)_2$ 溶液滴定 $20.00\ cm^3\ 0.100\ 0\ mol/dm^3\ FeSO_4(1\ mol/dm^3\ H_2SO_4)$ 曲线如图7.1所示。

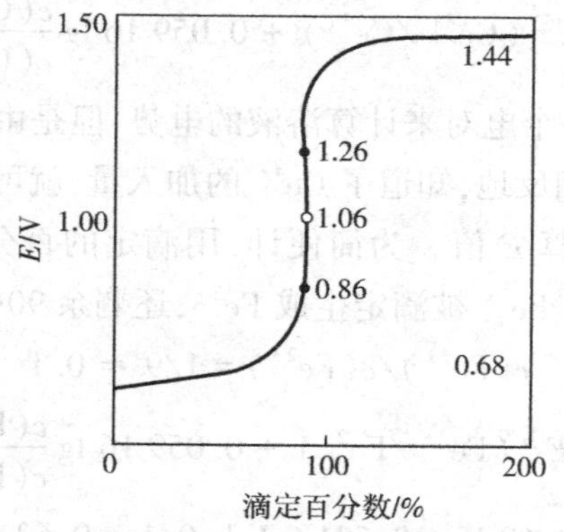

图7.1　$0.100\ 0\ mol/dm^3\ Ce(SO_4)_2$ 溶液滴定 $20.00\ cm^3\ 0.100\ 0\ mol/dm^3\ FeSO_4(1\ mol/dm^3\ H_2SO_4)$

计算表明加入 $Ce(SO_4)_2$ 体积为 $19.98\ cm^3$ 时电势为0.86 V,体积为 $20.02\ cm^3$ 时电势为1.26 V。因此,滴定误差为0.1%时,可根据电势的滴定突跃范围(0.86 ~ 1.26 V)来判断氧化还原的滴定终点。可以证明,如果两电对的电势相差越大,则突跃范围也越大。若两电对电子转移数相等,则化学计量点在突跃范围的中点;若电子转移数不等,化学计量点偏向于转移电子数大的一方。

7.2　氧化还原指示剂

氧化还原滴定法可用电位法确定终点,也可以用氧化还原指示剂直接指示终点。氧化还原滴定法中常用的指示剂有以下几类。

(1)自身指示剂

利用滴定剂或被测物质本身的颜色变化来指示滴定终点,无须另加指示剂。例如用 $KMnO_4$ 溶液滴定 $H_2C_2O_4$ 溶液,滴定至化学计量点后只要有很少过量的 $KMnO_4$(2×10^{-6}

mol/dm^3)就能使溶液呈现浅粉红色,指示终点的到达。

(2)特殊指示剂

有些物质本身并不具有氧化还原性,但它能与滴定剂或被测物产生特殊的颜色以指示终点,例如碘量法中,利用可溶性淀粉与I_3^-生成深蓝色的吸附配合物,反应特效且灵敏,以蓝色的出现或消失来指示终点。

(3)氧化还原指示剂

这类指示剂具有氧化还原性质,其氧化态和还原态具有不同的颜色。在滴定过程中,因被氧化或还原而发生颜色变化以指示终点。

以In(Ox)、In(Red)分别表示氧化还原指示剂的氧化态和还原态,氧化还原指示剂的半反应和298.15 K时的能斯特方程为:

$$\mathrm{In(Ox)} + ze^- \longrightarrow \mathrm{In(Red)}$$

$$E\{\mathrm{In(Ox)/In(Red)}\} = E^\ominus\{\mathrm{In(Ox)/In(Red)}\} - \frac{0.059\,16\ \mathrm{V}}{z}\lg\frac{c(\{\mathrm{In(Red)}\}}{c\{\mathrm{In(Ox)}\}}$$

在滴定过程中,随着溶液电极电势的改变,$\frac{c(\{\mathrm{In(Red)}\}}{c\{\mathrm{In(Ox)}\}}$随之变化,溶液的颜色也发生变化。当$\frac{c(\{\mathrm{In(Red)}\}}{c\{\mathrm{In(Ox)}\}}$从1/10 ~ 10,指示剂由氧化态颜色转变为还原态颜色。相应的指示剂变色范围为$E^\ominus\{\mathrm{In(Ox)/In(Red)}\} \pm \frac{0.059\,16\ \mathrm{V}}{z}$。

常用的氧化还原指示剂见表7.1。在氧化还原滴定中选择这类指示剂的原则是,指示剂变色点的电极电势应处于滴定体系的电势突跃范围内。

表7.1　常用的氧化还原指示剂

指示剂	颜色变化		$E_{\mathrm{In}}^{\ominus\prime}$/V $c(H^+)$ = 1 mol/dm^3	配制方法
	还原态	氧化态		
次甲基蓝	无色	蓝色	+0.53	质量分数为0.05%的水溶液
二苯胺	无色	紫色	+0.76	0.25 g指示剂与3 cm^{3}水混合溶于100 cm^{3}浓H_2SO_4或H_3PO_4中
二苯胺磺酸钠	无色	紫红色	+0.85	0.8 g指示剂加2 g Na_2CO_3,用水溶解并稀释至100 cm^3
邻苯氨基苯甲酸	无色	紫红色	+0.89	0.1 g指示剂溶于30 cm^{3}质量分数为0.6%的Na_2CO_3溶液中,用水稀释至100 cm^3,过滤,保存在暗处
邻二氮菲-亚铁	红色	淡蓝色	+1.06	1.49 g邻二氮菲加0.7 g FeSO4·7H2O溶于水,稀释至100 cm^3

如前所述,在 1 mol/dm^3 H_2SO_4 介质中,用 Ce^{4+} 溶液滴定 Fe^{2+} 溶液,化学计量点前后 0.1%的电极电势突跃范围是 0.86 ~ 1.26 V,显然宜选用邻苯氨基苯甲酸或邻二氮菲-亚铁作指示剂。

氧化还原反应的完全程度一般来说是比较高的,因而化学计量点附近的突跃范围较大,又有不同的指示剂可供选择,因此终点误差一般并不大。但是,指示剂本身会消耗滴定剂。例如在 H_2SO_4-H_3PO_4 介质中,$K_2Cr_2O_7$ 溶液滴定 Fe^{2+} 溶液,用二苯胺磺酸钠作指示剂,0.1 cm^3 0.2%的二苯胺磺酸钠将消耗0.01 cm^3 0.016 67 mol/dm^3 $K_2Cr_2O_7$ 溶液。因此,在氧化还原滴定中,应该做指示剂空白校正。

7.3 氧化还原滴定前的预处理

氧化还原滴定时,被测物的价态往往不适于滴定,需进行氧化还原滴定前的预处理。例如用 $K_2Cr_2O_7$ 法测定铁矿中的铁含量,Fe^{2+} 在空气中不稳定,易被氧化成 Fe^{3+},而 $K_2Cr_2O_7$ 溶液不能与 Fe^{3+} 反应,必须预先将溶液中的 Fe^{3+} 还原至 Fe^{2+},才能用 $K_2Cr_2O_7$ 溶液进行直接滴定。

预处理时所用的氧化剂或还原剂应满足下列条件:

①必须将欲测组分定量地氧化或还原,且反应要迅速。

②剩余的预氧化剂或预还原剂应易于除去。

③预氧化或预还原反应具有好的选择性,避免其他组分的干扰。

常用的预氧化还原剂见表 7.2。

表 7.2 常用的预氧化还原剂

反应条件	氧化剂	主要反应	过量试剂除去方法
酸性	$(NH_4)_2S_2O_8$	$Mn^{2+} \longrightarrow MnO_4^-$	煮沸分解
		$Cr^{3+} \longrightarrow Cr_2O_7^{2-}$	
		$VO^{2+} \longrightarrow VO_3^-$	
HNO_3 介质	$NaBiO_3$	同上面表格中三个主要反应	过滤
碱性	H_2O_2	$Cr^{3+} \longrightarrow CrO_4^{2-}$	煮沸分解
酸性或中性	Cl_2, $Br_2(l)$	$I^- \longrightarrow IO_3^-$	煮沸或通空气
$SnCl_2$	酸性加热	$Fe^{3+} \longrightarrow Fe^{2+}$	加 $HgCl_2$ 氧化
		As(Ⅴ) ⟶ As(Ⅲ)	
$TiCl_3$	酸性	$Fe^{3+} \longrightarrow Fe^{2+}$	稀释,Cu^{2+} 催化空气氧化
联胺		As(Ⅴ) ⟶ As(Ⅲ)	加浓 H_2SO_4 煮沸

续表

反应条件	氧化剂	主要反应	过量试剂除去方法
锌汞齐还原剂	酸性	$Fe^{3+} \longrightarrow Fe^{2+}$	
		$Sn(\text{IV}) \longrightarrow Sn(\text{II})$	
		$Ti(\text{IV}) \longrightarrow Ti(\text{III})$	

7.4　氧化还原滴定法的应用

根据所用滴定剂的种类不同，氧化还原滴定法可分为重铬酸钾法、高锰酸钾法、碘量法、铈量法等。各种方法都有其特点和应用范围，应根据实际测定情况选用。

7.4.1　重铬酸钾法

(1) $K_2Cr_2O_7$ 法概述

$K_2Cr_2O_7$ 是一种常用的氧化剂，在酸性介质中的半反应为：

$$Cr_2O_7^{2-} + 14H^+ + 6e^- \longrightarrow 2Cr^{3+} + 7H_2O, \quad E^{\ominus} = 1.232\ V$$

$K_2Cr_2O_7$ 法有如下特点：$K_2Cr_2O_7$ 易提纯、较稳定，在 140 ~ 150 ℃ 干燥后，可作为基准物质直接配制标准溶液；$K_2Cr_2O_7$ 标准溶液非常稳定，可以长期保存在密闭容器内，溶液浓度不变；在室温下，$K_2Cr_2O_7$ 不与 Cl^- 反应，故可以在 HCl 介质中作滴定剂；$K_2Cr_2O_7$ 法需用指示剂。

(2) $K_2Cr_2O_7$ 法应用示例

1)铁的测定

将含铁试样用 HCl 溶解后，先用 $SnCl_2$ 将大部分 Fe^{3+} 还原至 Fe^{2+}，然后在 Na_2WO_3 存在下，以 $TiCl_3$ 还原剩余的 Fe^{3+} 至 Fe^{2+}，而稍过量的 $TiCl_3$ 使 Na_2WO_3 还原为钨蓝，使溶液呈现蓝色，以指示 Fe^{3+} 被还原完毕。然后以 Cu^{2+} 作催化剂，利用空气氧化或滴加稀 $K_2Cr_2O_7$ 溶液使钨蓝恰好退色。再于 H_3PO_4 介质中(也可以用 H_2SO_4-H_3PO_4 介质)，以二苯胺磺酸钠为指示剂，用 $K_2Cr_2O_7$ 标准溶液滴定 Fe^{2+}。加 H_3PO_4 的作用是提供必要的酸度，与 Fe^{3+} 形成稳定的且无色的 $Fe(HPO_4)_2^-$，使 Fe^{3+}/Fe^{2+} 电对的电极电势降低，使二苯胺磺酸钠变色点的电极电势落在滴定的电势突跃范围内，又掩蔽了 Fe^{3+} 的黄色，有利于终点的观察。

2)土壤中腐殖质含量的测定

腐殖质是土壤中复杂的有机物质,其含量大小反映土壤的肥力。测定方法是将土壤试样在浓硫酸存在下与已知过量的$K_2Cr_2O_7$溶液共热,使腐殖质的碳被氧化,然后以邻二氮菲-亚铁作指示剂,用Fe^{2+}标准溶液滴定剩余的$K_2Cr_2O_7$。最后通过计算有机碳的含量再换算成腐殖质的含量。反应为:

$$2Cr_2O_7^{2-} + 3C + 16H^+ \longrightarrow 4Cr^{3+} + 3CO_2 + 8H_2O$$

$$Cr_2O_7^{2-}(\text{余量}) + 6Fe^{2+} + 14H^+ \longrightarrow 2Cr^{3+} + 6Fe^{3+} + 7H_2O$$

空白测定可用纯砂或灼烧过的土壤代替土样,计算公式如下:

$$w(\text{腐殖质}) = \frac{\frac{1}{4}(V_0 - V)c(Fe^{2+})}{m(\text{土样})} \times 0.021 \times 1.1$$

式中,V_0为空白试验所消耗的Fe^{2+}标准溶液的体积(cm^3);V为土壤试样所消耗的Fe^{2+}标准溶液的体积(cm^3)。

由于土壤中腐殖质氧化率平均仅为90%,故需乘以校正系数1.1,即(100/90);且因反应中1 mmol碳质量为0.012 g,土壤中腐殖质中碳平均含量为58%,则1 mmol碳相当于0.012×100/58,即约0.021 g的腐殖质。

3)化学需氧量的测定

化学需氧量是指在一定条件下,用强氧化剂处理水样时所消耗氧化剂的量,以氧的毫克每升(mg/L)来表示,简称COD。化学需氧量反映水体中受还原性物质(主要是有机物)污染的程度。水体中还原性物质包括有机物、亚硝酸盐、亚铁盐、硫化物等。水体被有机物污染是很普遍的,因此,化学需氧量常作为有机物相对含量的指标之一。

水样中的化学需氧量,随加入氧化剂的种类、浓度,溶液的酸度、温度和时间以及有无催化剂的存在等条件的不同而获得不同的结果,因此,化学需氧量也是一个相对的条件性指标,测定时必须严格按规定的步骤和条件进行操作。

对于工业废水以及污染较重的污染水样,我国规定用$K_2Cr_2O_7$法测定化学需氧量。

$K_2Cr_2O_7$法测定化学需氧量的原理是:在水样中加入H_2SO_4使溶液呈强酸性,再加入一定量的$K_2Cr_2O_7$标准溶液加热煮沸,回流,使有机物和还原性物质充分氧化。

$$Cr_2O_7^{2-} + 14H^+ + 6e^- \longrightarrow 2Cr^{3+} + 7H_2O$$

过量的$K_2Cr_2O_7$以试亚铁灵作指示剂,用硫酸亚铁铵的标准溶液回滴。

$$Cr_2O_7^{2-} + 6Fe^{2+} + 14H^+ \longrightarrow 2Cr^{3+} + 6Fe^{2+} + 7H_2O$$

根据消耗硫酸亚铁铵的量和加入水样中$K_2Cr_2O_7$的量,计算出水样中还原性物质所消耗的量。

在用$K_2Cr_2O_7$处理水样前可加入Ag_2SO_4作催化剂,使直链脂肪族化合物完全被氧化。Cl^- > 30 mg/L时,影响测定结果,故在回流前向水样中加入$HgSO_4$,使之成为$HgCl_4^{2-}$而消除。

7.4.2 高锰酸钾法

(1)高锰酸钾法概述

$KMnO_4$ 是一种强氧化剂,在不同酸度条件下,其氧化能力不同。

强酸性溶液　　$MnO_4^- + 8H^+ + 5e^- \rightleftharpoons Mn^{2+} + 4H_2O$,　　$E^\ominus = 1.507\ V$

中性、弱碱性溶液　　$MnO_4^- + 2H_2O + 3e^- \rightleftharpoons MnO_2 + 4OH^-$,　　$E^\ominus = 0.59\ V$

强碱性溶液　　$MnO_4^- + e^- \rightleftharpoons MnO_4^{2-}$,　　$E^\ominus = 0.56\ V$

$KMnO_4$ 法的优点是氧化能力强,可直接、间接测定多种无机物和有机物,本身可作指示剂。缺点是 $KMnO_4$ 标准溶液不够稳定,滴定的选择性较差。

(2)$KMnO_4$ 标准溶液的配制和标定

市售的 $KMnO_4$ 试剂常含有少量 MnO_2 和其他杂质,蒸馏水中常含有微量的还原性物质等。因此 $KMnO_4$ 标准溶液不能直接配制。其配制方法为:称取略多于理论计算量的固体 $KMnO_4$,溶解于一定体积的蒸馏水中加热煮沸,保持微沸约1 h,或在暗处放置7 ~ 10 d,使还原性物质完全氧化。冷却后用微孔玻璃漏斗过滤去 $MnO(OH)_2$ 沉淀。过滤后的 $KMnO_4$ 溶液贮存于棕色瓶中,置于暗处,避光保存。

标定 $KMnO_4$ 溶液的基准物质有 $H_2C_2O_4 \cdot 2H_2O$, $Na_2C_2O_4$, As_2O_3, $(NH_4)_2Fe(SO_4)_2 \cdot 6H_2O$ 等。常用的是 $Na_2C_2O_4$,它易提纯,稳定,不含结晶水。在酸性溶液中,$KMnO_4$ 与 $Na_2C_2O_4$ 的反应为:

$$2MnO_4^- + 5C_2O_4^{2-} + 16H^+ \rightleftharpoons 2Mn^{2+} + 10CO_2 + 8H_2O$$

为使反应定量进行,需注意以下几点:

①此反应在室温下速度缓慢,需加热至70 ~ 80 ℃;但高于90 ℃,$H_2C_2O_4$ 会分解。

$$H_2C_2O_4 \rightleftharpoons CO_2 + CO + H_2O$$

②酸度过低,MnO_4^- 会部分被还原成 MnO_2;酸度过高,会促使 $H_2C_2O_4$ 分解。一般滴定开始的最宜酸度为1 mol/dm³。为防止诱导氧化 Cl^- 的反应发生,应在 H_2SO_4 介质中进行。

③开始滴定速度不宜太快,若开始滴定速度太快,使滴入的 $KMnO_4$ 来不及和 $C_2O_4^{2-}$ 反应,发生分解反应:$4MnO_4^- + 12H^+ \rightleftharpoons 4Mn^{2+} + 5O_2 + 6H_2O$。有时也可加入少量 Mn^{2+} 作催化剂以加速反应。

(3)$KMnO_4$ 法应用示例

1)直接滴定法测定 H_2O_2

H_2O_2 在酸性溶液中能定量还原 MnO_4^-,并释放出 O_2,其反应式为:

$$5H_2O_2 + 2MnO_4^- + 6H^+ = 2Mn^{2+} + 5O_2 + 8H_2O$$

因此,H_2O_2 可用 $KMnO_4$ 标准溶液直接滴定。

滴定应在室温下于 H_2SO_4 溶液中进行,开始时反应较慢,随着 Mn^{2+} 生成而反应加快。

若在滴定前加入少量 Mn^{2+} 作催化剂,也可以加快反应速率。但是工业产品的 H_2O_2 中一般含少量有机物也会消耗 $KMnO_4$,致使分析结果偏高。此时,可改用碘量法或硫酸铈法测定。

碱金属及碱土金属中的过氧化物也可以采用上述方法测定。

2)间接滴定法测定 Ca^{2+}

先用 $C_2O_4^{2-}$ 将 Ca^{2+} 全部沉淀为 CaC_2O_4,沉淀经过滤、洗涤后溶于稀 H_2SO_4,然后用 $KMnO_4$ 标准溶液滴定,间接测得 Ca^{2+} 的含量。

3)返滴定法测定软锰矿中 MnO_2 的含量

软锰矿的主要成分为 MnO_2,是工业的氧化剂,其氧化能力一般用 MnO_2 的含量表示。

测定 MnO_2 的方法是在酸性溶液中,MnO_2 与过量的 $Na_2C_2O_4$ 加热,然后用 $KMnO_4$ 标准溶液返滴过量的 $C_2O_4^{2-}$。其反应如下:

$$MnO_2 + C_2O_4^{2-} + 4H^+ = Mn^{2+} + 2CO_2\uparrow + 2H_2O$$

$$5C_2O_4^{2-} + 2MnO_4^- + 16H^+ = 2Mn^{2+} + 10CO_2\uparrow + 8H_2O$$

由于 MnO_2 与 $Na_2C_2O_4$ 的反应是在酸性溶液中加热,溶液的温度过高会促进 $Na_2C_2O_4$ 的分解,造成测定结果偏高。滴定时溶液的温度控制在 70 ℃ 左右。

此法也可用于测定 PbO_2 的含量。

4)高锰酸盐指数的测定

高锰酸盐指数是指在一定条件下,以高锰酸钾为氧化剂,处理水样时所消耗的量,以氧的 mg/L 表示。水样中的亚硝酸盐、亚铁盐、硫化物等还原性的无机物和在此条件可被氧化的有机物,均可消耗高锰酸钾。因此高锰酸盐指数常被作为水体受还原性有机(和无机)物污染程度的综合指标。

高锰酸盐指数常用高锰酸钾法测定,分酸性和碱性法两种。

酸性高锰酸钾法测定水样时,在水样中加 H_2SO_4 及一定量的 $KMnO_4$ 溶液,并于沸水浴中加热一定时间,使水样中的某些有机物和还原性无机物氧化,剩余的 $KMnO_4$ 用一定量过量的 $Na_2C_2O_4$ 还原,再用 $KMnO_4$ 标准溶液返滴过量的 $Na_2C_2O_4$。若水样经稀释时,要同时另取 100 mL 水样,按水样操作步骤进行空白试验。根据 $KMnO_4$ 的消耗量,计算出高锰酸盐指数值。计算方法如下。

①水样不经稀释。根据反应式

$$4MnO_4^- + 5C(\text{待测有机物}) + 12H^+ = 4Mn^{2+} + 5CO_2\uparrow + 6H_2O$$

$$2MnO_4^- + 5C_2O_4^{2-} + 16H^+ = 2Mn^{2+} + 10CO_2\uparrow + 8H_2O$$

由 C—$\frac{4}{5}MnO_4^-$　得$\frac{4}{5}n_c = n_{MnO_4^-}$

由 $C_2O_4^{2-}$—$\frac{2}{5}MnO_4^-$　得 $\frac{2}{5}n_{C_2O_4^{2-}} = n_{MnO_4^-}$

故 $n_c = \frac{1}{2}n_{C_2O_4^{2-}}$

$$\text{高锰酸盐指数}\quad (O_2, mg/L) = \frac{\frac{1}{2}[(10 + V_1)K - 10]c_{Na_2C_2O_4} \times 32}{V_{水样}} \times 10^3 \tag{7.1}$$

式中，V 为滴定水样时消耗 $KMnO_4$ 溶液的体积(mL)；K 为校正系数，即1 mL $KMnO_4$ 溶液相当于 $Na_2C_2O_4$ 的 mL 数；$C_{Na_2C_2O_4}$ 为 $Na_2C_2O_4$ 标准溶液的浓度(mol/L)；32 为 O_2 的摩尔质量(g/mol)；$V_{水样}$为水样的体积(mL)。

②水样经稀释。

$$\text{高锰酸盐指数}(O_2, mg/L) = \frac{\frac{1}{2}\{[(10 + V_1)K - 10] - [(10 + V_0)K - 10]C'\}c \times 32}{V_{水样}} \times 10^3 \tag{7.2}$$

式中，V_0 为空白试验中 $KMnO_4$ 溶液消耗的量(mL)；$V'_{水样}$为取水样的体积(mL)；C' 为稀释水样中含蒸馏水的比值，即 $C' = \frac{V_{蒸馏水}}{V'_{水样} + V_{蒸馏水}}$。

高锰酸盐指数是一个相对的条件性指标，其测定结果与溶液的酸度、$KMnO_4$ 溶液的浓度、加热的温度和作用时间等有关。因此，测定高锰酸盐指数时必须按规定步骤和条件操作，使测定结果具有可比性。

测定高锰酸盐指数时必须注意水样中 Cl^- 含量。当 $Cl^- > 300$ mg/L 时，在强酸性溶液中，Cl^- 易被氧化而消耗 $KMnO_4$，给测定结果带来较大误差。为此，可将水样稀释后再行测定或改用碱性高锰酸钾法测定。

测定高锰酸盐指数时，水样采集后，应加入 H_2SO_4 溶液使 pH < 2，以抑制微生物活动。样品采集后应尽快分析，必要时在 0 ~ 5 ℃ 冷藏保存，并在 48 h 内测定。

7.4.3　碘量法

(1)碘量法概述

碘量法是利用 I_2 的氧化性和 I^- 的还原性进行滴定的方法。固体 I_2 在水中的溶解度很小(0.001 33 mol/L)，通常将 I_2 溶解在 KI 溶液中形成 I_3^-，一般仍简写为 I_2。碘量法的基本反应为：

$$I_2 + 2e^- \rightleftharpoons 2I^-,\quad E^\ominus = 0.564\,5\ V$$

I_2 是较弱的氧化剂，能与较强的还原剂作用，而 I^- 是中等强度的还原剂，能与许多氧化剂作用。因此碘量法可以用直接法和间接法两种方式进行滴定。

1)直接碘量法

电位比 E_{I_2/I^-} 低的还原性物质,可直接用 I_2 的标准溶液滴定,这种方法称为直接碘量法或碘滴定法。例如 SO_2 用水吸收后,可用 I_2 标准溶液直接滴定:

$$I_2 + SO_2 + H_2O = 2I^- + SO_4^{2-} + 4H^+$$

采用淀粉作指示剂,蓝色出现即为终点。用直接碘量法可以测定 S^{2-}、As_2O_3、Sn(Ⅱ)、Sb(Ⅲ)等。

直接碘量法不能在碱性溶液中进行,当溶液的 pH > 8 时,部分 I_2 发生歧化反应:

$$3I_2 + 6OH^- = IO_3^- + 5I^- + 3H_2O$$

2)间接碘量法

电位比 E_{I_2/I^-} 高的氧化性物质,可在一定条件下用 I^- 还原,然后用 $Na_2S_2O_3$ 标准溶液滴定析出的 I_2。这种方法称为间接碘量法或滴定碘法。例如 $K_2Cr_2O_7$ 在酸性溶液中,与过量的 KI 作用析出 I_2,其反应为:

$$Cr_2O_7^{2-} + 6I^- + 14H^+ = 2Cr^{3+} + 3I_2 + 7H_2O$$

再用 $Na_2S_2O_3$ 标准溶液滴定:

$$I_2 + 2S_2O_3^{2-} = 2I^- + S_4O_6^{2-}$$

间接碘量法可用于测定 Cu^{2+}、CrO_4^{2-}、MnO_4^-、MnO_2、BrO_3^-、IO_3^-、AsO_4^{3-}、SbO_4^{3-}、ClO^-、ClO_3^-、NO_2^-、H_2O_2 等氧化性的物质以及水质分析中的溶解氧测定。

在间接碘量法中必须注意以下几点。

①控制溶液的酸度。I_2 与 $Na_2S_2O_3$ 的反应必须在中性或弱酸性溶液中进行。在碱性溶液中,I_2 与 $S_2O_3^{2-}$ 发生下列反应:

$$S_2O_3^{2-} + 4I_2 + 10\,OH^- = 2SO_4^{2-} + 8I^- + 5H_2O$$

$$3I_2 + 6OH^- = IO_3^- + 5I^- + 3H_2O$$

在强酸性溶液中,$Na_2S_2O_3$ 溶液会发生分解:

$$S_2O_3^{2-} + 2H^+ = SO_2\uparrow + S\downarrow + H_2O$$

②防止 I_2 的挥发和空气中的 O_2 氧化 I^-。加入过量的KI(一般比理论量大2 ~ 3倍),使 I_2 形成 I_3^- 络离子,增大 I_2 的溶解度,降低 I_2 的挥发性。KI 与氧化性物质间的反应,应在室温下于碘量瓶中密封进行,并放置在阴暗处避免阳光直接照射。滴定前调节好酸度,析出 I_2 后,立即进行滴定。滴定 I_2 时不要剧烈摇动,以减少 I_2 的挥发。

③注意淀粉指示剂的加入时机。在间接碘量法中,淀粉指示剂应在滴定接近终点前才加入,否则加入太早,则大量的 I_2 与淀粉结合生成蓝色物质,这一部分 I_2 就不易与 $Na_2S_2O_3$ 溶液反应,给滴定带来误差。

(2)标准溶液的配制和标定

在碘量法中常使用 $Na_2S_2O_3$ 和 I_2 两种标准溶液。

1) $Na_2S_2O_3$ 标准溶液的配制和标定

$Na_2S_2O_3$ 固体($Na_2S_2O_3 \cdot 5H_2O$)易风化,并含有 S、S^{2-}、SO_3^{2-}、CO_3^{2-}、Cl^- 等杂质,因此应配制成近似浓度的溶液后,再进行标定。

配制好的 $Na_2S_2O_3$ 溶液不稳定,容易分解,其浓度容易改变的主要原因如下。

①溶解的 CO_2 作用。溶解于水中的 CO_2 可使 $Na_2S_2O_3$ 分解:

$$S_2O_3^{2-} + CO_2 + H_2O = HCO_3^- + HSO_3^- + S\downarrow$$

此反应一般在配成溶液后的 10 d 内发生。由于生成的 HSO_3^- 也能与 I_2 反应:

$$HSO_3^- + I_2 + H_2O = HSO_3^- + 2I^- + 2H^+$$

这样就影响 I_2 与 $Na_2S_2O_3$ 反应时化学计量关系而造成很大误差。

②空气中 O_2 的作用。

$$2S_2O_3^{2-} + O_2 = 2SO_4^{2-} + 2S\downarrow$$

此反应速率较慢,若水中存在微量 Cu^{2+} 或 Fe^{3+} 等杂质,能促进 $S_2O_3^{2-}$ 溶液的分解。

③微生物的作用。水中的微生物会促进 $S_2O_3^{2-}$ 的分解,这是 $Na_2S_2O_3$ 溶液浓度变化的主要原因。

$$S_2O_3^{2-} \xrightarrow{\text{微生物}} SO_3^{2-} + S\downarrow$$

因此,配制 $Na_2S_2O_3$ 溶液时,需用新煮沸(为了除去 CO_2 和杀死细菌)并冷却的蒸馏水,并加入少量 Na_2CO_3(约 0.02%)使溶液呈碱性,抑制细菌的生长。配制后的溶液应保存在棕色瓶中,放置于暗处,两周后再进行标定。这样配制的溶液不宜长期保存,使用一段时间后应重新标定,如发现溶液变浊,应过滤后再标定,或者另行配制。

标定 $Na_2S_2O_3$ 溶液的基准物质有 $K_2Cr_2O_7$、$KBrO_3$、KIO_3 及纯碘等。$K_2Cr_2O_7$ 是最常用的基准物质。标定时,称取一定量的 $K_2Cr_2O_7$,在酸性溶液中与过量的 KI 作用,析出 I_2,以淀粉为指示剂,用 $Na_2S_2O_3$ 溶液滴定,有关反应式如下:

$$Cr_2O_7^{2-} + 6I^- + 14H^+ = 2Cr^{3+} + 3I_2 + 7H_2O$$

$$I_2 + 2S_2O_3^{2-} = 2I^- + S_4O_6^{2-}$$

标定时应注意以下几点。

①溶液的酸度愈大,反应速率愈快。但酸度太高,I^- 易被空气中 O_2 氧化,酸度一般保持在 0.2 ~ 0.4 mol/L 为宜。

②$K_2Cr_2O_7$ 与 KI 的反应应在密塞的碘量瓶中进行,放置在暗处约 5 min,待反应完全后,再进行滴定。

③以淀粉作指示剂时,应先以 $Na_2S_2O_3$ 溶液滴定至溶液呈淡黄色时再加入淀粉溶液,然后用 $Na_2S_2O_3$ 溶液继续滴定至蓝色恰好消失,即为终点。

滴定至终点后,再经 5 ~ 10 min 溶液又会出现蓝色,这是由于空气氧化 I^- 所引起的。

2) I_2 的标准溶液的配制和标定

I_2 易升华,且对分析天平有腐蚀性,不宜直接配制。应在托盘天平上称取一定量的碘,加入过量的KI置于研钵中,加少量水一起研磨,使 I_2 全部溶解,然后将溶液稀释转入棕色瓶中于暗处保存。应避免 I_2 溶液与橡皮等有机物接触,以防浓度发生变化。可用已标定好的 $Na_2S_2O_3$ 标准溶液来标定 I_2 溶液,也可用 As_2O_3 来标定。

As_2O_3 难溶于水,但易溶于碱溶液中:

$$As_2O_3 + 6OH^- = 2AsO_3^{3-} + 3H_2O$$

生成 AsO_3^{3-} 用 I_2 溶液滴定时,反应为:

$$AsO_3^{3-} + I_2 + H_2O \rightleftharpoons AsO_4^{3-} + 2I^- + 2H^+$$

此反应是可逆的。为使反应定量进行,应在中性或微碱性溶液(pH≈8)中滴定。注意 As_2O_3 为剧毒物质。

(3)碘量法应用示例

1)溶解氧的测定

溶解氧是指溶解在水中的分子态氧,以氧的mg/L表示,简称DO。水体中溶解氧的含量多少,反映了水质的污染情况。洁净的地面水溶解氧一般接近饱和,为8～14 mg/L。水体受有机物及无机还原性物质污染,则由于它们的被氧化而耗氧,使水体中溶解氧降低。如果污染严重,氧化作用加快,而大气中氧来不及补充时,水体中的溶解氧会不断减少,甚至接近于零。此时厌氧菌得以繁殖并活跃起来,使水中的有机物发酵、腐烂而生恶臭,使水质恶化。在缺氧的水体中,水生动植物的生长将受到抑制甚至死亡。如鱼类在溶解氧低于4 mg/L时就难以生存。因此溶解氧是衡量水体污染的重要指标之一。

水中溶解氧的测定一般采用碘量法。测定的原理是:在水样中加入硫酸锰及碱性碘化钾(NaOH + KI)溶液,生成 $Mn(OH)_2$ 沉淀,由于 $Mn(OH)_2$ 不稳定,水中的溶解氧将其氧化成棕色的 $Mn(OH)_3$ 沉淀,当水中溶解氧充足时生成棕色的 $MnO(OH)_2$ 沉淀。

$$Mn^{2+} + 2OH^- = Mn(OH)_2\downarrow\text{(白色)}$$

$$2Mn(OH)_2 + \frac{1}{2}O_2 = 2Mn(OH)_3\downarrow\text{(棕色)}$$

或

$$Mn(OH)_2 + \frac{1}{2}O_2 = MnO(OH)_2\downarrow\text{(棕色)}$$

生成的棕色沉淀将全部溶解氧固定后,再加入浓 H_2SO_4 使沉淀溶解并加入KI,反应后析出 I_2,然后用 $Na_2S_2O_3$ 标准溶液滴定。

$$2Mn(OH)_3 + 2I^- + 6H^+ = 2Mn^{2+} + I_2 + 6H_2O$$

或

$$MnO(OH)_2 + 2I^- + 4H^+ = Mn^{2+} + I_2 + 3H_2O$$

$$I_2 + 2S_2O_3^{2-} = 2I^- + S_4O_6^{2-}$$

根据 $Na_2S_2O_3$ 标准溶液消耗的量计算出溶解氧含量。

该法适于清洁的地面水或地下水的测定。若测定工业废水和生活污水中的溶解氧时,则应考虑某些污染物质的干扰。如水中含 NO_2^-、Fe^{3+} 等离子时,能将 I^- 氧化成 I_2,使测定结果偏高；含有 S^{2-}、SO_3^{2-}、Fe^{2+} 等离子时，能将 I_2 还原为 I^-，使测定结果偏低。为消除干扰，可采用下述方法。

①叠氮化钠法消除 NO_2^- 干扰。

$$NaN_3 + H^+ = HN_3 + Na^+$$

$$HN_3 + NO_2^- + H^+ = N_2 + N_2O + H_2O$$

②高锰酸钾法消除 SO_3^{2-}、Fe^{2+}、NO_2^-、有机物等干扰。

$$5SO_3^{2-} + 2MnO_4^- + 6H^+ = 2Mn^{2+} + 5SO_4^{2-} + 3H_2O$$

$$5Fe^{2+} + MnO_4^- + 8H^+ = Mn^{2+} + 5Fe^{3+} + 4H_2O$$

$$5C(\text{有机物}) + 4MnO_4^- + 12H^+ = 4Mn^{2+} + 5CO_2 + 6H_2O$$

$$5NO_2^- + 2MnO_4^- + 6H^+ = 2Mn^{2+} + 5NO_3^- + 3H_2O$$

③水样含有色或有悬浮物时可用明矾絮凝法除去。

④水样含有活性污泥等悬浊物时可用硫酸铜 - 氨基磺酸絮凝法除去。

2)维生素 C 含量测定

维生素 C 分子中含有烯二醇基，易被 I_2 定量氧化成含二酮基的脱氢维生素 C，故可用直接碘量法测定含量。

在碱性条件下有利于反应进行，但维生素 C 的还原性很强，在碱性环境中易被空气中的 O_2 氧化，故滴定时加一些 HAc 使滴定在弱酸性溶液中进行，以减少维生素 C 被空气氧化所造成的误差。

3)葡萄糖含量的测定

I_2 与 NaOH 作用可生成次碘酸钠（NaIO），次碘酸钠可将葡萄糖（$C_6H_{12}O_6$）分子中的醛基定量地氧化为羧基。未与葡萄糖作用的次碘酸钠在碱性溶液中歧化生成 NaI 和 $NaIO_3$，当酸化时 $NaIO_3$ 又恢复成 I_2 析出，用 $Na_2S_2O_3$ 标准溶液滴定析出的 I_2，从而可计算出葡萄糖的含量。反应方程式如下：

$$I_2 + NaOH = IO^- + I^- + H_2O$$

$$CH_2OH(CHOH)CHO + IO^- = CH_2OH(CHOH)_4COOH + I^-$$

剩余 IO^- 在碱液中歧化：

$$3IO^- = IO_3^- + I^-$$

溶液经酸化后又析出 I_2：

$$IO_3^- + I^- + 6H^+ = 3I_2 + 3H_2O$$

最后用 $Na_2S_2O_3$ 标准溶液滴定析出的 I_2。

4)Cu^{2+} 的测定

在弱酸溶液中，Cu^{2+} 与 KI 反应：

$$Cu^{2+} + 4I^- = 2CuI(s) + I_2$$

然后用 $Na_2S_2O_3$ 标准溶液滴定析出的 I_2，采用间接法求出 Cu^{2+} 含量。为减少 CuI 对 I_2 的吸附，可在近终点时加入KSCN溶液，使CuI转化为溶解度更小且对I_2吸附力弱的CuSCN。

习　题

1. 什么是氧化还原滴定法？氧化还原滴定法的特点是什么？

2. 为什么在Cl^-存在的条件下不宜用$KMnO_4$法测定Fe^{2+}？

3. MnO_4^-与$C_2O_4^{2-}$在酸性溶液中反应时，Mn^{2+}的存在与不存在，对反应速率有何影响，怎样解释？

4. 氧化还原滴定法中所使用的指示剂有几种类型？举例说明。

5. $KMnO_4$溶液长期放置后浓度为什么容易改变？为使溶液稳定，在配置时应采取什么措施？

6. $Na_2C_2O_4$标定$KMnO_4$时，应注意什么？

7. 什么是高锰酸盐指数？常用什么方法测定？测定时注意什么？

8. $K_2Cr_2O_7$法较$KMnO_4$法有什么优点？

9. 什么是化学需氧量？简称什么？常用什么方法测定？测定时应注意什么？

10. $Na_2S_2O_3$溶液长期放置后浓度为什么容易改变？为使溶液稳定，在配置时应采取什么措施？

11. 什么是溶解氧？简称什么？常用什么方法测定？测定时应注意什么？

12. 什么是碘量法？

13. 钙含量的测定可以配位滴定法直接测定，也可以用氧化还原法间接测定。用氧化还原法分析的过程为：先将试样中的Ca^{2+}沉淀为CaC_2O_4。CaC_2O_4沉淀经处理后溶于适当的H_2SO_4，然后用$KMnO_4$标准溶液滴定反应生成的$H_2C_2O_4$。从而可以计算Ca^{2+}的含量。写出有关反应式及计算Ca^{2+}含量（质量分数）的计算式。

第 8 章　沉淀滴定法

以沉淀反应为基础,测定物质含量的滴定分析法称为沉淀滴定法。沉淀滴定法要求生成的沉淀具有恒定的组成且溶解度小,反应必须按一定的化学反应式迅速定量地进行,沉淀反应的速度快,有适当的指示剂指示滴定终点,沉淀的共沉淀现象不影响滴定结果。但由于很多沉淀反应无法满足这些要求,可用于滴定的沉淀反应并不多。最成熟和最有应用价值的是银量法,即利用可以与 Ag^+ 形成难溶盐的沉淀反应进行滴定分析。银量法又分为莫尔法、福尔哈德法和法扬斯法。

8.1　莫尔法

莫尔法是以 K_2CrO_4 为指示剂,在中性或弱碱性介质中用 $AgNO_3$ 标准溶液测定卤素混合物含量的方法。

8.1.1　指示剂的作用原理

以测定 Cl^- 为例,K_2CrO_4 作指示剂,用 $AgNO_3$ 标准溶液滴定,其反应为:

$$Ag^+ + Cl^- \rightleftharpoons AgCl\downarrow \qquad \text{白色}$$

$$2Ag^+ + CrO_4^{2-} \rightleftharpoons Ag_2CrO_4\downarrow \qquad \text{砖红色}$$

这个方法的依据是多级沉淀原理。由于 AgCl 的溶解度比 Ag_2CrO_4 的溶解度小,因此在用 $AgNO_3$ 标准溶液滴定时,AgCl 先析出沉淀,当滴定剂 Ag^+ 与 Cl^- 达到化学计量点时,微过量的 Ag^+ 与 CrO_4^{2-} 反应析出砖红色的 Ag_2CrO_4 沉淀,指示滴定终点到达。

8.1.2　滴定条件

(1)指示剂作用量

用 $AgNO_3$ 标准溶液滴定 Cl^-,指示剂 K_2CrO_4 的用量对于终点指示有较大的影响,CrO_4^{2-}

浓度过高或过低，Ag_2CrO_4 沉淀的析出就会过早或过迟，从而产生一定的终点误差。因此要求沉淀应该恰好在滴定反应的化学计量点时出现。实验证明，滴定溶液中 $c(K_2CrO_4)$ 为 5×10^{-3} mol/L 是确定滴定终点的适宜浓度。

(2)滴定时的酸度

在酸性溶液中，CrO_4^{2-} 有如下反应：

$$2CrO_4^{2-}+2H^+ \rightleftharpoons 2HCrO_4^- \rightleftharpoons Cr_2O_7^{2-}+H_2O$$

降低了 CrO_4^{2-} 的浓度，使 Ag_2CrO_4 沉淀出现过迟，甚至不会沉淀。在强碱性溶液中，会有棕黑色 $Ag_2O\downarrow$ 沉淀析出：

$$2Ag^++2OH^- = Ag_2O\downarrow+H_2O$$

因此，莫尔法只能在中性或弱碱性（pH = 6.5 ~ 10.5）溶液中进行。若溶液酸性太强，可用 $Na_2B_4O_7\cdot10H_2O$ 或 $NaHCO_3$ 中和；若溶液碱性太强，可用稀 HNO_3 溶液中和；而在有 NH_4^+ 存在时，滴定的 pH 值范围应控制在 6.5 ~ 7.2。

8.1.3 应用范围

莫尔法主要用于测定 Cl^-、Br^- 和 Ag^+，如氯化物、溴化物纯度的测定以及天然水中氯含量的测定，当试样中 Cl^- 和 Br^- 共存时，测得的结果是它们的总量。若测定 Ag^+，应采用反滴定法，即向 Ag^+ 的试液中加入过量的 NaCl 标准溶液，然后再用 $AgNO_3$ 标准溶液滴定剩余的 Cl^-（若直接滴定，先生成的 Ag_2CrO_4 转化为 AgCl 的速度缓慢，滴定终点难以确定）。莫尔法不宜测定 I^- 和 SCN^-，因为滴定生成的 AgI 和 AgSCN 沉淀表面会强烈吸附 I^- 和 SCN^-，从而使滴定终点过早出现，造成较大的滴定误差。

莫尔法的选择性较差，凡能与 CrO_4^{2-} 或 Ag^+ 生成沉淀的阳、阴离子均干扰滴定。前者如 Ba^{2+}、Pb^{2+}、Hg^+ 等，后者如 SO_3^{2-}、PO_4^{3-}、AsO_4^{3-}、S^{2-}、$C_2O_4^{2-}$ 等。

8.1.4 应用实例

水中氯含量的测定

地面水、地下水、用漂白粉消毒的天然水中都含有氯化物，工业循环冷却水中也含有氯离子，测定时都可用 $AgNO_3$ 标准溶液进行滴定，一般采用莫尔法。其测定步骤为：准确吸取 100.00 mL 水样放入锥形瓶中，加 K_2CrO_4 指示剂 2 mL，在充分摇动下，以 $AgNO_3$ 标准溶液滴定至溶液呈砖红色即为终点，记下 $AgNO_3$ 标准溶液的体积。滴定反应为：

$$Ag^++Cl^- = AgCl\downarrow\text{（白色）}$$

当水中含有 H_2S 时，可用稀硝酸酸化，并煮沸 5 ~ 15 min，冷却后调至 pH = 6.5 ~ 10.5，再进行滴定。

$$3H_2S + 2HNO_3 \xlongequal{} 3S\downarrow + 4H_2O + 2NO\uparrow$$

当水样中含有 SO_3^{2-},它能与 Ag^+ 反应生成 Ag_2SO_3 而使结果偏高,可在滴定前先用 H_2O_2 将 SO_3^{2-} 氧化成 SO_4^{2-}。

$$SO_3^{2-} + H_2O_2 = SO_4^{2-} + H_2O$$

若水样颜色较深,影响滴定终点的观察时,可在滴定前用活性炭或明矾吸附脱色。水样中有 PO_4^{3-}、AsO_4^{3-} 时,应采用福尔哈德法测定。

例 8.1　称取食盐 0.200 0 g溶于水,以 K_2CrO_4 作为指示剂,用 0.150 0 mol/L $AgNO_3$ 标准溶液滴定,用去 22.50 mL,计算 NaCl 的质量分数。

解:已知 NaCl 的摩尔质量 M = 58.44 g/mol,质量分数为:

$$w_{NaCl} = \frac{0.150\,0 \times \frac{22.50}{1\,000} \times 58.44}{0.200\,0} \times 100\% = 98.62\%$$

8.2 福尔哈德法

福尔哈德法是在酸性介质中,以铁铵矾$[NH_4Fe(SO_4)_2 \cdot 12H_2O]$作指示剂来确定滴定终点的一种银量法。根据滴定方式的不同,福尔哈德法分为直接滴定法和反滴定法两种。

8.2.1 直接滴定法

在含有 Ag^+ 的 HNO_3 介质中,以铁铵矾作指示剂,用 NH_4SCN 标准溶液直接滴定,当滴定到化学计量点时,微过量的 SCN^- 和 Fe^{3+} 结合生成红色的$[FeSCN]^{2-}$ 即为滴定终点。其反应是:

$$Ag^+ + SCN^- \rightleftharpoons AgSCN\downarrow(白色),\quad K_{sp}(AgSCN) = 2.0 \times 10^{-12}$$

$$Fe^{3+} + SCN^- \rightleftharpoons FeSCN^{2+}(红色),\quad K = 200$$

由于指示剂中的 Fe^{3+} 在中性或碱性溶液中将形成 $Fe(OH)^{2+}$、$Fe(OH)_2^+$ 等深色配合物,碱度再大,还会产生 $Fe(OH)_3$ 沉淀,因此滴定应在酸性(0.3 ~ 1 mol/L)溶液中进行。

用 NH_4SCN 溶液滴定 Ag^+ 溶液时,生成的 AgSCN 沉淀能吸附溶液中的 Ag^+,使 Ag^+ 浓度降低,以致红色的出现略早于化学计量点。因此在滴定过程中需剧烈摇动,使被吸附的 Ag^+ 释放出来。

此法的优点在于可以用来直接测定 Ag^+,并可以在酸性溶液中进行滴定。

由于福尔哈德法在酸性介质中进行，许多弱酸根离子的存在不影响测定，因此，选择性高于莫尔法。可用于测定 Cl^-、Br^-、SCN^-、Ag^+ 等，但应用也具有一定的范围限制。

①强氧化剂、氮的氧化物、铜盐、汞盐等能与 SCN^- 作用，对测定有干扰，需预先除去。

②用间接法测定 I^- 时，应先加入过量的 $AgNO_3$ 溶液，后加指示剂；否则 Fe^{3+} 将与 I^- 反应析出 I_2，影响测定结果的准确度。

8.2.2 反滴定法测定卤素离子

福尔哈德法测定卤素离子（如 Cl^-、Br^-、I^- 和 SCN^-）时应采用反滴定法。即在酸性（HNO_3 介质）待测溶液中，先加入已知过量的 $AgNO_3$ 标准溶液，再用铁铵矾作指示剂，用 NH_4SCN 标准溶液回滴剩余的 Ag^+（HNO_3 介质）。反应如下：

$$\underset{(过量)}{Ag^+} + Cl^- \rightleftharpoons AgCl\downarrow（白色）$$

$$\underset{(剩余量)}{Ag^+} + SCN^- \rightleftharpoons AgSCN\downarrow（白色）$$

终点指示反应：$Fe^{3+} + SCN^- \rightleftharpoons FeSCN^{2+}$（红色）

用福尔哈德法测定 Cl^-，滴定到临近终点时，经摇动后形成的红色会退去，这是因为 AgSCN 的溶解度小于 AgCl 的溶解度，加入的 NH_4SCN 将与 AgCl 发生沉淀转化反应：

$$AgCl + SCN^- \rightleftharpoons AgSCN\downarrow + Cl^-$$

沉淀的转化速率较慢，滴加 NH_4SCN 形成的红色随着溶液的摇动而消失。这种转化作用将继续进行到 Cl^- 与 SCN^- 浓度之间建立一定的平衡关系，才会出现持久的红色，无疑滴定已多消耗了 NH_4SCN 标准滴定溶液。为了避免上述现象的发生，通常采用以下措施。

①试液中加入一定过量的 $AgNO_3$ 标准溶液之后，将溶液煮沸，使 AgCl 沉淀凝聚，以减少 AgCl 沉淀对 Ag^+ 的吸附。滤去沉淀，并用稀 HNO_3 充分洗涤沉淀，然后用 NH_4SCN 标准滴定溶液回滴滤液中过量的 Ag^+。

②在滴入 NH_4SCN 标准溶液之前，加入有机溶剂硝基苯或邻苯二甲酸二丁酯或 1,2-二氯乙烷。用力摇动后，有机溶剂将 AgCl 沉淀包住，使 AgCl 沉淀与外部溶液隔离，阻止 AgCl 沉淀与 NH_4SCN 发生转化反应。此法方便，但硝基苯有毒。

③提高 Fe^{3+} 的浓度以减少终点时 SCN^- 的浓度，从而减小上述误差（实验证明，一般溶液中 $c(Fe^{3+}) = 0.2$ mol/L 时，终点误差将小于 0.1%）。

福尔哈德法在测定 Br^-、I^- 和 SCN^- 时，滴定终点十分明显，不会发生沉淀转化，因此不必采取上述措施。但是在测定碘化物时，必须加入过量 $AgNO_3$ 溶液之后再加入铁铵矾指示剂，以免因 I^- 对 Fe^{3+} 的还原作用而造成误差。强氧化剂和氧化物以及铜盐、汞盐都与 SCN^- 作用，因而干扰测定，必须预先除去。

8.2.3　应用实例

(1)烧碱中 NaCl 含量的测定

对含有 NaCl 的烧碱溶液进行酸化处理后，在其中加入准确过量的 $AgNO_3$ 标准溶液，使 Cl^- 离子定量生成 AgCl 沉淀后，再加入铁铵矾指示剂，用 NH_4SCN 标准溶液返滴定剩余的 $AgNO_3$，可由试样的质量及滴定用去标准溶液的体积，计算试样中氯的质量分数。

测定步骤为：准确移取烧碱溶液 25.00 mL，加入 100 mL 容量瓶中，以酚酞作指示剂，用浓硝酸中和至红色消失，再用水稀释至刻度，摇匀。移取 10.00 mL 试液放入锥形瓶中，加入 4 mol/L HNO_3 4 mL，在充分摇动下，自滴定管准确加入 40 mL $AgNO_3$ 标准溶液，再加入铁铵矾指示剂 2 mL，邻苯二甲酸二丁酯 5 mL，用力摇动使 AgCl 沉淀凝聚，并被邻苯二甲酸二丁酯所覆盖，用 NH_4SCN 标准溶液滴定至呈现淡红色，并在轻轻摇动下，淡红色不再消失即为终点，记下 NH_4SCN 标准溶液的体积。

(2)银合金中银的测定

将银合金溶于 HNO_3 中，制成溶液，反应如下：

$$Ag + NO_3^- + 2H^+ \longrightarrow Ag^+ + NO_2\uparrow + H_2O$$

在溶解试样时，必须煮沸以除去氮的低价氧化物，因为它能与 SCN^- 作用生成红色化合物而影响终点的观察：

$$HNO_2 + H^+ + SCN^- \longrightarrow \underset{(红色)}{NOSCN} + H_2O$$

试样溶解之后，加入铁铵矾指示剂，用 NH_4SCN 标准溶液滴定。

根据试样的质量，滴定用去 NH_4SCN 标准溶液的体积，以计算银的质量分数。

例 8.2　称量基准物质 NaCl 0.752 6 g，溶于 250 mL 容量瓶中并稀释至刻度，摇匀。移取 25.00 mL，加入 40.00 mL $AgNO_3$ 溶液，滴定剩余的 $AgNO_3$ 时，用去 18.25 mL NH_4SCN 溶液。直接滴定 46.00 mL $AgNO_3$ 溶液时，需要 42.60 mL NH_4SCN 溶液。求 $AgNO_3$ 和 NH_4SCN 的浓度。

解：与 NaCl 反应的 $AgNO_3$ 溶液体积为：

$$V_{AgNO_3} = 40.00 - \frac{40.00 \times 18.25}{42.60}$$

$$c_{AgNO_3} = \frac{0.752\,6 \times \frac{25}{250}}{58.44 \times \left(40.00 - \frac{40.00 \times 18.25}{42.60}\right)} \times 1\,000 = 0.056\,33\ \text{mol/L}$$

$$c_{NH_4SCN} = \frac{0.056\,33 \times 40.00}{42.60} = 0.052\,89\ \text{mol/L}$$

8.3 法扬斯法

法扬斯法是以吸附指示剂确定滴定终点的一种银量法。

8.3.1 指示剂的作用原理

吸附指示剂是一类有机染料，它的阴离子在溶液中易被带正电荷的胶状沉淀吸附，吸附后结构改变，从而引起颜色变化，指示滴定终点的到达。

现以 $AgNO_3$ 标准溶液滴定 Cl^- 为例，说明指示剂荧光黄的作用原理。

荧光黄是一种有机弱酸，用 HFI 表示，在水溶液中可离解为荧光黄阴离子 FI^-，呈黄绿色：

$$HFI \rightleftharpoons FI^- + H^+$$

在化学计量点前，生成的 AgCl 沉淀在过量的 Cl^- 溶液中，AgCl 沉淀吸附 Cl^- 而带负电荷，形成的 $(AgCl)\cdot Cl^-$ 不吸附指示剂阴离子 FI^-，溶液呈黄绿色。到达化学计量点时，微过量的 $AgNO_3$ 可使 AgCl 沉淀吸附 Ag^+ 形成 $(AgCl)\cdot Ag^+$ 而带正电荷，此带正电荷的 $(AgCl)\cdot Ag^+$ 吸附荧光黄阴离子 FI^-，结构发生变化呈现粉红色，使整个溶液由黄绿色变成粉红色，指示终点的到达。

$$\underset{\text{(黄绿色)}}{(AgCl)\cdot Ag^+ + FI^-} \xrightarrow{\text{吸附}} \underset{\text{(粉红色)}}{(AgCl)\cdot Ag\cdot FI}$$

8.3.2 滴定条件

(1)保持沉淀呈胶体状态

由于吸附指示剂的盐酸变化发生在沉淀微粒表面上，因此，应尽可能使卤化银呈胶体状态，具有较大的表面积。为此，在滴定前应将溶液稀释，并加糊精或淀粉等高分子化合物作为保护剂，以防止卤化银沉淀凝聚。

(2)控制溶液酸度

常用的吸附指示剂大多是有机弱酸，而起指示剂作用的是它们的阴离子。酸度大时，H^+ 与指示剂阴离子结合成不被吸附的指示剂分子，无法指示终点。酸度的大小与指示剂的解离常数有关,指示剂的解离常数大,酸度可以大些。例如荧光黄,其 $pK_a \approx 7$,适用于 pH = 7 ~ 10 的条件下进行滴定;若 pH < 7,则荧光黄主要以 HFI 形式存在,不被吸附。

(3)避免强光照射

卤化银沉淀对光敏感,易分解析出银使沉淀变为灰黑色,影响滴定终点的观察,因此在滴定过程中应避免强光照射。

(4)吸附指示剂的选择

沉淀胶体微粒对指示剂离子的吸附能力,应略小于对待测离子的吸附能力,否则指示剂将在化学计量点前变色。但对指示剂离子的吸附能力也不能太小,否则终点出现过迟。卤化银对卤化物和几种吸附指示剂的吸附能力的次序如下:

$$I^- > SCN^- > Br^- > \text{曙红} > Cl^- > \text{荧光黄}$$

因此,滴定 Cl^- 不能选曙红,宜选荧光黄。表 8.1 中列出几种常用的吸附指示剂及其应用。

表 8.1　常用吸附指示剂

指示剂	被测离子	测定剂	滴定条件	终点颜色变化
荧光黄	Cl^-、Br^-、I^-	$AgNO_3$	pH = 7 ~ 10	黄绿⟶粉红
二氯荧光黄	Cl^-、Br^-、I^-	$AgNO_3$	pH = 4 ~ 10	黄绿⟶红
曙红	Br^-、SCN^-、I^-	$AgNO_3$	pH = 2 ~ 10	橙黄⟶红紫
溴酚蓝	生物碱盐类	$AgNO_3$	弱碱性	黄绿⟶灰绿
甲基紫	Ag^+	NaCl	酸性溶液	黄红⟶红紫

8.3.3　应用范围

法扬斯法可用于测定 Cl^-、Br^-、I^- 和 SCN^- 及生物碱盐类(如盐酸麻黄碱)等。测定 Cl^- 常用荧光黄或二氯荧光黄作指示剂,而测定 Br^-、I^- 和 SCN^- 常用曙红作指示剂,此法终点明显,方法简便,但反应条件要求较严,应注意溶液的酸度、浓度及胶体的保护等。

习　题

一、填空题

1. 沉淀滴定法中莫尔法的指示剂是____________,沉淀滴定法中铵盐存在时莫尔法滴定酸度 pH 是________。

2. 莫尔法测定 Cl^- 时用________为标准滴定溶液,用________为指示剂。指示剂的加入量控制在________为宜;指示剂浓度过高时,分析结果偏________;浓度过低使结果偏________。

3. 法扬斯法测定卤离子时,溶液要保持________状态,为此需采取的措施有:________。

4. 福尔哈德法中,测定 Ag^+ 采用________滴定方式;测定 Cl^-、Br^-、I^- 和 SCN^- 采用________滴定方式。

5. 福尔哈德法中,测定 Cl^- 时,AgCl 沉淀容易转化成 AgSCN 沉淀,而导致测定误差,在实验中,可采用________的方法防止。

6. 在法扬斯法中,$AgNO_3$ 标准溶液滴定 Cl^- 时,化学计量点前沉淀带________电荷,化学计量点后沉淀带________电荷。

二、选择题

1. 利用莫尔法测定 Cl^- 含量时,要求介质的 pH 值为 6.5 ~ 10.5,若酸度过高,则(　　)。

A. AgCl 沉淀不完全　　B. AgCl 沉淀吸附 Cl^- 能力增强

C. Ag_2CrO_4 沉淀不易形成　　D. 形成 Ag_2O 沉淀

2. 用氯化钠基准试剂标定 $AgNO_3$ 溶液浓度时,溶液酸度过大,会使标定结果(　　)。

A. 偏高　　B. 偏低

C. 不影响　　D. 难以确定其影响

3. 用福尔哈德法返滴定测 I^- 时,指示剂必须在加入过量的 $AgNO_3$ 溶液后才能加入,这是因为(　　)。

A. AgI 对指示剂的吸附性强　　B. AgI 对 I^- 的吸附强

C. Fe^{3+} 氧化 I^-　　D. 终点提前出现

4. 下列关于吸附指示剂说法错误的是(　　)。

A. 吸附指示剂是一种有机染料

B. 吸附指示剂能用于沉淀滴定法中的法扬斯法

C. 吸附指示剂指示终点是由于指示剂结构发生了改变

D. 吸附指示剂本身不具有颜色

5. 以铁铵矾为指示剂,用硫氰酸铵标准滴定溶液滴定银离子时,应在下列哪种条件下进行(　　)。

A. 酸性　　B. 弱酸性　　C. 中性　　D. 弱碱性

6. 采用福尔哈德法测定水中 Ag^+ 含量时,终点颜色为(　　)。

A. 红色　　B. 纯蓝色　　C. 黄绿色　　D. 蓝紫色

三、计算题

1. 称取纯 NaCl 0.116 9 g,加水溶解后,以 K_2CrO_4 为指示剂,用 $AgNO_3$ 溶液滴定,共用去 20.00 mL,求该 $AgNO_3$ 溶液的浓度。

2. 称取KCl和KBr的混合物0.320 8 g,溶于水后进行滴定,用去0.101 4 mol/L的 $AgNO_3$ 标准溶液 30.20 mL,试计算该混合物中 KCl 和 KBr 的质量分数。

第9章 环境与化学

随着地球人口的激增及工业的飞速发展，人类对自然环境的干扰、破坏造成的污染越来越严重。空气质量、水资源污染、土壤污染这些与我们生活息息相关的问题从来没有像今天这样受到关注，环境问题成为当今社会发展的一个重大的有待解决的问题，绿色化学的兴起为环境污染的治理带来了新理念、新思路、新方法。为了人类社会的可持续发展，必须保护环境。本章通过介绍大气环境化学、水环境化学、土壤环境化学、绿色化学等，分析了环境问题的成因及对人类的危害，简要阐述解决环境问题的方法以及日常生产、生活中保护环境的措施。

9.1 环境与环境问题

9.1.1 环境与环境系统

(1)环境

人类赖以生存的环境包括自然环境和社会环境。本章讨论的环境，是指由大气、水、土壤、动植物、微生物、阳光、气候等自然因素组成的自然环境，是人类进行生产和生活活动的场所，是人类生存和发展的物质基础。

(2)环境系统

环境中各个要素相互联系、相互依赖、相互制约，彼此间的能量流动和物质交换生生不息，从而构成一个完整的有机体系，称为环境系统。

当自然环境受到干扰而改变原有的状态时，就可以认为环境受到了污染。当外部干扰因素不强烈，受污染的环境经过若干物理作用、化学反应，或生物的吸收、降解等自然过程，可以逐步恢复到原来的状态，这一现象称为环境的自净作用。当人类直接或间接地将大量有害物质或能量排放到环境中去，超过了环境的自净能力，使环境质量变坏的现象称为环境污染。

9.1.2　环境问题

所谓环境问题，是指环境系统物质的组成、结构和性质发生了不利于人类生存和发展的变化。狭义上说，就是指由于人类的生产、生活方式所导致的各种环境污染、资源破坏和生态系统失调。

当人类社会进入工业时代后，随着科技水平和社会生产力的大幅度提升，人类改造自然的速度得到前所未有的提高。但与此同时，人口剧增、环境污染、生态破坏、资源过度消耗、地区发展不平衡等全球性问题日益突出，已经对人类社会的长远发展，甚至是人类未来的生存构成了严重威胁。特别是20世纪中叶，震惊世界的八大污染事件使环境污染进入泛滥期，人类无节制地开发和破坏自然资源是造成环境恶化的罪魁祸首。

(1)世界著名的八大污染事件

1)马斯河谷烟雾事件

1930年12月1—5日，比利时马斯河谷工业区工厂排放的SO_2等有害气体由于逆温天气在近地层积累，无法扩散，造成几千人发病。患者的症状表现为胸痛、咳嗽、呼吸困难等，一星期内，导致60多人死亡。

2)多诺拉烟雾事件

1948年10月26—31日，美国宾夕法尼亚州多诺拉镇由于SO_2及其氧化作用的产物与大气中尘粒结合，导致全镇14 000人中近6 000人出现眼痛、喉痛、头痛、流鼻涕、干咳、肢体酸乏、呕吐、腹泻等症状，死亡7人。

3)洛杉矶光化学烟雾事件

1943年5—10月，美国洛杉矶全市250多万辆汽车每天消耗汽油约1 600万升，向大气排放大量的碳氢化合物、氮氧化合物等在紫外光照射下生成光化学烟雾，使大多数居民患病，65岁以上老人死亡400人。

4)伦敦烟雾事件

1952年12月5—8日，英国伦敦市由于居民燃煤取暖，排出大量烟尘，烟尘被吸入肺部，使罹患呼吸道疾病的患者人数猛增，4天内死亡4 000多人。

5)日本水俣病事件

1953—1956年日本熊本县水俣湾，由于含甲基汞的工业废水污染水体，汞在海水、底泥和鱼类中富集，又经过食物链进入人体，造成283人中毒，其中60人死亡。

6)四日市哮喘事件

1955 年以来,日本四日市石油冶炼和工业燃油产生大量的 SO_2 和重金属微粒,严重污染城市空气。导致哮喘病患者达到 817 人,36 人在哮喘病折磨中死去。

7)日本米糠油事件

1968 年 3 月,日本北九州市爱知县一家工厂在米糠油生产过程中不慎将多氯联苯混入米糠油,导致人和鸡食用后中毒,造成 13 000 多人受到伤害,16 人死亡。

8)日本痛痛病事件

1955—1972 年日本富山县锌、铅冶炼厂排出的废水污染了水体,两岸居民利用河水灌溉农田,使稻米和饮用水含镉。患者骨骼严重畸形、骨脆易裂、全身疼痛、身高缩短。1963—1979 年共有患者 280 人,其中 80 多人死亡。

(2)中国近年出现的“十大水污染事件”

1)淮河水污染事件

1994 年 7 月,淮河上游开闸泄洪使河水受到污染,鱼虾丧失,下游水质恶化,造成沿河各自来水厂被迫停止供水达 54 天之久,百万淮河民众饮水告急。

2)昆明滇池水污染事件

滇池自 20 世纪 70 年代开始遭受污染,1999 年污染达到高峰。目前滇池的湖面日益缩小,水质为 Ⅵ 类,每年夏天暴发蓝藻水华,昆明市有关部门决定慎用滇池水作为饮用水。

3)江苏太湖水污染事件

20 世纪 90 年代以来,太湖水体受到富营养化污染,水中的氮、磷含量不断上升。近年来,太湖蓝藻暴发频繁,暴发范围不断扩大,给水体带来极大危害。

4)云南南盘江水污染事件

2002 年 10 月,南盘江柴石滩以上河段发生严重的突发性水污染事件,造成上百吨鱼类死亡,下游柴石滩水库 3 亿多立方米水体受到污染。同时,由于其地处云南经济较发达地区,此次水污染造成巨大的经济损失。

5)三门峡“一库污水”事件

近年来,由于工业和生活污水排放量增加,三门峡水库水质严重下降。2003 年,黄河发生严重污染事件,三门峡水库泄水呈“酱油色”,水质恶化为 Ⅴ 类,造成市民饮水成问题。

6) 四川沱江特大水污染事件

四川化工股份有限公司第二化肥厂将大量高浓度工业废水排进沱江,导致 2004 年 2 月底 3 月初沱江江水变黄变臭,江面上漂浮着大量死鱼,居民的饮用自来水变成褐色并带有氨水的味道。这次事故导致沿江简阳、资中、内江三地百万群众饮水被迫中断,50 万千克网箱鱼死亡,直接经济损失 3 亿元左右,被破坏的生态需要 5 年时间恢复。

7）松花江重大水污染事件

2005 年 11 月 13 日，中石油吉林石化公司双苯厂苯胺车间发生爆炸，事故产生的约 100 吨对人体健康有危害的苯、苯胺和硝基苯等有机污染物流入松花江，导致哈尔滨市区供水停止。

8）白洋淀死鱼事件

2006 年二三月份，白洋淀水体污染较重，水中溶解氧过低，造成鱼类大面积死亡，以及任丘市所属 9.6 万亩（1 亩 = 666.6 m^2）水域全部污染，鱼类养殖业损失惨重。

9）江苏沭阳水污染事件

2007 年 7 月 2—4 日，沭阳县饮水取水口受到污染，氨氮含量超标，自来水厂被迫关闭超过 40 h，城区 20 万人口饮水受到不同程度的影响。

10）广州钟落潭水污染事件

2008 年白云区钟落潭镇白沙村，由于饮用水管接驳上了水井，并受到工业污染，导致水体亚硝酸盐超标，41 名村民饭后都出现了呕吐、胸闷、手指发黑及抽筋等中毒现象。

当前，人类面临一系列全球性的环境问题，包括全球气候变暖、臭氧层破坏、森林植被破坏、水土流失、土地荒漠化、水资源危机、海洋环境破坏、生物多样性减少、酸雨污染、有毒物品及废弃物污染等，这些都成为制约经济发展的重要因素。人类如果不注意生态环境的保护，必将遭到大自然的报复，最终危及人类的生存。因此，社会发展必须与生态环境保护协调一致，人类社会的发展必须走可持续发展的道路。

9.1.3　环境保护与可持续发展

1972 年 6 月 5—16 日在瑞典斯德哥尔摩召开的联合国人类环境会议通过了《人类环境宣言》（Declaration on the Human Enviroment），并提出将每年的 6 月 5 日定为“世界环境日”。联合国环境规划署从 1974 年开始根据当年的主要环境问题及环境热点，有针对性地制订每年的“世界环境日”主题，我国参与了这个世界上第一个维护改善人类生存环境的纲领性文件的制订。它是人类环境保护历史上的第一座里程碑。1989 年 12 月七届人大常委会正式通过了《中华人民共和国环境保护法》（简称《环境保护法》），通过环保立法把环境保护作为我国的一项基本国策。根据《环境保护法》，在推进经济建设的同时，要大力保护和合理利用各种自然资源，努力开展环境污染的综合治理，加强生态环境的保护，把经济效益、社会效益和环境效益统一起来。

1992 年 6 月在巴西里约热内卢举行的联合国环境与发展大会上通过了一个重要的纲领性文件——《21 世纪议程》（Agenda 21），它是全球实行可持续发展的行动纲领，是人类环境保护历史上的第二座里程碑。就全球环境问题而言，越来越多的人把环境与经济、社会发展结合起来，树立环境与发展互相协调的观点，正式提出了“环境友好”的概念。社会经济的发展要与自然资源和环境的承受能力相适应，在不危及后代需要的前提下，寻求满足我们需求的发展途径。在我国国家环保局制订的环境保护行动纲领——《中国环境保护21世纪议程》中,强调必须实行可持续发展战略,转变以大量消耗资源的粗放经营为特征的传统发展模式,走资源节约型、科技先导型和质量效益型为特征的发展道路,努力实现经济与环境的协调发展。

9.2 大气污染及其防治

包围在地球表面的气体称为大气层,整个大气层按照物理性质分为对流层、平流层、中间层、电离层和逸散层。人类生活在大气层中,依靠空气中的氧气而生存,一般成年人每天需要呼吸10 ~ 12 m^3 空气。同时,大气层也是地球生命的保护伞,它吸收了来自外层空间对地球生命有害的大部分宇宙射线和电磁辐射,尤其是紫外辐射。可见,大气层对地球和地球生命是极其重要的。

根据环保部2014年6月5日发布的《2013中国环境状况公报》,2013年,SO_2 排放量为2 043.9万吨;NO_x 排放总量为2 227.3万吨。2013年,京津冀、长三角、珠三角等重点区域及直辖市、省会城市和计划单列市共74个城市按照新标准开展监测,依据《环境空气质量标准》(BG 3095—2012)进行评价,74个城市中仅海口、舟山和拉萨3个城市空气质量达标,占4.1%;超标城市比例为95.9%。空气质量相对较好的前10位城市是海口、舟山、拉萨、福州、珠海、深圳、厦门、丽水和贵阳。74个城市平均达标天数比例为60.5%,平均超标天数比例为39.5%。10个城市达标天数比例介于80% ~ 100%,47个城市达标天数比例介于50% ~ 80%,17个城市达标天数比例低于50%。在2013年进行酸雨监测的473个城市中,出现酸雨的城市有210个,占44.4%,以硫酸酸雨为主。降水pH年均值低于5.6(酸雨)、低于5.0(较重酸雨)和低于4.5(重酸雨)的市(县)分别占29.6%、15.4%和2.5%。全国酸雨分布区域主要集中在长江沿线及中下游以南,包括江西、福建、湖南、重庆的大部分地区,以及长三角、珠三角、四川东南部,酸雨区面积约占国土面积的10.6%。由此可见,当前我国大气环境形势十分严峻,在传统煤烟型污染尚未得到控制的情况下,以臭氧、细颗粒物(PM2.5)和酸雨为特征的区域性复合型大气污染日益突出,区域内空气重度污染现象大范围同时出现的频次日益增多,严重制约社会经济的可持续发展,威胁人民群众身体健康。

9.2.1 大气污染的形成

(1)大气污染的定义

大气污染是指由于自然过程或人类活动使大气中一些物质的含量达到有害的程度,以致对人类健康生存和生态环境造成危害的现象。

(2)大气污染的形成过程

大气污染的形成过程由污染源、大气状态、接受体三个环节组成,缺少任何一个环节都构不成大气污染。大气污染物进入大气环境后参与循环过程,即经过一定的滞留时间,又通过大气中化学反应、生物活动、物理沉降等从大气中去除。当大气中污染物的输入和输出速度相等时,大气中该污染物可保持平衡;但如果大气中污染物的输出速度小于污染物的输入速度时,污染物就要在大气中积累,这样就造成了大气中某种物质浓度的升高,当危害到人类、动植物健康生存时,就发生了大气污染现象。

9.2.2 大气的主要污染物

(1)大气污染源

大气污染源按照性质和排放方式可以分为生活污染源、工业污染源、交通污染源和农业污染源四类。

1)生活污染源

人们由于烧饭、取暖、淋浴等生活上的需要,燃烧燃料向大气排放煤烟而造成大气污染的污染源为生活污染源。这类污染源具有分布广、排放量大、排放高度低等特点,是造成大气污染不可忽视的污染源。

2)工业污染源

火力发电厂、钢铁厂、化工厂及水泥厂等工矿企业在生产和燃料燃烧过程中排放煤烟、粉尘及各类化合物等造成大气污染的污染源为工业污染源(图9.1)。这类污染源因生产的产品和工艺流程不同,所排放的污染物种类和数量有很大差别,但这类污染源一般比较集中,而且浓度高,对局部地区的大气影响很大。

图9.1 工业污染

图9.2 交通污染

3)交通污染源

由汽车、飞机、火车、船舶等交通工具排放尾气而造成大气污染的污染源为交通污染源

(图9.2)。交通污染在现代城市中尤为突出,在发达国家,汽车成为大气的主要污染源,如美国拥有1亿多辆汽车,汽车排放物占全部大气污染的60%左右。

4)农业污染源

农业生产过程中对大气的污染主要来自农药和化肥的使用。有些有机氯农药如DDT,施用后能在水面悬浮,并同水分子一起蒸发而进入大气;氮肥在施用后可直接从土壤表面挥发成气体进入大气,也可在土壤微生物作用下转化为氮氧化物进入大气,从而增加了大气中氮氧化物的含量。

(2)主要的大气污染物

大气污染物种类繁多,分类方式也多种多样,比较常用的是按大气污染物的来源和存在状态进行分类。按大气污染物的来源可分为一次污染物和二次污染物,按大气污染物的存在状态可分为颗粒污染物和气态污染物。

1)一次污染物

直接从各种排放源进入大气的污染物质,其性质没有发生变化,称为一次污染物,如颗粒物、硫氧化合物、氮氧化合物、碳氧化合物、碳氢化合物等。

2)二次污染物

由排放源排出的一次污染物与大气中原有成分或几种一次污染物之间发生了一系列的化学反应或光化学反应,而形成的与一次污染物物理、化学性质完全不同的新的大气污染物,称为二次污染物。最常见的二次污染物有硫酸烟雾及光化学烟雾。

①硫酸烟雾是大气中的 SO_2 等硫氧化物,在有水蒸气、含重金属的飘尘或氮氧化物存在时,发生一系列化学反应和光化学反应而生成的硫酸雾。硫酸烟雾是强氧化剂,刺激作用和生理反应比 SO_2 大得多,对生态环境及建筑材料等都有很大的危害。

②光化学烟雾一般被认为是汽车、工厂等排入大气中的氮氧化物或碳氢化合物在太阳光照射下,发生一系列光化学反应而形成的有色烟雾,如白色或蓝色等(图9.3)。光化学烟雾成分复杂,主要有臭氧、醛、酮等,具有特殊气味和强氧化性,危害比一次污染物更强烈。

图9.3 光化学烟雾

9.2.3　大气污染的危害

空气是地球上一切生命物质赖以生存的基本条件，没有空气，动物就无法生存，植物也无法进行光合作用。清洁大气被污染后，性质发生改变，从而危害人类健康，影响动植物生长及损坏器物等。

(1)大气污染与人体健康

大气污染由于污染物的来源、性质、浓度和持续时间不同，污染地区的气象条件、地理环境因素的差别等，对人体健康产生不同程度的危害，对人的危害大致可分为急性中毒、慢性中毒和致癌三种。

1)急性中毒

污染物在高浓度、短时间内的突然作用下，或由于外界气象条件突变时，污染物无法扩散，便会引起居民人群的急性中毒，对人体健康造成严重危害，死亡率较大，历史上发生过数起大气污染急性中毒事件，最典型的就是1952年伦敦烟雾事件及1984年印度博帕尔农药泄漏事件。1952年的伦敦烟雾事件中，伦敦地区上空由于受强大的移动性冷空气控制，整个泰晤士河谷及毗邻地区完全处于无风状态，在距地面60 ~ 130 m高空形成强逆温层，大雾弥漫，这种天气整整持续了四天。在这样的地形、气象条件下，从伦敦居民炉灶和工厂烟囱排出的烟尘被逆温层封盖而停滞在低层无法扩散，当时测定的大气中 SO_2 浓度高达3.5 mg/m^3，颗粒物浓度高达4.5 mg/m^3。仅在雾期的一周内，伦敦市内死亡人数从945人激增至2 484人，整个伦敦地区死亡人数从2 062人激增至4 703人，与历年同期相比，多死亡3 500 ~ 4 000人。从死者的年龄分布上看，以45岁以上居多；死亡的原因，以慢性气管炎、支气管肺炎以及心脏病居多。1984年印度博帕尔农药泄漏事件中，因管理不善，印度博帕尔市联合农药厂一个储存45吨异氰酸甲酯剧毒液体的储气罐爆炸，毒气随着每小时5 km的风速，向下风向扩散。4 h内，毒气笼罩了约40 km^2 的地区，波及11个居民区，50万居民暴露在毒气下，急性死亡2 500人，2万多人受到严重伤害，双目失明或终生残疾，造成惨重悲剧。

2)慢性中毒

人体长期连续地吸入低浓度的污染物会诱发各种呼吸道疾病，如慢性气管炎、肺气肿、支气管哮喘等。因为大气中的污染物质如二氧化硫、飘尘、氮氧化物、氟化物等，在大气中即使浓度较低也能刺激呼吸道，引起支气管收缩，使呼吸道阻力增加，减弱呼吸功能；同时，有害气体的刺激使呼吸道黏液分泌增加，呼吸道的纤毛运动受阻甚至消失，从而导致呼吸道抵抗力下降，诱发呼吸道的各种炎症。调查证实，大气污染严重地区的呼吸道疾病发病率和死亡率均较高，如英国20世纪50年代大气污染严重时期与平时相比，肺气肿的发病率高11倍，支气管炎高7倍多。

3)致癌

空气污染危害更严重的能诱发癌症，因为空气中有不少致癌物，如汽车废气中的多环芳烃，粉尘中的镍、铬、铍、砷等重金属，飘尘上吸附的3，4-苯并芘等。据WHO统计，每年全球估计有120万以上新发肺癌病例，死亡约110万人，平均每隔30 s就有人死于肺癌。

(2)大气污染对动植物的危害

大气污染物会使土壤酸化，水体水质变酸，水生生物灭绝，植物产量下降，品质变坏。大气污染对动物的危害与对人的情况相似，大气污染物浓度超过植物的忍耐限度，会使植物的细胞和组织器官受到伤害，生理功能和生长发育受阻，产量下降，产品品质变坏，群落组成发生变化，甚至造成植物个体死亡，种群消失。据统计，美国每年大气污染所造成的农作物损失为10亿～20亿美元。

(3)大气污染对材料的危害

大气污染对暴露在大气中的建筑物、金属制品、名胜古迹、铁路桥梁、橡胶制品、纺织品、皮革、纸张等材料的损害也很严重，其中对材料损害最严重的污染物有SO_2、H_2S、O_3和富有刺激性、腐蚀性的颗粒物等。这种损害包括玷污性损害和化学性损害两个方面。玷污性损害是污染物颗粒落到器物上很难除掉；化学性损害是由于污染物的化学作用，造成材料的腐蚀变质。如经历了5 000年的埃及狮身人面像，在近几十年由于开罗上空大气污染严重而几乎面目全非；中国重庆的嘉陵江大桥以每年0.16 mm的速度锈蚀，每年用于钢结构维护的费用高达20万元。

9.2.4 典型的大气污染现象

(1)温室效应

1)温室效应的概念

大气中某些微量物质如CO_2、CH_4等组分，可以无阻挡地让太阳的短波辐射到达地球，并能够部分吸收地面发出的长波辐射，将热量截留在大气层内而使大气增温的作用，称为“温室效应”。主要的温室气体有二氧化碳、氯氟烃、甲烷、氮氧化物等，其中以二氧化碳的温室作用最为明显。

2)温室效应的形成原因

实际上在人为因素干扰大气组成之前，温室气体和温室效应就早已存在。拥有适量的温室气体是有益的，它可以使地球表面温度保持在一个怡人的水平——15 ℃，没有温室气体，地球表层的平均温度只有－23 ℃，那将不是一个适合人类居住的地方。但是人类的活动，尤其是大量化石燃料燃烧、森林砍伐和工业生产等，使温室气体在大气中的浓度快速增加，导致全球气候变暖，因此，现在普遍所说的“温室效应”实际上是“人为温室效应”。

我国人为排放的CO_2等温室气体的量很大，由温室气体导致的地表气温上升的趋势引起了人类的严重关注。2006年12月，中国科学技术部、中国气象局、中国科学院联合发布了他们历时4年的研究成果——《气候变化国家评估报告》。报告预测，未来20～60年中国地表气温将明显上升。和2000年相比，2020年将升温1.3～2.1℃，2030年将升温1.5～2.8℃，2050年将升温2.3～3.2℃，2100年将升温3.9～6.0℃。更为严重的是，未来极端的灾害性气象事件发生的频率也可能增加，我国将面临更明显的大旱、大冷、大暖的剧烈气候变化。

3)温室效应的主要危害

冰川是地球上最大的淡水水库，但全球变暖正在使冰川以有记录以来的最大速度在世界越来越多的地区融化，图9.4中，上图为1968年中国科学院在珠峰考察时拍摄的中绒布冰川，下图为"绿色和平"2007年拍摄的中绒布冰川。在将近40年间，冰塔林大幅后退、稀疏变矮清晰可见，冰川消融显而易见。全球冰川呈现出加速融化的趋势，海平面不断上升，首当其冲受害的是数十个小岛国家，其他国家的沿海地区也会出现海水倒灌、泄洪不畅、土地盐渍化等问题，航运、水产养殖，甚至沿海的经济发展都会受到影响。

图9.4　珠峰中绒布冰川1968年(上图)与2007年(下图)对比

温室效应将使农业生产的不稳定性增加。一方面，气候变暖可延长作物的有效生长期，提高光合作用，使农业增产；另一方面，由于地表水蒸发量增大，会加重干旱、沙化、碱化及草原退化等灾害，台风频率和强度可能增加，病虫害也会加剧。

温室效应将使温度带移动，降雨、降雪发生改变，生物带、生物群落的纬度分布也会发生相应的变化，可能导致部分动植物、高等真菌等物种处于濒临灭绝、变异的境地，使生物物种减少。

4)应对温室效应的基本对策

面对全球气候变暖的挑战，国际社会签订了《联合国气候变化框架公约》《京都议定书》等一系列公约，旨在采取一切手段减少二氧化碳等温室气体的排放。《京都议定书》规定，在2008—2012年，主要工业发达国家CO_2等6种温室气体排放总量比1990年平均减少了5.2%，这是人类历史上首次以法规的形式限制温室气体的排放。

控制温室气体的主要措施如下：

①调整能源战略，减少CO_2的排放。通过提高现有能源利用率、改善能源结构、向清洁

能源转化等方面发展，减少 CO_2 的排放。例如，从使用含碳量高的燃料(煤)转向含碳量低的燃料(天然气)，甚至使用不含碳的能源，如太阳能、风能、核能、海洋能、生物质能等。

②植树造林，利用植物的光合作用吸收 CO_2，达到抑制大气中 CO_2 浓度增长的目的。

③控制在大气窗口波段有强烈吸收能力的 CFC、CH_4 的排放量。

④加强环境意识教育，促进全球合作，让全人类都认真对待气候变暖问题。

(2)臭氧层耗减

1)臭氧空洞的出现

臭氧是一种具有刺激性气味的气体，主要集中在距离地面 15 ~ 50 km 的大气平流层中，在距离地面 22 ~ 27 km 处为臭氧浓度最高的区域，称为臭氧层。尽管臭氧层中的臭氧浓度不高，但臭氧层在保护生态环境方面的作用十分重要。一方面，它吸收太阳紫外辐射变为热能而增温，使生命得以维持；另一方面，它吸收太阳光中的大部分紫外线，保护地球表面生物，所以被誉为"地球保护伞"。

在大气平流层中，一方面，氧分子因高能量的紫外辐射分解成氧原子而生成臭氧；另一方面，臭氧又会吸收对生态环境有害的紫外线而分解消失，这种不断的生成和分解，使大气平流层中的臭氧量维持一种动态平衡。然而，由于人为因素加速了平流层中臭氧的分解，导致臭氧层破坏，出现臭氧空洞。早在 1985 年，英国科学家首先发现南极上空出现臭氧空洞；同年，美国"雨云 -7"号气象卫星探测到了这个"洞"，发现其面积相当于美国国土面积，深度相当于珠穆朗玛峰的高度。2006 年 10 月 20 日 *Science* 杂志网站报道，美国宇航局与美国国家海洋和大气局科学家研究发现地球臭氧空洞大小已经达到历史最大，科学家对南极上空臭氧空洞的观察发现：臭氧洞大小为 2 740 万平方千米(图 9.5)，接近美国陆地面积的 3 倍。

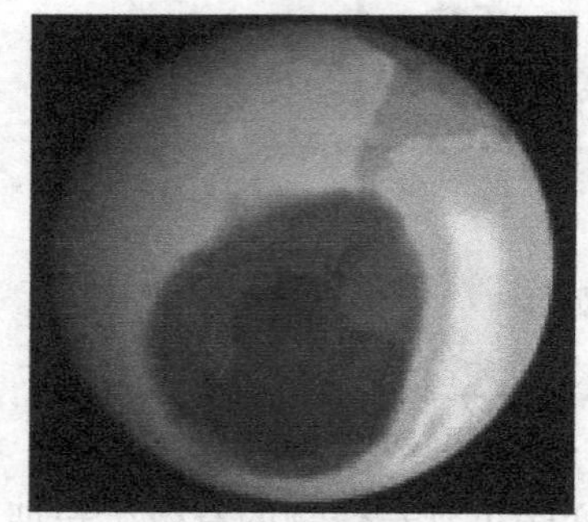

图 9.5　南极上空臭氧层空洞照片
(来源：中国科技信息网，2006-10-23)

2)臭氧空洞的形成原因

对于臭氧层破坏的原因，科学家有多种见解，但多数认为主要是氮氧化物和氟氯烃类物质引起的。氮氧化物和氟氯烃类物质能夺去臭氧中的氧原子，从而使臭氧生成氧气，失去吸收紫外线的功能。

20 世纪以来，随着工业的发展，人们在制冷剂、发泡剂、喷雾剂以及灭火剂中广泛使用一种性质稳定、不易燃烧、价格便宜的有机物质 —— 氟氯烃类物质，氟氯烃类物质在强大的紫外线辐射下会光解放出氯自由基，氯自由基有强大的破坏臭氧分子的能力(1 个氯自由基能破坏约 10 万个臭氧分子)，使臭氧浓度降低，臭氧层遭到破坏。

另外，人类的其他活动，如汽车尾气、大型喷气式飞机的尾气、核爆炸烟尘等都将向大气排放一定的氮氧化合物，进入平流层的氮氧化合物也会引起臭氧层的破坏。

3)臭氧层破坏的危害

臭氧被大量损耗后，吸收紫外线辐射能力大大减弱，抵达地面的紫外线增强，将引起地球生态系统的严重灾难。强烈的紫外线辐射，会引起白内障和皮肤癌，降低人体的抵抗能力，抑制人体免疫系统的功能，使许多疾病发生。据统计，臭氧浓度每降低1%，人类皮肤癌发病率将增加2%。1991年年底，由于南极臭氧层空洞的扩大，智利最南部的城市出现了小学生皮肤过敏和不寻常的阳光灼烧现象，同时出现了许多绵羊和兔子失明。

强烈的紫外线辐射还会使农作物和微生物受损，杀死海洋中的浮游生物，破坏生物圈中的食物链及伤害高等植物的表皮细胞，抑制植物的光合作用和生长速度，对世界粮食产量和质量造成影响。

4)臭氧层破坏的基本对策

为了保护臭氧层，联合国环境规划署于1985年和1987年先后组织制订了《保护臭氧层维也纳公约》(简称《维也纳公约》)以及《关于消耗臭氧层物质的蒙特利尔议定书》(简称《蒙特利尔议定书》)。1989年5月召开的《议定书》缔约国第一次会议在北欧一些国家的推动下，又发表了《保护臭氧层赫尔辛基宣言》(简称《赫尔辛基宣言》)。按照《议定书》规定，发达国家在1996年1月1日前，发展中国家到2010年，最终淘汰臭氧层消耗物质。中国政府严格执行《蒙特利尔议定书》的协议，中国的冰箱业已于2005年停止使用氟氯烃类物质。

(3)酸雨

1)酸雨的概念

所谓酸雨是指pH值小于5.6的降水。酸雨给地球生态环境和人类社会经济都带来了严重的影响和破坏，科学家将酸雨称为“空中死神”“看不见的杀手”。

2)酸雨的形成原因

酸雨的形成是一个十分复杂的过程，人类生产生活中燃烧化石燃料而排放大量的硫氧化物和氮氧化物是产生酸雨的根本原因(图9.6)。

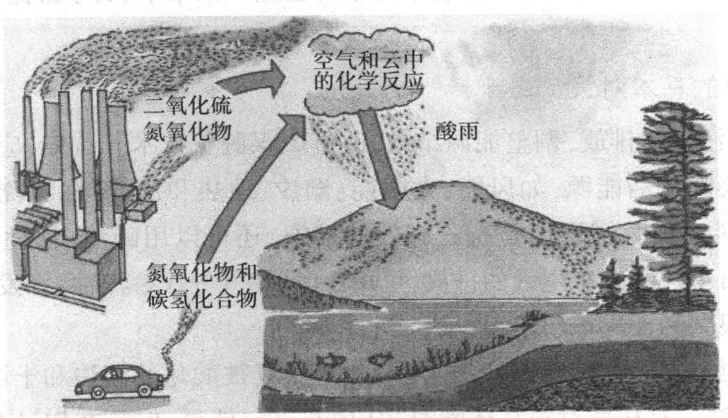

图9.6 酸雨形成原因示意图

欧洲和北美洲东部是世界上最早发生酸雨的地区，但近10多年来，亚太地区因其经济的迅速增长和能源消耗量的迅速增加，酸雨问题也十分严重，特别是中国已成为硫氧化物、氮氧化物等酸性物质的排放大国。由于酸性大气污染物可随大气运动跨越国界，因此酸雨问题已经成为一个主要的全球环境问题，引起世界各国的高度重视。目前，全球形成了三大酸雨区，其中之一就是我国长江以南地区，这一地区覆盖了四川、重庆、贵州、广东、广西、湖北、江西、浙江和江苏等省市，面积达200多万平方千米。世界上另外两个酸雨区是以德国、法国、英国等国为中心，波及大半个欧洲的欧洲酸雨区，以及包括美国和加拿大在内的北美酸雨区。这两个酸雨区的总面积约1 000多万平方千米，降水的pH值甚至降到4.5以下，降水的酸化程度之剧烈、危害面积之广远远超出了人们的想象。

3）酸雨的主要危害

①造成森林生态系统衰退和森林衰败。许多国家受酸雨影响的森林面积在20%甚至30%以上，如欧洲15个国家中有700万公顷森林受到酸雨的影响，森林生态系统在遭受死亡综合征的侵袭；我国四川、广西等省（自治区）有10多万公顷森林也正在衰亡。

②造成土壤酸化。酸雨降到地面，一方面使土壤中的营养元素（如钙、镁、钾等）溶出而流失，另一方面也可使土壤中的有毒金属元素（如铅、铜、锌、镉等）溶解成水溶液，而被植物吸收，影响植物生长甚至造成死亡。这些有毒的金属离子还可使人体致病，如水中Al^{3+}浓度增加并在人体中积累，使人类发生早衰和老年痴呆症。

③破坏水生生态系统，导致生物多样性减少。酸雨会污染河流、湖泊和地下水，影响浮游生物的生长繁殖，减少鱼类食物来源，破坏水生生态系统。如在瑞典90 000多个湖泊中，已有20 000多个遭到酸雨危害，4 000多个成为无鱼湖；挪威有260多个湖泊鱼虾绝迹；美国至少有1 200个湖泊全部酸化，成为“死湖”，鱼类、浮游生物，甚至水草和藻类纷纷绝迹。

④严重损坏建筑材料和历史古迹。酸雨对建筑、桥梁、名胜古迹等均带来严重危害。世界上许多古建筑和石雕艺术品遭酸雨腐蚀，如古希腊、罗马的文物古迹，加拿大的议会大厦，我国的乐山大佛等均遭酸雨腐蚀而严重破坏。重庆市在对大气环境的监测中，发现酸雨的最低pH值为3，1956年建成的市体育场水泥栏杆已经凹凸不平、石子外露，平均每年水泥被侵蚀6.4 mm。

4）应对酸雨的基本对策

①主动削减污染物排放，调整能源结构，改进燃煤脱硫技术。首先，应该积极调整能源结构，发展无污染的清洁能源，如风能、太阳能、潮汐、地热和沼气等。其次，使用低硫优质煤、天然气和燃料油代替燃煤也是行之有效的措施，还可以用碱液、活性炭等吸附二氧化硫。此外，在城市中控制汽车尾气的排放，可用甲醇、燃气等代替汽油；开发并大量使用电动公共汽车，适度限制私人汽车的使用。

②对已被污染的环境进行改造和修复。改造修复被酸化的湖泊和土壤，现在人们大多采取洒石灰的办法。这样做对提高环境的pH值有一定效果，但是在加过石灰的土壤上，森林的生长不好，在加过石灰的水中，生物也受到影响，是一个不得已而为之的消极办法。人

们可以在恢复酸化水体的时候，对上游水库进行石灰处理，然后选择适当的水位放水；在林地上选择种植抗酸化能力较强，并且能够中和酸性的落叶树木；在城市中种植抗污染城市林网也是防治酸雨的一种有效补充手段。

③国际合作。由于大气环流的存在，各地的酸雨并不都是全由本地的大气污染造成的，为了更有效地解决酸雨问题，各国需要联合起来共同承担解决酸雨的任务。1979 年，以欧洲各国为中心缔结了《长程越界空气污染公约》；1980 年，美国发起了“国家酸沉降计划（LRTAP）”；1985 年，联合国欧洲经济委员会的 21 个国家签订了《赫尔辛基议定书》，这是实施国际合作的一项重大进步。目前世界上很多国家的法律中都写入了减少排放、控制尾气等内容，有了法律的支持，防治酸雨有了更多的途径和手段。

(4)光化学烟雾

1)光化学烟雾的概念

大气中的碳氢化合物、氮氧化合物等一次污染物在太阳光的照射下发生光化学反应，将产生臭氧、过氧乙酰硝酸酯、酮、醛类等二次污染物，由这些二次污染物和一次污染物所形成的稳定气溶胶，称为光化学烟雾。

2)光化学烟雾的形成原因

光化学烟雾的形成机理很复杂，一般认为是由链式反应形成的，以 NO_2 光解生成原子氧的反应引发，导致臭氧的形成：

$$NO_2 \xrightarrow{hv} NO + O$$

$$O + O_2 \longrightarrow O_3$$

生成的 O_3 是一种强氧化剂，当大气中有烃类物质时，O_3 和 O 能氧化烃类成醛类、酮类、过氧乙酰硝酸酯及过氧苯酰硝酸酯等刺激性很强的物质。光化学烟雾就是上述各种成分的混合物。

3)光化学烟雾的危害

光化学烟雾具有强烈的刺激性，轻者使人眼睛红肿、喉咙发痛，重者使人呼吸困难、手足抽搐，甚至死亡。

(5)雾霾

1)雾和霾的概念

雾是一种自然现象，指在水气充足、微风及大气层稳定的情况下，如果接近地面的空气冷却到一定程度时，空气中的水蒸气就会凝结成细微的水滴悬浮于空中，使地面水平的能见度下降的天气现象。

霾主要是人为造成的，是由空气中的灰尘、硫酸、硝酸、有机碳氢化合物等粒子组成的气溶胶造成视觉障碍的天气现象。

雾霾是雾和霾的统称。

2)雾和霾的区别

①相对湿度不同。相对湿度大于90%的为雾;低于80%的为霾;处于80% ~90%的是雾和霾的混合物,以霾为主。

②目标物的水平能见度范围不同。能见度低于1 km的是雾;低于10 km的是霾。

③厚度不同。雾的厚度一般只有几十米至200 m;霾的厚度可达1 ~3 km。

④颜色不同。雾一般为乳白色、青白色;霾一般为黄色、橙灰色。

⑤边界特征不同。雾的边界很清晰,过了"雾区"可能就是晴空万里;而霾则与周围环境边界不明显。

⑥日变化情况不同。雾一般出现在午夜和凌晨,太阳出来后消失,日变化明显;而霾持续时间较长,日变化相对不明显。

3)雾霾的危害

①影响身体健康。大气颗粒物能直接进入并黏附在人体上下呼吸道和肺叶中,引起鼻炎、支气管炎等病症,长期处于这种环境中还会诱发肺癌。

②影响心理健康。雾霾天气容易让人产生悲观情绪。

③影响交通安全。出现雾霾天气时,能见度很低,污染持续,交通堵塞,事故频发。

雾霾天气是一种大气污染状态,PM2.5被认为是造成雾霾天气的"元凶"。雾霾的源头多种多样,比如汽车尾气、工业排放、建筑扬尘、垃圾焚烧、火山喷发等,雾霾天气通常是多种污染源混合形成的。

9.2.5 大气污染的综合防治技术

(1)大气污染综合防治的原则

排放源、大气状态、接受体是大气污染形成的三个环节。因此,控制大气污染可从三个方面着手,一是对排放源进行控制,减少大气污染物的排放量;二是对进入大气中的污染物进行治理;三是对接受体进行防护。控制大气污染的最佳途径是阻止或减少进入大气中的污染物排放量,这条途径既是可行的又是最实际的。

大气污染控制是一门综合性很强的技术,仅考虑某个污染源的治理技术是远远不够的,必须视一个城市或特定区域为一个整体,统一规划,以预防为主、防治结合、标本兼治为原则,综合运用管理防治和控制措施。大气污染综合防治的措施可以概括为以下几点。

1)全面规划、合理布局

大气环境质量受各种各样的自然因素和社会因素影响,必须进行全面规划、合理布局,才能获得长期效益。如工业布局应考虑厂址建设地点气象条件和地理条件以有利于污染物的扩散;工厂与居民区之间应留有绿化空地,以有利于污染物的自然净化;严格划分城市功能区,在居民区、风景游览区、水源地上游不能建污染严重的单位等。

2)以源头控制为主,实施全过程控制

要从根本上解决大气污染问题,就必须从源头开始控制并实行全过程监控,改善能源结构,大量采用太阳能、风能、潮汐能、水能、海洋能等清洁能源,大力推行清洁生产,减少能源消耗,提高能源利用率,在生产全过程中最大限度地减少污染物排放量。

3)技术措施与管理措施相结合

大气污染综合防治一定要管治结合。大气污染治理固然十分重要,但还必须通过加强环境管理来解决环境问题,即运用管理手段,如坚持实行排污申报登记、排污收费、限期治理等各项环境管理制度来促进大气污染治理。为加强大气污染管理,我国在1987年通过了《大气污染防治法》并于1995年进行了修订,1989年颁布了《中华人民共和国环境保护法》,1991年颁布了《大气污染防治实施细则》等一系列环境法规。除此以外,从中央到地方逐步建立起比较完善的大气环境监测系统,为大气环境的科学管理提供了大量资料。

4)绿化造林

绿化造林不仅可以美化环境、调节大气温度和湿度、保持水土等,而且在净化大气环境及降低噪声方面也有显著成效,因而是大气污染防治的有效措施。绿色植物不仅可以吸收CO_2进行光合作用而放出O_2,而且对空气中的粉尘及各种有害气体都有阻挡、过滤或吸收作用。有统计资料表明,若城市居民平均每人有10 m^2树林或50 m^2草地,即可保持空气清新。因此城市环境应保持一定比例的绿地面积,以达到既美化城市环境,又净化和缓冲城市区域大气污染的作用。

(2)主要大气污染物控制技术

1)颗粒污染物的控制技术

颗粒污染物控制技术是从废气中将颗粒污染物分离出来并加以捕集、回收的技术,即除尘技术。从气体中除去或收集固态或液态粒子的设备称为除尘装置或除尘器。根据除尘原理,常用的除尘装置可分为机械式除尘器、洗涤式除尘器、过滤式除尘器和电除尘器等几种类型。在选择除尘装置时不仅要考虑所处理的粉尘特性,还应考虑除尘装置的气体处理量、除尘装置的效率及压力损失等技术指标和有关经济性能指标。

①机械式除尘器。机械式除尘器是借助质量力的作用来去除尘粒的除尘器。质量力包括重力、惯性力、离心力,主要除尘器形式为重力沉降室、旋风除尘器和惯性除尘器等类型。机械式除尘器构造简单、投资少、动力消耗低,除尘效率一般在40% ~ 90%,是国内目前常用的一种除尘设备,但这种除尘器的除尘效率有待提高。

②湿式除尘器。湿式除尘器是使含尘废气与液体(一般是水)相互接触,利用水滴和颗粒的惯性碰撞及拦截、扩散、静电等作用捕集颗粒或使粒径增大的装置。湿式除尘器可以有效地将直径0.1 ~ 0.2 μm的液态或固态粒子从气流中除去,同时也能脱除部分气态污染物,这是其他类型除尘器所无法做到的。湿式除尘器具有结构简单、造价低、占地面积小、操作

及维修方便和净化效果好等优点，能够处理高温、高湿的气流，将着火、爆炸的可能性减至最低，在除尘的同时还可去除气体中的有害物。其缺点是必须要特别注意设备和管道腐蚀以及污水、污泥的处理，不利于副产品的回收，而且可能造成二次污染。

③过滤式除尘器。过滤式除尘器又称为空气过滤器，是使含尘气流通过多孔滤料，利用多孔滤料的筛分、惯性碰撞、扩散、黏附、静电和重力等作用而将粉尘分离捕集的装置。采用滤纸或玻璃纤维等填充层作滤料的空气过滤器，主要用于通风及空气调节方面的气体净化；采用廉价的砂、砾、焦炭等颗粒物作为滤料的颗粒层除尘器，主要用于高温烟气除尘；采用纤维织物作滤料的袋式除尘器，广泛用于工业尾气的除尘。

④电除尘器。电除尘器是利用静电力从气流中分离悬浮粒子的装置，就是使含尘气流在通过高压电场进行电离的过程中，使尘粒荷电在电场力的作用下沉积在集尘极上，从而将尘粒从含尘气流中分离出来的一种除尘设备。

2)气态污染物的控制技术

气态污染物种类繁多，依据这些物质不同的化学性质和物理性质，需采用不同的技术方法进行控制。气态污染物的常用控制方法包括吸收法、吸附法、催化转化法、燃烧法、冷凝法等。

①吸收法。当气液两相接触时，利用气体中的不同组分在同一液体中的溶解度不同，气体中的一种或数种溶解度大的组分进入液相中，使气相中各组分相对浓度发生改变，气体即可得到分离净化，这个过程称为吸收。吸收法就是利用这一原理，采用适当的液体作为吸收剂，使含有有害物质的废气与吸收剂接触，废气中的有害物质被吸收于吸收剂中，气体得到净化的方法。

常用的吸收剂包括以下几种：水，适用于去除溶于水的有害气体，如氯化氢、氨、二氧化硫等；烧碱溶液、石灰乳、氨水等碱液，适用于去除酸性气体，如二氧化硫、氮氧化物、硫化氢等；硫酸溶液、盐酸溶液等酸液，适用于去除碱性气体；碳酸丙烯酯、甲醇等有机溶剂，可有效去除废气中的二氧化硫、硫化氢等。

吸收法具有设备简单、捕集效率高、应用范围广、一次性投资低等特点。但由于吸收是将气体中的有害物质转移到液体中，因此对吸收液必须进行处理，否则容易引起二次污染。

②吸附法。由于固体表面存在未平衡和未饱和的分子引力或化学键力，因此当其与气体接触时，就能吸引气体分子，使其聚集固体表面并保持在其上，这种现象称为吸附。

吸附法治理废气就是使废气与比表面积大的多孔性固体物质相接触，将废气中的有害组分吸附在固体表面上，从而达到净化气体的目的。具有吸附作用的固体物质称为吸附剂，被吸附的气体组分称为吸附质。

吸附过程是可逆的，吸附和脱附同时存在，当吸附速度和脱附速度相等时，就达到了吸附平衡，吸附剂丧失了吸附能力，需要对吸附剂进行再生。效率高的吸附剂有活性炭、分子筛等，常用的再生方法有升温脱附、减压脱附、吹扫脱附等。

吸附法的净化效率高，特别是对低浓度气体仍具有很强的净化能力，因此，吸附法特别适用于排放标准要求严格或有害物质浓度低，用其他方法达不到净化要求的气体的净化，常作为深度净化手段或联合应用几种净化方法时的最终控制手段。

③催化转化法。催化转化法是利用催化剂的催化作用,使气态污染物转化为无害物质或易于处理和回收利用的物质的方法。

④燃烧法。燃烧净化法是对含有可燃有害组分的混合气体进行氧化燃烧或高温分解,从而使这些有害组分转化为无害物质的方法。燃烧法主要适用于碳氢化合物、一氧化碳、沥青烟、黑烟等有害物质的净化处理。

⑤冷凝法。物质在不同的温度下具有不同的饱和蒸气压,利用这一性质,采用降低系统温度或提高系统压力,使处于蒸气状态的污染物冷凝并从废气中分离出来的过程即为冷凝法。冷凝法只适用于处理高浓度有机废气,常用作吸附、燃烧等方法净化高浓度废气的前处理,也用于高湿气体的预处理。冷凝法的设备简单,操作方便,并可回收到纯度较高的产物,因此成为气态污染物治理的主要方法之一。

(3)典型废气的治理技术实例

1)二氧化硫治理技术

消除或降低二氧化硫对大气环境的危害主要有两种方法——燃料脱硫和烟气脱硫。从燃料中脱硫目前尚未取得重大进展,还没有很好的方法,这里主要介绍烟气脱硫技术。

由于烟气脱硫技术具有量大、烟温低、二氧化硫浓度低等特点,给脱硫技术带来了很大困难,常用的烟气脱硫方法可分为湿法和干法两类。

①湿法脱硫。湿法脱硫是把烟气中的SO_2转化为液体或固体化合物,从而实现SO_2从烟气中分离出来。根据使用的吸收剂的不同,湿法脱硫又分为氨法、钠法、钙法等。

A.氨法:氨法是用氨水吸收烟气中的SO_2,其化学反应式如下所示:

$$NH_3 \cdot H_2O + SO_2 \longrightarrow (NH_4)_2SO_3$$

$$(NH_4)_2SO_3 + SO_2 \longrightarrow NH_4HSO_3$$

其反应产物为亚硫酸铵$(NH_4)_2SO_3$及亚硫酸氢铵NH_4HSO_3。该法工艺成熟,流程设备简单,操作方便,处理反应产物,可回收得到硫酸铵或石膏等有用物质。

B.钠法:用氢氧化钠、碳酸钠或亚硫酸钠水溶液吸收烟气中的SO_2,其化学反应式如下所示:

$$NaOH + SO_2 \longrightarrow Na_2SO_3$$

$$Na_2CO_3 + SO_2 \longrightarrow Na_2SO_3 + CO_2$$

$$Na_2SO_3 + SO_2 \longrightarrow NaHSO_3$$

其反应产物为亚硫酸钠或亚硫酸氢钠,可经处理得到副产物或无害化处理废弃。钠法脱硫具有吸收速度快的特点,目前应用比较广泛。

C.钙法:用生石灰(CaO)或消石灰$[Ca(OH)_2]$的乳浊液吸收烟气中的SO_2,其化学反应式如下所示:

$$CaO + SO_2 + H_2O \longrightarrow CaSO_3$$

$$CaSO_3 + O_2 \longrightarrow CaSO_4$$

其反应产物亚硫酸钙,经空气氧化可得到石膏,钙法由于吸收剂价廉易得,且回收得到的石膏用途广泛,因此应用也非常广泛。

②干法脱硫。湿法脱硫后增大烟气的湿度,影响烟气的上升高度,从而使气体污染物难以扩散。干法脱硫主要通过活性炭吸附法及金属氧化物吸收法达到去除二氧化硫的目的,正好克服了湿法脱硫这一不足。活性炭吸附法是利用活性炭较大的比表面积使烟气中的SO_2、SO_3与活性炭表面的氧气和水蒸气反应生成硫酸而被吸附;金属氧化物吸收法则利用碱金属氧化物、氧化锰等对SO_2、SO_3的吸收能力来达到脱硫的目的。

③生物脱硫技术。生物脱硫技术是20世纪80年代发展起来的常规脱硫替代新工艺,具有许多优点:无须催化剂和氧化剂,无须处理化学污泥,产生的生物污染少,低能耗,回收硫,效率高,无臭味;缺点是过程不易控制,条件要求苛刻。生物脱硫技术包括生物过滤法、生物吸附法和生物滴滤法,三种系统均属开放系统,其微生物种群随环境改变而变化。在大多数生物反应器中,微生物种类以细菌为主,真菌为次,极少有酵母菌。常用的细菌是硫杆菌属的氧化亚铁硫杆菌、脱氮硫杆菌及排硫杆菌。

2)氮氧化合物治理技术

脱除氮氧化合物的方法种类较多,比较普遍采用的有改进燃烧法、吸收法、催化还原法和固体吸附法。

①改进燃烧法。燃料燃烧时,既要保证燃料充分利用,放出大量能量,又要避免大量空气过剩,防止产生大量氮氧化合物,造成环境污染。据资料报道,采用分阶段燃烧的方法,即第一阶段采用高温燃烧,第二阶段采用低温燃烧,可以使燃烧废气中的氮氧化合物的生成量较原来降低30%左右。

②吸收法。主要包括水吸收法、酸吸收法、碱性溶液吸收法、还原吸收法和氧化吸收法。

A.水吸收法:NO_2与水接触时,发生下列反应:

$$NO_2 + H_2O \longrightarrow HNO_3 + HNO_2$$
$$2HNO_2 \longrightarrow NO + NO_2 + H_2O$$
$$2NO + O_2 \longrightarrow 2NO_2$$

二氧化氮与水反应,生成硝酸和亚硝酸,生成的亚硝酸很不稳定,立即分解为一氧化氮(氧化亚氮)和二氧化氮,一氧化氮与氧反应生成二氧化氮,二氧化氮又与水反应,生成硝酸和亚硝酸。一般水吸收法的效率为30% ~ 50%,制得浓度为5% ~ 10%的稀硝酸,但水吸收法需要在加压下操作,这为降低操作费和设备费带来一定困难。

B.酸吸收法:利用30%左右的稀硝酸吸收氮氧化合物,氮氧化合物的去除率可达80% ~ 90%。此法是美国Chenweth研究所开发,在美国广泛用于硝酸厂的尾气治理,可以回收硝酸,经济、简便。

C.碱性溶液吸收法:利用碱性物质来中和所生成的硝酸和亚硝酸,使之变为硝酸盐和亚硝酸盐,使用的主要吸收剂有氢氧化钠、碳酸钠和氨水等。

a. 烧碱法：采用 NaOH 来吸收 NO_2 及 NO，其反应为：

$$2NaOH + 2NO_2 \longrightarrow NaNO_3 + NaNO_2 + H_2O$$

$$2NaOH + NO_2 + NO \longrightarrow 2NaNO_2 + H_2O$$

烧碱法所采用的碱液浓度为 10%左右，氮氧化合物的去除率可达 80% ~ 90%。

b. 纯碱法：采用 Na_2CO_3 溶液来吸收 NO_2 及 NO，其反应为：

$$Na_2CO_3 + 2NO_2 \longrightarrow NaNO_3 + NaNO_2 + CO_2$$

$$Na_2CO_3 + NO_2 + NO \longrightarrow 2NaNO_2 + CO_2$$

因为纯碱的价格比烧碱便宜，故有逐步取代烧碱法的趋势。但纯碱法的吸收效果比烧碱差，据厂家实践，采用28%浓度的纯碱溶液处理硝酸生产尾气，氮氧化合物的去除率仅为70% ~ 80%。

c. 氨法：采用氨水喷洒氮氧化合物的废气或者向氮氧化合物的废气中通入气态氨，使氮氧化合物转变为硝酸铵和亚硝酸铵，其反应为：

$$2NO_2 + 2NH_3 \longrightarrow NH_4NO_3 + N_2 + H_2O$$

$$2NO + \frac{1}{2}O_2 + 2NH_3 \longrightarrow NH_4NO_2 + N_2 + H_2O$$

氨法的优点是气相反应，反应速度快，瞬间即可完成，可以实现连续运行，而且氮氧化合物的去除率高达 90%，但氨法的缺点是处理后的废气中带有生成的硝酸铵和亚硝酸铵，形成雾滴，产生白色烟雾，扩散到大气中造成二次污染。

目前，已有采用氨法与碱溶液吸收法结合起来的二级处理办法。先用氨吸收，然后用碱溶液吸收。该法已取得满意的效果，国内已经在不断推广应用。

D. 还原吸收法：目前，还原吸收法中主要有两种：氯 - 氨法和亚硫酸盐法。

a. 氯 - 氨法：利用氯的氧化能力与氨的中和还原能力，进行治理氮氧化合物的方法，其反应为：

$$2NO + Cl_2 \longrightarrow 2NOCl$$

$$NOCl + 2NH_3 \longrightarrow NH_4Cl + N_2 + H_2O$$

$$2NO_2 + 2NH_3 \longrightarrow NH_4NO_3 + N_2 + H_2O$$

此种方法氮氧化合物的去除率比较高，可达 80% ~ 90%，产生的氮气对环境也不存在污染问题，但是由于氯化铵和硝酸铵的生成呈白色烟雾，需要进行电除尘分离来处理白色烟雾的二次污染，使本方法的推广使用受到限制。

b. 亚硫酸盐法：采用亚硫酸盐水溶液吸收氮氧化合物并将其还原为 N_2 的方法。

E. 氧化吸收法：由于 NO 很难被吸收，因而采用浓硝酸、次氯酸钠、高锰酸钾和臭氧等强氧化剂先将 NO 氧化成 NO_2，然后再用吸收液加以吸收。

$$NO + 2HNO_3 \longrightarrow 2NO_2 + H_2O$$

日本的NE法就是采用碱性高锰酸钾溶液作为吸收剂，氮氧化合物去除率高达93% ~ 98%，但这种方法的运行费用比较高。

③催化还原法。催化还原法是指在催化剂存在下，使用还原剂将氮氧化合物还原为氮

气的方法，具体又分为选择性催化还原法和非选择性催化还原法两种。

A. 非选择性催化还原法：将废气中的氮氧化合物和氧两者不加选择的一并还原，由于氧被还原时会放出大量的热，所以，采用非选择性催化还原法可以回收能量，如果回收合理，几乎在处理废气过程中不必再消耗能量。

非选择性催化还原法常用的催化剂是钯，常用的还原剂是甲烷，甲烷与氮氧化合物及氧发生如下反应：

$$CH_4 + 4NO_2 \longrightarrow 4NO + CO_2 + 2H_2O$$

$$CH_4 + 4NO \longrightarrow 2N_2 + CO_2 + 2H_2O$$

$$CH_4 + 2O_2 \longrightarrow CO_2 + 2H_2O$$

B. 选择性催化还原法：选择性地将废气中的氮氧化合物还原，与氧并不发生反应。选择性催化还原法一般选择铂作催化剂，氨作还原剂，反应如下：

$$4NH_3 + 6NO \longrightarrow 5N_2 + 6H_2O$$

$$8NH_3 + 6NO_2 \longrightarrow 7N_2 + 12H_2O$$

④固体吸附法。固体吸附法是利用分子筛、硅胶、活性炭、泥煤对氮氧化合物进行吸附处理的方法。

3）汽车尾气治理技术

在城市人口密集区，汽车尾气是造成局部区域大气污染的主要源头之一，如酸雨、光化学烟雾及硫酸烟雾均与汽车尾气中的大量污染物有关。

汽车尾气的净化技术可分为机内净化和机外净化两种。所谓机内净化是指减少发动机内有害气体的生成，如提高油料的燃烧效率等。机外净化是指采用铂、钯等贵金属作为催化剂，将汽车尾气中的污染物，如CO、碳氢化合物及氮氧化合物转化为CO_2和H_2O等无害物。

9.3 水体污染及其防治

地球表面上水的覆盖面积约占3/4，其中海洋含水量占地球总水量的97%，高山和极地的冰雪含水量占地球总水量的2.14%，但与人类关系最密切又较易开发利用的淡水资源仅占地球总水量的0.64%，而且这部分水在地球上分布极不平衡，一些国家和地区的淡水资源极度匮乏。人类年用水量接近1万亿立方米，而全球60%的陆地面积淡水供应不足，造成近20亿人饮用水短缺。目前，拥有世界人口40%的约80个国家正面临水源不足，其农业、工业和人体健康受到威胁。我国属于全球13个贫水大国之一，国土面积的30%、人口面积的60%处于缺水状态。联合国早在1977年就向全世界发出警告：不久以后，水资源将成为继石油危机之后的另一个更为严重的全球性危机。因此，水，特别是淡水是人类社会极其宝贵的自然资源。

9.3.1　评价水质的指标

天然水中所含的物质有三类:第一类是溶解性物质,包括钙、镁、钠、铁等的盐类或化合物、溶解氧及其他有机物;第二类是胶体物质,包括硅胶、腐殖酸胶体等;第三类是悬浮物质,如黏土、泥沙、细菌等。水质的优劣取决于水中所含杂质的种类和数量,可以通过一些水质指标来评价水质的优劣。

(1)浑浊度

水中含有悬浮物质就会产生浑浊现象,水的浑浊程度用"浑浊度"来度量,它是用待测水样与标准比浊液比较而得。浑浊度是外观上判断水是否纯净的主要指标。

(2)电导率

电导率表示水导电能力的大小,间接反映出水中含盐量的多少。水中溶解的离子浓度越大,则其导电能力越强,电导率越大。例如,298 K 时纯水的电导率为 5.5×10^{-6} S/m,天然水的电导率为 $(0.5\sim5)\times10^{-2}$ S/m,含盐量高的工业废水电导率可高达 1 S/m。

(3)pH 值

pH 值对水中许多杂质的存在形态和水质控制过程都有影响。不同的用水场合对 pH 值有特定的要求,如燃煤电站锅炉给水要求 $pH=8.5\sim9.4$。

(4)需氧量

在水中发生化学或生物化学氧化还原反应需要消耗氧化剂或溶解氧的量称需氧量。由于天然水中耗氧最多的是各种有机物,所以它间接地反映了水中有机物的含量。需氧量越高,表明水被有机物污染越重。需氧量用氧化 1 dm^3 水样中的有机物需要消耗氧的质量表示。

需氧量分为化学需氧量和生化需氧量。化学需氧量是指使一定水样中的有机物发生化学氧化所需要的氧的量,用 COD 表示;生化需氧量是指使一定水样中的有机物被水中微生物降解所需要的氧的量,用 BOD 表示。

(5)微生物学指标

水受人畜粪便、生活污水污染时,水中细菌含量大增,因此,水中菌落总数和大肠菌群数可判断水质受粪便污物污染的情况。

此外,作为无机有毒物质的汞、镉、铬、铅、砷等,以及作为有机有毒物质的酚类化合物、石油类等在水中都有严格的含量限制标准。国家对地表水以及生活饮用水都制订了质量标准。

9.3.2 水体污染

(1)水体污染的概念和分类

水在环境体系中不断循环。在太阳辐射作用下,地球表面的大量水分蒸发至空中,被气流输送至各地;同时,水蒸气在空中冷凝成液体或固体而以雨、雪、冰雹等形式降落地球表面,汇集到江、河、湖泊和海洋中。水分的这种不断转移交替的现象叫作水循环。

由于水循环作用,各种可溶性物质或悬浮物质被带进自然界各种形态的水体中,影响水质。如果污染物的含量过大,超出了水体的自净能力,破坏了水体的生态平衡,使水体的物理、化学性质发生变化而降低水体的使用价值,称为水体污染。全世界75%的疾病都与水体污染有关,如常见的伤寒、霍乱、痢疾等疾病的发生与传播都和饮用水污染紧密相关。

水体污染根据污染性质分为化学性污染、物理性污染、放射性污染及生物性污染。其中化学性污染是指化学物质引起水体自身化学成分改变而出现的污染;物理性污染包括色度、浊度、温度等变化或泡沫状物质引起的污染;放射性污染主要是由于核燃料的开采及炼制、核反应堆的运转、核武器试验等引起的污染;生物性污染指水体中的微生物或病毒等引起的污染。

(2)典型的水体污染现象

1)重金属污染

重金属对水体的危害性非常大,如汞、镉、铬、铅、砷等,都具有较强的毒性,只需要少量便可污染大片水体。虽然水中的微生物对许多有毒物质有降解功能,但对于重金属,这些微生物无能为力;相反,部分重金属还可在微生物作用下转化为金属有机化合物,产生更大的毒性。更为严重的是,此类物质可通过食物链层层积累,最终通过食用水产品进入人体,使蛋白质、酶失去活性,导致中毒。

震惊世界的日本水俣病事件就是因为居民长期食用汞(以甲基汞形式存在)含量超标的水产品所致,其发病症状为智力障碍、运动失调、视野缩小、听力受损等;20世纪60年代发生的日本痛痛病事件是因为居民饮用水中镉含量超标造成的。当饮用水中镉含量超过0.01 mg/L,将积存于人体肝、肾等器官,最终造成肾脏再吸收能力不全,干扰免疫球蛋白的制造,降低机体的免疫能力并导致骨质疏松、骨质软化;铅及其化合物也会引发贫血、肝炎、神经系统疾病,表现为痉挛、反应迟钝、贫血等,严重时可引发铅性脑病;铬可引起皮肤溃烂、贫血、肾炎等,甚至可能引发癌症;砷的有毒形态主要是As_2O_3(砒霜),人体中毒表现为呕吐、腹泻、神经炎、肾炎等,还可致癌。

2)有机污染物

自从农药大量使用后,有毒合成有机物成了水体污染的一大来源,其中比较有代表性的有滴滴涕(DDT)、六六六和多氯联苯(PCB)等,这些农药性质稳定,难以降解,对水体危害大,危及面广。曾经有人在生长于南极的企鹅体内测出DDT,生长于北冰洋的鲸鱼中测出PCB。

除了上述有毒有机物外,还有一类有机物通过消耗水中溶解氧来使水体性质改变,进而污染水体,这类有机物叫耗氧有机物。生活污水和工业废水中所含的碳氧化合物、蛋白质、脂肪等属于耗氧有机物,它们的存在对饮用水和水产养殖业危害甚大。

3)无机污染物

无机污染物主要是指排入水体中的酸、碱、无机盐类及无机悬浮物质。酸、碱等污染物使水体pH值大幅度改变,消灭或抑制了细菌等微生物的生长,阻碍了水体的自净,且具有很高的腐蚀性。水中无机盐的增加,使水的渗透压加大,硬度提高,对生物、土壤都极为不利。

4)水体富营养化

随着城市人口的不断增长,城市生活污水排放量急剧增加,加之工业废水、农田排水,造成湖泊、水库、河流中的污水含量迅速增大,这些污水中所含氮、磷等植物生长所必需的营养物质超标。由于营养物质的过剩,使得藻类及其他浮游生物迅速繁殖,一方面大量消耗水中的溶解氧,另一方面覆盖水面遮挡阳光,导致鱼类和其他生物大量死亡与腐烂,水质恶化,这种现象称为水体富营养化。

富营养化污染若发生在海洋水体中,将使海洋中浮游生物暴发性增殖、聚集而引起水体变色,这种现象称为赤潮。我国近年来频发赤潮,给海洋资源、渔业带来巨大损失。富营养化污染若发生在淡水中,引起蓝藻、绿藻等藻类迅速生长,使水体呈蓝色和绿色,这种现象称为水华。太湖、滇池、巢湖、洪泽湖等都曾发生水华。

5)放射性污染和热污染

随着原子能工业的发展,放射性核素在医学、科研领域中的应用越来越多,放射性污染水显著增加。由于一些核素半衰期长,通过水和食物进入人体后,蓄积在某些器官内,引发白血病、骨癌、肺癌及甲状腺癌等。

热污染是指天然水体接受火力发电站、核电站、炼钢厂、炼油厂等使用的冷却水而造成的污染。由于热污染引起水温升高,使水中溶解氧降低,还将加速有机污染物的分解,增大耗氧作用。

9.3.3　水体污染的防治

工业废水和城市污水的任意排放是造成水体污染的主要原因,要控制并进一步消除水体污染,必须从污染源抓起,即从控制废水的排放入手,妥善处理城市污水及工业废水,积极对各种废水实施有效的技术处理,将废水中的污染物分离出来,或将其转化为无害物质。同时,加强对水体及其污染源的监测和管理,尽可能防治水体污染,将“防”“治”“管”三者结合起来。

(1)污水处理分类

污水处理通常分为三级处理。

1)一级处理(预处理)

一级处理是用物理方法或简单化学法去除污水中的大颗粒悬浮物和漂浮物,初步中和酸碱度。经过一级处理后,悬浮固体去除率可达70% ~80%。一级处理达不到排放标准。

2)二级处理

二级处理的主要目的是去除污水中呈胶体状态和溶解状态并能被生物降解的有机污染物。经过二级处理后,污水中有机物可被除去80% ~90%,但某些重金属毒物及生物难以降解的高碳化合物、植物营养物不能除去。二级处理一般采用生物处理法及絮凝法。

3)三级处理(深度处理)

目的是去除可溶性无机物、不能生化降解的有机物、氮和磷的化合物、病毒、病菌及其他物质,最后达到地面水、工业用水、生活用水的水质标准。三级处理一般采用化学法及物理化学法,成本高,只用于严重缺水的地区和城市。

(2)污水处理技术

针对不同的污染物采用不同的污水处理技术,主要的污水处理方法如下。

1)物理法

物理法主要用于分离污水中呈悬浮状态的污染物质,使污水得到初步净化,包括沉淀、过滤、离心分离、气浮、反渗透、蒸发结晶等方法。

2)化学法

化学法通过化学反应的作用来分离或回收污水中的污染物,或将其转化为无害物质,常采用的方法有中和法、混凝法和氧化还原法等。

①中和法。针对污水排放前 pH 值接近中性的要求而采取的一种化学处理方法。对酸性污水,一般加入无毒的碱性物质如石灰、石灰石等,中和水中的酸性物质而使水质接近中性;同理,对碱性污水,可加入酸性物质加以中和,对碱性不是太高的污水,可通入烟道气体(含大量的 CO_2 气体),CO_2 气体溶于水生成碳酸,从而中和污水中的碱。

②混凝法。在污水中加入明矾、聚合氯化铝、硫酸亚铁、三氯化铁等混凝剂,混凝剂在水中会发生水解生成带电胶体,这些带电微粒有助于污水中带电细小悬浮物的沉淀。

③氧化还原法。针对污水中部分在氧化剂(如氧气、漂白粉、氯气等)或还原剂(如铁粉、锌粉等)的作用下,可被氧化或还原成无毒或微毒物质而采取的治理手段。

3)物理化学法

物理化学法包括萃取、吸附、离子交换、反渗透、电渗析等,主要分离污水中的溶解物质,同时回收其中有用成分,从而使污水得到进一步处理。

4)生物处理法

生物处理法是通过微生物的新陈代谢作用,将污水中部分复杂的有机物、有毒物质分解为简单的、稳定的无毒物质。目前,常用的有好氧的活性污泥法、生物滤池法和厌氧的生物还原法等。

生物处理法适用于大量污水的处理且效果好,近年来已成为处理生活污水和某些有机废水的主要方法。

另外,就国家政策角度而言,要从根本上防治水体污染,除了需要加强宣传教育外,还要以法律的形式强制执行污水排放方面的约束。目前,我国水环境治理方面的法规主要是《中华人民共和国水污染防治法》,该法规的发布和实施为我国水环境的治理提供了有力的法律保障。

9.4　土壤污染及其防治

土壤污染是全世界普遍关注和研究的三大环境问题之一。由于长期不合理的开发利用和大量"三废"的排放,我国已有相当面积的土壤遭到污染和破坏。据统计,全国受镉、砷、铬、铅等重金属污染的耕地面积有2 000万平方千米,约占耕地总面积的1/5,我国每年因重金属污染而减产粮食1 000多万吨,此外,每年有1 200万吨粮食重金属超标,两者共计经济损失200亿元。可见,防治土壤污染,建立并保持良好的土壤生态环境,已成为当今环保工作中一项紧迫的任务。

9.4.1　土壤污染及其特点

(1)土壤污染及其判断

1)土壤污染的概念

土壤污染是指由于人类活动所产生的污染物,通过多种途径进入土壤,其数量和速度超过了土壤的容纳能力和净化速度,使土壤的性质、组成等发生变化,导致土壤的自然功能失调、土壤质量恶化的现象。

2)土壤环境容量的概念

要正确认识土壤污染的含义,就必须理解土壤环境容量的概念。土壤环境容量是指一定环境单元,一定时限内遵循环境质量标准,既保证农产品质量和生物学质量,同时也不使环境污染时,土壤能容纳污染物的最大负荷量。当进入土壤的污染物量不超过土壤环境容量时，就不会引起土壤污染。不同土壤的环境容量不同，同一土壤对不同污染物的环境容量也不同，这与土壤本身的净化能力有关。

3）土壤污染的判断和评价

用什么指标来判断土壤是否污染？在实际工作中，通常根据土壤环境背景值、生物指标及土壤环境质量标准来判断某一具体区域土壤的污染情况。

①土壤背景值。土壤背景值理论上是土壤在自然成土过程中，构成土壤化学元素的组成和含量，即未受人类活动影响的土壤化学元素的组成和含量。土壤背景值是一个相对概念，一方面，土壤中元素的含量由于成土因素的差异以及土壤系统的复杂性，这一含量不是一个确定的数值；另一方面，当前全球环境受人为活动的影响已非常严重，要寻找一个不受人为活动影响的地方几乎是不可能的。所以，常常以一个国家或地区土壤中某元素的平均含量作为土壤背景值。如果某一区域土壤中某元素的含量超过了背景值（指统计学概念上，通常以土壤元素背景值加两倍标准差作为评价标准），即可认为发生了土壤污染。

②生物指标。生物指标主要有两类。一是植物体内污染物含量。土壤中某元素含量超高时，植物的吸收量也会相应增加。对植物可食部分而言，当有害物质的含量超过食品卫生标准时，则可以判断土壤遭受了污染。二是植物的反应，即植物吸收污染物后对其生长发育的影响。当土壤遭受污染后，植物的生长发育及产量均会受到影响。

③土壤环境质量标准。我国 1995 年颁布了土壤环境质量标准（表 9.1），现常用作评价土壤环境质量状况的依据。但由于土壤组成的复杂性，土壤背景值以及生物指标的应用仍具有一定的现实意义。

表 9.1　土壤环境质量标准（GB 15618—1995）

级　别		一级	二级			三级
pH 值		自然背景	< 6.5	6.5 ~ 7.5	> 7.5	> 6.5
Cd	≤	0.20	0.30	0.30	0.60	1.0
Hg	≤	0.15	0.30	0.50	1.0	1.5
As	水田 ≤	15	30	25	20	30
	旱地 ≤	15	40	35	25	40
Cu	农田等 ≤	35	50	100	100	400
	果园 ≤	—	150	200	200	400
Pb	水田 ≤	35	250	300	350	500
Cr	旱地 ≤	90	250	300	350	400
	≤	90	150	200	250	300
Zn	≤	100	200	250	300	500

续表

级　别		一级	二级			三级
Ni	≤	40	400	50	60	200
六六六	≤	0.05	0.50			1.0
DDT	≤	0.05	0.50			1.0

注：①重金属（铬主要是三价）和砷均按元素量计，适合于阳离子交换量大于5cmol(+)/kg的土壤，若阳离子交换量不大于5cmol(+)/kg，其标准值为表内数值的半数。

②六六六为四种异构体总量，DDT为四种衍生物总量。

③水旱轮作地的土壤环境质量标准，砷采用水田值，铬使用旱田值。

(2)土壤污染的特点

1)土壤污染的隐蔽性和滞后性

大气污染、水污染和废弃物污染等问题一般都比较直观，通过感官就能发现。而土壤污染则不同，它往往需要通过对土壤样品进行分析化验和农作物的残留检测，甚至通过研究对人畜健康状况的影响才能确定，具有很强的隐蔽性。而且，土壤污染从产生污染到出现问题通常会滞后较长的时间。例如，日本的“痛痛病”经过了10～20年的时间才被人们所认识。

2)土壤污染的累积性和地域性

污染物质在大气和水体中，一般比较容易迁移，而其在土壤中并不像在大气和水体中那样容易扩散和稀释，因此污染物质容易在土壤中不断积累而超标，同时也使土壤污染具有很强的地域性。

3)土壤污染的不可逆性

重金属对土壤的污染基本上是一个不可逆的过程，许多有机化学物质的污染也需要较长的时间才能降解，这给土壤污染的治理和恢复带来了较大的困难。例如，被汞、砷、铅、镉等重金属污染的土壤可能要经过100～200年时间才能够恢复。

4)土壤污染的难治理性

如果大气和水体受到污染，切断污染源之后通过稀释作用和自净作用可能使污染问题不断缓解，但积累在土壤中的难降解污染物则很难靠稀释作用和自净作用来消除。此外，土壤污染后，还可通过降水淋渗污染地下水，通过地面径流污染地表水，通过风蚀作用增加大气中污染物的含量，造成二次污染。

9.4.2 土壤污染物与污染源

(1)土壤污染物

1)化学污染物

化学污染物包括无机污染物和有机污染物。前者如汞、镉、铅、砷等重金属,过量的氮、磷植物营养元素以及其氧化物、硫化物等;后者如各种化学农药、石油及其裂解产物以及其他各类有机合成产物等。

2)物理污染物

物理污染是指来自工厂、矿山的固体废弃物如尾矿、废石、粉煤灰和工业垃圾等。

3)生物污染物

生物污染物是指带有各种病菌的城市垃圾和由卫生设施(包括医院)排出的废水、废物以及畜禽养殖产生的厩肥等。这些污染物中含有大量致病细菌、病毒和寄生虫等病原微生物,如肠细菌、炭疽杆菌、蠕虫等,当这些病原微生物大量繁殖后,可通过直接接触或间接接触把疾病传染给人和动物,并对生态系统产生不良影响。

4)放射性污染物

放射性污染物主要存在于核原料开采和大气层核爆炸地区,以锶和铯等在土壤中生存期长的放射性元素为主。

(2)土壤污染源

1)污水灌溉对土壤的污染

生活污水和工业废水中,含有氮、磷、钾等许多植物所需要的养分,因此,合理使用污水灌溉农田,一般有增产效果。但如果污水中含有重金属、酚、氰化物等有毒有害物质而没有经过必要的处理就直接用于农田灌溉,会将污水中的有毒有害物质带至农田,污染土壤。例如,冶炼、电镀、染料、汞化物等工业废水能引起镉、汞、铬、铜等重金属污染;石油化工、肥料、农药等工业废水会引起酚、三氯乙醛等有机物的污染。

2)大气污染对土壤的污染

大气污染主要源于工业生产中排出的有毒气体,它的污染面大,会对土壤造成严重污染。工业废气的污染分为两类:一类是气体污染,如二氧化硫、氮氧化合物、碳氢化合物、氟化物等;另一类是气溶胶污染,如粉尘、烟尘等固体粒子及烟雾、雾气等液体粒子,它们通过沉降或降水进入土壤,造成污染。

3)化肥、农药对土壤的污染

施用化肥、农药是农业增产的重要措施,但若不合理使用,也会引起土壤污染。例如,长期大量使用氮肥，会破坏土壤结构，造成土壤板结，生物学性质恶化，影响农作物的产量和质量。喷施于农作物上的农药，除部分被植物吸收或逸入大气外，约有一半散落于农田中，构成农田土壤中农药的基本来源，污染了土壤。

4）固体废弃物对土壤的污染

固体废弃物主要指采矿废石、工业废物、城市生活垃圾、污泥等，它们在土壤表面堆积后，通过降水淋渗、大气扩散污染周围土壤。例如，有色金属冶炼厂附近的土壤，铅含量为正常土壤含量的 10 ~ 40 倍，铜含量为 5 ~ 200 倍，锌含量为 5 ~ 50 倍。

9.4.3　土壤污染的危害

（1）土壤污染导致严重的直接经济损失

对于各种土壤污染造成的经济损失，目前缺乏系统的调查资料。我们仅以土壤重金属污染为例，全国每年因重金属污染而减产的粮食超过了 1 000 万吨，每年被重金属污染的粮食也多达 1 200 万吨，合计经济损失超过 200 亿元。农药、有机物污染、放射性污染、病原菌污染等其他类型的土壤污染所导致的经济损失目前还难以估计，但是这些类型的污染问题确实存在，甚至还很严重。

（2）土壤污染导致食物质量不断下降

土壤污染导致许多地方粮食、蔬菜、水果等食物中的铬、镉、铅等重金属或其他有害物质含量超标或接近临界值，使食物质量大幅下降。有些地方由于污水灌溉已经使得蔬菜的味道变差、易烂，甚至出现难闻的味道，农产品的储藏品质和加工品质也不能满足深加工的要求。

（3）土壤污染危害人体健康

土壤污染会使污染物在植物体内积累，并通过食物链富集到人体和动物体中，危害人畜健康，引发癌症和其他疾病。

（4）土壤污染导致其他环境问题

土壤受到污染后，容易导致大气污染、地表水污染、地下水污染和生态系统退化等其他生态环境问题。如北京的大气扬尘，有一半来源于地表，土壤中的污染物进入大气，并进一步通过呼吸作用进入人体；上海川沙污水灌溉区的地下水检测出汞、镉等重金属和氟、砷等非金属超标；成都市郊的农村水井也因土壤污染而导致井水中汞、铬、酚、氰等污染物超标。

9.4.4 土壤污染的控制方法

(1)科学地进行污水灌溉

工业废水种类繁多,成分复杂,有些工厂排出的废水可能是无害的,但与其他工厂排出的废水混合后,就变成有毒废水。因此在利用废水灌溉农田之前,应按照《农田灌溉水质标准》进行净化处理,这样既有效利用了污水,又避免了对土壤的污染。

(2)合理使用农药,重视开发高效低毒低残留农药

合理使用农药,不仅可以减少对土壤的污染,还能经济有效地消灭病、虫、草害,发挥农药的积极效能。在生产中,不仅要严格控制化学农药的用量、使用范围、喷施次数和喷施时间,提高喷洒技术,还要积极改进农药剂型,严格限制剧毒、高残留农药的使用,重视低毒、低残留农药的开发与生产。

(3)合理施用化肥,增施有机肥

根据土壤的特性、气候状况和农作物生长发育特点配方施肥,严格控制有毒化肥的使用范围和用量。此外,增施有机肥,提高土壤有机质的含量,可以促进土壤胶体对有毒物质的吸附作用,增加土壤环境容量,提高土壤自净能力。如褐腐酸能吸收和溶解三氯杂苯除草剂及某些农药,腐殖质能促进镉的沉淀等。同时,增施有机肥还可以改善土壤微生物的流动条件,加速生物降解过程。

(4)改变耕作制度

通过增施有机肥、改变耕作制度、调整作物品种等手段,可以改变土壤的物理化学性质,缓解土壤板结情况,达到治理土壤污染的目的。如利用农药DDT和六六六在旱田中降解速度慢而在水田中降解速度快的特性,实施水旱轮作,可减轻该农药对农田土壤的污染,改善土壤理化性质,恢复土壤活力。

(5)施用化学改良剂,减少重金属对土壤的污染

在受重金属轻度污染的土壤中施用化学改良剂,可将重金属转化为难溶的化合物,减少农作物对其的吸收。常用的化学改良剂有石灰、碱性磷酸盐、碳酸盐和硫化物等。例如,在受镉污染的酸性、微酸性土壤中施用石灰或碱性炉灰等,可以使活性镉转化为碳酸盐或氢氧化物等难溶物,减少了镉对土壤的污染。

(6)物理改良法

传统的物理改良法通常包括排土法和客土法。排土法是指将受污染的表层土从污染场址移出的方法；客土法是搬运别的非污染土壤掺在过砂或过黏的土壤中并使之相互混合，达到改良土壤质地的方法。日本的 Cd 污染稻田有近 1/3 通过该方法恢复了正常。排土法和客土法这两种方法可以在短期内使受污染土壤获得理想效果，但需耗费大量人力物力，而且移出后的污染土壤还需进一步处理以防治二次污染。因此，近年来对电动修复、电热修复、土壤淋洗等物理改良法的研究逐步升温。

(7)化学修复法

通过添加各种化学物质，改变土壤的化学性质，直接或间接改变污染物的形态及其生物有效性等，最终抑制或降低农作物对污染物的吸收。常用的方法有 pH 值控制、氧化还原、沉淀、吸附、重金属螯合、拮抗技术等。

(8)生物修复法

生物修复法是利用土壤中天然的微生物资源与人工培育的优质菌种，包括具有特异降解功能的动植物，加到已污染土壤中，使土壤中的污染物迅速转化降解，降低污染物浓度，使土壤恢复其原有功能。与其他土壤修复方法相比，生物修复法具有经济简单、处理效果好、避免产生二次污染等优点，近年来得到各国科研人员的广泛关注。

生物修复包括微生物修复、植物修复、动物修复、菌根修复四类，但在土壤重金属污染治理中用得比较多的是微生物修复和植物修复。例如，在以硫酸盐和磷酸盐为肥料的情况下，遏蓝菜的茎秆对重金属具有较强的富集能力(图 9.7)，因此，利用超累积植物处理重金属污染区是一种比较理想的方法，部分重金属的超累积植物见表 9.2。

图 9.7　超累积植物遏蓝菜的茎秆对重金属具有富集作用

表 9.2　部分重金属的超累积植物

重金属	超累积植物	最高含量/($mg \cdot kg^{-1}$)
Pb	圆叶遏蓝菜	8 200
Cd	天蓝遏蓝菜	1 800(茎)
Zn	天蓝遏蓝菜	51 600(茎)

续表

重金属	超累积植物	最高含量/($mg \cdot kg^{-1}$)
Cu	高山甘薯	12 300(茎)
Ni	九节木属	47 500(地上部分)
As	蜈蚣草	5 000(叶)

9.5 绿色化学

1990 年,美国颁布了污染防治法案,将污染防治确定为美国的国策,绿色化学在这一背景下应运而生。绿色化学的目标是改变现有化学化工生产的技术路线,实现从“先污染,后治理”向“从源头上根除污染”的转变。

我国为了实施可持续发展战略,预防因规划和建设项目对环境造成不良影响,促进经济、社会和环境的协调发展,于 2003 年 9 月正式实施《中华人民共和国环境影响评价法》,要求对规划和建设项目实施后可能造成的环境影响进行分析、预测和评估,提出预防或者减轻不良环境影响的对策和措施,进行跟踪监测的方法和制度。这一切也为从源头根除污染提供了必要的法律保障。

目前,世界各国对绿色化学与化工技术的研究十分重视,进展非常迅速,已出现了一批生产大宗有机化学品的绿色化学技术。可以预见,绿色化学将成为实现经济和社会可持续发展的有效手段。

9.5.1 绿色化学的概念及原则

(1)绿色化学的概念

绿色化学又称环境友好化学,它是利用化学原理和方法来防止化学产品设计、合成、加工、应用等全过程中使用和产生有毒有害物质,使所设计的化学产品或生产过程更加环境友好的一门科学。

(2)绿色化学的原则

按照 R. Sheldon 的说法,要达到无害环境的绿色化学目标,在制造和应用化工产品时,要有效利用原材料,最好是再生资源,减少废弃物量,并且不用有毒有害的试剂。

为了达到此目标，Anastas & Warner 提出了著名的十二条绿色化学原则，从而为绿色化学的进一步发展奠定了理论基础。十二条绿色化学原则的具体内容如下：

①从源头制止污染，而不是在末端治理污染。

②合成方法应具"原子经济性"，即尽量使参加过程的原子都进入最终产物。

③在合成方法中尽量不使用和不产生对人类健康和环境有毒有害的物质。

④设计具有高使用效益、低环境毒性的化学产品。

⑤尽量不用溶剂等辅助物质，不得已使用时它们必须是无害的。

⑥生产过程应该在温和的温度和压力下进行，而且能耗应最低。

⑦尽量采用可再生的原料，特别是用生物质代替石油和煤等矿物原料。

⑧尽量减少副产品。

⑨使用高选择性的催化剂。

⑩化学产品在使用完后应能降解成无害的物质并且能进入自然生态循环。

⑪发展适时分析技术以便监控有害物质的形成。

⑫选择参加化学过程的物质，尽量减少发生意外事故的风险。

十二条绿色化学原则反映了近年来在绿色化学领域中开展的多方面工作，同时也指明了绿色化学未来的发展方向，目前为国际化学界所公认。

9.5.2　绿色化学的特点及核心内容

(1)绿色化学的特点

①充分利用资源和能源，采用无毒、无害的原料。

②在无毒、无害的条件下进行反应，以减少向环境排放废物。

③提高生产原料的利用率，力图使所有原料的每一个原子都被产品所利用，实现"零排放"。

④生产出有利于环境保护、社区安全和人体健康的环境友好型产品。

(2)绿色化学的核心内容

1)原子经济性

原子经济性的概念是1991年美国著名有机化学家Trost提出的，是充分利用反应物中的每个原子，用原子利用率衡量反应的原子经济性，即最大限度地利用原料分子中的每个原子，使之结合到目标分子中，既提高有机合成效能，又达到"零排放"。

2)五"R"原则

①减量。减少"三废"排放。

②重复使用。化学工业过程中的催化剂、载体等重复使用，这是降低成本和减废的

需要。

③回收。通过回收利用,可以有效实现“省资源、少污染、减成本”的要求。

④再生。再生利用即变废为宝,是节省资源、能源,减少污染的有效途径。

⑤拒用。拒绝在化学生产过程中使用一些无法替代,又无法回收、再生和重复使用的毒副作用及污染作用明显的原料,这是减少污染的最根本方法。

习 题

1. 何为大气污染？主要污染源有哪几方面？有何危害？
2. 何为温室效应？哪些污染物可产生温室效应？简述控制温室气体的措施。
3. 臭氧层耗减的主要原因是什么？根据《蒙特利尔议定书》,防止臭氧层耗减应采取哪些措施？
4. 我国防治酸雨的根本措施有哪些？
5. 光化学烟雾是由什么物质造成的？有何危害？
6. 什么是雾霾？有何危害？
7. 汽车尾气的主要污染物有哪些？治理汽车尾气污染应采取哪些措施？
8. 简述水体中主要污染物的类型及危害。
9. 污水处理按处理深度可分为哪几级？各级的主要目的是什么？
10. 什么是土壤污染？简述土壤污染的控制方法。
11. 什么是绿色化学？简述绿色化学的核心内容。
12. 你周围的环境是否存在环境污染问题？你认为应该如何治理？

第10章 能源与化学

能源是指可以为人类提供能量的自然资源，是国民经济发展和人类生活所必需的重要物质基础。进入21世纪的今天，能源、材料、信息被称为现代社会繁荣和发展的三大支柱，已成为人类文明进步的先决条件，国际上往往以能源的人均占有量、能源构成、能源使用效率和对环境的影响因素来衡量一个国家现代化的程度。从人类利用能源的历史中可以清楚地看到，每一种能源的发现和利用，都把人类支配自然的能力提高到一个新的水平；能源科学技术的每一次重大突破，都引起一场生产技术的革命。

化学在能源的开发和利用方面扮演着重要的角色。无论是煤的充分燃烧和洁净技术还是核反应的控制利用，无论是新型绿色化学电源的研制还是生物能源的开发，都离不开化学这一基础学科的参与。可以说，能源科学发展的每一个重要环节都与化学息息相关。因此，在20世纪末，化学学科中一个新的分支——能源化学应运而生。

10.1 能源的分类

能源的品种繁多，根据能的形式可将能源分为表10.1所列的几种类型。能源工作者则根据能的形式，将能源分为两大类，即一次能源（又称原生能源）和二次能源（又称次生能源），见表10.2。一次能源是指从自然界获取，可以直接利用而不必改变其基本形态的能源。二次能源则是由一次能源经过加工或转换成另一种形态的能源产品。一次能源如风、流水、地热、日光等，不会随着它们的利用而减少，称为再生能源；而化石燃料和核燃料等会随着它们的使用而减少，称为非再生能源。

表10.1 能源的分类（一）

能的形式	能源举例	能的形式	能源举例
太阳辐射	太阳	地热能	自然温泉、热泉、地下深部热水
化学能	煤、石油、天然气、草、木	核能	铀、钍、氘
运动能	流水（包括瀑布、潮汐、风和人造水坝）		

表 10.2 能源的分类(二)

一次能源(原生能源)	再生能源	风、流水、海洋热能、潮汐能、直接的太阳辐射、地震、火山活动、地下热水、地热蒸汽(包括温泉)、热岩
	非再生能源	化石燃料(煤、石油、天然气、油页岩),核燃料(铀、钍、钚、氘等)
二次能源(次生能源)	电能、氢能、汽油、煤油、柴油、火药、酒精、余热等	

随着能源危机的出现,又有了"新能源"的概念。所谓新能源绝对不是新发现的一种什么能源,而是指以新技术和新材料为基础,使传统的可再生能源得到现代化的开发和利用,用取之不尽、周而复始可再生能源来取代资源有限、对环境有污染的化石能源。目前,新能源的研究重点在于开发利用太阳能、风能、生物质能、海洋能、地热能和氢能等。例如,寻找有效的光合作用的模拟体系,进行人工栽培和生物能转换。利用太阳能使水分解为氢气和氧气以及直接将太阳能转变为电能等都是当今新能源开发的重要课题。

10.2 全球能源结构和发展趋势

煤炭、天然气、地热、水能和风能等是自然界现成存在的,不必改变其基本形态就可直接利用的能源,常被称为一次能源。二次能源则是由一次能源经过加工或转化成另一种形态的能源产品,如电力、焦炭、汽油、柴油、煤气等。通常人们把目前技术上比较成熟并已大规模生产和广泛利用的能源称为常规能源,如煤炭、石油、天然气、核裂变燃料、水能等,其中煤炭、石油、天然气等矿产,由于是古代动植物遗骸经地壳变化埋藏地下数万年转化而成的可燃矿物,因此也称为矿物能源,把以新技术为基础,新近才利用或正在开发研究的能源称为新能源,如太阳能、核聚变能、氢能、生物能等。

有些能源是不会随本身的能量转换或者人类利用而日益减少的能源,它们具有天然的自我恢复能力,如水能、太阳能、风能、生物能等,因此又被称为可再生能源;而非再生能源正好相反,它们越用越少,不能再生,如矿物燃料、核裂(聚)变燃料等。另外,从能源消耗后是否造成环境污染的角度出发,能源又可分为污染型能源(如煤炭、石油等)和清洁型能源(如水能、氢能、太阳能等)。

10.2.1 地球上可供利用的能源

近代世界能源结构经历了三次大的转变。18 世纪 60 年代,英国的产业革命促使全世界的能源结构发生了第一次大的转变,这是因为蒸汽机的推广、冶金工业的勃兴以及铁路和航运的发达,无一不需要大量的煤炭。以 1920 年为例,煤炭在当时世界商品能源构成中占 87%。第二次世界大战以后,世界能源结构发生了第二次大的转变,几乎所有工业化国家都转向石油和天然气。一方面,同煤炭相比,石油和天然气热值高,加工、转化、运输、储存和使用方便,效率高,而且是理想的化工原料;另一方面,迅速提高的社会和政府部门的环境保护意识也推动了这一转变。1950 年,世界石油能源消费已近 5 亿吨。能源结构从单一的煤炭转向石油和天然气,标志着能源结构的进步,对社会经济的发展起到了重要作用。在 20 世纪 50—60 年代,西方一些发达国家正是依靠充足的石油供应,特别是廉价的中东石油,实现了经济的高速增长。70 年代初,第四次中东战争引发了资本主义世界第一次石油危机。70 年代末,伊朗爆发伊斯兰革命,国际石油供应再度紧张。90 年代初,海湾战争爆发,又使世界能源市场受到巨大冲击。

以矿物燃料为主体的能源系统对全球环境污染严重,说明原有的能源体系不可能长久地维持下去。目前,在世界一次能源总消费结构中,石油占 39.7%,天然气占 24.1%,煤炭占 26.1%,水电和核电占 10.2%。从近几年的发展趋势看,煤炭的比例仍会有所下降,而石油、天然气、水电和核电都将有不同程度的增长。按 1993 年的统计数据来推算,如果煤炭和石油的消费量按平均每年 3%的速度递增,那么可以预计再过 100 多年它们就将消耗殆尽。因此,20 世纪末,世界能源结构开始了第三次大转变,即从石油、天然气为主的能源系统转向以生物能、风能、太阳能等可再生能源为基础的可持续发展的能源系统。

10.2.2　中国能源消费现状及特点

我国进入 20 世纪 90 年代以后,能源的生产量略小于消费量(10%以内),而能源消费总量增长的趋势更加明显,两者之间的差值有拉大的趋势。我国能源生产、消费及消费构成见表 10.3。

表 10.3　我国能源生产、消费及消费构成

年　份	能源总 / 万吨标准煤		占能源消费总量的比重 /%			
	生产	消费	煤炭	石油	天然气	水电和核电
1970	30 990	29 291	80.9	14.7	0.9	3.5
1980	63 735	60 275	72.2	20.7	3.1	4.0
1990	103 922	98 703	76.2	16.6	2.1	5.1
1995	129 034	131 176	74.6	17.5	1.8	6.1
2000	135 610	145 760	72.8	19.3	3.5	4.4
2005	141 360	150 120*	71.8	19.4	4.0	4.8

注: * 为估算值。

在能源消费总量中，煤占70% ~ 80%，是我国的主要能源。近年来，煤所占的比例有所下降，天然气的比例保持在2%左右。目前我国正在实施的“西气东输”加快了对天然气的开发利用，2010年，我国年产、输送和转化600亿 ~ 700亿立方米天然气，在能源构成中的比例将增加到8%以上。另外，随着三峡大坝的建成和秦山核电站二期工程、大亚湾、连云港等核电站的建设，也将使水电和核电在我国的能源结构中有较大的增长。

总的来看，我国能源有以下五大特点。

①资源总量丰富，但人均不足。我国是世界第三大能源生产国和第二大能源消费国。煤炭、石油和天然气人均占有量（折合标准煤）却只有95吨，而世界平均值为209吨，约为世界平均值的1/2；我国人均石油开采储量为3吨，而世界平均值为28吨，约为世界平均值的1/10。目前我国是石油的净进口国。

②能源消费系数高，效率低。主要表现为生产耗能高。据有关专家预测，我国主要耗能产品的单位产品能耗比国际先进水平高30%以上。能源系统的总效率低下，还不到发达国家的1/2。从单位GDP能源消费看，我国的能源效率也处于较低水平。提高能源的利用率，降低能耗是当务之急，在“十一五”期间要求GDP增长7%，能耗下降15%。

③环境形势严峻。我国一次能源以煤为主，污染环境严重。

④可再生资源丰富。我国地域广阔，蕴藏着丰富的可再生资源，这有利于多元化能源的开发利用。我国可供开发利用的水能源为3.78亿千瓦，目前仅开发利用了11%。三峡大坝是目前世界上最大的水电项目，可发电1 820万千瓦；每年我国陆地接收的太阳辐射总量相当于4 626亿吨标准煤，现已开发利用的仅为十万分之一；可开发的潮汐能也在2 000万千瓦以上。另外，我国生物质能源相当丰富，特别是秸秆资源。预计到2010年，我国的粮食产量将达到5.6亿吨，相应的秸秆产量约为7.26亿吨，除去用于造纸、作为饲料原料、造肥还田以及收集损失外，可作为能源加以利用的秸秆总量将达到3.76亿吨。

⑤区域分布不均匀。我国北方主要以产煤为主，南方能源较短缺，长期以来一直北煤南运。但是南方有丰富的水资源，利用水力发电的潜力较大，目前已在长江等大河流修建大型水电站，正逐步扭转北煤南运的局面。

我国能源的现状和特点是由国内生产力水平决定的，国情决定了我国能源产业结构的发展战略：以煤炭为基础，以电力为中心，积极开发石油、天然气，适当发展核电，因地制宜开发新能源和可再生资源，走优质、高效、低耗的能源可持续发展之路。

10.3 能量产生和转化的化学原理

众所周知，化学变化都伴随着能量的变化。在化学反应中，如果反应放出的能量大于吸收的能量，则此反应为放热反应。燃烧反应所放出的能量通常叫作燃烧热，化学上把它定义为 1 mol 纯物质完全燃烧所放出的热量。理论上可以根据某种反应物已知的热力学常数计算出它的燃烧热。

化学反应的能量变化可以用热化学方程式表示。如甲烷燃烧反应的热力学方程式为:

$$CH_4(g) + O_2(g) \xlongequal{} CO_2(g) + H_2O(l), \quad \Delta H_m^{\ominus} = 47.4\ kJ/g$$

式中,ΔH 表示恒压反应热,又称反应焓变,负值表示放热反应,正值表示吸热反应。由于其数值随温度、压力的不同而变化,因此为建立统一的标准,热力学上把压力为 100 kPa 规定为标准态。并在 ΔH 的右上角加“$\ominus$”来表示。反应的热效应除了与温度、压力相关外,还与反应物和生成物的状态有关,因此热化学方程式中必须标明物质的状态。对于工业上用的燃料,如煤和石油,由于它们不可能是纯物质,所以反应热值常常笼统地用发热量(热值)来表示。几种不同能源发热量的比较见表 10.4。从表 10.4 中可见,常规能源的发热量大大低于新能源的发热量。裂变能和聚变能来源于核能的变化。目前,国际上能源统计中常用吨标准煤(即发热量为 29.26 kJ/g 的煤)作为统计单位,其他不同类型的能源就按其热量值进行折算。

表 10.4　几种不同能源发热量的比较

反应热值	能源					
	石油	煤炭	天然气	氢能	U 裂变	H 聚变
发热量值/$(kJ \cdot g^{-1})$	48	30	56	143	8×10^7	6×10^7

各种能源形式都可以互相转化。在一次能源中,风、水、洋流和波浪等是以机械能(动能和重力势能)的形式提供的,可以利用各种风力机械(如风力机)和水力机械(如水轮机)将其转化为动力或电力。煤、石油和天然气等常规能源的燃烧可以将化学能转化为热能,热能可以直接利用,但多是将热能通过各种类型的热力机械(如内燃机、汽轮机和燃气轮机等)转换为动力,然后带动各类机械和交通运输工具工作;或是带动发电机送出电力,以满足人们生活和工农业生产的需要。

能量的转化和利用有两条基本的规律要遵循,那就是热力学第一、第二定律。热力学第一定律即能量守恒及转化定律,是大家已经熟悉的一条基本物理定律。依据这条定律,在体系和周围的环境之间发生能量交换时,总能量保持恒定不变。因此,不消耗外加能量而能够连续做功的永动机是不可能存在的。但是,在不违背第一定律的前提下,热量能否全部转化为功?或者说热量是否可以从低温热源不断地流向高温热源而制造出第二类永动机?科学家通过对热机效率的研究,发现热机的效率 η 是由以下关系所决定的。

$$\eta = \frac{T_2 - T_1}{T_2}$$

即热机工作时,为了使热能够自发地流动,从而使一部分热转化为功,必须要有温度不同的两个热源:一个温度较低(T_1),另一个温度较高(T_2)。从以上关系式可知,若 $T_1 = T_2$,$\eta = 0$,因为在两个温度相同的热源间,不可能发生恒定的单方向的热传递过程。所以无法使热机工作,其效率为0。若$T_1=0\ K$,则$\eta=1$。但绝对零度的热源在现实生活中是不能提供的,因此一般情况下,$\eta<1$,这就是著名的“卡诺定理”。由此引出了热力学第二定律:一个自行动作的机器,不可能把热从低温物体传递到高温物体中去,或者说功可以全部转化为热,但任何循环工作的热机都不能从单一热源取出热能使之全部转化为有用功,而不产生其他影响。

热电厂是利用热机发电的典型例子,热机的效率一般都低于40%,即燃料燃烧释放出的化学能只有不到40%被转化为电能,其余的能量则以不可避免的方式被损耗,如在活动部件之间摩擦所消耗或作为废热从烟囱和冷却塔上排出,等等。

10.4 化石能源

煤炭、石油和天然气作为主要的常规能源为人类文明和进步做出了重要贡献。在这三大能源的开发利用方面,化学发挥了十分重要的作用。无论是煤的高效、洁净化燃烧技术还是天然气的化学转化技术,都与化学密切相关。石油化工从炼油开始到每一种相对分子质量较小的烃类化合物(如汽油、煤油、柴油、乙烯、丙烯等)的生产均离不开催化技术,化学家研制的催化剂已成为石油化工的核心技术。

10.4.1 煤 炭

随着蒸汽机的发明和推广应用,煤逐渐成为能源的“主角”。最先大量用煤作能源的是英国,英国是产业革命的发源地,对煤有着迫切的需要。世界各地虽然有煤炭资源,但分布并不均匀,绝大部分都埋藏在北纬30°以上地区。美国、俄罗斯、中国、印度、澳大利亚占据了煤炭储量的前五位。中国煤炭储量居世界第三位,但人均储量只有80吨多,远远低于澳大利亚、哈萨克、俄罗斯、美国等国家,仅为世界平均水平的62%。预测储量苏联最多,美国次之,我国第三,三者之和约占全球煤炭资源的90%。煤炭作为化石燃料是非再生能源,按现在的开采速度估计,煤只能用几百年。煤炭可直接燃烧,但这样仅利用了煤炭应有价值的一半,且煤炭燃烧对环境造成的污染也比较严重。所以如何合理利用煤炭资源是很重要的问题,要了解煤炭的综合利用,有必要先了解煤炭的形成及其组成。

煤是由远古时代的植物经过复杂的生物化学、物理化学和地球化学作用转变而成的固体可燃物。人们在煤层及其附近发现大量保存完好的古代植物化石;在煤层中发现碳化了的树干;在煤层顶部岩石中可以发现植物根、茎、叶的遗迹;把煤磨成薄片,置于显微镜下可以看到植物细胞的残留痕迹。这些证据都说明成煤的原始物质是植物。

这些古代植物是怎样变成煤的呢?按生物演化过程,地球的历史可分为古生代、中生代和新生代三大时期。气候温湿、植物茂盛始于古生代中期，距今已有3亿年之久，植物从生长到死亡，其残骸堆积埋藏并演变成煤的过程当然是非常复杂的。经地质学家、煤田学家、化学家们的共同努力，现代的成煤理论认为煤化过程是：植物⟶泥炭⟶褐煤⟶无烟煤，这个过程称为煤化作用。

煤的化学组成各有差别，目前公认的平均组成是碳、氢、氧、氮、硫，将其平均组成折算成原子比，一般可用 $C_{135}H_{96}O_9NS$ 代表；灰的成分为各种矿物质，如 SiO_2、Al_2O_3、Fe_2O_3、CaO、MgO、K_2O、Na_2O 等。按碳化程度的不同，一般可将煤分为无烟煤、烟煤、次烟煤和褐煤。无烟煤的固定碳含量最高，而挥发成分含量最低，由于灰分和水分较低，一般发热量很高；其缺点是着火困难，不容易燃尽。烟煤的碳化程度较无烟煤低，挥发成分含量较高，而固定碳和发热量都较无烟煤低，但烟煤的着火和燃尽都比较好。次烟煤的挥发成分含量和发热量都低于烟煤，着火比较困难。褐煤的碳化程度次于烟煤，挥发成分含量很高，且挥发成分的析出温度较低，所以着火和燃烧比较容易，但水分和灰分很高，而且发热量低。

至于煤的化学结构，科学家们用多种化学的和物理的方法综合论证，至今已有几十种模型。现代公认的模型，煤的结构模型如图10.1所示。

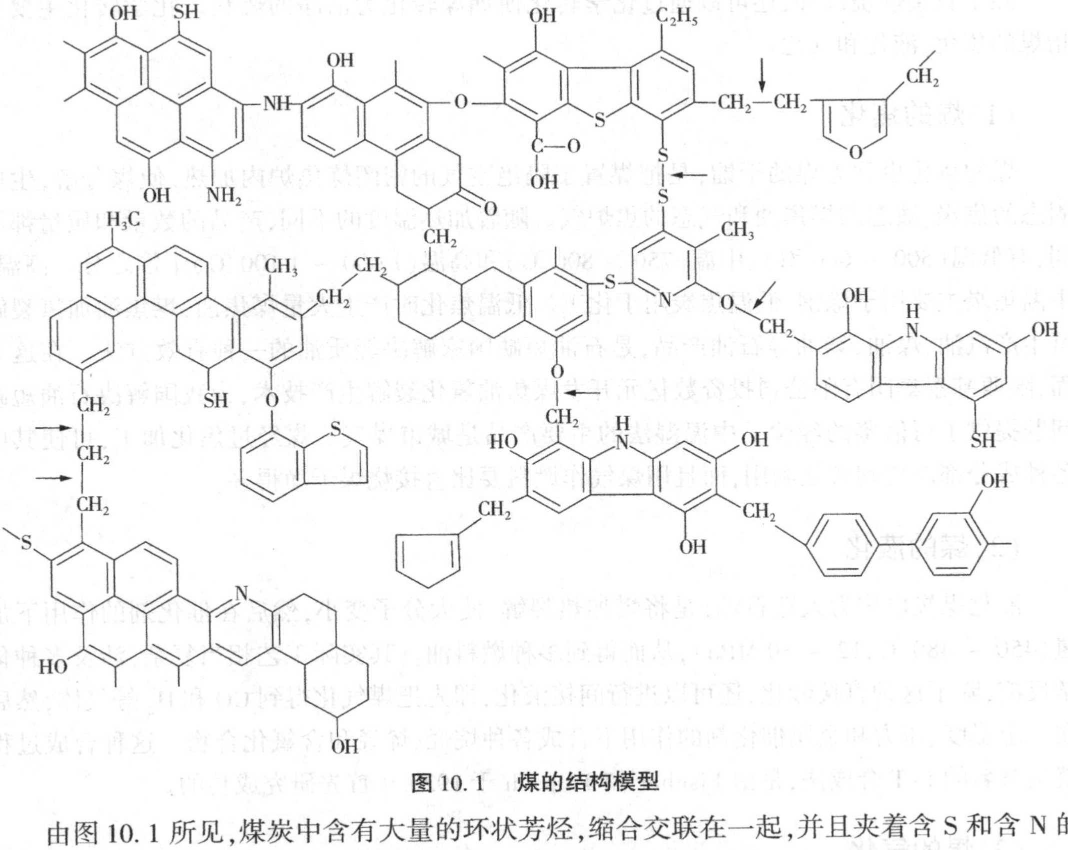

图10.1　煤的结构模型

由图10.1所见，煤炭中含有大量的环状芳烃，缩合交联在一起，并且夹着含S和含N的杂环，通过各种桥键相连。所以煤可以成为环芳烃的重要来源。同时在煤燃烧过程中有S或N的氧化物产生，污染空气。

煤在我国能源消费结构中位居榜首(约占70%),煤的年消费量在10亿吨以上,其中30%用于发电和炼焦,50%用于各种工业锅炉、窑炉,只有20%用于人类生活。就是说煤的大部分是直接燃烧掉的,其中C、H、S及N分别变成CO_2、H_2O、SO_2及NO_x。这种热效率的利用并不高,如煤球燃烧的热效率只有20% ~ 30%;蜂窝煤高一点,可达50%;而碎煤则不到20%。

目前燃煤锅炉广泛应用于工厂、食堂、发电厂等,它能为人类提供蒸汽、电力。这类设备直接利用煤作燃料。当煤直接燃烧时,其中的S、N分别变成了SO_2、NO_x。当大量的废气排放到大气中,就会造成酸雨,从而严重污染环境。因此,如何实现粉煤的高效、清洁燃烧是一个非常重要而实际的课题。为了尽可能减少燃煤所产生的二氧化硫,常常需进行必要的预处理,如在粉煤中加入石灰石作脱硫剂,当煤在锅炉中燃烧时,其产生的热量会使石灰石分解成氧化钙,氧化钙则易与二氧化硫反应生成$CaSO_3$,再被氧化为比较稳定的$CaSO_4$,从而达到脱硫的目的。我国政府非常重视煤炭洁净技术的开发和利用,限制直接燃烧原煤,在烟气脱硫、循环流化床锅炉、低NO_x燃烧技术和火电厂粉煤灰综合利用等方面都取得了较大成绩。

除了直接燃烧以外,还可以通过化学转化使烟煤转化为洁净的燃料。化学转化主要是指煤的焦化、液化和气化。

(1)煤的焦化

煤的焦化也称为煤的干馏,是把煤置于隔绝空气的密闭炼焦炉内加热,使煤分解,生成固态的焦炭、液态的煤焦油和气态的焦炉气。随着加热温度的不同,产品的数量和质量都不同,有低温(500 ~ 600 ℃)、中温(750 ~ 800 ℃)和高温(1 000 ~ 1 100 ℃)干馏之分。高温、中温焦炭主要用于炼钢,低温焦炭用于化工。低温焦化时产生大量煤焦油,煤焦油加氢裂解可生产汽油、煤油、柴油等石油产品,是石油短缺国家解决轻质油的一种有效方法。在这方面,陕西基泰集团有限公司投资数亿元开发煤焦油氢化裂解生产技术,为我国解决石油短缺问题提供了可借鉴的经验。中温湿法的主要产品是城市煤气。煤经过焦化加工,可使其中各种成分都能得到有效利用,而且用煤气作燃料要比直接烧煤干净得多。

(2)煤的液化

液化煤炭也称为人造石油,是将煤加热裂解,使大分子变小,然后在催化剂的作用下加氢(450 ~ 480 ℃,12 ~ 30 MPa),从而得到多种燃料油。其实际工艺相当复杂,涉及多种化学反应,除了这种直接液化,还可以进行间接液化,即先把煤气化得到CO和H_2等气体,然后在一定温度、压力和金属催化剂的作用下合成各种烷烃、烯烃和含氧化合物。这种合成过程就是著名的F-T合成法,是由Fischer和Tropsch于1925年首先研究成功的。

(3)煤的气化

让煤在氧气不足的情况下进行部分氧化,可使煤中的有机物转化为可燃气体,再以气体燃料的方式将气体经管道输送到车间、实验室、厨房等，也可作为原料气体送进反应塔，这就是煤的气化。例如，将空气通过装有灼热焦炭（将煤隔绝空气加热而成）的塔柱，则焦炭氧化放出的大量热可使焦炭温度上升到1 500 ℃左右；然后切断空气，将水蒸气通过热焦炭，即可生成占总体积分数86%的CO和H_2，这就是通常所说的水煤气。水煤气的最大缺点是其中的CO有毒，而且这种制备方法只能间歇制气，操作复杂。

如果将纯氧和水蒸气在加压下通过灼热的煤，可使煤中的苯酚等挥发出来，并生成一种气态燃料混合物，按体积分数分别为40% H_2、15% CO、15% CH_4、30% CO_2，称为合成气。此法不但可直接用煤而不用焦炭，且可进行连续生产。合成气可用作天然气的代用品，其完全燃烧所产生的热量约为甲烷的1/3。

10.4.2　石　油

石油有"工业血液""黑色的黄金"等美誉。自美国人德莱克于1959年在宾夕法尼亚打出世界上第一口油井后，直到1953年，美国的石油产量一直位居世界第一，占石油产量的50%以上。而正是石油的开发，全面推进了美国以汽车工业为先导的现代工业发展。

自第二次世界大战结束到1973年间，国际石油市场一直被美国的埃克森、德士古、加州标准、海湾、飞马（美孚）和英国石油、英国壳牌七家石油公司所垄断。

西方国家利用廉价的石油原料，改造了产业结构，实现了经济的结构调整和繁荣。但石油的主要产地却在发展中国家，如中东地区已探明的石油储量占世界的60%以上。沙特阿拉伯、伊朗、伊拉克、科威特和南美的委内瑞拉五国的石油出口量曾占世界总出口量的80%。它们在20世纪60年代初就成立了石油输出国组织——欧佩克（Organization of the Petroleum Exporting Countries，OPEC）与上述七家石油公司对抗，后来阿尔及利亚、厄瓜多尔、加蓬、印度尼西亚、利比亚、尼日利亚、卡塔尔和阿联酋八国先后加入OPEC，OPEC成员扩大为13个。1973年10月中东战争爆发，阿拉伯产油国以石油为武器，对西方国家实行石油禁运，并收回了原油标价大权，在2个月内提价近4倍，一直到20世纪70年代末油价不断上涨，到1979年油价已是1973年前的近10倍。发达的资本主义国家在政治、经济和日常生活的方方面面都受到严重影响，给人们留下深刻印象，使人们切实体会到能源对现代社会发展有举足轻重的影响，故1973—1979年被称为20世纪70年代的石油危机。

对于石油和天然气的成因有多种论点。现在认为石油是由远古海洋或湖泊中的动植物遗骸在地下经过漫长的复杂变化而形成的棕黑色黏稠液态混合物。石油分布很广，世界各大洲都有石油的开采和炼制。就目前已查明的储量看，重要的含油带集中在北纬20°～48°，世界上两个最大的产油带在地质变化过程中都是海槽，因此曾有"海相成油"学说。

我国石油资源90%以上分布在四大油区，即以大庆、吉林油田为代表的松辽油区；以胜利、辽河、华北、大港、中原油田为代表的渤海湾油区；以新疆塔里木、吐哈、青海、长庆等油田为代表的西部油区，以及海口油区。

未经处理的石油叫原油。原油必须经过处理后才能使用,处理的方法主要有分馏、裂化、重整、精制等,涉及原油后处理的工业称为石油化工工业。

在石油化工中,通常采用化学中的分馏技术对沸点不同的化合物进行分离。在30 ~ 180 ℃沸点内收集的C_5 ~ C_6馏分是工业常用溶剂,这个馏分的产品也叫作溶剂油(石油醚)。在40 ~ 180 ℃沸点可收集C_6 ~ C_{10}馏分,这是需要量很大的汽油馏分。按其中各种烃组成的不同又可分为航空汽油、车用汽油、溶剂汽油等。提高蒸馏温度,依次可以获得煤油(C_{10} ~ C_{16})和柴油(C_{17} ~ C_{20})。在350 ℃以上的各馏分则属重油(C_{18} ~ C_{40}),其中有润滑油、凡士林、石蜡、沥青等。

汽油的质量是用辛烷值(octane number)表示的。辛烷值是衡量汽油在气缸内抗爆震能力的一个数字指标,其值高表示抗爆性好。2,2,4-三甲基戊烷的抗爆性较好,辛烷值定为100。庚烷的抗爆性差,辛烷值为0。若汽油的辛烷值为90,即表示它的抗爆震能力与90%辛烷和10%庚烷的混合物相当(并非一定含有90%的辛烷),商品名称为90号汽油。1 L汽油中若加入1 mL四乙基铅$Pb(C_2H_5)_4$,它的辛烷值可以提高10 ~ 12个标号。四乙基铅是具有香味的无色液体,有毒,对环境污染严重,为了提醒人们注意这是含铅汽油,有时在其中适当加一些色料。目前正努力用改进汽油组成的办法来改善汽油的抗爆性。如加入一些含氧化合物(甲基叔丁基醚、乙醇等辛烷值的促进剂)取代四乙基铅,即所谓的无铅汽油。

在石油化工中,催化裂化和催化重整是两种经常用到的提炼方法。前者可以使碳原子数较多的碳氢化合物裂解成各种小分子的烃类,裂解产物很复杂,C_1 ~ C_{10}都有。经催化裂化,可从重油中获得更多的乙烯、丙烯、丁烯等化工原料,还能获得高辛烷值的汽油。催化重整则是在一定的温度压力下,将汽油中的直链烃在催化剂表面进行结构的重新调整,使之转化为带支链的烷烃异构体,从而有效地提高汽油的辛烷值;与此同时还可以得到一部分芳香烃,芳香烃是在原油中含量很少只靠从煤焦油中提取不能满足生产需要的化工原料。

分馏和裂解所得到的汽油、煤油、柴油中都混有少量含N或含S的杂环有机物,在燃烧过程中会生成NO_x及SO_x等酸性氧化物污染空气。但在一定的温度压力下。采用催化剂可使H_2与这些杂环有机物起反应生成NH_3或H_2S而将其分离出来,从而使留在油品中的只是碳氧化物。这种提高油品质量的过程称为加氢精制。显然,在整个炼油过程中,无论是裂解、重整,还是加氢,都离不开高效的催化剂。催化剂已成为石化工业的核心技术。

10.4.3 天然气

天然气的主要成分是甲烷,也有少量的乙烷和丙烷。天然气是一种优质能源,和前面提到的城市煤气相比,它不含有毒的CO,燃烧产物是CO_2和H_2O,燃烧热值很高。为了避免燃煤所产生的严重污染,天然气将成为未来发电的首选燃料,天然气的需求量将会不断增加。有专家预测,到2040年,天然气将超过石油和煤炭成为世界“第一能源”。我国的“西气东输”工程就是要将西部储存丰富的天然气通过管道运送到东部地区,为东部许多大城市提供源源不断的优质能源。

20世纪初,我国在内蒙古伊克昭盟(现鄂尔多斯市)地区发现了一个储量达5 000亿立方米以上的天然气田——苏里格气田,天然气储量相当于一个5亿吨的特大油田。另外,在我国南海地区海底又发现了储量可观的甲烷水合物,也就是通常所说的“可燃冰”,它是甲烷分子藏在冰晶体的空隙中形成的,甲烷分子和水分子之间以范德华力(范德瓦耳斯力)相互作用,高压是形成甲烷水合物的必要条件,因此,自然界中的甲烷水合物主要存在于深度达300 m以上的深海海底。在“可燃冰”中甲烷分子与水分子之比约为1∶5.74,所以若将它从海底提升到海平面,每一立方米固体可释放出164 m^3甲烷气体。据估计,甲烷水合物中甲烷的总量按碳计算,至少为已经发现的所有矿物燃料中碳的2倍。在未来几十年中,甲烷在我国能源结构中的比例将会得到不断的提高。

除了直接作为燃料以外,天然气还可以通过化学转化而成为重要的化工原料和其他形式的能源。由于CH_4中C—H离解能为435 kJ/mol,高于一般C—H键平均键能(414 kJ/mol),因此如何对甲烷进行有效的化学转化一直是化学家们急于攻克的难题。目前,化学家已经提出了几种天然气转化的途径,天然气转化的主要途径如图10.2所示。其中之一是直接化学转化,即将甲烷在不同的催化剂作用和不同的反应条件下直接转化为烯烃、甲醇和二甲醚等。

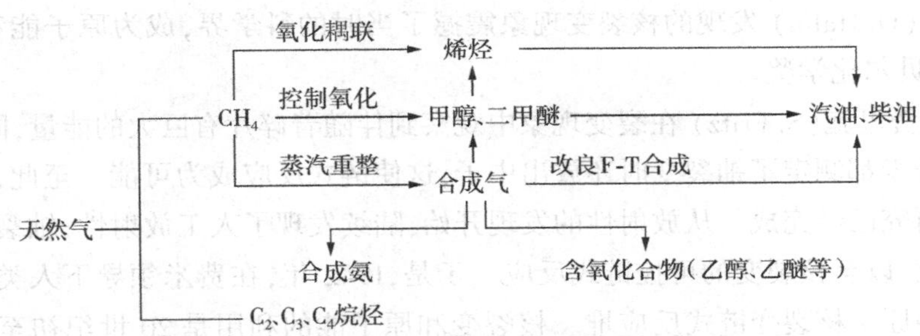

图10.2　天然气转化主要途径

另一种途径就是进行间接转化,即利用天然气通过水蒸气或二氧化碳催化重整转化为合成气,反应方程式分别为:

$$CH_4(g) + H_2O(g) \longrightarrow CO(g) + 3H_2(g)$$
$$CH_4(g) + CO_2(g) \longrightarrow 2CO(g) + 2H_2(g)$$

然后利用合成气中的CO和H_2再合成其他有用的化工产品,如通过F-T合成法进一步合成汽油、柴油等烃类化合物。

由于CH_4、CO、CO_2和CH_3OH等分子中均只含有一个碳原子,把它们通过化学方法转化为多元碳分子是化学家普遍感兴趣的问题。因此学术上把它们归成一类并称之为C_1化学。将C_1转化为多元碳分子的过程大多涉及催化过程,因此C_1化学已成为催化研究的一个重要领域。

10.5 核 能

20世纪人类在能源利用方面的一个重大突破是核能的释放和可控利用。在此领域中,首先是化学家居里夫妇从19世纪末到20世纪初,先后发现了放射性比铀强400倍的钋和比铀强200多万倍的镭,这项研究打开了20世纪原子物理学的大门,获1903年诺贝尔物理学奖。此后,居里夫人继续专心于镭的研究和应用,测定了镭的相对原子质量,建立了镭的放射性标准;同时积极提倡把镭用于医疗,使放射治疗得到了广泛应用,获1911年诺贝尔化学奖。20世纪初,卢瑟福从事关于元素的衰变理论,研究了人工核反应,获1908年诺贝尔化学奖。之后,约里奥·居里夫妇第一次用人工方法创造出放射性元素,获1935年诺贝尔化学奖。在此基础上,费米(E. Fermi)用慢中子轰击各种元素获得了60种新的放射性核素,并发现了β衰变,使人工放射性元素的研究迅速成为当时的热点,获1938年诺贝尔物理学奖。1939年,哈恩(O. Hahn)发现的核裂变现象震撼了当时的科学界,成为原子能利用的基础,获1944年诺贝尔化学奖。

1939年,费里施(S. Fritz)在裂变现象中观察到伴随着碎片有巨大的能量,同时约里奥·居里夫妇和费米都测定了铀裂变时还放出中子,这使链式反应成为可能。至此,释放原子能的前期基础研究已经完成。从放射性的发现开始,陆续发现了人工放射性,铀裂变伴随能量和中子的释放,以至核裂变的可控链式反应。于是,1942年,在费米领导下人类成功地建造了第一座可控原子核裂变链式反应堆。核裂变和原子能的利用是20世纪初至中叶化学和物理学界具有里程碑意义的重大突破。

10.5.1 核反应与核能

19世纪末和20世纪初,从放射性到核裂变等一系列重大的发现以事实证明了原子核是可以发生变化的。

(1)核能的利用

在费米的实验中,用中子轰击较重的原子核使之发生了分裂,成为较轻的原子核,这就是核裂变反应。德国科学家L. Meitner根据铀核裂变后的质量亏损和爱因斯坦的质能关系式$E = mc^2$,计算出了1 g铀完全裂变可释放出8×10^7 kJ的能量,相当于250万吨优质煤完全燃烧或2万吨左右的TNT炸药所放出的能量。这使原子核内蕴藏巨大能量的秘密被彻底地揭开,从此人类走向了核能的开发和利用之路。遗憾的是,原子能的研究成果不幸被首先用于战争。1945年8月6日和9日在广岛、长崎两颗原子弹的爆炸给人类留下了一个永久深刻的教训：滥用威力巨大的核武器将直接导致人类自身的灾难甚至灭亡。所幸的是，今天人类已经掌握了控制核裂变的方法，利用核能发电来为自身造福。为了提高国防实力，防御核威胁，我国老一辈科学工作者在条件极其落后的情况下，从20世纪50年代开始研制原子弹，并于60年代先后制成原子弹和氢弹。中国政府向世界庄严宣布：我们不首先使用核武器，不向无核地区和国家使用核武器。

然而，地球上$^{235}_{92}U$的储量是十分有限的，那么是否有比核裂变提供更多能量的反应呢？人类从太阳那里找到了答案，这就是核聚变反应。它是由两个或多个较轻原子聚合成一个较重原子的过程，也称热核聚变反应。如：

$$^{2}_{1}H + ^{6}_{3}H = 2^{4}_{2}He$$

$$^{2}_{1}H + ^{2}_{1}H = ^{4}_{2}He$$

据计算，后一反应每克重氢聚变可以得到$7 \times 10^8 J$的能量。根据海水中的氘、氚储量计算，它们可供人类使用几亿年。因此，如果能将可控聚变反应用于发电，那么人类将不再为能源问题所困扰。

核能的和平利用始于20世纪50年代。1951年，美国利用一座产钚反应堆的余热试验发电，电功率仅为200千瓦。1954年，苏联建成了世界上第一座核电站，电功率为5 000千瓦。我国第一座自行设计建设的核电站是秦山核电站，第一期30万千瓦已于1991年并网发电，第二期工程两台60万千瓦级的压水堆核电机组于2000年底投入使用。我国从法国成套进口的广东大亚湾两台90万千瓦的核电机组也分别于1993年和1994年并网发电。我国连云港核电站也已投入使用。目前世界上正在运行发电的核电机组已有400多座，世界能源结构中核能的比例正在逐渐增加。

(2)核反应堆的安全性

核电站的中心是核燃料和控制棒组成的反应堆，控制棒主要由镉(Cd)、硼(B)、铪(Hf)制成，它本身不会发生裂变，且吸收中子的面积很大，但可通过控制裂变反应过程产生的中子数来控制裂变的链式反应。因为裂变产生的中子一部分被核裂变物质和反应堆内件吸收；另一部分中子留在堆内，有可能与其他重核再次产生裂变反应。留下的中子必须大于一定的比率，才能使反应继续而成为链式反应。逸出的中子越多，链式反应越弱，以至于根本不能进行；反之，反应过强则会形成核爆炸。

原子弹爆炸就是利用这一原理。在核反应堆中，通过控制棒的控制使幸存中子平均恰为1，这使链式反应可以经久不息地进行下去。在设计核反应堆时，大多采用低浓度核裂变物质作燃料。而且这些核燃料在反应堆芯被合理地分散隔开，因此在任何情况下都不可能达到爆炸式链式反应所需要的最低样品质量(临界质量)，同时，反应堆内还装有控制铀裂变速率的减速剂，由此保证了反应堆在任何情况下都不会发生像原子弹那样的核爆炸。

苏联切尔诺贝利核电站(现属乌克兰境内)事故是人类历史上最严重的一次核灾难。1986年4月26日，切尔诺贝利核电站第4号机组在停机检测时发生事故，引起爆炸和大火，致使8吨多强辐射物泄漏，造成大面积的放射性物质污染，甚至影响到周边国家。2000年年底，切尔诺贝利核电站被永久关闭，曾经风景如画的地方如今成了一座"核坟墓"。这一教训是惨痛的，因此在核能的开发方面，首先要保证安全第一，严防放射性物质的大量泄漏，采取必要的风险防范措施。今天的核电站一般都设置了三道安全屏障，即燃料包壳、压力壳和安全壳，这使一切可能的事故被限制并消灭在安全壳内，同时核电站应能承受龙卷风、地震等自然灾害的袭击。切尔诺贝利核电站正是由于机组操作人员违章操作和反应堆设计上的缺陷才造成放射性物质大面积泄漏的。

核反应堆运行过程带来的另一个问题是核废料的处理。因为$^{235}_{92}U$裂变产生的核碎片都具有放射性。因此当核燃料更新后，卸下的放射性废料就存在一个如何处理、运输、掩埋的问题。目前，一般的处理方法是对核废料提取其中有用的放射性或非放射性物之后，将放射性废料装入特制密封容器中，然后深埋在荒无人烟的岩石层或深海的海底。显然，从环境保护的角度看，核废料的处理还有许多难题需要化学家来解决。

10.5.2　核能开发利用的前景

目前世界上投入实际应用的核反应堆都属于热中子反应堆，即堆芯内有慢化剂，可以将中子慢化为热中子反应堆（热中子较易使$^{235}_{92}U$原子核分裂）。压水堆、沸水堆、重水堆、石墨堆都居于热中子反应堆。热中子反应堆的主要缺点是核燃料的利用率很低。在开采、精炼出来的铀中，包含0.005 5%$^{234}_{92}U$、0.72%$^{235}_{92}U$、99.274 5%$^{238}_{92}U$的三种同位素，其中$^{238}_{92}U$不能直接用作核裂变燃料，只有$^{235}_{92}U$才能在热中子堆内裂变产生核能，其他约99%都将作为贫铀，其中含$^{235}_{92}U$约0.2%，其余99%以上都是$^{238}_{92}U$积压起来的。

现代技术已开创了将$^{238}_{92}U$转变为$^{239}_{94}Pu$的技术，其核反应为：

$$^{238}_{92}U + ^{1}_{0}n = ^{239}_{94}Pu + 2^{0}_{-1}e$$

$^{239}_{94}Pu$能进行核裂变反应。也就是说，在反应堆里，每个$^{235}_{92}U$或$^{239}_{94}Pu$裂变时放出的中子，除维持裂变反应外，还有少量可以使难裂变的$^{238}_{92}U$转变为易裂变的$^{239}_{94}Pu$。这种反应堆称为快中子增殖堆，简称快堆。快堆在消耗裂变燃料以产生核能的同时，还能生成相当于消耗量1.2 ~ 1.6倍的裂变燃料。因此，快堆的最大优点是可以充分利用$^{238}_{92}U$，在克服了工艺上的困难之后，快堆会逐渐取代热堆，成为核能利用的主力堆型。

前面提到的可控核聚变堆的实现将彻底解决人类的能源问题，如此诱人的前景吸引着众多科学家为之努力奋斗。然而，这一课题难度非常大。在地球上实现可控聚变的关键问题是要把氘、氚原子核加温到至少几千万摄氏度，并把它们约束在一起。目前主要研究通过磁约束、激光惯性约束和介质催化等途径实现可控核聚变，在向可控核聚变目标探索的过程中，虽然已露出胜利的曙光。但还处于基础研究阶段。有专家预测，2050年能实现原型示范的可控核聚变堆，要发展到经济实用阶段还有一段艰辛的道路。

10.6　新能源

在20世纪,人类是用煤、石油和天然气等生物质矿物作为主要能源和有机化工原料的,然而使用这些矿物资源不仅容易造成严重的环境污染,而且它们不可再生。因此,研究和开发清洁而又用之不竭的新能源将是21世纪能源发展的首要任务。在此领域,化学作为基础的和中心的学科将会起到十分重要的作用。

10.6.1　生物质能

生物质能源包括植物及其加工品和粪肥等,是人类最早利用的能源。植物每年储存的能量相当于全球能源消耗量的十几倍。由于光合作用,各类植物程度不同地含有葡萄糖、脂类、淀粉和木质素等,并在它们的分子里储存能量。因此,利用生物质能就是间接地利用太阳能。生物质能除了可再生和储量大之外,发展生物质能本身就意味着要扩大地球上的绿化面积,而这样做不仅有利于改善环境,调节气温,还可以减少污染。

(1)生物质能的转化技术提高能源利用率

利用生物质能的传统方式是直接燃烧法。当生物质燃烧时,上述分子储存的能量即以热能的形式放出,与此同时,二氧化碳又被重新释放到大气中。此法对于生物质能的利用效率很低,且造成温室效应加剧。因此,必须改变传统的用能方式,利用生物质的转化技术提高能源利用率。目前,利用生物质能源主要有以下几种方式。

①用甘蔗、甜菜和玉米等制取甲醇、乙醇,用作汽车燃料。从"石油植物"中提取石油。世界之大,无奇不有,在植物乐园中也存在着石油资源,如巴西的橡胶树、美国的黄鼠草等。这些植物利用光合作用生成类似石油的物质,经简单加工即可制成汽油和柴油,种植这些植物无异于增产石油。

②用废木屑、农业废料及城市垃圾制造燃料油。首先,让生物废料如细木屑通过一个反应器——热解装置,变换成初级气化物,再让气化物通过沸石催化剂,此时约有60%转变成石油,同时还会生成一定量的木炭和CO、CO_2及水蒸气等气体。

③利用人畜粪便、工农业的有机废物或海藻等生产沼气。沼气是生物质在厌氧条件下通过微生物分解而成的一种可燃性气体,其主要组分为甲烷(占55%～65%)和二氧化碳(占35%～45%)。沼气是一种高效、廉价、清洁的能源。发酵的残余物还可以综合利用,作为肥料、饲料等。与发展中国家不同的是工业发达国家生产沼气主要与垃圾处理结合起来,而且规模较大。

(2)用新的技术分析手段研究生物化学过程的机理

绿色植物通过光合作用把二氧化碳和水转化成单糖,并把太阳能储存于其中,然后又把单糖聚合成多糖、淀粉、纤维和其他大分子物质。其中占绝大多数的纤维构成了细胞壁的主体,它们的主要成分是纤维素、半纤维素和木质素等。纤维素是由葡萄糖基组成的线性大分子;半纤维素是一类复合聚糖的总称,植物种类不同,复合聚糖的组分也不同;木质素是自然界最复杂的天然聚合物之一,它的结构中重复单元间缺乏规则性和有序性。木质素的黏结力把纤维素凝聚在一起。它结构都是极为有用的资源。例如纤维素可以转化为葡萄糖和酒精。木质素是可再生的植物纤维组分中蕴藏太阳能最高的,也是地球上含量最丰富的可再生资源,初步估计全世界每年产生600万亿吨,因此它可能是石油的最佳替代品。但是目前遇到的最大困难是,迄今还没有办法把木质素成分从植物的细胞壁中分离出来,其根本原因在于人们对这些生物大分子在植物细胞壁中的排列顺序和联结方式了解甚少,对自然界中广泛存在的酶降解等生物化学过程的机理仍不完全清楚。

近年来,化学家利用电子显微镜、扫描隧道电镜(STM)等先进技术来研究细胞壁内部的超分子结构信息,已经取得了初步成果。可以预期,随着对植物细胞壁的化学结构和交联方式的研究取得突破,化学家必将能为开发和利用生物质能源做出新的贡献。

10.6.2　氢　能

氢能是一种理想的、极有前途的二次能源。氢能有许多优点:氢的原料是水,资源不受限制;氢燃烧时反应速率快,单位质量的氢气完全燃烧所放出的热量是汽油的三倍多;燃烧的产物又是水,不会污染环境,是最干净的燃料。所以,氢能被人们视为理想的“绿色能源”。另外,氢能的应用范围广,适应性强。这种能源的开发利用有三个关键技术需要解决:一是如何制氢,二是如何贮氢,三是制造燃料电池。

目前工业上制取氢的方法主要是水煤气法和电解水法。由于这两种方法都要消耗能量。还是离不开矿物燃料,所以不理想。随着对太阳能开发利用的不断深入,科学家们已开始用阳光分解水来制取氢气,这种利用氢能的设想如图10.3所示。

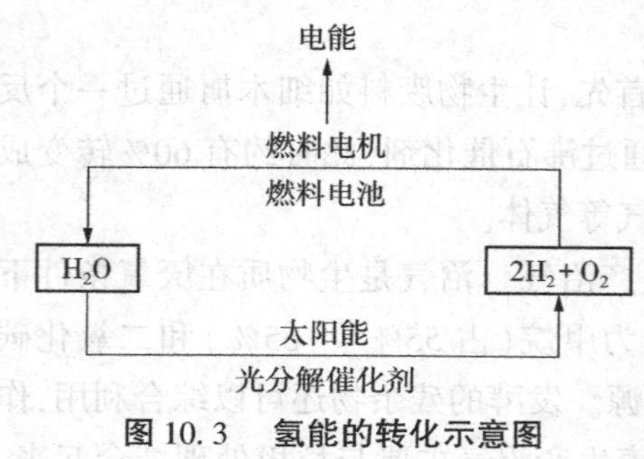

图10.3　氢能的转化示意图

通过光电解水制取氢气的关键技术在于解决催化剂问题。第一个通过光电化学电池本身分解水的报道是1972年日本研究人员提出的,但是其效率仅为1%。因为电极材料TiO_2吸收不了太多的光能。目前,卡罗拉多能源再生实验室(NREL)的研究人员创造了一种光致电压-电化学结合的装置将水分解为氢和氧,效率达到12.4%。它是磷化镓铟光化学电池与砷化镓光致电池的特殊组合。光致电压组件提供了有效电解水所需的电压。其他的一些物质,如金属氧化物催化剂、半导体电极、低等植物(蓝藻、绿藻)对光解也有一定效果,不过还未达到实际应用的要求。一旦找到了更有效的催化剂,那么,水中取“火”——通过电解水来制取氢,就将成为日常生活中一件极为平常的事。

氢气密度小,不利于贮存。在 15 MPa 的压力下,40 L 的钢瓶只能装 0.5 kg 的氢气。若将氢气液化,则需耗费很大能量,且容器需绝热,很不安全,因此很难在一般的动力设备上推广使用。于是人们设想:如果能像海绵吸水那样将氢吸收起来并长期贮存,等到需要时再将氢释放出来,就可以解决氢的贮存、运输和使用问题了。但要实现这个过程需要有一种特殊功能的材料,即贮氢材料。科学家已经找到了这种材料,如镧镍合金 $LaNi_5$。1 kg $LaNi_5$ 在室温和 250 kPa 压力下能吸收 15 kg 以上的氢气形成金属化合物 $LaNi_5H_6$,而当加热时 $LaNi_5H_6$ 又可以放出氢。除此之外,还有许多种合金能够储氢。目前正在研究的是如何进一步提高这些材料的贮氢性能,使其成为既安全、方便,又经济的贮氢工具。

氢作为燃料,首先被应用于汽车上。1976 年,美国研制成功了世界上第一辆以氢气为动力的汽车。我国则于 1980 年成功地研制出第一辆氢能汽车。用氢作汽车燃料,即使在低温条件下也容易发动,不仅清洁,而且对发动机的腐蚀作用小,有利于延长发动机的寿命。由于氢气与空气能均匀混合,因此可以省去一般汽车上所使用的汽化器。另外,实践表明,如果在汽油中加入 4% 的氢作为汽车发动机的燃料,就能节油 40%,并且无须对汽车发动机做多大的改进。液态的氢既可以用作汽车、飞机的燃料,也可以用作火箭、导弹的燃料。美国发射的“阿波罗”宇宙飞船以及我国用来发射人造卫星的“长征”运载火箭,都是用液态氢作燃料的。

氢气燃料电池是将氢气燃烧的化学能直接转化为电能。氢气分子首先在电极催化剂作用下离子化,再与 O_2 起反应生成 H_2O,氢电池能量利用率可高达 80%,反应产物无污染。一种 10 ~ 20 kW 的碱性 H_2-O_2 燃料电池已成功地用于航天飞机。但目前由于电极成本高、气体净化要求高,短期内还难以普及。

10.6.3　太阳能

地球上最根本的能源是太阳能。太阳能辐射到地球表面的能量,可谓“取之不尽,用之不竭”,太阳能的利用前景非常诱人。但是太阳能受日夜、季节、地理和气候的影响较大,它的能量密度又低,因此,如何有效地收集太阳能是太阳能利用中极为关键的问题。

对太阳能的收集和利用主要有三种方式:光—化学转换、光—热转换和光—电转换。其中,光—化学转换是将太阳能直接转换成化学能,绿色植物的光合作用就是一个光—化学转换过程。光—热转换则是通过集热器进行的,太阳能热水器就是一个非常实用的例子。目前太阳能热水器已经商品化,进入了千家万户,为人们提供生活用热水或用于取暖。光—电转换是利用光—电效应将太阳能直接转换成电能,即太阳能电池。太阳能电池的制造工艺比较复杂,制造成本也较高,而且还受到半导体材料的限制。目前主要应用的有硅电池、CdS 电池和 GaAs 电池等。最近国际上推出了一种铜—铟—镓—硒合金(CIGS)的薄膜，其光—电转化效率达到18%，每发1度电所需的成本仅为0.5美元，而以往最好的晶体硅电池需要3～4美元。铜—铟—硒合金(CIS)光电池早在20世纪70年代就已开发出来，而如今把镓加入其中使得合金的能跟太阳辐射的光子能量更加匹配，从而大大提高了转化效率。

除了上述几种不同类型能源的利用之外，世界上一些地理位置比较特殊的地方还可以不同程度地利用风能、海洋能、地热能等可再生能源，这无疑可以进一步丰富世界能源的结构。因此，可以预见，未来能源的发展之路必将是一条在稳步发展和高效利用常规能源的基础上，综合化学、材料、物理等多学科的优势不断开发新技术、利用新能源、注重洁净能源和可再生能源的可持续发展之路。

习题

1. 与国际上相比，我国能源消费结构有何特点？
2. 什么是一次能源？什么是再生能源？
3. 能源的利用与能量守恒定律有何联系？
4. 何谓“可燃冰”？为什么能形成“可燃冰”？
5. 简述我国实施“西气东输”的战略意义。
6. 美、日等发达国家把节约能源列为继煤、石油、自然能(风能、水能)和核能之后的“第五常规能源”，这对我国能源建设有何启示？
7. 谈一谈你对我国实行节约经济和节约社会的看法。
8. 如何发扬我国老一辈科学工作者的“两弹一星”精神为祖国科学事业做出新的贡献？
9. 为什么说一个自行动作的机器不可能把热从低温物体传递到高温物体中去？
10. 某种天然气热量为38.9 MJ/m^3，那么100 m^3 的这种天然气相当于多少千克标准煤？

第 11 章　材料与化学

11.1　引　言

材料科学是以物理、化学及相关理论为基础，根据工程对材料的需要，设计一定的工艺过程，把原料物质制备成可以实际应用的材料和元器件，使其具备规定的形态和形貌，如多晶、单晶、纤维、薄膜、陶瓷、玻璃、复合体、集成块等，同时具有指定的光、电、声、磁、热学、力学、化学等功能，甚至具备能感应外界条件变化并产生相应反应和执行行为的机敏性和智能性。虽然工程上要求于材料或器件的是材料的一些宏观物性及其技术参数，但要使材料具备这些特定的物性，就必须深入研究和掌握物质的内在组成、结构与物性之间的定量的以及定性的关系。因此物理学和化学就构成了材料科学的基础。近年来又进一步发展出材料物理和材料化学这两个新兴的边缘学科，使物理和化学这两门基础学科更直接地介入材料科学。

材料是人类文明进步的里程碑。时代的发展需要材料，而材料又推动时代的发展，所以人类把材料视为现代文明的支柱之一。我们目前所进入的信息时代，正是以半导体材料的发现与广泛应用为主要标志。

11.1.1　材料的发展过程

从古至今，人类使用过形形色色的材料，若按材料的发展水平来归纳，大致可分为五代。

第一代为天然材料。在原始社会，由于生产技术水平很低，人类所使用的材料只能是自然界的动物、植物和矿物，例如兽皮、甲骨、羽毛、树木、石块、泥土等。

第二代为烧炼材料。烧炼材料是烧结材料和冶炼材料的总称。随着生产技术的进步，人类早已能够用天然的矿土烧制砖瓦和陶瓷，以后又制出了玻璃和水泥，这些都属于烧结材料。从各种天然的矿石中提炼出铜、铁等金属，则属于冶炼材料。材料发展史上的第一次重大突破是人类学会用黏土烧固制成容器。人类第一个化学上的发现就是火。火大概发现在公元前50万年。最早的陶器是在竹编、木制的容器上涂上一层烂泥而烧成的,后来发现,黏土直接加工成型、烧制,也能达到同样的目的。中国在公元前8000—前6000年,新石器时期早期,开始制作陶器。公元前4000年左右,巴比伦的城市已采用砖来筑城。

青铜时代大约起始于公元前5000年,青铜是铜、锡、铅等金属组成的合金,它与纯铜比较,熔点较低、硬度增高。我国的商、周时期,是使用青铜器的鼎盛时代。我国的铁器时代由何时开始,至今尚难断言,但这项技术最迟于春秋。距现在2700 ~ 2200年前的春秋战国时期,我国已掌握了炼铁技术,比欧洲早1 800年左右。

随着金属冶炼技术的发展,人类掌握了通过鼓风提高燃烧的技术,并且发现有一些经高温烧制的陶器,由于局部熔化变得更加致密坚硬,完全改变了陶器多孔与透水的缺点。从陶器发展到瓷器,是陶器发展过程中的一次重大飞跃。中国的瓷器大约始于魏、晋、南北朝时期,继而在宋、元时代发展到很高的水平。瓷器作为中华文明的象征,大量运往欧亚各地,以致迄今在许多拉丁语系国家中,仍以中国(China)一词作为瓷器的同义语。

第三代为合成材料。随着有机化学的发展,在20世纪初就已出现了化工合成产品,其中合成塑料、合成橡胶已广泛地用于生产和生活中了。

合成聚合物材料的工业发展是从1907年第一个小型酚醛树脂厂建立开始的,到1927年左右第一个热塑性聚氯乙烯塑料的生产实现了商业化。1930年聚合物概念建立后,从1940年到1957年先后研制成合成橡胶(丁苯、丁腈、氯丁等)、合成纤维(尼龙66等)、聚丙烯腈、聚酯纤维,用齐格勒-纳塔催化剂合成的聚合物、低压聚乙烯、聚四氟乙烯(塑料王)、维尼龙等。聚合物材料工业发展大致经历了新型塑料和合成纤维的深入研究(1950—1970年),工程塑料、聚合物合金、功能聚合物材料的工业化和应用(1970—1980年),分子设计,高性能、高功能聚合物的合成(1990年)等几个时期。

第四代为可设计材料。随着高新技术的发展,对材料提出了更高的要求。前三代那样单一性能的材料已不能满足需要,于是一些科技工作者开始研究用新的物理、化学方法,根据实际需要去设计特殊性能的材料。近代出现的金属陶瓷、铝塑薄膜等复合材料就属于这一类。

历经几千年的发展,由古代复合材料发展到近代复合材料,包括软质复合材料(用各种纤维增强的橡胶)以及硬质复合材料(用纤维增强的树脂,如玻璃钢等)。20世纪60年代以来,由于航空、航天工业的迅速发展,需要高强度、高模量、耐高温和低密度的复合材料,于是先进的复合材料应运而生。所谓先进复合材料,一般是指具有比强度大和比模量高的结构复合材料。先进复合材料的出现源于航空、航天工业的需要,反之,它又促进了航空、航天等高技术产业的发展,被公认是当代科学技术中的重大关键技术。

第五代为智能材料。智能材料是指近三四十年来研制出的一些新型功能材料。它们能随着环境、时间的变化改变自己的性能或形状,好像具有智能。现在研究成功并崭露头角的形状记忆合金就属于这一类。

智能材料是为21世纪准备的尖端技术,现已成为材料科学的一个重要的前沿领域,有关研究及发展受到人们的很大重视。

上述五代材料并不是新旧交替的，而是长期并存的，它们共同在生产、生活、科研等各个领域发挥着不同的作用。

通过多年来的努力，我国新材料的研究、发展和产业化的工作已经取得了长足的进步，一大批新材料填补了国内空白，其中有些已达到国际先进水平。例如信息材料在人工晶体方面，特别是在无机非线性光学晶体方面已达到国际先进水平。在世界市场上出现了一些性能优异的中国生产的晶体，如三硼酸锂(LBO)、偏硼酸钡(BBO)以及有机晶体精氨酸磷酸盐等。在能源材料方面，结合我国富有的稀土资源而研究发展的新型贮氢材料，已成功地应用于镍氢电池的制造。镍氢电池将逐步取代目前市场上流行的镍镉电池，提供更高性能和不含镉的无环境污染的新型电池。在高性能金属材料方面，我国继美国、德国等少数国家之后，已经成功地建成了年产百吨级的非晶合金中试线。我国在先进陶瓷材料方面也取得了世界瞩目的成就。1990年我国研制成功的污水冷陶瓷发动机组装在45座位的大客车上，顺利地通过了3 500 km道路试车。我国在先进复合材料方面也取得了显著进步，各种高性能增强体材料，包括纤维、颗粒和晶须等正在逐步立足于国内。一批具有特色的高性能树脂，如聚酰亚胺等热固性树脂以及聚醚砜、聚苯硫醚等热塑性树脂正在向中试规模发展。新一代树脂基、金属基和陶瓷基先进复合材料正在研究发展之中。总之，新材料在整个高科技发展中的先导作用和基础作用日趋明显，新材料本身已成为当代高科技的重要组成部分。在科学技术是第一生产力的思想指导下，中国新材料的研究、开发必将迅猛发展，它将推动传统材料工业的改造，并促进新材料工业的形成。

11.1.2　材料的分类

材料是指人类能用来制作有用物件的物质；新材料主要是指最近发展或正在发展中的比传统材料性能更为优异的一类材料。目前世界上传统材料已有几十万种，而新材料的品种正以每年大约5%的速度在增长。而且还在以每年大于25万种的速度递增，其中相当一部分有发展成为新材料的潜力。

世界各国对材料的分类不尽相同，但就大的类别来说，可以分为金属材料、无机非金属材料、高分子材料及复合材料四大类(图11.1)。

通常，也将材料分为传统材料和新型材料。其实，两者并无严格区别，他们是互相依存、互相促进、互相转化、互相替代的关系。传统材料的特征为：需求量大、生产规模大，但环境污染严重。新型材料是建立在新思路、新概念、新工艺、新检测技术基础上的，以材料的优异性能、高品质、高稳定性参与竞争，属高新技术的一部分。新型材料的特征是：投资较高、更新换代快、风险性大、知识和技术密集程度高，一旦成功，回报率也比较高，且不以规模取胜。

如以使用性能分类，则主要利用材料力学性能的称结构材料，主要利用材料物理和化学性能的称功能材料。

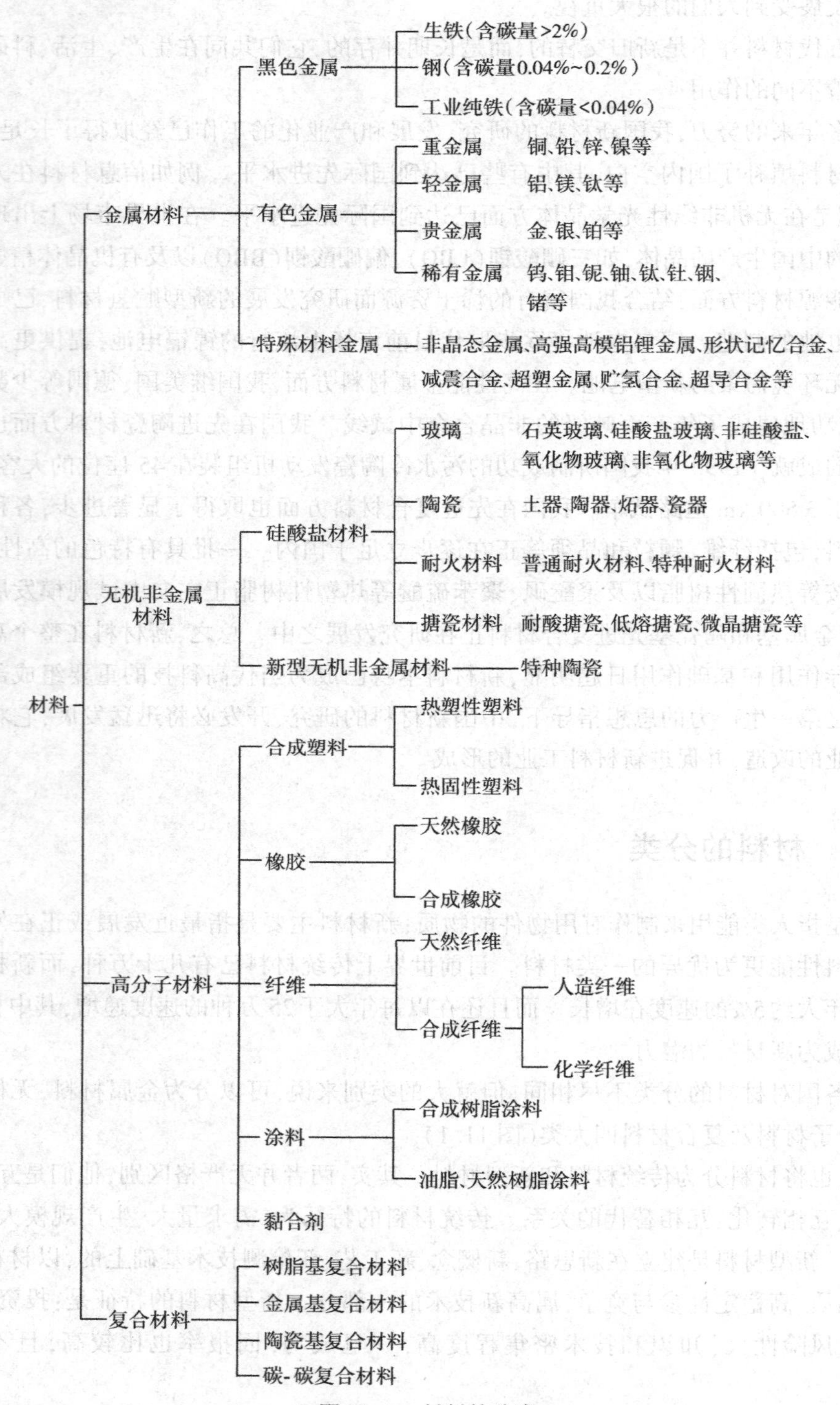
材料
金属材料
黑色金属
生铁(含碳量>2%)
钢(含碳量0.04%~0.2%)
工业纯铁(含碳量<0.04%)
有色金属
重金属 铜、铅、锌、镍等
轻金属 铝、镁、钛等
贵金属 金、银、铂等
稀有金属 钨、钼、铌、铀、钛、钍、铟、锗等
特殊材料金属
非晶态金属、高强高模铝锂金属、形状记忆合金、减震合金、超塑金属、贮氢合金、超导合金等
无机非金属材料
硅酸盐材料
玻璃 石英玻璃、硅酸盐玻璃、非硅酸盐、氧化物玻璃、非氧化物玻璃等
陶瓷 土器、陶器、炻器、瓷器
耐火材料 普通耐火材料、特种耐火材料
搪瓷材料 耐酸搪瓷、低熔搪瓷、微晶搪瓷等
新型无机非金属材料
特种陶瓷
高分子材料
合成塑料
热塑性塑料
热固性塑料
橡胶
天然橡胶
合成橡胶
纤维
天然纤维
合成纤维
人造纤维
化学纤维
涂料
合成树脂涂料
油脂、天然树脂涂料
黏合剂
复合材料
树脂基复合材料
金属基复合材料
陶瓷基复合材料
碳-碳复合材料

图 11.1　材料的分类

11.2　金属材料

金属材料是以金属元素为基础的材料。纯金属一般具有良好的塑性，较高的导电和导热性，但其机械性能如强度、硬度等不能满足工程技术多方面的需要，因此纯金属的直接应用很少，绝大多数金属材料是以合金的形式出现。合金是在纯金属中，有意识地加入一种或多种其他元素，通过冶金或粉末冶金方法制成的具有金属特性的材料。例如工业上应用最广泛的金属材料钢和铸铁，就是以铁为基础的合金。含碳量小于2.11%的铁碳合金称为钢，含碳量大于2.11%的称为铸铁。

近40年金属材料科学发展十分迅速。除传统的金属材料外，相继出现了诸如超高纯金属、金属玻璃（非晶态）、准晶、微晶、低维合金、形状记忆合金以及纳米晶等一系列从结构到性能都有特色的新材料，在21世纪它们将获得广泛的应用。

新型金属材料种类繁多，这里简要介绍形状记忆合金和贮氢合金两种。

11.2.1　形状记忆合金

用某种特殊的合金做成花、鸟和鱼等造型，只要把它们放入热水中，就可以看到花儿正在徐徐开放，鸟儿正在振翅待飞，鱼儿在水中摆尾，这些不是魔术，而是形状记忆合金特异功能的显示。科学家发现50%的镍和50%的钛的合金在温度升到40 ℃以上时，能“记住”自己以前的形状。科学家把这种现象称为“形状记忆效应”。后来，经过愈多科学家的辛勤劳动，人们又发现铜锌铝合金、铜镍合金和铁铂合金等也具有“形状记忆效应”。科学家把这类合金叫作“形状记忆合金”。这类合金具有结构改变型的马氏体相变，且其马氏体相比奥氏体相（母相）软很多。当这类合金在较低温度下成为马氏体时，由于马氏体相对称性差、软、相界面易移动，所以当受到外力时，易通过晶面或相界面间移动而改变形状，但经加热又转变为有序的奥氏体结构，即恢复原来的形状。

形状记忆效应有三种类型，分别为单程形状记忆效应、双程形状记忆效应和全程形状记忆效应。单程形状记忆效应是指材料在高温下制造出某种形状后，在低温相时将其任意变形，再加热时可恢复为高温相时的形状，而重新冷却时却不能恢复低温相形状；通过温度的升降可以自发地反复恢复高低温相形状的现象称为双程形状记忆效应（或称可逆形状记忆效应）；当加热时恢复高温相形状，冷却时变为形状相同但取向却与高温相形状相反的现象称为全程记忆效应，只有在富镍的Ni-Ti合金中，才可能出现全程记忆效应。

作为一种特殊功能的金属材料，形状记忆合金在近20多年来发展很快，它具有十分广阔的发展前景。形状记忆合金已经应用于宇航、能源、汽车、电子、机械和医疗等领域。人造卫星上庞大的天线可以用记忆合金制作，发射人造卫星之前，将抛物面天线折叠起来装进卫星体内，火箭升空把人造卫星送到预定轨道后，只需加温，折叠的卫星天线因具有“记忆”功能而自然展开，恢复抛物面形状。记忆合金在临床医疗领域内有着广泛的应用，例如人造骨骼、伤骨固定加压器、牙科正畸器、各类腔内支架、栓塞器、心脏修补器、血栓过滤器、介入导丝和手术缝合线等，记忆合金在现代医疗中正扮演着不可替代的角色。记忆合金同日常生活也同样密切相关，可用于温室、水暖系统、恒温器、防火门、电路自动断路及加热冷却控制装置自动开关。例如，利用形状记忆合金弹簧可以控制浴室水管的水温，在热水温度过高时通过“记忆”功能，调节或关闭供水管道，避免烫伤。还可以把用记忆合金制成的弹簧放在暖气的阀门内，用以保持暖房的温度，当温度过低或过高时，自动开启或关闭暖气的阀门。由于记忆合金是一种“有生命的合金”，利用它在一定温度下形状的变化，就可以设计出形形色色的自控器件，它的用途正在不断扩大。

11.2.2 贮氢合金

氢是21世纪要开发和利用的新能源之一。氢能的优点是发热值高，没有污染且资源丰富。氢气燃烧将放出大量热能，其反应如下：

$$H_2(g)+\frac{1}{2}O_2(g)\longrightarrow H_2O(l),\Delta_r H_m^{\ominus}=-286\ kJ/mol$$

每千克氢气燃烧产生的热能是煤的4倍以上。燃烧产物是水，没有任何污染气体产生。氢来源于水的分解，可以利用光能或电能分解水，而水是取之不尽的。

氢若作为常规能源，必须解决其贮存及输送问题。传统上氢以气态或液态贮存。前者在高压下把氢气压入钢瓶，后者在 -253 ℃ 低温下将氢气液化，然后灌入钢瓶，但运送笨重的钢瓶很不方便。

贮氢合金是因金属或合金与氢形成氢化物，从而把氢贮存起来。金属都是密堆积结构，存在许多四面体和八面体空隙，可以容纳半径较小的氢原子。在贮氢合金中，一个金属原子能与2个或3个甚至更多的氢原子结合，生成金属氢化物。但并不是每种贮氢合金都能作为贮氢材料，具有实用价值的贮氢材料，要求贮氢量大，金属氢化物既容易形成，稍稍加热又容易分解，室温下收、放氢的速度快，使用寿命长和成本低。目前正在研究开发的贮氢合金主要有三大系列：镁系贮氢合金如 MgH_2、Mg_2Ni 等；稀土系列贮氢合金如 $LaNi_5$，为了降低成本，用混合稀土 Mm 代替 La，可得到 MmNiMn、MmNiAl 等贮氢合金；钛系贮氢合金如 TiH_2、$TiMn_{1.5}$。表 11.1 列出了一些贮氢合金。

贮氢合金用于氢动力汽车的实验已获成功。随着石油资源逐渐枯竭，氢能源终将代替汽油、柴油驱动汽车，并一劳永逸消除燃烧汽油、柴油产生的污染。贮氢合金的用途不限于氢的贮存和运输，它在氢的回收、分离、净化及氢的同位素吸收和分离等方面也有具体的应用。

表 11.1　一些贮氢合金的含氢率及其分解温度

金属氢化物	含氢率 /%	分解温度 /℃
LiH	12.6	855
CaH_2	4.7	790
MgH_2	7.6	284
$MgNiH_4$	3.6	253
TiH_2	4.0	650
$TiFeH_{1.8}$	1.8	18
$TiCoH_{1.5}$	1.4	110
$TiMn_{1.5}H_{2.14}$	1.6	20
$TiCr_2H_{3.6}$	3.4	90
$LaNi_5H_6$	1.3	15

11.3　非金属材料

无机非金属材料又称陶瓷材料，涵盖范围非常广泛。陶瓷材料可分为传统陶瓷材料和精细陶瓷材料。前者主要成分是各种氧化物；后者的成分除了氧化物外，还有氮化物、碳化物、硅化物和硼化物等。传统陶瓷产品如陶瓷器、玻璃、水泥、耐火材料、建筑材料和搪瓷等，主要是烧结体；而精细陶瓷产品可以是烧结体，还可以做成单晶、纤维、薄膜和粉末，具有强度高、耐高温、耐腐蚀，并有声、电、光、热、磁等多方面的特殊功能，是新一代的特种陶瓷，所以它们的用途极为广泛，遍及现代科技的各个领域。

11.3.1　光导纤维

从高纯度的二氧化硅或称石英玻璃的熔融体中，拉出直径约 100 μm 的细丝，称为石英玻璃纤维。玻璃可以透光，但在传输过程中光损耗很大，而石英玻璃纤维光损耗大为降低，故这种纤维称为光导纤维，是精细陶瓷中的一种。

利用光导纤维可进行通信。激光的方向性强、频率高，是进行光纤通信的理想光源。光纤通信和电波通信相比，光纤通信可提供更多的通信道路，可满足大容量通信系统的需要。光导纤维一般都由两层组成：里面一层称为内芯，直径几十微米，折射率较高；外面一层称为包层，折射率较低。从光导纤维一端入射的光线，经内芯反复折射而传到末端，由于两层折射率的差别，使进入内芯的光始终保持在内芯中传输。光的传输距离与光导纤维的光损耗大小有关，光损耗小，传输距离就长，否则就需要用中继器把衰减的信号放大。如果光导纤维的光损耗为 0.15 dB/km，传输距离可达 500 km；如降到 10^{-4} dB/km 时，则可传输 2 500 km。用最新的氟玻璃制成的光导纤维，可以把光信号传输到太平洋彼岸而不需要任何中转站。

在实际使用时，常把千百根光导纤维组合在一起并加以增强处理，制成像电缆一样的光缆，这样就提高了光导纤维的强度，又大大增强了通信容量。

用光缆代替通信电缆，可以节省大量有色金属，每千米可节约铜 1.1 吨、铅 2 ~ 3 吨。光缆有质量轻、体积小、结构紧凑、绝缘性好、寿命长、传输距离长、保密性好、成本低等优点。

光纤通信与数字技术及计算机结合起来，可用于传送电话、图像、数据，控制电子设备和智能终端等，起到部分取代通信卫星的作用。

光损耗大的光导纤维可在短距离使用，特别适合制作各种人体内窥镜，如胃镜、膀胱镜、直肠镜、子宫镜等，对诊断治疗各种疾病极为有利。

11.3.2 纳米陶瓷

从陶瓷材料的发展历史来看，它经历了三次飞跃。由陶瓷进入瓷器这是第一次飞跃；由传统陶瓷发展到精细陶瓷是第二次飞跃，在此期间，不论是原材料，还是制备工艺、产品性能和应用等方面都有长足的进展和提高，然而陶瓷材料的致命弱点——脆性问题却没有得到根本的解决。精细陶瓷粉体的颗粒较大，属微米级（10^{-6} m）。有人用新的制备方法把陶瓷粉体的颗粒加工到纳米级（10^{-9} m），用这种超细粉体粒子来制造陶瓷材料，得到新一代纳米陶瓷，这是陶瓷材料的第三次飞跃。纳米陶瓷具有延性，有的甚至出现超塑性。因此人们寄希望于利用纳米技术去解决陶瓷材料的脆性问题，纳米陶瓷被称为 21 世纪陶瓷。

纳米陶瓷是纳米材料中的一种，纳米材料是当今材料科学研究中的热点之一。纵观纳米材料发展的历史，大致可分为三个阶段。第一阶段（1990 年以前），主要是在实验室探索用各种手段制备各种材料的纳米颗粒粉体，合成块体（包括薄膜），研究评估表征的方法，探索纳米材料不同于常规材料的特殊性能。第二阶段（1994 年前），人们关注的热点是如何利用纳米材料已挖掘出来的奇特物理、化学和力学性能，设计纳米复合材料。通常采用纳米微粒与纳米微粒复合（0—0 复合），纳米微粒与常规块体复合（0—3 复合）及发展复合纳米薄膜（0—2 复合），国际上通常把这类材料称为纳米复合材料。第三阶段（1994 年到现在），纳米组装体系人工组装合成纳米结构的材料体系越来越受到人们的关注，也称其为纳米尺寸的图案材料。它的基本内涵是以纳米颗粒以及它们组成的纳米丝、管为基本单元，在一维、二维和三维空间组装排列成具有纳米结构的体系。美国加利福尼亚大学劳伦斯伯克利国家实验室的科学家在 *Nature* 上发表文章，指出纳米尺寸的图案材料是现代材料化学和物理学的重要前沿课题。

在纳米陶瓷中，具有良好高温力学性能的陶瓷材料，是该领域研究的重点之一。在这方面，十分重要的陶瓷粉体材料有 SiC、Si_3N_4 等纳米硅基陶瓷粉。气相法是目前制备纳米硅基陶瓷粉的主要方法，可以获得粒度更小的 Si、SiC、Si_3N_4 等。在气相法反应的过程中，含硅气体分子（如 SiH_4）或液相的有机硅汽化后与氨气等在高温下发生反应，快速形成核，长大生成 SiC、Si_3N_4 或 Si-C-N 复合粉等。

纳米硅基陶瓷粉具有量子尺寸效应、小尺寸效应、表面效应和宏观量子隧道效应，因而产生了许多特有的物理性能，使之在多学科领域有着许多的功能开发潜力和应用前景。

11.3.3　超导陶瓷

所谓超导电性，是指固体物质在某一温度以下，外部磁场不能穿透到材料内部，材料的电阻消失的现象。最初发现的超导体的临界温度都是接近绝对零度的液氦温度范围，到1986年，75年间超导材料的临界转变温度 T_c 从水银的4.2 K提高到铌三锗的23.22 K，一共提高了19 K。1986年以来超导领域发生了戏剧性的变化，高温超导体的研究取得了重大的突破。成功地制备了临界转变温度为35 K的氧化物超导体。目前已发现数十种氧化物超导体。最高临界转变温度已达到153 K。目前，几个主要的超导陶瓷体系有：Y-Ba-Cu-O 系、La-Ba-Cu-O 系、La-Sr-Cu-O 系和 Ba-Pb-Bi-O 系等。

超导体材料的研究引起世界各国的重视，下面简单介绍超导体的一些应用。

①用超导材料输电。发电站通过漫长的输电线向用户送电，由于电线存在电阻，电流通过输电线时电能被消耗一部分，如果用超导材料做成电缆用于输电，那么在输电线路上的损耗将降低为零。

②超导发电机。制造大容量发电机，关键部件是线圈和磁体。由于导线存在电阻，造成线圈严重发热，如何使线圈冷却成为难题。如果用超导材料制造发电机，线圈由无电阻的超导材料烧制得，根本不会发热，冷却难题迎刃而解，而且功率损失可减少50%。

③磁力悬浮高速列车。要使列车速度达到500 km/h，普通列车是绝对办不到的。如果超导磁体装在列车内，在地面轨道上敷设铝环，它们之间发生相对运动，铝环中产生感应电流，从而产生磁排斥作用，把列车托离地面约10 cm，使列车能悬浮在地面上而高速前进。

④可控热核聚变。核聚变时能释放出大量的能源。为了使热核聚变反应持续不断，必须在 10^8℃ 下将等离子约束起来，这就需要一个强大的磁场，而超导磁体能产生约束等离子所需要的磁场。人类只有掌握了超导技术，才有可能使可控热核聚变成为现实，为人类提供无穷无尽的能源。

11.4 有机高分子材料

从 1930 年高分子科学概念建立至今虽然只有半个多世纪,但由于高分子材料具有许多优良性能,适合工业和人民生活各方面的需要,而且它的原料丰富,适合现代化生产,经济效益显著,且不受地域、气候的限制,因而高分子材料工业取得了突飞猛进的发展。2003 年,全球合成高分子材料年产量超过 1.5 亿吨,我国年产量也超过 500 万吨。

11.4.1 高分子化合物的基本概念

高分子化合物又称高聚物,是由一种或几种低分子化合物聚合而成的化合物,分子量很大,一般为 $10^4 \sim 10^6$。由于高分子化合物的分子量很大,所以它的物理和化学性能与低分子化合物有很大差异,而且具有许多独特而优异的性能,正在现代人类的生活、生产诸方面得到广泛的应用。

(1)单体

形成高分子化合物的低分子化合物叫作单体。成千上万个单体分子通过聚合反应连接成高分子化合物。高分子化合物的化学组成与单体完全相同或基本相同,有的稍有差别。例如,氯乙烯是聚氯乙烯的单体;聚酰胺-66 的单体包括己二胺和己二酸。这两种高聚物和单体的结构可表示为:

聚氯乙烯 $\left[CH_2-\underset{\substack{|\\Cl}}{\overset{\substack{H\\|}}{C}} \right]_n$ 单体 $H_2C=\underset{\substack{|\\Cl}}{CH}$

聚酰胺-66 $\left[\underset{\substack{|\\H}}{N}-(CH_2)_6-\underset{\substack{|\\H}}{N}-\underset{\substack{\|\\O}}{C}-(CH_2)_4-\underset{\substack{\|\\O}}{C} \right]_n$,单体是 $H_2N(CH_2)_6NH_2$ 和 $HOOC(CH_2)_4COOH$

(2)链节与链节数

高分子中重复的结构单元称为链节,重复的结构单元数 n 称为链节数,即聚合度(DP)。例如上述的聚氯乙烯和聚酰胺-66 中的链节分别为:

$-CH_2-\underset{\substack{|\\Cl}}{CH}-$ 和 $-\underset{\substack{|\\H}}{N}-(CH_2)_6-\underset{\substack{|\\H}}{N}-\underset{\substack{\|\\O}}{C}-(CH_2)_4-\underset{\substack{\|\\O}}{C}-$

如果链节的分子量为 M_a，高分子化合物的分子量为 $M = nM_a$。由于高聚物的分子量很大，计算分子量时忽略分子两端的原子不会引起较大的误差。

同一种高分子化合物中分子链所含的链节数并不相同。所以，高分子化合物往往是由许多链节结构相同而链节数不等的同系聚合物所组成。因此，实验测得的高分子化合物的分子量与链节数都是平均值。

11.4.2 高分子化合物的命名与分类

(1)命名

1)习惯命名法

天然高分子化合物，一般根据来源或性质都有专门的名称，如纤维素、木质素、淀粉、蛋白质等。由一种单体合成得到的高聚物，其名称习惯上是在单体名称前加一个“聚”字，如聚乙烯、聚氯乙烯等。由两种单体合成得到的高聚物，名称往往是在两种单体名称后加词尾“树脂”或“共聚物”。如苯酚-甲醛树脂（简称酚醛树脂）、乙烯-丙烯共聚物（简称乙丙共聚物）等。对于一些结构复杂的高聚物，习惯采用其商品名称，没有统一规则，如涤纶（又称的确良）、锦纶（锦纶 66）、腈纶（或称人造羊毛）、ABS 树脂等。

2)系统命名法

这是 1972 年国际纯粹和应用化学联合会（IUPAC）制定的以聚合物的结构重复单元（即高聚物分子中的最小重复单元）为基础的命名方法。采用该命名法命名时，先确定高聚物分子中的最小结构单元，排出次序，然后按小分子有机化合物的 IUPAC 命名规则给结构重复单元命名并加括弧，最后在名称前冠一“聚”字，即得高聚物的名称。例如：

$$\text{-}\!\!\left[\underset{\substack{|\\ \mathrm{H}}}{\mathrm{N}}\text{—}(\mathrm{CH_2})_6\text{—}\underset{\substack{|\\ \mathrm{H}}}{\mathrm{N}}\text{—}\underset{\substack{\|\\ \mathrm{O}}}{\mathrm{C}}\text{—}(\mathrm{CH_2})_4\text{—}\underset{\substack{\|\\ \mathrm{O}}}{\mathrm{C}}\right]\!\!\text{-}$$

称为聚（亚氨基六亚甲基亚氨基己二酰）。

一些常见高聚物的结构式和名称列于表 11.2。

表 11.2 一些常见高聚物的结构式和名称

高聚物的结构式	习惯名称	系统名称	英文缩写
$\text{-}[\mathrm{CH_2—CH_2}]_n\text{-}$	聚乙烯	聚亚甲基	PE
$\text{-}[\overset{\mathrm{CH_3}}{\underset{\mathrm{CH_3}}{\mathrm{C}}}\mathrm{—CH_2}]_n\text{-}$	聚异丁烯	聚(1,1-二甲基乙烯)	PIB
$\text{-}[\mathrm{CH_2—}\underset{\mathrm{Cl}}{\mathrm{CH}}]_n\text{-}$	聚氯乙烯	聚(1-氯代乙烯)	PVC

续表

高聚物的结构式	习惯名称	系统名称	英文缩写
$\text{-[}CH—CH_2\text{]-}_n$（CH 上连苯环）	聚苯乙烯	聚(1-苯基乙烯)	PS
$\text{-[}\underset{\mid\atop H}{N}—(CH_2)_6—\underset{\mid\atop H}{N}—\underset{\|\atop O}{C}—(CH_2)_4—\underset{\|\atop O}{C}\text{]-}_n$	聚己二酰己二胺（尼龙 66）	聚(亚氨基六亚甲基亚氨基己二酰)	PA-66
$\text{-[}\overset{H}{\underset{CN}{C}}—\overset{H}{\underset{H}{C}}\text{]-}_n$	聚丙烯腈(腈纶)	聚(1-氰基乙烯)	PAN
$\text{-[}OCH_2CH_2OOC—C_6H_4—CO\text{]-}_n$	聚对苯二甲酸乙二醇酯(涤纶)	聚(氧化乙烯氧化对二苯甲酰)	PETP

(2)分类

高分子化合物种类繁多，从不同的角度出发，就有不同的分类方法。常见的分类方法有以下三种。

①按性能与用途分类，在工程上高聚物可分为塑料、纤维与橡胶三大类。

②根据主链结构分类，高聚物可分为碳链聚合物（主链全部由碳元素一种原子组成）、杂链聚合物（构成主链的元素除碳原子外，还有 O、S、N、P 等元素）、元素聚合物（构成主链的元素不含碳，而是 Si、O、Ti、B、Al 或 As 等）三大类。例如：

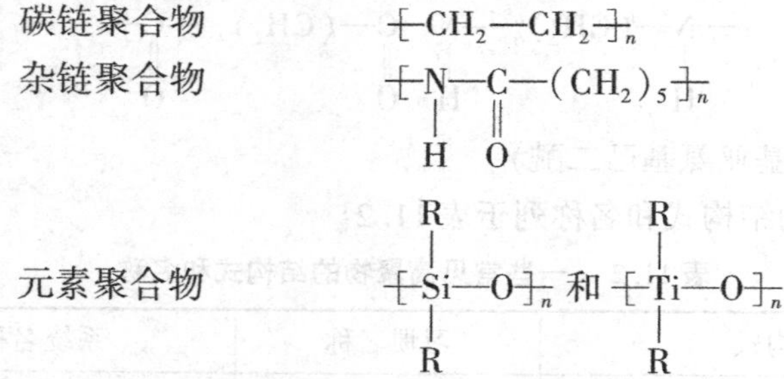

③按热性能不同，高聚物可分为热塑性聚合物和热固性聚合物两大类。热塑性聚合物（如聚烯烃）在受热时会发生物理反应软化，冷却时又重新固化。这一特征有利于加工成型。热固性聚合物（如不饱和聚酯）受热时由于发生了不可逆的交联化学反应，会形成坚硬的不溶性固体。

11.4.3　高分子化合物的合成

由煤、石油、天然气等自然资源经过一系列化工过程，可生产出合成高分子化合物的单体。根据单体分子结构的特征，由单体合成高聚物的反应可分为加聚反应和缩聚反应。

(1)加聚反应

一种或多种具有不饱和键的单体在一定条件下(光照、加热或化学试剂的作用等)聚合，直接得到高分子化合物的反应称为加聚反应。原则上，所有活泼的不饱和结构都可以发生加聚反应。由于在加聚反应中没有其他低分子物质析出，故高聚物的化学组成与单体相同。由加聚反应形成的高聚物通称加聚物。最重要的加聚反应是碳碳双键的加聚。例如，乙烯类单体在光或引发剂的作用下打开单体中的双键，发生加聚反应：

$$n\,\underset{\displaystyle X}{\underset{|}{CH}}{=}CH_2 \longrightarrow \left[\underset{\displaystyle X}{\underset{|}{\overset{\displaystyle H}{\overset{|}{C}}}}-\underset{\displaystyle H}{\underset{|}{\overset{\displaystyle H}{\overset{|}{C}}}}\right]_n$$

上述反应式中，X 表示取代基，可以是 —H、—Cl、—CN 以及烷基、苯基等。由于 X 的不同，通过加聚反应可以得到不同的乙烯类聚合物。像这样由一种单体参加的加聚反应又称为均聚反应。均聚反应的产物叫均聚物。聚乙烯、聚氯乙烯、聚丙烯腈、聚苯乙烯等都是均聚物。

由两种或两种以上单体参加的加聚反应又称为共聚反应，反应产物称为共聚物。例如：

$$nCH_2{=}\underset{H}{C}-\underset{H}{C}{=}CH_2 + n\underset{\displaystyle CN}{\underset{|}{CH}}{=}CH_2 \longrightarrow \left[\overset{H_2}{C}-\underset{H}{C}{=}\underset{H}{C}-\overset{H_2}{C}-\underset{\displaystyle CN}{\underset{|}{\overset{H}{C}}}-\overset{H_2}{C}\right]_n$$

丁二烯　　　　丙烯腈　　　　丁腈橡胶

共聚物往往可兼具两种或两种以上均聚物的一些优良性能。例如，用丁二烯制的橡胶，其耐油性差，而丁腈橡胶具有优良的耐油性。共聚方法是扩大单体来源、改善已有聚合物性能和增加聚合物品种的重要途径。

(2)缩聚反应

具有两个或两个以上官能团的一种或多种单体之间缩合，失去低分子化合物(一般是 H_2O、NH_3、醇、卤化氢等)而变为高聚物的过程叫作缩聚反应。缩聚反应中有低分子物质析出，所以形成的高聚物的化学组成与单体不同。例如，含有两个氨基(—NH_2)的己二胺和含有两个羧基(—COOH)的己二酸合成的尼龙 66，就是前一个单体的氨基与后一个单体的羧基脱水缩合形成的高聚物。其反应为：

$$nNH_2-(CH_2)_6-NH_2 + nHOOC-(CH_2)_4-COOH \longrightarrow$$

$$\text{-[}NH-(CH_2)_6-NH-\underset{\underset{O}{\|}}{C}-(CH_2)_4-\underset{\underset{O}{\|}}{C}\text{]}_n- + 2nH_2O$$

上述尼龙 66 分子中含有酰胺键（ $-\underset{\underset{O}{\|}}{C}-\underset{\underset{H}{|}}{N}-$ ）属杂链高聚物。由于缩聚反应是逐步完成的，因此缩聚产物的分子量会随着时间的延长而增大，也可以得到中间产物。

按单体分类，缩聚反应可分为均缩聚和共缩聚；按产物结构分类，可分为线型缩聚和体型缩聚反应。若参加反应的单体含有两个能够参与反应的官能团，经缩聚反应得到线型结构的缩聚物，此反应称为线型缩聚反应；反应单体中至少有一个组分含有三个或三个以上能够参加反应的官能团，经缩聚反应得到体型缩聚物，则此反应称为体型缩聚反应。

11.4.4　高分子化合物的性能

高分子化合物作为材料，实际应用中要求它具有良好的力学、电学、热学性能和化学稳定性。

(1)力学强度

力学强度是指材料抵抗外力破坏作用的能力，通常用抗拉、抗压、抗弯曲、抗冲击等强度来衡量。他们主要取决于高分子主链的化学键、聚合度、结晶度和分子链之间的作用大小。对于同种高聚物而言，影响力学强度的主要因素是高聚物的聚合度和结晶度。高聚物分子主链的共价键越强，则强度越高。高聚物的平均聚合度越大，其平均分子量就越大，分子链越长，分子链之间的作用力越大，强度亦越大。但高聚物的聚合度超过某定值，其弹性和塑性将锐减而不利于加工，且其拉伸强度变化并不大。合成纤维的分子量通常控制在几万以内，过高易堵塞纺丝孔。如尼龙 66 的分子量一般为 $1.5\times10^4\sim2.3\times10^4$ 或 $2.5\times10^4\sim8\times10^4$。

提高高聚物的结晶度，使高分子链排列更加紧密有序，分子链间的作用加大，其强度也随之增大。例如，无规则聚丙烯是黏稠液体或橡胶高弹性体，不能作塑料，但具有一定结晶的等规聚丙烯，不仅可以用作塑料，而且能纺成纤维（丙纶）。另一方面，结晶度的提高使高分子链节的运动变得困难，会降低高聚物的弹性和韧性。

(2)电学性能

聚合物的电学性能是工业部门选择的依据之一。

高聚物分子中各原子以共价键结合，不存在自由电子和离子，所以一般高分子材料的单点能力差，在直流电场下大多数具有良好的电绝缘性能。但是在交流电场中，含有极性基团或极性链节的高聚物，由于极性基团或极性链节会随电场方向发生周期性取向，因而具有一定的导电性。

高聚物的电性能与其分子的极性有关。一般来讲，非极性高聚物（如聚乙烯、聚四氟乙烯、聚丁烯等），高分子链的链节结构对称，它们的相对介电常数（电容中充满高聚物时的电容与真空时的电容之比，用ε表示）值较小，ε值为1.8～2.0，可作为高频电介质。弱极性或中等极性高聚物的ε值为2.0～4.0，如聚苯乙烯、天然橡胶和聚氯乙烯、尼龙、有机玻璃等，可用作中频电介质。强极性高聚物的ε值高于4.0，如酚醛树脂、聚乙烯醇等，只能作低频电介质使用。

(3)高分子化合物的老化与防止

高分子化合物在长期使用中，受热、光、机械力等作用以及氧、酸、碱、水蒸气及微生物等因素的作用，逐渐失去弹性并出现裂纹，变硬、变脆或变软、发黏、泛黄等，它的物理、化学性能变坏。这种现象叫作高分子化合物的老化。例如，聚氯乙烯薄膜经日光照射1～2年将完全丧失柔顺性，变得硬而易碎。

高聚物老化过程是一个复杂的化学变化过程，主要是在外界因素的作用下，高分子链发生交联反应和降解反应引起的。

高分子链间的交联反应，可使高聚物由线型结构转变为体型结构，增大了高聚物的聚合度，会使原来的聚合物变硬发脆而丧失弹性。如丁苯橡胶等合成橡胶的老化即是以交联反应为主。

含有双键的高聚物（如聚烯烃）在含氧的环境中，由于光的作用，易发生氧化降解。天然橡胶氧化降解反应可用下式表示：

$$\cdots-\overset{H_2}{C}-\underset{\underset{CH_3}{|}}{C}=\underset{H}{C}-\overset{H}{C}-\cdots + O_2 \longrightarrow$$

$$\cdots-\overset{H_2}{C}-\underset{\underset{CH_3}{|}}{C}=O + O=\underset{\underset{H}{|}}{C}-CH_2-\cdots$$

由于氧化降解，大分子链断裂，橡胶变软变黏，失去了原有的力学强度。

为了延缓或防止高聚物的老化作用，人们进行了大量的研究工作，采用了许多行之有效的方法。如在高聚物分子链中引入较多的苯环、杂环结构，或引入无机元素（如Si、P、Al等），均可提高其热稳定性；在高聚物中加入稳定剂（如ZnO及钛白粉、炭黑等）、抗氧剂（芳香胺类）等，提高了材料对光、氧等作用的稳定性。

11.5 复合材料

前面简单地介绍了金属材料、无机非金属材料和有机高分子材料，它们各有其优缺点。如果将两种或两种以上不同的材料通过复合工艺组成新的复合材料，它既能保持原来材料的优点，又能克服单一材料的缺点。例如，金属材料易腐蚀，合成高分子材料易老化、不耐高温，陶瓷材料易碎裂等缺点，都可以通过复合的方法予以改善和克服。因此复合材料是在三大材料基础上发展起来的新材料。

复合材料的品种繁多，按增强体的物质形态可分为：颗粒增强复合材料、夹层增强复合材料和纤维增强复合材料。目前发展较快的是纤维增强复合材料。按基体又可分为三类：树脂基复合材料、金属基复合材料和陶瓷基复合材料。

11.5.1 树脂基复合材料

(1)玻璃钢

玻璃钢是由玻璃纤维和不饱和聚酯、环氧树脂、酚醛树脂、有机硅树脂等复合而成的。如将玻璃熔化并以极快的速度拉成细丝，则这种玻璃纤维非常柔软，可用来纺织。玻璃纤维的强度很高，比天然纤维或化学纤维高5 ~ 30倍。在制造玻璃钢时，可将直径5 ~ 10 μm的玻璃纤维成纱、带材或织物加到树脂中，也可以把玻璃纤维切成短纤维加到基体中。玻璃钢不仅强度高、质量轻、绝缘性能好，而且抗腐蚀、抗冲击性强。它已广泛应用于飞机、汽车、轮船、建筑、石油化工设备和家具等行业。

(2)碳纤维增强塑料

碳纤维是将有机纤维（如聚丙烯腈纤维）在200 ~ 300 ℃的空气中加热，使其氧化，再在1 000 ~ 1 500 ℃的稀有气体中碳化制得的，具有耐高温、质轻、硬度大和强度高等特点。

碳纤维增强塑料是根据使用温度的不同来选择不同的树脂基体，如环氧树脂的使用温度为150 ~ 200 ℃，聚双马来酰亚胺为200 ~ 250 ℃，而聚酰亚胺则超过300 ℃。碳纤维增强材料主要在飞机和宇航飞行器上作为结构材料，如宇航飞行器外表面的防热层、火箭喷嘴等。

除了玻璃纤维、碳纤维外，作为纤维增强材料的还有硼纤维、碳化硅纤维和芳纶纤维等。芳纶纤维增强塑料除用于飞机、造船外，还用于体育用品，如羽毛球拍、撑竿跳用的撑杆、高尔夫球杆及弓箭等。

11.5.2　金属基复合材料

树脂基复合材料已有较大发展，但其耐热性一般不超过 300 ℃，不导电、传热性差也是其主要缺点。这就限制了它们在某些条件下的使用。

采用高强度、耐热纤维与金属组成金属基复合材料，既可保持金属原有的耐热、导电和导热等性能，又可提高强度，降低相对密度。

基体金属使用较多的是铝、镁、钛以及某些合金。

碳纤维是金属基复合材料中应用最广泛的增强材料。碳纤维增强铝复合材料具有耐高温、耐热疲劳、耐紫外线和耐潮湿等性能，适合做飞机的结构材料。

碳化硅纤维增强铝的复合材料比铝轻 10%，强度高 10%，刚性高一倍，具有更好的化学稳定性、耐热性和高温抗氧化性。它们主要用于汽车工业和飞机制造业。用碳化硅纤维增强钛的复合材料制成的板材和管材已用来制造导弹壳体和空间部件等。

11.5.3　陶瓷基复合材料

纤维增强陶瓷基复合材料可以增强陶瓷的韧性，这是解决陶瓷脆性的途径之一。由纤维增强陶瓷做成的陶瓷瓦片，用黏合剂贴在航天飞机的机身上，使航天飞机能安全地穿越大气层返回地球。

近年来发展起来的纳米复合材料显示出了很好的应用前景。纳米复合材料是指，至少有一种组分材料的分散尺度小于 10^2nm 量级的复合材料，它的性能优于相同组分的常规复合材料，尤其是在物理力学性能方面。

与常规的有机 -无机复合材料相比，纳米复合材料具有独特的纳米尺寸效应，具有大的比表面积和强的界面相互作用，使高分子和无机材料的界面之间存在较强的化学结合力，达到理想的黏结性能，可解决高分子基体与无机材料基体的热膨胀系数不匹配的问题，从而充分发挥无机材料优异的力学性能和耐热性。

有机 -无机纳米复合材料中的有机相可以是塑料、尼龙、有机玻璃和橡胶等；无机相可以是金属、氧化物、陶瓷和半导体等。复合后的材料，既有高分子材料良好的加工使用性能，又具备无机材料的光、电、磁等功能特性。这些材料在光学、电子、机械、生物学等领域有广阔的应用前景。

由钛基纳米金属粉与高分子聚合物制成的纳米复合材料作为防腐涂料，已在槽车、煤矿单体液压支柱等的防腐上取得良好效果，还有望在舰船的防腐上获得应用。

11.6 液晶材料

液晶是介于固态与液态之间各向异性的流体，是发现较晚的一种物质状态。液晶态的发现，打破了人们关于物质三态（固态、液态、气态）的常规概念。2000 年共有近 75 000 种液晶和近 2 000 种高分子液晶问世。液晶，作为一种新的物态和新的材料出现具有重要意义。此外，它与生命现象有着密切联系。近年来，随着科学技术的飞速发展，有关液晶的基础研究进展很快，实际应用技术的开发日新月异，它已引起人们极大的重视。

11.6.1 相转变和液晶相

如果构成固体的分子具有明显的几何形状各向异性，如棒状或蝶状，它存在两种有序性：分子位置的有序性和分子排列取向的有序性，它们都会影响固体的物理性质。

低温时，这种几何结构明显各向异性的分子规则地周期排列，构成固相物质，其中分子不仅具备位置有序以形成晶体点阵，而且分子的排列也必然有一定的有序性。这是因为，固体分子间距离近，分子只有采用相同的排列取向，使体系的热能处于最小值。把处于固相的这类物质逐渐加热以增大分子的动能，当达到一定的温度，这种分子位置和取向有序的固体物质将通过两种途径变成各向同性液体。一是物质保持固态，但是分子的取向有序性先遭到破坏，到更高的温度才破坏位置。有序性而形成各向同性晶体，称为塑晶。另一种是物质先失去位置有序性形成液体，但是保留取向有序，甚至更高的温度才进一步破坏取向有序而形成各向同性液体。这类物质在位置有序受到破坏进入液态时，由于存在分子取向有序性，因此它们的物理性质仍然是各向异性，这种各向异性的液体就是液晶。液晶是自然界两大基本原则流动性和有序性的有机结合，人们又把液晶形象地称为“流动的晶体”。

11.6.2 液晶的种类

根据结构和分子排列，液晶可分为近晶相液晶、向列相液晶和胆甾相液晶。

①近晶相液晶是由棒状分子分层排列组成的，层内分子互相平行，其方向可以垂直于层面，也可以与层面倾斜一定角度。分子质心只在层内无序，有流动性，其规整性近于晶体，是二维有序。

②向列相液晶，其棒状分子大体上成平行排列，质心位置无长程序，分子不排列成层，能上下左右滑动，但在分子长轴方向上能保持相互平行或近于平行，即它只有取向有序。

③胆甾相液晶可以看作由向列相平面重叠而成，平面内分子互相平行，但层与层之间分

子的长轴稍有变化，形成螺旋状。当分子取向旋转 360° 后，又回到原来取向，为一个螺距。胆甾相液晶可以从胆甾醇衍生物或手征性分子得到。

上面所讨论的三种类型液晶都是特定的纯的有机物质。液晶态是通过升温到特定的温区中显示的，这一类液晶通称为热致液晶。目前技术上直接应用的液晶都属于这一类。除此之外，还有一类被称为溶致液晶，有机分子溶解在溶剂中，当浓度足够高时，也可以呈现液晶相。这种液晶广泛存在于自然界，特别是生物体内。

典型的溶致液晶是各种双亲分子(如肥皂)的水溶液，浓度不同时，这些液晶分子会出现层状堆积、球状堆积等。

另一个溶致液晶的例子是聚对苯二甲酰对苯二胺的浓硫酸溶液。这种向列相液晶溶液经纺丝后，可得到一种分子高度取向的有机纤维——芳纶，其强度比钢高几倍，而密度还不到钢的 1/5。

11.6.3　液晶特征与用途

液晶是一类取向有序的流体。一方面它是流体，另一方面又像晶体，具有双折射等各向异性，并且其结构会随外场(电、磁、热、力等)的变化而变化，从而导致其各向异性性质的变化。

电光效应是液晶最有用的性质之一。所谓电光效应是指在电场作用下，液晶分子的排列方式发生改变，从而使液晶光学性质发生变化的效应。绝大多数液晶显示器件的工作原理都是基于这种效应。

用于显示目的的液晶材料种类繁多，主要是酯类液晶、联苯类液晶、苯基环己烷类液晶、环己基环己烷类液晶、嘧啶类液晶及手征性液晶。液晶之所以用于显示技术，是因为液晶显示功耗低和占用体积很小。液晶显示的驱动电压低，通常只需几伏电压即可，并且易于和其他电路连接，组成微电子器件，可靠性高。液晶显示能在明亮环境下显示，不怕日光或强光干扰，相反，外光愈强，显示的字符图像越清晰。另外，液晶显示无闪烁，无畸变现象，不产生对人体有害的软 X 射线，特别适合于电视显示和计算机终端显示，保证工作人员的健康。

随着人们对高性能液晶显示器(LCD)需求的日益增大，为满足各种性能的 LCD 使用指标要求，实用液晶材料中高清亮点、低黏度、低阈值的液晶化合物受到了青睐。除液晶显示外，液晶还用于温度检测、应力检测、无损检测、医疗诊断、色谱和各种波谱分析等。

习　题

1. 简述材料的发展过程。
2. 举例说明加聚反应和缩聚反应的区别。

3. 非晶态高分子化合物在不同温度下存在哪三种状态？它的 T_g 与 T_r 值与哪些性质有关？

4. 复合材料中的基体材料与增强材料分别起什么作用？

5. 简述液晶的特性与用途。

第12章　现代化学的研究进展

12.1　化学发展的历史

约50万年前,“北京人”已知用火。约在龙山文化晚期,中国人已会酿酒。公元前3世纪,秦始皇令方士献仙人不死之药,炼丹术开始萌芽。公元前2世纪,《史记》中载有西汉武帝时关于李少君的炼丹术。实践对多种物质的化学变革积累大量的化学知识和化工技能,为以后的化学的诞生做出了重大贡献。1世纪,罗马普利尼《博物学》(共37卷)问世,末5卷讲述了当时的化学。2世纪,东汉末中国魏伯阳的《周易参同契》是世界炼丹史上最早的著作,涉及汞、铅、金、硫等的化学变化及性质,并认识到物质起作用时比例的重要性。3世纪,出现“点金术”,蒸馏、挥发、溶解等已成为熟悉的操作。15世纪,德国索尔德发现化学元素锑(1450年)。16世纪,中国以明代李时珍的《本草纲目》(1596年)和西方以瑞士帕拉塞尔苏斯将毒剂作药物为标志,化学从金丹时期逐步进入制药时期。

17世纪,英国波义耳提出在一定温度下气体体积与压力成反比的定律(1660年),发表《怀疑的化学家》,批判点金术的“元素”观,提出元素定义,把化学确立为科学,并将当时的定性试验归纳为一个系统,开始了化学分析。1670年左右,法国莱墨瑞首次提出区分植物化学与矿物化学,即后来的有机化学和无机化学。

1760年,兰伯特提出单色光通过均匀物质时的吸收定律,后来发展为比色分析。1782—1787年,开始根据化学组成编定化学名词,并开始用初步的化学方程式来说明化学反应的过程和它们的量的关系。1789年,《化学的元素》出版,对元素进行分类,分为气、酸、金、土4大类,并将“热”和“光”列在无机界23种元素之中。

1854年,本生研究了氢加氯形成氯化氢的光化反应,发现氯化氢的生成正比于光强与曝光的时间,以及被吸收的光正比于化学变化的光化吸收定律,并注意到光化学的诱导效应,提出碘量分析法。后于1859年,本生、基尔霍夫提出每一化学元素具有特征光谱线,为元素发射光谱分析奠定了基础,并用以研究太阳的化学成分,证实太阳上有许多地球上常见的元素,说明天体、地球在化学组成上的同一性。1861年2月23日,本生和基尔霍夫向柏林科学院提出报告:发现新的化学元素——铷。1876 年,威特提出染色物质的生色基团理论,指出不饱和原子团是生色基,而有些基团如羟基则是辅色基。1887 年,勒夏忒列首次应用热分析法。1891 年,能斯脱提出物质的各组分在平衡的两液相中的分配定律。1906 年,维尔斯坦特用色层分析法研究叶绿素的化学结构,从而知道 Mg 存在于叶绿素中,而铁也以同样形式存在于血红素中。科技史与化学史证明,人类有科学就有化学,化学从分析化学开始。

Fresenius 的 *Analeitung ZUV Qualitative Chemischen Analyse*(《定性分析导论》)、*Analeitung zur Quantitativen Chemischen Analyse*(《定量分析导论》)和 1862 年的《分析化学滴定法专论》的出版,标志着分析化学从一门技术逐渐发展为一门科学。1894 年,Ostward 出版了 *Die Wissenschaftlichen Grundlagen der Analytischen Chemie*(《分析化学科学基础》),指出整个化学中都要进行定性分析和定量分析工作,分析化学在化学发展为一门科学中起着关键作用。《分析化学科学基础》奠定了经典分析的科学基础,分析化学已从一门技术发展成为一门科学。

表 12.1　国际学术期刊的创办

年　份	国　家	刊　名
1929	USA	*Industial & Engineering Chemistry Analytical Edition*, in 1947 *renamed as Analytical Chemistry*
1937	ATERIE	*Mikrochimica Acta*
1946	USA	*Applied Spectrscopy*
1947	Herland	*Analytica Chimica Acta*
1951	Japan	分光研究
1952	Japan	*Bunseki Kagaku*
1953	Japan	极谱评论
1953	Japan	质谱分析
1957	USA	*Microchemical Journal*
1958	UK	*Talanta*
1958	Herland	*Journal of Chromatogrophy*
1959	Ruis	*Journal of Electronalytical Chemistry & Interfacial Electrochemistry*
1962	Japan	分析仪器
1963	USA	*Journal of Gas Chromatography*, *in* 1969 *renamed as Journal of Chromatographic Science*
1966	UK	*Progress in Nuclear Magnetic Resonance*
1967	USA	*Applied Sectroscopy Reviews*
1968	German	*Chromatographia*
1968	UK	*Organic Mass Spectrometry*

续表

年　份	国　家	刊　名
1968	USA	*Spectroscopy Letters*
1968	Xunyalia	*Radiochemical and Radioanalytical Letters*

12.2　分析科学对化学发展的贡献

现代化学必须回答当代科学技术和社会需求对现代分析方法和技术的挑战，分析测试技术方法必须发生战略升级，使分析化学产生质的飞跃。化学计量学的先驱、美国著名分析化学家宣称：分析化学已由单纯的提供数据，上升到从分析数据中获取有用的信息和知识，成为生产和科研中实际问题的解决者。

过程分析化学是由化学、化学工程、电子工程、工艺过程及自动化控制等学科领域相互渗透交叉组成。过程分析化学已从工业过程控制发展到生物化学及生态过程控制。如化学计量学能根据人的营养需要，从分析数据来控制食油或黄油的生产质量。对分析数据进行汇编及处理能建立某一区域或炼油厂的油类质量分布。在生态领域不仅对河流质量进行周期性监测控制，而且对水的质量进行评价分类。过程分析中心旨在研究及开发尖端在线分析仪器及分析方法使之成为自动化生产过程的组成部分。其研究课题包括采样、仪器装置、传感器、多参量数据分析方法和自动化控制。化学计量学在这些课题研究中发挥主导作用。

1985 年 11 月和 1989 年 10 月在维也纳召开了第一次和第二次"国际分析化学的哲学和历史会议"，探讨分析化学的某些基本哲学问题。这说明分析化学学科正处在一个急剧分化的发展时期，分析化学学科正经历着巨大的变革。由于近年来物理学和电子学的发展，各种新型分析仪器相继问世，昔日的以化学分析为主的经典分析化学已发展成为一门包括众多仪器分析（色谱分析、电化学分析、光化学分析、波谱分析、质谱分析、热分析、放射分析、表面分析等）为主的现代化学。

现代化学的定义、基础、原理、方法、仪器、技术等内涵已发生了根本性变化。定性分析系统、重量法、滴定法、溶液反应、四大平衡、化学热力学等是与经典分析化学紧密相关的概念，而与现代分析化学紧密相关的概念则是化学计量学、传感器过程控制、自动化分析、专家系统、生物技术和生物过程以及分析化学微型化所要求的微电子学、显微光学和微工程学。

现代化学已远远超出了化学学科的领域，它正把化学与数学、物理学、计算机科学、生物学、环境学、材料学结合起来，发展成为一门多学科性的综合性科学。例如，1994 年，《痕量分析》改名为《分析科学学报》，日本创办 *Analytical Sciences* 杂志；1980 年，英国曼彻斯特大学设立“仪器制造学与分析科学系”;厦门大学成立分析科学开放实验室、西北大学成立分析科学研究所、陕西师范大学成立分析科学研究所、南京大学成立分析科学研究所、东北大学成立分析科学研究所、武汉大学成立分析科学研究中心。

1991 年,在日本召开 IUPAC 国际分析科学会议,大会主席、东京大学教授 E. Niki 指出:未来的 21 世纪是光明还是黑暗,大大取决于人类在各种信息、能源、资源(材料)、环境和健康领域中科学和技术上的进步,而解决这些领域中的问题的关键因素将是分析科学。

近 20 年来,由于计算机、信息、激光、电子技术和物理、化学、数学等学科的发展和参与,更由于它自身的发展,化学已经发展成为一门综合性的学科 ——分析科学。

12.3 现代化学的发展趋势

20 世纪 40—50 年代,材料科学的发展向分析化学的挑战,促进了化学的发展;60—70 年代,环境科学的发展向化学的挑战,促进了化学的发展;80 年代,生命科学的发展向化学的挑战,促进了化学的发展。

12.3.1 现代分析仪器与分析手段对化学发展的促进

(1)分析仪器仿生化和进一步信息智能化

20 世纪 50 年代仪器化,60 年代电子化,70 年代计算机化,80 年代智能化,90 年代信息化,21 世纪必将是仿生化和进一步信息智能化。化学传感器发展小型化、仿生化,诸如生物芯片、化学和物理芯片、嗅觉和味觉(电子鼻和电子舌)以及鲜度和食品检测传感器等。

(2)原位、在体、实时、在线

以前的现场分析检测数据为离线(off line)、静态、非直接,不能瞬时准确反映生产实际和生命环境的情景实况,以致不能及时控制生产、生态和生物过程。现在迫切要求在生命、环境和生产的动态过程中反映实情、随时采取措施以提高效率,降低成本,改善产品质量,保障环境安全;改善人口与健康,提高人口素质,减少疾病,延长寿命。因此,运用先进的科学技术发现新的分析原理并研究建立有效而实用的原位(in situ)、在体(in vivo)、实时(real time)、在线(on line)和高灵敏度、高选择性的新型动态分析检测和无损探测方法及多元多参数的检测监视方法,从而研制出相应的新型分析仪器已势在必行。这是分析化学第三次巨大变革的主要内容,也将是 21 世纪分析化学发展的主流。这样才能适应和推动生命科学的发展。

12.3.2　生命科学对化学发展的促进

人口与健康的改善迫切需要分析科学。1997 年我国城市死亡人口中有 62.11%死于恶性肿瘤和心脑血管疾病。如何遏制此类疾病的发展并有效地降低其死亡率已是我国的一大战略问题,也是世界科学界所面临的重大挑战之一。而最佳的战略是对疾病进行预警,防患于未然,同时实现对疾病的早期发现、早期治疗和早期诊断。机体病变可能仅从几个细胞开始,因此要求有非常灵敏的、能进行活体追踪和检测以及临床诊断的分析测试方法。

生物电化学分析在生物分析及生命科学研究中已成为一种重要的分析技术。在有关生物化学过程中的氧化还原、价态、形态,生物微环境中痕量物质的测定、现场分析及活体分析,电化学分析都是不可缺少的分析手段。生物传感器是一门由生物、化学、物理、医学、电子技术等多种学科互相渗透成长起来的新学科。生物传感器具有选择性高、分析速度快、操作容易和价格低廉等特点,而且可进行在线甚至活体分析。质谱的新技术及新仪器主要针对生物工程及生物化学领域,以及环境分析及药物检测的应用。质谱分析关键是扩大范围及提高灵敏度,使质谱分析扩大到高分子量化合物及不稳定的分子。超质量(hyper mass)技术利用生物分子含有离子基团能产生带电荷离子。这些离子的质荷比低,可以采用串联质谱法(HPLC-FD/FAS-MS、LC-MS、MS-MS、LC-MS-MS),使质谱范围扩大几个数量级。高效液相色谱柱流出液注入联结的离子喷头,通过热喷雾进入离子源,采用场解吸(FD)或快速原子轰击(FAB)离子化,进入质谱仪检测。这种接口已经消除了 HPLC 和质谱联用的所有主要障碍(也可用于超临界流体色谱、离子色谱及毛细管电泳与质谱的连接),使质谱范围扩大到分子量为 1.0×10^5 的生物大分子化合物,灵敏度达到 $10^{12} \sim 10^{15}$ mol/L,可应用于多肽、蛋白质及核苷酸等生物分析。20 世纪 70 年代末到 80 年代初发展起来的串联质谱(MS/MS、LC-MS)及软电离技术,使质谱应用扩大到生物大分子,成为这方面研究的前沿。LC/MS/MS 串联质谱采用大气压电离源(API),质量范围扩大到分子量为 10 万的生物大分子,灵敏度达 $10^{12} \sim 10^{15}$ mol/L,可应用于生物医学、药物、生物工程领域。四联质谱已经得到分子量为 1.3×10^5 的高分子化合物的质谱。这一新技术打开了百万个离子及高分子化合物的大门。为了提高对生物大分子检测的灵敏度,采用高分辨电磁扇面、双电子倍增检测器,结合不同的离子化方法,使新展出的电磁扇面质谱仪比常用质谱仪的灵敏度提高 100 倍。

将紫外可见和红外光谱、拉曼光谱、表面增强拉曼光谱、电子自旋共振波谱、电子能谱等技术和电化学研究方法相结合,同时测试电化学反应过程的变化,形成了现场光谱电化学。这项研究已发展到利用现场来研究电极过程动力学、电极表面、界面(液 - 固、液 - 液)电化学。各种光谱、波谱、能谱及新发展的电化学现场扫描隧道电子显微镜等非电化学技术,从电化学体系获得的信息必然与电化学参量(电位、电流等)密切相关。光谱电化学在探讨电极反应过程等机理研究方面愈来愈受到重视。光谱电化学将电化学及电分析化学的研究从宏观深入到微观,进入分子水平的新时代。

小分子与核酸相互作用的研究备受关注。疾病对人体的侵害是很重要的问题，为治疗这些疾病，化学家在提供有效药物方面做出了重要贡献。所有生命过程都是通过大分子（包括酶、核酸和受体）和一大群各种不同结构类型的小分子（如激素、神经传感物质、神经调节物质和微量元素等）之间相互作用而调节的。最终我们控制复杂的生物学过程的能力，是依赖于在分子水平上对生物化学过程的了解程度。所以化学正处于对生理学、医学做出重要贡献的地位。核酸是重要的生命物质基础，对生物的生长、发育和繁殖等有重要作用。许多分子能与核酸发生相互作用，破坏其模板作用，使核酸链断裂，进而影响基因调控和表达功能。测定小分子与核酸相互作用的亲和力及键合选择性，有利于阐明小分子与核酸的选择键和作用以及理解其键合机理，进一步探讨小分子的结构与核酸作用模式及其生物活性之间的关系。核酸三维空间的复杂性及其与小分子作用机理的多样性，决定这一研究的复杂性。因此，有关小分子与核酸相互作用的研究，一直是受到人们关注的研究领域。

12.3.3 环境科学对化学发展的促进

环境科学是化学最重要的应用研究领域之一。在某种意义上讲，环境科学的发展依赖于环境分析化学。环境分析化学研究的范围极为广泛，涉及大气圈、水圈、生物圈；分析对象极为复杂，物种多达 10 万，涉及价态、形态、结构、系统，同类物、异构体分析，微区、薄层、表面分析；变异性显著，涉及多层次、多介质、多元动态环境系统和分析对象的迁移变化。分析化学在推动我们弄清环境中的化学问题时起关键作用，以及在认识环境过程和保护环境中分析化学将与反应动力学共起“核心作用”。

形态分析和有机污染物分析继续是研究的热点。需对我国有机污染物作全面调研，建立系统的采样和分析方法，力争纳入常规监测体系。既要开发有选择性的简便的分离富集方法和“三高”分析方法，又要建立大气污染源、水质和废水的自动监测系统。坚持污染物及其浓度监测的同时，还要开展重点污染企业排污总量监测，注重开拓和创建不同类型的生态监测。采样是获取化学信息的起点。未来化学的主要任务应是如何减小取样误差，从而提高分析结果的可靠性的问题。随着化学计量学的发展，分析采样理论渐趋完善。分析化学的全过程是原始分析对象通过取样、收集，然后经测量取得分析结果，进一步通过数据评价来反映该分析对象的信息。从化学取样研究的现状看，虽然人们对该领域的兴趣日益增加，但研究工作还不够深入，研究范围、内容及方法还比较窄，尤其是有关分析取样的理论问题还远未解决。国内这方面的工作则刚刚起步。化学中的取样研究是一个综合性很强的课题，它不仅仅是化学与数理统计方法的结合，还与所研究的对象如环境、材料、生物等方面的理论和研究方法密切相关。通过越来越多的化学和相关领域工作者的共同努力，应用现代数理统计和相关学科的理论和方法，进一步揭示取样规律，探讨取样误差与分析对象的理化性质之间的关系。通过这些基础工作，期望分析化学取样的研究能达到一个新的水平。

传统化学只测定样品中待测元素的总量或总浓度。但是生物分析与毒性研究证明，环境中特定元素的生物可给性或在生物体中的积累能力或对生物的毒性与该元素在环境中存在的物理形态及化学形态密切相关。因此,表征与测定元素在环境中存在的各种物理形态与化学形态的过程叫作形态分析。环境中金属在生物体中的积累定义为生物可给性。形态分析与生物可给性是两个不同的概念,其研究的重点不同。形态分析研究可以只注重方法学的发展,也可以与预测生物可给性或生态毒性联系起来。但生物可给性就是研究不同的形态被生物吸收或在生物体内积累的过程。应当指出的是,形态分析与生物可给性研究是国际上环境分析化学的前沿之一,广义而言,也是环境化学研究的前沿之一。

12.3.4　材料科学对化学发展的促进

20 世纪 70 年代前后以成分分析为主,同时结合结构分析,现已经从过去的成分分析和一般结构分析发展到趋向于微观和亚微观结构这两个层次上去探求物质的功能与物质的结构之间的内在关系,去寻找物质分子间相互作用的微观反应规律,去进行同时、快速、准确的定性和定量。新技术、新材料和前沿科学的发展以及社会生产发展的需要,向分析化学提出许多新课题。

当今材料科学领域非常活跃,具有基础性、交叉性、先导性等特点,各种新概念、新构思与新工艺不断形成。因此,材料科学已被公认为 21 世纪高科技产业的基石。

材料的表面技术是一门涉及众多学科、具有极高实用价值的综合技术,是现代和将来高新技术的重要基础之一。在现代表面分析技术中,通常把一个或几个原子厚度的表面称为“表面”,而厚一些的表面称为“表层”。表面分析是指用以对表面的特性和表面现象进行分析、测量的方法和技术,它的对象包括表面的微观结构、化学组成、电子结构(如表面电子能带结构和电子态密度、吸附原子、分子的化学态等)和原子运动(如吸附、脱附、扩散、偏析等)。

对于化学成分的分析可以分为定性和定量两种。根据被分析的区域,又可分为点、线、面和深度剖面等分析模式,原则上可以给出元素在样品上的三维分布情况。最常用的剖面分析方法是利用离子的溅射效应,将表面逐层剥去,与此同时利用表面分析仪器记录表面信息。表面分析方法的基本原理是用各种入射激发粒子(或场),使之与被分析的表面相互作用,然后分析出射粒子(或场),出射粒子可以是经过相互作用后的入射粒子,也可以是由入射粒子激发感生的另一种出射粒子。所有出射粒子都是信息载体,携带着被分析表面的信息。这些信息包括出射粒子(或场)的强度、空间分布、能量(动量)分布、质荷比(M/e)、自旋等。分析这些出射粒子可以获得表面的信息。因此入射粒子和样品表面的相互作用是各种表面分析方法的基础。表面分析方法用的激发粒子和出射粒子主要有电子、光子、离子、中性粒子和场等,由它们形成了各种常用的表面分析手段。在应用时应根据各种分析方法和分析试样的性能,如分析灵敏度下限、对样品的破坏程度、空间分辨率的要求等综合考虑而决定选择何种分析仪器和分析步骤,无具体分析时经验往往是很重要的。值得指出的是各种分析方法都有其局限性,因此选择多种方法,以求获得信息的互补是很重要的。按不严格的分类方法,目前表面分析方法有五六十种以上,其中最重要的最广泛使用的是俄歇电子能谱仪和 X 射线光电子能谱仪,后者又称为用于化学分析的电子谱仪。

目前表面分析技术已用于国民经济的各个部门,主要包括:以微电子技术和光电子技术为主体的电子工业部门,以催化为主的化学工业部门和以抗蚀、耐磨等特殊性能材料为主的材料工业部门。表面分析技术具有高的水平(X-Y)二维和深度(Z)维的空间分辨能力;具有高的分析灵敏度,以俄歇电子能谱仪而言,只要提供105个样品,原子即可被探测,这对湿法分析来说是无法比拟的;具有提供化学信息的能力,可给出表面原子的化学键的情况;具有表面状态控制能力,可进行无损分析;并具有深度剖析能力。总之,表面分析具有"微观"分析能力。这些独特的能力是表面分析技术能被广泛采用的原因。表面分析技术在材料科学中应用非常广泛,已用于研究界面脆裂、表面偏析、腐蚀、氧化、磨损、润滑、碳化、氮化等。

显微分析技术在材料领域中的应用愈加广泛。材料的性能是由其结构所决定的。材料的化学成分、组成相的结构以及各组成相之间的取向关系、界面状态,对材料的性能都有着不同程度的影响。人们可以通过各种物理的和化学的测试方法来认识和掌握材料的结构,根据材料的结构与性能的内在联系,控制材料的结构,获得所需的性能。人们对显微世界的认识,显微镜起着十分重要的作用。18 世纪显微镜在材料学科的应用以及物理化学的发展,直接导致材料科学的诞生。其后,随着 X 射线衍射和光谱技术的完善及电子光学的兴起,有力地推动了材料结构分析技术的发展。透射电子显微镜(TEM)、扫描电子显微镜(SEM)和电子探针(EMA)等,将观察微观世界的尺度提高到微米甚至纳米量级以上。

现代分析仪器及其分析方法使人们能全面深入地认识材料的组织、结构,认识材料组织结构与性能之间的因果关系。现代分析技术为材料学科发展打下了坚实的基础,新型材料的发展也不断向分析化学提出新的挑战。

习 题

1. 现代化学发展的趋势如何?
2. 现代化学对生命科学有哪些促进?
3. 现代化学与环境科学的关系是什么?
4. 现代化学与材料科学的发展关系是什么?

附　录

附录 1　一些物质的标准热力学数据（25.0 ℃，298.15 K）

分子式	状　态	$\Delta H_f^\ominus/(kJ\cdot mol^{-1})$	$\Delta G_f^\ominus/(kJ\cdot mol^{-1})$	$S^\ominus/[J\cdot(mol\cdot K)^{-1}]$
Ag	s	0.0	—	42.6
AgBr	s	−100.4	−96.9	107.1
$AgBrO_3$	s	−10.5	71.3	151.9
AgCl	s	−127.0	−109.8	96.3
$AgClO_3$	s	−30.3	64.5	142.0
$AgClO_4$	s	−31.1	—	—
AgCN	s	146.0	156.9	107.2
Ag_2CO_3	s	−505.8	−436.8	167.4
Ag_2SO_4	s	−731.7	−641.8	217.6
AgF	s	−204.6	—	—
AgI	s	−61.8	−66.2	115.5
$AgIO_3$	s	−171.1	−93.7	149.4
$AgNO_3$	s	−124.4	−33.4	140.9
Ag_2O	s	−31.1	−11.2	121.3
Ag_2S	s	−32.6	−40.7	144.0
Ag_2SO_4	s	−715.9	−618.4	200.4
Al	s	0.0	—	28.3
$AlBr_3$	s	−527.2	—	—
$AlCl_3$	s	−704.2	−628.8	110.7
AlF_3	s	−1 510.4	−1 431.1	66.5

续表

分子式	状　态	$\Delta H_f^{\ominus}/(kJ \cdot mol^{-1})$	$\Delta G_f^{\ominus}/(kJ \cdot mol^{-1})$	$S^{\ominus}/[J \cdot (mol \cdot K)^{-1}]$
AlI_3	s	−313.8	−300.8	159.0
Al_2O_3	s	−1 675.7	−1 582.3	50.9
$AlPO_4$	s	−1 733.8	−1 617.9	90.8
Al_2S_3	s	−724.0	—	—
Am	s	0.0	—	—
Ar	g	0.0	—	154.8
As（灰）	s	0.0	—	35.1
As（黄）	s	14.6	—	—
As（黄）	g	302.5	−261.0	174.2
$AsBr_3$	s	−197.5	—	—
$AsCl_3$	l	−305.0	−259.4	216.3
AsF_3	l	−821.3	−774.2	181.2
AsH_3	g	66.4	68.9	222.8
AsI_3	s	−58.2	−59.4	213.1
As_2O_5	s	−924.9	−782.3	105.4
As_2S_3	s	−169.0	−168.6	163.6
At	s	0.0	—	—
Au	s	0.0	—	47.4
$AuBr_3$	s	−53.3	—	—
$AuCl_3$	s	−117.6	—	—
AuF_3	s	−363.6	—	—
AuI	s	0.0	—	—
B	s	0.0	—	5.9
BBr_3	l	−239.7	−238.5	229.7
BCl_3	l	−427.2	−387.4	206.3
BF_3	g	−1 136.0	−1 119.4	254.4
BH_3	g	100.0	—	—
B_2H_6	g	35.6	86.7	232.1
BI_3	g	71.1	20.7	349.2

续表

分子式	状 态	$\Delta H_f^\ominus$/(kJ·mol^{-1})	$\Delta G_f^\ominus$/(kJ·mol^{-1})	$S^\ominus$/[J·(mol·K)$^{-1}$]
B_2O_3	s	-1 273.5	-1 194.3	54.0
B_2S_3	s	-240.6	—	—
Ba	s	0.0	—	62.8
$BaBr_2$	s	-757.3	-736.8	146.0
$BaCl_2$	s	-858.6	-810.4	123.7
$BaCO_3$	s	-1 216.3	-1 137.6	112.1
BaF_2	s	-1 207.1	-1 156.8	96.4
BaH_2	s	-178.7	—	—
BaI_2	s	-602.1	—	—
$Ba(NO_2)_2$	s	-768.2	—	—
$Ba(NO_3)_2$	s	-992.1	-796.6	213.8
BaO	s	-553.5	-525.1	70.4
$Ba(OH)_2$	s	-944.7	—	—
BaS	s	-460.0	-456.0	78.2
$BaSO_4$	s	-1 473.2	-1 362.2	132.2
Be	s	0.0	—	9.5
$BeBr_2$	s	-353.5	—	—
$BeCl_2$	s	-490.4	-445.6	82.7
$BeCO_3$	s	-1 025.0	—	—
BeF_2	s	-1 026.8	-979.4	53.4
BeI_2	s	-192.5	—	—
BeO	s	-609.4	-580.1	13.8
$Be(OH)_2$	s	-902.5	-815.0	51.9
BeS	s	-234.3	—	—
$BeSO_4$	s	-1 205.2	-1 093.8	77.9
Bi	s	0.0	—	56.7
$BiCl_3$	s	-379.1	-315.0	177.0
BiI_3	s	—	-175.3	—
$Bi(OH)_3$	s	-711.3	—	—

续表

分子式	状　态	$\Delta H_f^\ominus$/(kJ · mol^{-1})	$\Delta G_f^\ominus$/(kJ · mol^{-1})	$S^\ominus$/[J · (mol · K)$^{-1}$]
Bi_2O_3	s	-573.9	-493.7	151.5
Bi_2S_3	s	-143.1	-140.6	200.4
Bi	s	0.0	—	—
Br	g	111.9	82.4	175.0
BrF_3	l	-300.8	-240.5	178.2
BrF_5	l	-458.6	-351.8	225.1
BrO	g	125.8	108.2	237.6
CO	g	-110.5	-137.2	197.7
CO_2	g	-393.5	-394.4	213.8
Ca	s	0.0	—	41.6
$CaBr_2$	s	-682.8	-663.6	130.0
$CaCl_2$	s	-795.4	-748.8	108.4
$CaCO_3$(方解石)	s	-1 207.6	-1 129.1	91.7
$CaCO_3$(霰石)	s	-1 207.8	-1 128.2	88.0
CaF_2	s	-1 228.0	-1 175.6	68.5
CaH_2	s	-181.5	-142.5	41.4
CaI_2	s	-533.5	-528.9	142.0
$Ca(NO_3)_2$	s	-938.2	-742.8	193.2
CaO	s	-634.9	-603.3	38.1
$Ca(OH)_2$	s	-985.2	-897.5	83.4
CaS	s	-482.4	-477.4	56.5
$CaSO_4$	s	-1 434.5	-1 322.0	106.5
Cd	s	0.0	—	51.8
$CdBr_2$	s	-316.2	-296.3	137.2
$CdCl_2$	s	-391.5	-343.9	115.3
$CdCO_3$	s	-750.6	-669.4	92.5
CdF_2	s	-700.4	-647.7	77.4
CdI_2	s	-203.3	-201.4	161.1
CdO	s	-258.4	-228.7	54.8

续表

分子式	状 态	$\Delta H_f^{\ominus}/(kJ \cdot mol^{-1})$	$\Delta G_f^{\ominus}/(kJ \cdot mol^{-1})$	$S^{\ominus}/[J \cdot (mol \cdot K)^{-1}]$
$Cd(OH)_2$	s	-560.7	-473.6	96.0
CdS	s	-161.9	-156.5	64.9
$CdSO_4$	s	-933.3	-822.7	123.0
Ce	s	0.0	—	72.0
$CeCl_3$	s	-1 053.5	-977.8	151.0
CeO_2	s	-1 088.7	-1 024.6	62.3
CeS	s	-459.4	-451.5	78.2
Cl	g	121.3	105.3	165.2
Cl_2	g	0.0	—	223.1
Cl_2CO	g	-219.1	-204.9	283.5
ClF_3	g	-163.2	-123.0	281.6
ClO_2	g	102.5	120.5	256.8
Cl_2OS	g	-212.5	-198.3	309.8
Cl_2O_2S	g	-364.0	-320.0	311.9
Cm	s	0.0	—	—
Co	s	0.0	—	30.0
$CoBr_2$	s	-220.9	—	—
$CoCl_2$	s	-312.5	-269.8	109.2
$CoCO_3$	s	-713.0	—	—
CoF_2	s	-692.0	-647.2	82.0
CoI_2	s	-88.7	—	—
$Co(NO_3)_2$	s	-420.5	—	—
CoO	s	-237.9	-214.2	53.0
$Co(OH)_2$	s	-539.7	-454.3	79.0
CoS	s	-82.8	—	—
$CoSO_4$	s	-888.3	-782.3	118.0
Cr	s	0.0	—	23.8
$CrBr_2$	s	-302.1	—	—
$CrCl_3$	s	-556.5	-486.1	123.0

续表

分子式	状 态	$\Delta H_f^{\ominus}/(kJ \cdot mol^{-1})$	$\Delta G_f^{\ominus}/(kJ \cdot mol^{-1})$	$S^{\ominus}/[J \cdot (mol \cdot K)^{-1}]$
CrF_3	s	−1 159. 0	−1 088. 0	93. 9
CrI_3	s	−205. 0	—	—
Cr_2O_3	s	−1 139. 7	−1 058. 1	81. 2
Cs	s	0. 0	—	85. 2
CsBr	s	−405. 8	−391. 4	113. 1
CsCl	s	−443. 0	−414. 5	101. 2
$CsClO_4$	s	−443. 1	−314. 3	175. 1
$CsHCO_3$	s	−966. 1	—	—
Cs_2CO_3	s	−1 139. 7	−1 054. 3	204. 5
CsF	s	−553. 5	−525. 5	92. 8
$CsHSO_4$	s	−1 158. 1	—	—
CsI	s	−346. 6	−340. 6	123. 1
$CsNH_2$	s	−118. 4	—	—
$CsNO_3$	s	−506. 0	−406. 5	155. 2
Cs_2O_2	s	−286. 2	—	—
CsOH	s	−417. 2	—	—
Cs_2O	s	−345. 8	−308. 1	146. 9
Cs_2S	s	−359. 8	—	—
Cs_2SO_3	s	−1 134. 7	—	—
Cs_2SO_4	s	−1 143. 0	−1 323. 6	211. 9
Cu	s	0. 0	—	33. 2
$FeSO_4$	s	−928. 4	−820. 8	107. 5
$FeWO_4$	s	−1 155. 0	−1 054. 0	131. 8
Fm	s	0. 0	—	—
Fr	s	0. 0	—	95. 4
Ga	s	0. 0	—	40. 9
$GaBr_3$	s	−386. 6	−359. 8	180. 0
$GaCl_3$	s	−524. 7	−454. 8	142. 0
GaF_3	s	−1 163. 0	−1 085. 3	84. 0

续表

分子式	状 态	$\Delta H_f^\ominus/(kJ\cdot mol^{-1})$	$\Delta G_f^\ominus/(kJ\cdot mol^{-1})$	$S^\ominus/[J\cdot(mol\cdot K)^{-1}]$
Ga_2O_3	s	-1 089. 1	-998. 3	85. 0
$Ga(OH)_3$	s	-964. 4	-831. 3	100. 0
Gd	s	0. 0	—	68. 1
Gd_2O_3	s	-1 819. 6	—	—
Ge	s	0. 0	—	31. 1
$GeBr_4$	g	-300. 0	-318. 0	396. 2
$GeCl_4$	g	-495. 8	-457. 3	347. 7
GeF_4	g	-1 190. 2	-1 150. 0	301. 9
GeI_4	s	-141. 8	-144. 3	271. 1
H	g	218. 0	203. 3	114. 7
H_2	g	0. 0	—	130. 7
H_3AsO_4	s	-906. 3	—	—
H_3BO_3	s	-1 094. 3	-968. 9	88. 8
HBr	g	-36. 3	-53. 4	198. 7
HCl	g	-92. 3	-95. 3	186. 9
HClO	g	-78. 7	-66. 1	236. 7
$HClO_4$	l	-40. 6	—	—
HF	l	-299. 8	—	—
HI	g	26. 5	1. 7	206. 6
HIO_3	s	-230. 1	—	—
HNO_2	g	-79. 5	-46. 0	254. 1
HNO_3	l	-174. 1	-80. 7	155. 6
H_2O	l	-285. 8	-237. 1	70. 0
H_2O_2	l	-187. 8	-120. 4	109. 6
H_3P	g	5. 4	13. 4	210. 2
HPO_3	s	-948. 5	—	—
H_3PO_2	s	-604. 6	—	—
H_3PO_3	s	-964. 4	—	—
H_3PO_4	s	-1 284. 4	-1 124. 3	110. 5

续表

分子式	状 态	$\Delta H_f^\ominus/(kJ \cdot mol^{-1})$	$\Delta G_f^\ominus/(kJ \cdot mol^{-1})$	$S^\ominus/[J \cdot (mol \cdot K)^{-1}]$
$H_4P_2P_7$	s	−2 241.0	—	—
H_2S	g	−20.6	−33.4	205.8
H_2SO_4	l	−814.0	−690.0	156.9
H_3Sb	g	145.1	147.8	232.8
H_2Se	g	29.7	15.9	219.0
H_2SeO_4	s	−530.1	—	—
H_2SiO_3	s	−1 188.7	−1 092.4	134.0
H_4SiO_4	s	−1 481.1	−1 332.9	192.0
H_2Te	g	99.6	—	—
He	g	0.0	—	126.2
Hf	s	0.0	—	43.6
$HfCl_4$	s	−990.4	−901.3	190.8
HfF_4	s	−1 930.5	−1 830.4	113.0
HfO_2	s	−1 144.7	−1 088.2	59.3
Hg	l	0.0	—	75.9
$HgBr_2$	s	−170.7	−153.1	172.0
Hg_2Br_2	s	−206.9	−181.1	218.0
$HgCl_2$	s	−224.3	−178.6	146.0
Hg_2Cl_2	s	−265.4	−210.7	191.6
Hg_2CO_3	s	−553.5	−468.1	180.0
HgI_2	s	−105.4	−101.7	180.0
Hg_2I_2	s	−121.3	−111.0	233.5
HgO	s	−90.8	−58.5	70.3
HgS	s	−58.2	−50.6	82.4
$HgSO_4$	s	−707.5	—	—
Hg_2SO_4	s	−743.1	−625.8	200.7
Ho	s	0.0	—	75.3
I	g	106.8	70.2	180.8
I_2	s	0.0	—	116.1

续表

分子式	状 态	$\Delta H_f^{\ominus}$/(kJ·mol^{-1})	$\Delta G_f^{\ominus}$/(kJ·mol^{-1})	$S^{\ominus}$/[J·(mol·K)$^{-1}$]
In	s	0.0	—	57.8
Ir	s	0.0	—	35.5
K	s	0.0	—	64.7
$KAlH_4$	s	-183.7	—	—
KBH_4	s	-227.4	-160.3	106.3
KBr	s	-393.8	-380.7	95.9
$KBrO_3$	s	-360.2	-271.2	149.2
$KBrO_4$	s	-287.9	-174.4	170.1
KCl	s	-436.5	-408.5	82.6
$KClO_3$	s	-397.7	-296.3	143.1
$KClO_4$	s	-432.8	-303.1	151.0
KCN	s	-113.0	-101.9	128.5
K_2CO_3	s	-1 151.0	-1 063.5	155.5
KF	s	-567.3	-537.8	66.6
KH	s	-57.7	—	—
$KHSO_4$	s	-1 160.6	-1 031.3	138.1
KH_2PO_4	s	-1 568.3	-1 415.9	134.9
KI	s	-327.9	-324.9	106.3
KIO_3	s	-501.4	-418.4	151.5
KIO_4	s	-467.2	-361.4	175.7
$KMnO_4$	s	-837.2	-737.6	171.7
KNH_2	s	-128.9	—	—
KNO_2	s	-369.8	-306.6	152.1
KNO_3	s	-494.6	-394.9	133.1
KNa	l	6.3	—	—
KOH	s	-424.8	-379.1	78.9
KO_2	s	-284.9	-239.4	116.7
K_2O	s	-361.5	—	—
K_2O_2	s	-494.1	-425.1	102.1

续表

分子式	状　态	$\Delta H_f^{\ominus}/(kJ \cdot mol^{-1})$	$\Delta G_f^{\ominus}/(kJ \cdot mol^{-1})$	$S^{\ominus}/[J \cdot (mol \cdot K)^{-1}]$
K_3PO_4	s	−1 950. 2	—	—
K_2S	s	−380. 7	−364. 0	105. 0
KSCN	s	−200. 2	−178. 3	124. 3
K_2SO_4	s	−1 437. 8	−1 321. 4	175. 6
K_2SiF_6	s	−2 956. 0	−2 798. 6	226. 0
Kr	g	0. 0	—	164. 1
La	s	0. 0	—	56. 9
La_2O_3	s	−1 793. 7	−1 705. 8	127. 3
Li	s	0. 0	—	29. 1
$LiAlH_4$	s	−116. 3	−44. 7	78. 7
$LiBH_4$	s	−190. 8	−125. 0	75. 9
LiBr	s	−351. 2	−342. 0	74. 3
LiCl	s	−408. 6	−384. 4	59. 3
$LiClO_4$	s	−381. 0	—	—
Li_2CO_3	s	−1 215. 9	−1 132. 1	90. 4
LiF	s	−616. 0	−587. 7	35. 7
LiH	s	−90. 5	−68. 3	20. 0
LiI	s	−270. 4	−270. 3	86. 8
$LiNH_2$	s	−179. 5	—	—
$LiNO_2$	s	−372. 4	−302. 0	96. 0
$LiNO_3$	s	−483. 1	−381. 1	90. 0
LiOH	s	−484. 9	−439. 0	42. 8
Li_2O	s	−597. 9	−561. 2	37. 6
Li_2O_2	s	−634. 3	—	—
Li_3PO_4	s	−2 095. 8	—	—
Li_2S	s	−441. 4	—	—
Li_2SO_4	s	−1 436. 5	−1 321. 7	115. 1
Li_2SiO_3	s	−1 648. 1	−1 557. 2	79. 8
Lr	s	0. 0	—	—

续表

分子式	状　态	$\Delta H_f^{\ominus}$/(kJ · mol^{-1})	$\Delta G_f^{\ominus}$/(kJ · mol^{-1})	$S^{\ominus}$/[J · (mol · K)$^{-1}$]
Lu	s	0.0	—	51.0
Md	s	0.0	—	—
Mg	s	0.0	—	32.7
$MgBr_2$	s	-524.3	-503.8	117.2
$MgCl_2$	s	-641.3	-591.8	89.6
$MgCO_3$	s	-1 095.8	-1 012.1	65.7
MgF_2	s	-1 124.2	-1 071.1	57.2
MgH_2	s	-75.3	-35.9	31.1
MgI_2	s	-364.0	-358.2	129.7
$Mg(NO_3)_2$	s	-790.7	-589.4	164.0
MgO	s	-601.6	-569.3	27.0
$Mg(OH)_2$	s	-924.5	-833.5	63.2
MgS	s	-346.0	-341.8	50.3
$MgSO_4$	s	-1 284.9	-1 170.6	91.6
$MgSeO_4$	s	-968.5	—	—
Mg_2SiO_4	s	-2 174.0	-2 055.1	95.1
Mn	s	0.0	—	32.0
$MnBr_2$	s	-384.9	—	—
$MnCl_2$	s	-481.3	-440.5	118.2
$MnCO_3$	s	-894.1	-816.7	85.8
$Mn(NO_3)_2$	s	-576.3	—	—
MnO_2	s	-520.0	-465.1	53.1
MnS	s	-214.2	-218.4	78.2
$MnSiO_3$	s	-1 320.9	-1 240.5	89.1
Mn_2SiO_4	s	-1 730.5	-1 632.1	163.2
Mo	s	0.0	—	28.7
N	g	472.7	455.5	153.3
N_2	g	0.0	—	191.6
NH_3	g	-45.9	-16.4	192.8

续表

分子式	状态	$\Delta H_f^\ominus$/(kJ·mol^{-1})	$\Delta G_f^\ominus$/(kJ·mol^{-1})	$S^\ominus$/[J·(mol·K)$^{-1}$]
NH_2NO_2	s	−89.5	—	—
NH_2OH	s	−114.2	—	—
NH_4Br	s	−270.8	−175.2	113.0
NH_4Cl	s	−314.4	−202.9	94.6
NH_4ClO_4	s	−295.3	−88.8	186.2
NH_4F	s	−464.0	−348.7	72.0
NH_4HSO_3	s	−768.6	—	—
NH_4HSO_4	s	−1 027.0	—	—
NH_4I	s	−201.4	−112.5	117.0
NH_4NO_2	s	−256.5	—	—
NH_4NO_3	s	−365.6	−183.9	151.1
$(NH_4)_2HPO_4$	s	−1 566.9	—	—
$(NH_4)_3PO_4$	s	−1 671.9	—	—
$(NH_4)_2SO_4$	s	−1 180.9	−901.7	220.1
$(NH_4)_2SiF_6$	s	−2 681.7	−2 365.3	280.2
N_2H_4	l	50.6	149.3	121.2
NO_2	g	33.2	51.3	240.1
N_2O	g	82.1	104.2	219.9
N_2O_3	l	50.3	—	—
N_2O_4	l	−19.5	97.5	209.2
N_2O_5	s	−43.1	113.9	178.2
Na	s	0.0	—	51.3
$NaAlF_4$	g	−1 869.0	−1 827.5	345.7
$NaBF_4$	s	−1 844.7	−1 750.1	145.3
$NaBH_4$	s	−188.6	−123.9	101.3
NaBr	s	−361.1	−349.0	86.8
$NaBrO_3$	s	−334.1	−242.6	128.9
NaCl	s	−411.2	−384.1	72.1
$NaClO_3$	s	−365.8	−262.3	123.4

续表

分子式	状 态	$\Delta H_f^{\ominus}/(kJ \cdot mol^{-1})$	$\Delta G_f^{\ominus}/(kJ \cdot mol^{-1})$	$S^{\ominus}/[J \cdot (mol \cdot K)^{-1}]$
$NaClO_4$	s	-383. 3	-254. 9	142. 3
NaCN	s	-87. 5	-76. 4	115. 6
Na_2CO_3	s	-1 130. 7	-1 044. 4	135. 0
NaF	s	-576. 6	-546. 3	51. 1
NaH	s	-56. 3	-33. 5	40. 0
$NaHSO_4$	s	-1 125. 5	-992. 8	113. 0
NaI	s	-287. 8	-286. 1	98. 5
$NaIO_3$	s	-481. 8	—	—
$NaIO_4$	s	-429. 3	-323. 0	163. 0
$NaNH_2$	s	-123. 8	-64. 0	76. 9
$NaNO_2$	s	-358. 7	-284. 6	103. 8
$NaNO_3$	s	-467. 9	-367. 0	116. 5
NaOH	s	-425. 6	-379. 5	64. 5
$Na_2B_4O_7$	s	-3 291. 1	-3 096. 0	189. 5
Na_2HPO_4	s	-1 748. 1	-1 608. 2	150. 5
$NaMnO_4$	s	-1 156. 0	—	—
Na_2MoO_4	s	-1 468. 1	-1 354. 3	159. 7
Na_2O	s	-414. 2	-375. 5	75. 1
Na_2O_2	s	-510. 9	-447. 7	95. 0
Na_2S	s	-364. 8	-349. 8	83. 7
Na_2SO_3	s	-1 100. 8	-1 012. 5	145. 9
Na_2SO_4	s	-1 387. 1	-1 270. 2	149. 6
Na_2SiF_6	s	-2 909. 6	-2 754. 2	207. 1
Na_2SiO_3	s	-1 554. 9	-1 462. 8	113. 9
Nb	s	0. 0	—	36. 4
Nd	s	0. 0	—	71. 5
Ne	g	0. 0	—	146. 3
Ni	s	0. 0	—	29. 9
$NiBr_2$	s	-212. 1	—	—

续表

分子式	状 态	$\Delta H_f^\ominus/(kJ \cdot mol^{-1})$	$\Delta G_f^\ominus/(kJ \cdot mol^{-1})$	$S^\ominus/[J \cdot (mol \cdot K)^{-1}]$
$NiCl_2$	s	−305.3	−259.0	97.7
NiI_2	s	−78.2	—	—
$Ni(OH)_2$	s	−529.7	−447.2	88.0
NiS	s	−82.0	−79.5	53.0
$NiSO_4$	s	−872.9	−759.7	92.0
Ni_2O_3	s	−489.5	—	—
No	s	0.0	—	—
O	g	249.2	231.7	161.1
O_2	g	0.0	—	205.2
O_3	g	142.7	163.2	238.9
Os	s	0.0	—	32.6
P(白)	s	0.0−17.6−39.3	—	41.1
P(红)	s		—	22.8
P(黑)	s		—	—
PCl_3	l	−319.7	−272.3	217.1
PCl_5	s	−443.5	—	—
PF_3	g	−958.4	−936.9	273.1
PF_5	g	−1 594.4	−1 520.7	300.8
PI_3	s	−45.6	—	—
Pa	s	0.0	—	51.9
Pb	s	0.0	—	64.8
$PbBr_2$	s	−278.7	−261.9	161.5
$PbCl_2$	s	−359.4	−314.1	136.0
$PbCl_4$	l	−329.3	—	—
$PbCO_3$	s	−699.1	−625.5	131.0
$PbCrO_4$	s	−930.9	—	—
PbI_2	s	−175.5	−173.6	174.9
$PbMoO_4$	s	−1 051.9	−951.4	166.1
$Pb(NO_3)_2$	s	−451.9	—	—

续表

分子式	状 态	$\Delta H_f^{\ominus}/(kJ\cdot mol^{-1})$	$\Delta G_f^{\ominus}/(kJ\cdot mol^{-1})$	$S^{\ominus}/[J\cdot(mol\cdot K)^{-1}]$
PbO(黄)	s	-217.3	-187.9	68.7
PbO(红)	s	-219.0	-188.9	66.5
PbO_2	s	-277.4	-217.3	68.6
PbS	s	-100.4	-98.7	91.2
$PbSO_3$	s	-669.9	—	—
$PbSO_4$	s	-920.0	-813.0	148.5
$PbSiO_3$	s	-1 145.7	-1 062.1	109.6
Pb_2SiO_4	s	-1 363.1	-1 252.6	186.6
Pd	s	0.0	—	37.6
Pt	s	0.0	—	41.6
$PtBr_2$	s	-82.0	—	—
$PtCl_2$	s	-123.4	—	—
PtS	s	-81.6	-76.1	55.1
Pu	s	0.0	—	—
Ra	s	0.0	—	71.0
Rb	s	0.0	—	76.8
RbBr	s	-394.6	-381.8	110.0
RbCl	s	-435.4	-407.8	95.9
$RbClO_4$	s	-437.2	-306.9	161.1
Rb_2CO_3	s	-1 136.0	-1 051.0	181.3
RbF	s	-557.7	—	—
RbH	s	-52.3	—	—
$RbHSO_4$	s	-1 159.0	—	—
RbI	s	-333.8	-328.9	118.4
$RbNH_2$	s	-113.0	—	—
$RbNO_2$	s	-367.4	-306.2	172.0
$RbNO_3$	s	-495.1	-395.8	147.3
RbOH	s	-418.2	—	—
Rb_2O	s	-339.0	—	—
Rb_2O_2	s	-472.0	—	—

续表

分子式	状　态	$\Delta H_f^{\ominus}/(kJ \cdot mol^{-1})$	$\Delta G_f^{\ominus}/(kJ \cdot mol^{-1})$	$S^{\ominus}/[J \cdot (mol \cdot K)^{-1}]$
Rb_2SO_4	s	−1 435.6	−1 316.9	197.4
Re	s	0.0	—	36.9
Rh	s	0.0	—	31.5
Rn	g	0.0	—	176.2
Ru	s	0.0	—	28.5
SO_2	l	−320.5	—	—
SO_3	s	−454.5	−374.2	70.7
Sb	s	0.0	—	45.7
$SbCl_3$	s	−382.2	−323.7	184.1
Sc	s	0.0	—	34.6
Se	s	0.0	—	42.4
SeO_2	s	−225.4	—	—
Si	s	0.0	—	18.8
SiC(立方晶体)	s	−65.3	−62.8	16.6
SiC(六方晶体)	s	−62.8	−60.2	16.5
$SiCl_4$	l	−687.0	−619.8	239.7
SiO_2(α)	s	−910.7	−856.3	41.5
Sm	s	0.0	—	69.6
Sn(白)	s	0.0	—	51.2
Sn(灰)	s	−2.1	0.1	44.1
Sn(灰)	g	301.2	266.2	168.5
$SnCl_2$	s	−325.1	—	—
$SnCl_4$	l	−511.3	−440.1	258.6
$Sn(OH)_2$	s	−561.1	−491.6	155.0
SnO_2	s	−577.6	−515.8	49.0
SnS	s	−100.0	−98.3	77.0
Sr	s	0.0	—	52.3
$SrCl_2$	s	−828.9	−781.1	114.9
$Sr(NO_3)_2$	s	−978.2	−780.0	194.6
SrO	s	−592.0	−561.9	54.4

续表

分子式	状态	$\Delta H_f^{\ominus}/(kJ \cdot mol^{-1})$	$\Delta G_f^{\ominus}/(kJ \cdot mol^{-1})$	$S^{\ominus}/[J \cdot (mol \cdot K)^{-1}]$
$Sr(OH)_2$	s	−959.0	—	—
$SrSO_4$	s	−1 453.1	−1 340.9	117.0
Ta	s	0.0	—	41.5
Tb	s	0.0	—	73.2
Tc	s	0.0	—	—
Te	s	0.0	—	49.7
TeO_2	s	−322.6	−270.3	79.5
Th	s	0.0	—	51.8
ThO_2	s	−1 226.4	−1 169.2	65.2
Ti	s	0.0	—	30.7
$TiCl_2$	s	−513.8	−464.4	87.4
TiO_2	s	−944.0	888.8	50.6
Tl	s	0.0	—	64.2
TlBr	s	−173.2	−167.4	120.5
TlCl	s	−204.1	−184.9	111.3
Tl_2CO_3	s	−700.0	−614.6	155.2
TlF	s	−324.7	—	—
TlI	s	−123.8	−125.4	127.6
$TlNO_3$	s	−243.9	−152.4	160.7
TlOH	s	−238.9	−195.8	88.0
Tl_2O	s	−178.7	−147.3	126.0
Tl_2SO_4	s	−931.8	−830.4	230.5
Tm	s	0.0	—	74.0
U	s	0.0	—	50.2
UO	g	21.0	—	—
V	s	0.0	—	28.9
VBr_4	g	−336.8	—	—
VCl_4	l	−569.4	−503.7	255.0
V_2O_5	s	−1 550.6	−1 419.5	131.0
W	s	0.0	—	32.6

续表

分子式	状态	$\Delta H_f^{\ominus}/(kJ \cdot mol^{-1})$	$\Delta G_f^{\ominus}/(kJ \cdot mol^{-1})$	$S^{\ominus}/[J \cdot (mol \cdot K)^{-1}]$
WBr_6	s	-348.5	—	—
WCl_6	s	-602.5	—	—
WO_2	s	-589.7	-533.9	50.5
Xe	g	0.0	—	169.7
Y	s	0.0	—	44.4
Y_2O_3	s	-1 905.3	-1 816.6	99.1
Yb	s	0.0	—	59.9
Zn	s	0.0	—	41.6
$ZnBr_2$	s	-328.7	-312.1	138.5
$ZnCl_2$	s	-415.1	-369.4	111.5
$ZnCO_3$	s	-812.8	-731.5	82.4
ZnF_2	s	-764.4	-713.3	73.7
ZnI_2	s	-208.0	-209.0	161.1
$Zn(NO_3)_2$	s	-483.7	—	—
ZnO	s	-350.5	-320.5	43.7
$Zn(OH)_2$	s	-641.9	-553.5	81.2
$ZnSO_4$	s	-982.8	-871.5	110.5
Zn_2SiO_4	s	-1 636.7	-1 523.2	131.4
Zr	s	0.0	—	39.0
$ZrBr_4$	s	-760.7	—	—
$ZrCl_2$	s	-502.0	—	—
$ZrCl_4$	s	-980.5	-889.9	181.6
ZrF_4	s	-1 911.3	-1 809.9	104.6
ZrI_4	s	-481.6	—	—
ZrO_2	s	-1 100.6	-1 042.8	50.4
$Zr(SO_4)_2$	s	-2 217.1	—	—
$ZrSiO_4$	s	-2 033.4	-1 919.1	84.1

注：本表数据取自 Wagman D D 等. NBS 化学热力学性质表. 刘天和，赵梦月译. 北京：中国标准出版社，1998.

附录2 一些有机化合物的标准摩尔燃烧焓

物 质		$\Delta_f H_m^\ominus/(kJ \cdot mol^{-1})$	物 质		$\Delta_c H_m^\ominus/(kJ \cdot mol^{-1})$
烃 类			醛、酮、酯类		
甲烷(g)	CH_4	−890.7	甲醛(g)	CH_2O	−570.8
乙烷(g)	C_2H_6	−1 559.8	乙醛(l)	C_2H_4O	−1 166.4
丙烷(g)	C_3H_8	−2 219.1	丙酮(l)	C_3H_6O	−1 790.4
丁烷(g)	C_4H_{10}	−2 878.3	丁酮(l)	C_4H_8O	−2 444.2
异丁烷(g)	C_4H_{10}	−2 871.5	乙酸乙酯(l)	$C_4H_8O_2$	−2 254.2
戊烷(g)	C_5H_{12}	−3 536.2	酸 类		
异戊烷(g)	C_5H_{12}	−3 527.9	甲酸(l)	CH_2O_2	−254.6
正庚烷(g)	C_7H_{16}	−4 811.2	乙酸(l)	$C_2H_4O_2$	−874.5
辛烷(l)	C_8H_{18}	−5 507.4	草酸(l)	$C_2H_2O_4$	−245.6
环己烷(g)	C_6H_{12}	−3 919.9	丙二酸(l)	$C_3H_4O_4$	−861.2
乙炔(g)	C_2H_2	−1 299.6	D,L-乳酸(l)	$C_3H_6O_3$	−1 367.3
乙烯(g)	C_2H_4	−1 410.9	顺丁烯二酸(s)	$C_4H_4O_4$	−1 355.2
丁烯(g)	C_4H_8	−2 718.6	反丁烯二酸(s)	$C_4H_4O_4$	−1 334.7
苯(l)	C_6H_6	−3 267.5	琥珀酸(s)	$C_4H_5O_4$	−1 491.0
甲苯(l)	C_7H_8	−3 925.4	L-苹果酸(s)	$C_4H_6O_5$	−1 327.9
对二甲苯(l)	C_8H_{10}	−4 552.8	L-酒石酸(s)	$C_4H_6O_6$	−1 147.3
萘(s)	$C_{10}H_8$	−5 153.9	苯甲酸(s)	$C_7H_6O_2$	−3 228.7
蒽(s)	$C_{14}H_{10}$	−7 163.9	水杨酸(s)	$C_7H_6O_3$	−3 022.5
菲(s)	$C_{14}H_{10}$	−7 052.9	油酸(l)	$C_{18}H_{34}O_2$	−11 118.6
醇、酚、醚类			硬脂酸	$C_{18}H_{36}O_2$	−11 280.6
甲醇(l)	CH_4O	−726.6	碳水化合物类		
乙醇(l)	C_2H_6O	−1 366.8	葡萄糖(s)	$C_6H_{12}O_6$	−2 820.9
乙二醇(l)	$C_2H_6O_2$	−1 180.7	果糖(s)	$C_6H_{12}O_6$	−2 829.6
甘油(l)	$C_3H_8O_3$	−1 662.7	蔗糖(s)	$C_{12}H_{22}O_{11}$	−5 640.9
苯酚(l)	C_6H_6O	−3 053.5	乳糖(s)	$C_{12}H_{22}O_{11}$	−5 648.4
乙醚(l)	$C_4H_{10}O$	−2 723.6	麦芽糖(s)	$C_{12}H_{22}O_{11}$	−5 645.5

注：表中 $\Delta_c H_m^\ominus$(kJ/mol)是有机化合物在 298.15 K 时完全氧化的标准摩尔焓变。化合物中各元素完全氧化的最终产物为 $CO_2(g)$、$H_2O(l)$、$N_2(g)$、$SO_2(g)$等。

附录 3 一些电极反应的标准电极电势

电对(氧化态/还原态)	电极反应(氧化态+ne^- $\rightleftharpoons$ 还原态)	标准电极电势 $E^{\ominus}$/V
Li^+/Li	$Li^+(aq)+e^- \rightleftharpoons Li(s)$	−3.040 1
K^+/K	$K^+(aq)+e^- \rightleftharpoons K(s)$	−2.931
Ca^{2+}/Ca	$Ca^{2+}(aq)+2e^- \rightleftharpoons Ca(s)$	−2.868
Na^+/Na	$Na^+(aq)+e^- \rightleftharpoons Na(s)$	−2.71
$Mg(OH)_2/Mg$	$Mg(OH)_2(s)+2e^- \rightleftharpoons Mg(s)+2OH^-(aq)$	−2.690
Mg^{2+}/Mg	$Mg^{2+}(aq)+2e^- \rightleftharpoons Mg(s)$	−2.372
$Al(OH)_3/Al$	$Al(OH)_3(s)+3e^- \rightleftharpoons Al(s)+3OH^-(aq)$	−2.328
Al^{3+}/Al	$Al^{3+}(aq)+3e^- \rightleftharpoons Al(s)$	−1.662
$Mn(OH)_2/Mn$	$Mn(OH)_2(s)+2e^- \rightleftharpoons Mn(s)+2OH^-(aq)$	−1.56
$Zn(OH)_2/Zn$	$Zn(OH)_2(s)+2e^- \rightleftharpoons Zn(s)+2OH^-(aq)$	−1.249
ZnO_2^{2-}/Zn	$ZnO_2^{2-}(aq)+2H_2O+2e^- \rightleftharpoons Zn(s)+4OH^-(aq)$	−1.215
CrO_2^-/Cr	$CrO_2^-(aq)+2H_2O+3e^- \rightleftharpoons Cr(s)+4OH^-(aq)$	−1.2
Mn^{2+}/Mn	$Mn^{2+}(aq)+2e^- \rightleftharpoons Mn(s)$	−1.185
Cr^{2+}/Cr	$Cr^{2+}(aq)+2e^- \rightleftharpoons Cr(s)$	−0.913
H_2O/H_2	$2H_2O+2e^- \rightleftharpoons H_2(g)+2OH^-(aq)$	−0.827 7
$Cd(OH)_2/Cd(Hg)$	$Cd(OH)_2(s)+2e^- \rightleftharpoons Cd(Hg)+2OH^-(aq)$	−0.809
$Zn^{2+}/Zn(Hg)$	$Zn^{2+}(aq)+2e^- \rightleftharpoons Zn(Hg)$	−0.762 8
Zn^{2+}/Zn	$Zn^{2+}(aq)+2e^- \rightleftharpoons Zn(s)$	−0.761 8
$Ni(OH)_2/Ni$	$Ni(OH)_2(s)+2e^- \rightleftharpoons Ni(s)+2OH^-(aq)$	−0.72
Fe^{2+}/Fe	$Fe^{2+}(aq)+2e^- \rightleftharpoons Fe(s)$	−0.447
Cd^{2+}/Cd	$Cd^{2+}(aq)+2e^- \rightleftharpoons Cd(s)$	−0.403 0
Co^{2+}/Co	$Co^{2+}(aq)+2e^- \rightleftharpoons Co(s)$	−0.28
$PbCl_2/Pb$	$PbCl_2(s)+2e^- \rightleftharpoons Pb(s)+2Cl^-$	−0.267 5
Ni^{2+}/Ni	$Ni^{2+}(aq)+2e^- \rightleftharpoons Ni(s)$	−0.257

续表

电对(氧化态/还原态)	电极反应(氧化态+ne^- $\rightleftharpoons$ 还原态)	标准电极电势 $E^{\ominus}$/V
$Cu(OH)_2/Cu$	$Cu(OH)_2(s)+2e^- \rightleftharpoons Cu(s)+2OH^-(aq)$	−0. 222
O_2/H_2O_2	$O_2(g)+2H_2O+2e^- \rightleftharpoons H_2O_2(aq)+2OH^-(aq)$	−0. 146
Sn^{2+}/Sn	$Sn^{2+}(aq)+2e^- \rightleftharpoons Sn(s)$	−0. 137 5
Pb^{2+}/Pb	$Pb^{2+}(aq)+2e^- \rightleftharpoons Pb(s)$	−0. 126 2
H^+/H_2	$2H^+(aq)+2e^- \rightleftharpoons H_2(g)$	0. 000 0
$S_4O_6^{2-}/S_2O_3^{2-}$	$S_4O_6^{2-}(aq)+2e^- \rightleftharpoons 2S_2O_3^{2-}(aq)$	0. 08
S/H_2S	$S(s)+2H^+(aq)+2e^- \rightleftharpoons H_2S(aq)$	+0. 142
Sn^{4+}/Sn^{2+}	$Sn^{4+}(aq)+2e^- \rightleftharpoons Sn^{2+}(aq)$	+0. 151
SO_4^{2+}/H_2SO_3	$SO_4^{2-}(aq)+4H^++2e^- \rightleftharpoons H_2SO_2(aq)+H_2O$	+0. 172
$AgCl/Ag$	$AgCl(s)+e^- \rightleftharpoons Ag(s)+Cl^-(aq)$	+0. 222 3
Hg_2Cl_2/Hg	$Hg_2Cl_2(s)+2e^- \rightleftharpoons 2Hg(l)+2Cl^-(aq)$	+0. 268 0
Cu^{2+}/Cu	$Cu^{2+}(aq)+2e^- \rightleftharpoons Cu(s)$	+0. 341 9
O_2/OH^-	$O_2(g)+2H_2O+4e^- \rightleftharpoons 4OH^-(aq)$	+0. 401
Cu^+/Cu	$Cu^+(aq)+e^- \rightleftharpoons Cu(s)$	+0. 521
I_2/I^-	$I_2(s)+2e \rightleftharpoons 2I^-(aq)$	+0. 535 5
O_2/H_2O_2	$O_2(g)+2H^+(aq)+2e^- \rightleftharpoons H_2O_2(aq)$	+0. 595
Fe^{3+}/Fe^{2+}	$Fe^{3+}(aq)+e^- \rightleftharpoons Fe^{2+}(aq)$	+0. 771
Hg_2^{2+}/Hg	$Hg_2^{2+}(aq)+2e^- \rightleftharpoons 2Hg(l)$	+0. 797 3
Ag^+/Ag	$Ag^+(aq)+e^- \rightleftharpoons Ag(s)$	+0. 799 6
Hg^{2+}/Hg	$Hg^{2+}(aq)+2e^- \rightleftharpoons Hg(l)$	+0. 851
NO_3^-/NO	$NO_3^-(aq)+4H^+(aq)+3e^- \rightleftharpoons NO(g)+2H_2O$	+0. 957
HNO_2/NO	$HNO_2(aq)+H^+(aq)+e^- \rightleftharpoons NO(g)+H_2O$	+0. 983
Br_2/Br^-	$Br_2(l)+2e^- \rightleftharpoons 2Br^-(aq)$	+1. 056
MnO_2/Mn^{2+}	$MnO_2(s)+4H^+(aq)+2e^- \rightleftharpoons Mn^{2+}(aq)+2H_2O$	+1. 224
O_2/H_2O	$O_2(g)+4H^+(aq)+4e^- \rightleftharpoons 2H_2O$	+1. 229
$Cr_2O_7^{2-}/Cr^{3+}$	$Cr_2O_7^{7-}(aq)+14H^+(aq)+6e^- \rightleftharpoons 2Cr^{3+}(aq)+7H_2O$	+1. 232

续表

电对(氧化态/还原态)	电极反应(氧化态+ne^- $\rightleftharpoons$ 还原态)	标准电极电势 $E^{\ominus}$/V
Cl_2/Cl^-	$Cl_2(g)+2e^- \rightleftharpoons 2Cl^-(aq)$	+1.358 27
MnO_4^-/Mn^{2+}	$MnO_4^-(aq)+8H^+(aq)+5e^- \rightleftharpoons Mn^{2+}(aq)+4H_2O$	+1.507
H_3O_2/H_2O	$H_2O_2(aq)+2H^+(aq)+2e^- \rightleftharpoons 2H_2O$	+1.776
Co^{3+}/Co^{2+}	$Co^{3+}+e^- \rightleftharpoons Co^{2+}$	+1.92
$S_2O_8^{2-}/SO_4^{2-}$	$S_2O_8^{2-}(aq)+2e^- \rightleftharpoons 2SO_4^{2-}(aq)$	+2.010
F_2/F^-	$F_2(g)+2e^- \rightleftharpoons 2F^-(aq)$	+2.866

附录 4 一些常弱电解质在水溶液中的电离常数(25 ℃)

电解质	电离平衡	K_a 或 K_b	pK_a 或 pK_b
醋酸	$HAc \rightleftharpoons H^+ + Ac^-$	1.8×10^{-5}	4.75
硼酸	$H_3BO_3 + H_2O \rightleftharpoons H^+ + B(OH)_4^-$	5.8×10^{-10}	9.24
碳酸	$H_2CO_3 \rightleftharpoons H^+ + HCO_3^-$	4.3×10^{-7}	6.30
	$HCO_3^- \rightleftharpoons H^+ + CO_3^{2-}$	5.6×10^{-11}	10.20
氢氰酸	$HCN \rightleftharpoons H^+ + CN^-$	4.0×10^{-10}	9.40
氢硫酸	$H_2S \rightleftharpoons H^+ + HS^-$	1.1×10^{-7}	6.95
	$HS^- \rightleftharpoons H^+ + S^{2-}$	1.3×10^{-13}	12.90
草酸	$H_2C_2O_4 \rightleftharpoons H^+ + HC_2O_4^-$	5.4×10^{-2}	1.27
	$HC_2O_4^- \rightleftharpoons H^+ + C_2O_4^{2-}$	5.4×10^{-5}	4.27
甲酸	$HCOOH \rightleftharpoons H^+ + HCOO^-$	1.8×10^{-4}	3.75
磷酸	$H_3PO_4 \rightleftharpoons H^+ + H_2PO_4^-$	7.6×10^{-3}	2.12
	$H_2PO_4^- \rightleftharpoons H^+ + HPO_4^{2-}$	6.2×10^{-8}	7.21
	$HPO_4^{2-} \rightleftharpoons H^+ + PO_4^{3-}$	4.4×10^{-13}	12.46
亚硫酸	$H_2SO_3 \rightleftharpoons H^+ + HSO_3^-$	1.2×10^{-2}	1.92
	$HSO_3^- \rightleftharpoons H^+ + SO_3^{2-}$	6.2×10^{-8}	7.21
亚硝酸	$HNO_2 \rightleftharpoons H^+ + NO_2^-$	4.6×10^{-4}	3.34
氢氟酸	$HF \rightleftharpoons H^+ + F^-$	5.6×10^{-4}	3.25
硅酸	$H_2SiO_3 \rightleftharpoons H^+ + HSiO_3^-$	1.26×10^{-8}	9.9
	$HSiO_3^- \rightleftharpoons H^+ + SiO_3^{2-}$	1.26×10^{-12}	11.9
氨水	$NH_3 + H_2O \rightleftharpoons NH_4^+ + OH^-$	1.8×10^{-5}	4.75

附录5 金属-无机配位体配合物的稳定常数

配位体	金属离子	配位体数目 n	$\lg\beta_n$
NH_3	Ag^+	1,2	3.24,7.05
	Au^{3+}	4	10.3
	Cd^{2+}	1,2,3,4,5,6	2.65,4.75,6.19,7.12,6.80,5.14
	Co^{2+}	1,2,3,4,5,6	2.11,3.74,4.79,5.55,5.73,5.11
	Co^{3+}	1,2,3,4,5,6	6.7,14.0,20.1,25.7,30.8,35.2
	Cu^+	1,2	5.93,10.86
	Cu^{2+}	1,2,3,4,5	4.31,7.98,11.02,13.32,12.86
	Fe^{2+}	1,2	1.4,2.2
	Hg^{2+}	1,2,3,4	8.8,17.5,18.5,19.28
	Mn^{2+}	1,2	0.8,1.3
	Ni^{2+}	1,2,3,4,5,6	2.80,5.04,6.77,7.96,8.71,8.74
	Pd^{2+}	1,2,3,4	9.6,18.5,26.0,32.8
	Pt^{2+}	6	35.3
	Zn^{2+}	1,2,3,4	2.37,4.81,7.31,9.46
Br^-	Ag^+	1,2,3,4	4.38,7.33,8.00,8.73
	Bi^{3+}	1,2,3,4,5,6	2.37,4.20,5.90,7.30,8.20,8.30
	Cd^{2+}	1,2,3,4	1.75,2.34,3.32,3.70
	Ce^{3+}	1	0.42
	Cu^+	2	5.89
	Cu^{2+}	1	0.30
	Hg^{2+}	1,2,3,4	9.05,17.32,19.74,21.00
	In^{3+}	1,2	1.30,1.88
	Pb^{2+}	1,2,3,4	1.77,2.60,3.00,2.30
	Pd^{2+}	1,2,3,4	5.17,9.42,12.70,14.90
	Rh^{3+}	2,3,4,5,6	14.3,16.3,17.6,18.4,17.2
	Sc^{3+}	1,2	2.08,3.08

续表

配位体	金属离子	配位体数目 n	$\lg \beta_n$
Br^-	Sn^{2+}	1,2,3	1.11,1.81,1.46
	Tl^{3+}	1,2,3,4,5,6	9.7,16.6,21.2,23.9,29.2,31.6
	U^{4+}	1	0.18
	Y^{3+}	1	1.32
Cl^-	Ag^+	1,2,4	3.04,5.04,5.30
	Bi^{3+}	1,2,3,4	2.44,4.7,5.0,5.6
	Cd^{2+}	1,2,3,4	1.95,2.50,2.60,2.80
	Co^{3+}	1	1.42
	Cu^+	2,3	5.5,5.7
	Cu^{2+}	1,2	0.1,-0.6
	Fe^{2+}	1	1.17
	Fe^{3+}	2	9.8
	Hg^{2+}	1,2,3,4	6.74,13.22,14.07,15.07
	In^{3+}	1,2,3,4	1.62,2.44,1.70,1.60
	Pb^{2+}	1,2,3	1.42,2.23,3.23
	Pd^{2+}	1,2,3,4	6.1,10.7,13.1,15.7
	Pt^{2+}	2,3,4	11.5,14.5,16.0
	Sb^{3+}	1,2,3,4	2.26,3.49,4.18,4.72
	Sn^{2+}	1,2,3,4	1.51,2.24,2.03,1.48
	Tl^{3+}	1,2,3,4	8.14,13.60,15.78,18.00
	Th^{4+}	1,2	1.38,0.38
	Zn^{2+}	1,2,3,4	0.43,0.61,0.53,0.20
	Zr^{4+}	1,2,3,4	0.9,1.3,1.5,1.2
CN^-	Ag^+	2,3,4	21.1,21.7,20.6
	Au^+	2	38.3
	Cd^{2+}	1,2,3,4	5.48,10.60,15.23,18.78
	Cu^+	2,3,4	24.0,28.59,30.30
	Fe^{2+}	6	35.0

续表

配位体	金属离子	配位体数目 n	$\lg \beta_n$
CN^-	Fe^{3+}	6	42.0
	Hg^{2+}	4	41.4
	Ni^{2+}	4	31.3
	Zn^{2+}	1,2,3,4	5.3,11.70,16.70,21.60
F^-	Al^{3+}	1,2,3,4,5,6	6.11,11.12,15.00,18.00,19.40,19.80
	Be^{2+}	1,2,3,4	4.99,8.80,11.60,13.10
	Bi^{3+}	1	1.42
	Co^{2+}	1	0.4
	Cr^{3+}	1,2,3	4.36,8.70,11.20
	Cu^{2+}	1	0.9
	Fe^{2+}	1	0.8
	Fe^{3+}	1,2,3,5	5.28,9.30,12.06,15.77
	Ga^{3+}	1,2,3	4.49,8.00,10.50
	Hf^{4+}	1,2,3,4,5,6	9.0,16.5,23.1,28.8,34.0,38.0
	Hg^{2+}	1	1.03
	In^{3+}	1,2,3,4	3.70,6.40,8.60,9.80
	Mg^{2+}	1	1.30
	Mn^{2+}	1	5.48
	Ni^{2+}	1	0.50
	Pb^{2+}	1,2	1.44,2.54
	Sb^{3+}	1,2,3,4	3.0,5.7,8.3,10.9
	Sn^{2+}	1,2,3	4.08,6.68,9.50
	Th^{4+}	1,2,3,4	8.44,15.08,19.80,23.20
	TiO^{2+}	1,2,3,4	5.4,9.8,13.7,18.0
	Zn^{2+}	1	0.78
	Zr^{4+}	1,2,3,4,5,6	9.4,17.2,23.7,29.5,33.5,38.3
I^-	Ag^+	1,2,3	6.58,11.74,13.68
	Bi^{3+}	1,4,5,6	3.63,14.95,16.80,18.80

续表

配位体	金属离子	配位体数目 n	$\lg\beta_n$
I^-	Cd^{2+}	1,2,3,4	2.10,3.43,4.49,5.41
	Cu^+	2	8.85
	Fe^{3+}	1	1.88
	Hg^{2+}	1,2,3,4	12.87,23.82,27.60,29.83
	Pb^{2+}	1,2,3,4	2.00,3.15,3.92,4.47
	Pd^{2+}	4	24.5
	Tl^+	1,2,3	0.72,0.90,1.08
	Tl^{3+}	1,2,3,4	11.41,20.88,27.60,31.82
OH^-	Ag^+	1,2	2.0,3.99
	Al^{3+}	1,4	9.27,33.03
	As^{3+}	1,2,3,4	14.33,18.73,20.60,21.20
	Be^{2+}	1,2,3	9.7,14.0,15.2
	Bi^{3+}	1,2,4	12.7,15.8,35.2
	Ca^{2+}	1	1.3
	Cd^{2+}	1,2,3,4	4.17,8.33,9.02,8.62
	Ce^{3+}	1	4.6
	Ce^{4+}	1,2	13.28,26.46
	Co^{2+}	1,2,3,4	4.3,8.4,9.7,10.2
	Cr^{3+}	1,2,4	10.1,17.8,29.9
	Cu^{2+}	1,2,3,4	7.0,13.68,17.00,18.5
	Fe^{2+}	1,2,3,4	5.56,9.77,9.67,8.58
	Fe^{3+}	1,2,3	11.87,21.17,29.67
	Hg^{2+}	1,2,3	10.6,21.8,20.9
	In^{3+}	1,2,3,4	10.0,20.2,29.6,38.9
	Mg^{2+}	1	2.58
	Mn^{2+}	1,3	3.9,8.3
	Ni^{2+}	1,2,3	4.97,8.55,11.33
	Pa^{4+}	1,2,3,4	14.04,27.84,40.7,51.4
	Pb^{2+}	1,2,3	7.82,10.85,14.58

续表

配位体	金属离子	配位体数目 n	$\lg \beta_n$
OH^-	Pd^{2+}	1,2	13.0,25.8
	Sb^{3+}	2,3,4	24.3,36.7,38.3
	Sc^{3+}	1	8.9
	Sn^{2+}	1	10.4
	Th^{3+}	1,2	12.86,25.37
	Ti^{3+}	1	12.71
	Zn^{2+}	1,2,3,4	4.40,11.30,14.14,17.66
	Zr^{4+}	1,2,3,4	14.3,28.3,41.9,55.3
NO_3^-	Ba^{2+}	1	0.92
	Bi^{3+}	1	1.26
	Ca^{2+}	1	0.28
	Cd^{2+}	1	0.40
	Fe^{3+}	1	1.0
	Hg^{2+}	1	0.35
	Pb^{2+}	1	1.18
	Tl^{+}	1	0.33
$P_2O_7^{4-}$	Ba^{2+}	1	4.6
	Ca^{2+}	1	4.6
	Cd^{3+}	1	5.6
	Co^{2+}	1	6.1
	Cu^{2+}	1,2	6.7,9.0
	Hg^{2+}	2	12.38
	Mg^{2+}	1	5.7
	Ni^{2+}	1,2	5.8,7.4
	Pb^{2+}	1,2	7.3,10.15
	Zn^{2+}	1,2	8.7,11.0
SCN^-	Ag^{+}	1,2,3,4	4.6,7.57,9.08,10.08
	Bi^{3+}	1,2,3,4,5,6	1.67,3.00,4.00,4.80,5.50,6.10
	Cd^{2+}	1,2,3,4	1.39,1.98,2.58,3.6

续表

配位体	金属离子	配位体数目 n	$\lg \beta_n$
SCN^-	Cr^{3+}	1,2	1.87,2.98
	Cu^+	1,2	12.11,5.18
	Cu^{2+}	1,2	1.90,3.00
	Fe^{3+}	1,2,3,4,5,6	2.21,3.64,5.00,6.30,6.20,6.10
	Hg^{2+}	1,2,3,4	9.08,16.86,19.70,21.70
	Ni^{2+}	1,2,3	1.18,1.64,1.81
	Pb^{2+}	1,2,3	0.78,0.99,1.00
	Sn^{2+}	1,2,3	1.17,1.77,1.74
	Th^{4+}	1,2	1.08,1.78
	Zn^{2+}	1,2,3,4	1.33,1.91,2.00,1.60
$S_2O_3^{2-}$	Ag^+	1,2	8.82,13.46
	Cd^{2+}	1,2	3.92,6.44
	Cu^+	1,2,3	10.27,12.22,13.84
	Fe^{3+}	1	2.10
	Hg^{2+}	2,3,4	29.44,31.90,33.24
	Pb^{2+}	2,3	5.13,6.35
SO_4^{2-}	Ag^+	1	1.3
	Ba^{2+}	1	2.7
	Bi^{3+}	1,2,3,4,5	1.98,3.41,4.08,4.34,4.60
	Fe^{3+}	1,2	4.04,5.38
	Hg^{2+}	1,2	1.34,2.40
	In^{3+}	1,2,3	1.78,1.88,2.36
	Ni^{2+}	1	2.4
	Pb^{2+}	1	2.75
	Pr^{3+}	1,2	3.62,4.92
	Th^{4+}	1,2	3.32,5.50
	Zr^{4+}	1,2,3	3.79,6.64,7.77

附录 6　EDTA 的 lg $\alpha_{Y(H)}$ 值

pH 值	lg $\alpha_{Y(H)}$	pH 值	lg $\alpha_{Y(H)}$	pH 值	lg $\alpha_{Y(H)}$	pH 值	lg $\alpha_{Y(H)}$	pH 值	lg $\alpha_{Y(H)}$
0.0	23.64	2.5	11.90	5.0	6.45	7.5	2.78	10.0	0.45
0.1	23.06	2.6	11.62	5.1	6.26	7.6	2.68	10.1	0.39
0.2	22.47	2.7	11.35	5.2	6.07	7.7	2.57	10.2	0.33
0.3	21.89	2.8	11.09	5.3	5.88	7.8	2.47	10.3	0.28
0.4	21.32	2.9	10.84	5.4	5.69	7.9	2.37	10.4	0.24
0.5	20.75	3.0	10.60	5.5	5.51	8.0	2.27	10.5	0.20
0.6	20.18	3.1	10.37	5.6	5.33	8.1	2.17	10.6	0.16
0.7	19.62	3.2	10.14	5.7	5.15	8.2	2.07	10.7	0.13
0.8	19.08	3.3	9.92	5.8	4.98	8.3	1.97	10.8	0.11
0.9	18.54	3.4	9.70	5.9	4.81	8.4	1.87	10.9	0.09
1.0	18.01	3.5	9.48	6.0	4.65	8.5	1.77	11.0	0.07
1.1	17.49	3.6	9.27	6.1	4.49	8.6	1.67	11.1	0.06
1.2	16.98	3.7	9.06	6.2	4.34	8.7	1.57	11.2	0.05
1.3	16.49	3.8	8.85	6.3	4.20	8.8	1.48	11.3	0.04
1.4	16.02	3.9	8.65	6.4	4.06	8.9	1.38	11.4	0.03
1.5	15.55	4.0	8.44	6.5	3.92	9.0	1.28	11.5	0.02
1.6	15.11	4.1	8.24	6.6	3.79	9.1	1.19	11.6	0.02
1.7	14.68	4.2	8.04	6.7	3.67	9.2	1.10	11.7	0.02
1.8	14.27	4.3	7.84	6.8	3.55	9.3	1.01	11.8	0.01
1.9	13.88	4.4	7.64	6.9	3.43	9.4	0.92	11.9	0.01
2.0	13.51	4.5	7.44	7.0	3.32	9.5	0.83	12.0	0.01
2.1	13.16	4.6	7.24	7.1	3.21	9.6	0.75	12.1	0.01
2.2	12.82	4.7	7.04	7.2	3.10	9.7	0.67	12.2	0.005
2.3	12.50	4.8	6.84	7.3	2.99	9.8	0.59	13.0	0.000 8
2.4	12.19	4.9	6.65	7.4	2.88	9.9	0.52	13.9	0.000 1

附录 7　难溶电解质的溶度积(25 ℃)

难溶化合物	K_{sp}	难溶化合物	K_{sp}
$AgBr$	5.0×10^{-13}	$BaCO_3$	5.1×10^{-9}
$AgCl$	1.8×10^{-10}	BaF_2	1.0×10^{-6}
AgI	8.3×10^{-17}	$Bi(OH)_3$	4.0×10^{-31}
$AgOH$	2.0×10^{-8}	$CaCO_3$	2.8×10^{-9}
Ag_2S	6.3×10^{-50}	CaF_2	2.7×10^{-11}
Ag_2SO_4	1.4×10^{-5}	$CaC_2O_4\cdot H_2O$	4.0×10^{-9}
Ag_2CrO_4	1.1×10^{-12}	$Ca_3(PO_4)_2$	2.0×10^{-29}
Ag_2CO_3	8.1×10^{-12}	$CaSO_4$	9.1×10^{-6}
Ag_3PO_4	1.4×10^{-16}	$Cd(OH)_2$	2.5×10^{-14}
$AgCN$	1.2×10^{-16}	CdS	8.0×10^{-27}
$AgSCN$	1.0×10^{-12}	$Co(OH)_2$	1.6×10^{-15}
$Al(OH)_3$	1.3×10^{-33}	$Co(OH)_3$	2.0×10^{-44}
As_2S_3	2.1×10^{-22}	$Cr(OH)_3$	6.3×10^{-31}
$BaSO_4$	1.1×10^{-10}	CuI	1.1×10^{-12}
$BaCrO_4$	1.2×10^{-10}	Cu_2S	2.0×10^{-48}
$CuSCN$	4.8×10^{-15}	PbF_2	2.7×10^{-8}
$Cu(OH)_2$	2.2×10^{-20}	PbS	8.0×10^{-28}
CuS	6.3×10^{-36}	$PbSO_4$	1.6×10^{-8}
$FeCO_3$	3.2×10^{-11}	$PbCrO_4$	2.8×10^{-13}
$Fe(OH)_2$	8.0×10^{-16}	$PbCO_3$	7.4×10^{-14}
FeS	3.7×10^{-19}	$Pb(OH)_2$	1.2×10^{-15}
$Fe(OH)_3$	4.0×10^{-38}	$Pb_3(PO_4)_2$	8.0×10^{-43}
$FePO_4$	1.3×10^{-22}	$Pb_3(AsO_4)_2$	4.0×10^{-36}
Hg_2Cl_2	1.3×10^{-18}	$Sb(OH)_3$	4.0×10^{-42}
Hg_2I_2	4.5×10^{-29}	SnS	1.0×10^{-25}
Hg_2S	1.0×10^{-47}	$Sn(OH)_2$	1.4×10^{-28}
HgS(红)	4.0×10^{-53}	$Sn(OH)_4$	1.0×10^{-56}

续表

难溶化合物	K_{sp}	难溶化合物	K_{sp}
HgS(黑)	1.6×10^{-52}	SrF_2	2.5×10^{-9}
$Hg_2(CN)_2$	5.0×10^{-40}	$SrSO_4$	3.2×10^{-7}
MgF_2	6.5×10^{-9}	SrC_2O_4	5.61×10^{-8}
$MgCO_3$	3.5×10^{-8}	$SrCO_3$	1.1×10^{-10}
$Mg(OH)_2$	1.8×10^{-11}	$Sr_3(PO_4)_2$	4.0×10^{-28}
$MgNH_4PO_4$	2.5×10^{-13}	$SrCrO_4$	2.2×10^{-5}
$Mn(OH)_2$	1.9×10^{-13}	$ZnCO_3$	1.4×10^{-11}
$MnCO_3$	1.8×10^{-11}	$Zn(OH)_2$	1.2×10^{-17}
$Ni(OH)_2$	2.0×10^{-15}	$Zn_3(PO_4)_2$	9.0×10^{-33}
NiS	1.4×10^{-24}	ZnS	1.2×10^{-23}
$PbCl_2$	1.6×10^{-5}	$Zn_2[Fe(CN)_6]$	4.0×10^{-16}

习题答案

第1章　误差与分析数据的处理

一、选择题

1. D　2. D　3. C　4. C　5. D　6. B　7. D　8. A　9. D

二、填空题

略

三、简答题

略

四、计算题

1. (1)17.32　(2)3.00　(3)0.292　(4)5.30　(5)12.70　(6)1.8×10^{-13}
2. ±0.4%;±0.04%
3. 4位有效数字
4. 甲报告合理,因为甲报告的准确度和称样的准确度一致
5. 20.03%;0.013%;0.065%;0.017%;0.085%
6. 不应舍弃;0.103 5±0.001 2

第2章　化学热力学基础

1. (1)−110 J;(2)10 J
2. 175.5 kJ/mol
3. A、B、C物质的化学计量数分别为−3,−1,2,反应刚生成1 mol C时的进度为0.5 mol
4. (1)0.3 mol;(2)0.6 mol
5. −155.2(kJ/mol)
6. (1)−1 166 kJ/mol;(2)85.4 kJ/mol
7. (1)12.9(kJ/mol);(2)−136.03(kJ/mol)
8. −2 816 (kJ/mol)
9. (2)>(3)>(1)
10. (1)正向自发;(2)314.3 K

11. 不利

12. 正向反应不自发;1 469.6 K

13. 76.8 ℃

14. (1)<1 240 K;(2)不可行

15. D<A<C<B<E

第 3 章　化学反应速率和化学平衡基础

1. 略

2. 略

3. 略

4. 0.5;0.5;0.5

5. 略

6. 9.36

7. 75

8. 3×10^{12}

9. 略

10. 2.0×10^{-10}

11. (1)175.2,1.99×10^{-31};(2)207.4,4.53×10^{-37};(3)−32.8;5.59×10^{5}

12. (1)37.2,3.04×10^{-7};(2)1.43×10^{3}

13. 1.47×10^{10}

14. 86.55,6.8×10^{-16};70.7,4.5×10^{-3}

第 4 章　氧化还原反应与电化学

1. 略

2. 0.001 mol

3. $K=95.54\ m^{-1}$,$G=9.88\times10^{-3}\ \Omega^{-1}$,$\kappa=0.943\ 9\ \Omega^{-1}\cdot m^{-1}$,$\Lambda_m=9.44 S\cdot m^2/mol$

4. 6.92×10^{-13}

5. 4.231%,1.87×10^{-5}

6—9 略

10. $\Delta_r G_m=-195.86$ kJ/mol,$\Delta_r G_m=-77.57$J/(K · mol),$\Delta_r H_m=-218.99$ kJ/mol,$Q_r=$ 23.13 kJ/mol

11. (1)略;(2)$E^{\ominus}=0.235\ 5$ V;(3)$\Delta_r G_m^{\ominus}=-45.44$ kJ/mol, $K^{\ominus}=9.15\times10^{7}$;(4)$E=$ 0.058 2 V;(5)$\Delta_r G_m^{\ominus}=-22.72$ kJ/mol, $K^{\ominus}=9.55\times10^{3}$,$E^{\ominus}=0.235\ 5$ V

12. 略

13. (1)$E=-0.386$ V<0,不能自动向右进行;(2)$E=-0.230$ V<0,不能自动向右进行

14. 略

15. (1) $E^{\ominus}=1.0164$ V, $\Delta_r G_m^{\ominus}=-98.07$ kJ/mol, 该反应正向进行；(2) $E=-0.429$ V, $\Delta_r G_m^{\ominus}=82.78$ kJ/mol, 该反应正向不能进行

16. $E^{\ominus}=-0.134$ V<0, 故在标准状态下不能进行；$E=0.0576$ V>0, 能；$E^{\ominus}=0.1487$ V>0, 能

17. $E^{\ominus}=E^{\ominus}(AgCl/Ag)=0.223\ V>E_+=E^{\ominus}(H^+/H_2)$

$E^{\ominus}=E^{\ominus}(AgI/Ag)=-0.151\ V<E_+=E^{\ominus}(H^+/H_2)$

18. (1)0.0887 V；(2)−0.588 V

19. (1) $K^{\ominus}=3.125\times10^{-4}$, $\Delta_r G_m^{\ominus}=20.01$ kJ/mol, $E^{\ominus}=-0.0346$ V；(2) 1.46×10^{-4}

20. 1.74×10^{-10}

21. −0.267 V

22. 0.58 V, I_2 不能歧化成 IO^- 和 I^-

23. 5.18×10^{36}

24. 3.75

25. 5.69

26. 略

27. 略

第5章 酸碱滴定法

一、选择题

1. D　2. A　3. B　4. C　5. B　6. D　7. B　8. B　9. C　10. C

二、简答题

略

三、计算题

1. (1)0.7；(2)5.20；(3)3.89

2. pH=4.75

3. pH=9.25, $\alpha=9.0\times10^{-5}$

4. 2.67 g

5. $V_{醋酸}=200$ mL, $V_{醋酸钠}=200$ mL

6. 0.00202 mol/L

7. pH=8.72, 百里酚蓝, 滴定突跃为7.75~9.70

8. 0.2463 mol/L

第6章 配位滴定法

1. 略

2. 略

3. 略

4. 略

5. (1)2.34×10^{-2};(2)3.16×10^{2},2×10^{7};(3)7.08×10^{-3}

6. 0.023;6.8×10^{-16}

7. $M(NH_3)_4^{2+}$,8.2×10^{-2};$M(OH)_4^{2-}$,5.0×10^{-2}

8. 2.3×10^{9}

9. 6.48;-2.48

第7章　氧化还原滴定法

1. 氧化还原滴定法是以氧化还原反应为基础的滴定分析方法。氧化还原反应的特点是反应物之间发生电子转移,还原剂给出电子被氧化生成与之对应的氧化物,氧化剂接受电子被还原生成与之对应的还原物,在反应中得失电子总数相等;但反应的机理比较复杂;有些反应常常伴随有副反应发生;反应的速率一般比较慢;有时介质对反应也有较大的影响。因此,在应用氧化还原反应进行滴定分析时,反应条件的控制是十分重要的。

2. 测定高锰酸盐指数时必须注意水样中 Cl^- 的含量。当 $Cl^->300$ mg/L 时,在强酸性溶液中,Cl^-易被氧化而消耗 $KMnO_4$,使 $KMnO_4$ 法测定 Fe^{2+}结果带来较大误差。为此,可将水样稀释后再行测定或改用碱性高锰酸钾法测定。

3. Mn^{2+}存在时,MnO_4^- 与 $C_2O_4^{2-}$ 在酸性溶液中反应速率加快。因为 MnO_4^- 与 $C_2O_4^{2-}$ 在酸性溶液中刚开始时反应慢,少量 Mn^{2+}作催化剂可以加速反应。

4. 氧化还原滴定法中常用的指示剂有以下三类。

①自身指示剂。利用滴定剂或被测物质本身的颜色变化来指示滴定终点,无须另加指示剂。例如,用 $KMnO_4$ 溶液滴定 $H_2C_2O_4$ 溶液,滴定至化学计量点后只要有很少过量的 $KMnO_4$(2×10^{-6} mol/dm^3)就能使溶液呈现浅粉红色,指示终点的到达。

②特殊指示剂。有些物质本身并不具有氧化还原性,但它能与滴定剂或被测物产生特殊的颜色以指示终点,例如碘量法中,利用可溶性淀粉与 I_3^- 生成深蓝色的吸附配合物,反应特效且灵敏,以蓝色的出现或消失来指示终点。

③氧化还原指示剂。这类指示剂具有氧化还原性质,其氧化态和还原态具有不同的颜色。在滴定过程中,因被氧化或还原而发生颜色变化以指示终点。如二苯胺磺酸钠、次甲基蓝。

5. $KMnO_4$ 试剂常含有少量 MnO_2 和其他杂质及蒸馏水中常含有微量的还原性物质等。存放时间久了,微量的还原性物质会消耗 $KMnO_4$ 溶液,使浓度降低。$KMnO_4$ 标准溶液不能直接配制。其配制方法为:称取略多于理论计算量的固体 $KMnO_4$,溶解于一定体积的蒸馏水中,加热煮沸,保持微沸约 1 h,或在暗处放置 7~10 d,使还原性物质完全氧化。冷却后用微孔玻璃漏斗过滤去 $MnO(OH)_2$ 沉淀。过滤后的 $KMnO_4$ 溶液贮存于棕色瓶中,置于暗处,避光保存。水样采集后,应加入 H_2SO_4 溶液使 pH<2,以抑制微生物活动。样品采集后应尽快分析,必要时在 0～5 ℃冷藏保存,并在 48 h 内测定。

6. $KMnO_4$ 与 $Na_2C_2O_4$ 的反应为:

$$2MnO_4^- + 5C_2O_4^{2-} + 16H^+ = 2Mn^{2+} + 10CO_2 + 8H_2O$$

为使反应定量进行,需注意以下几点:

①此反应在室温下速度缓慢,需加热至 70～80 ℃;但高于 90 ℃,$H_2C_2O_4$ 会分解。

$$H_2C_2O_4 = CO_2 + CO + H_2O$$

②酸度过低,MnO_4^- 会部分被还原成 MnO_2;酸度过高,会促使 $H_2C_2O_4$ 分解。一般滴定开始的最宜酸度为 1 mol/dm^3。为防止诱导氧化 Cl^- 的反应发生,应在 H_2SO_4 介质中进行。

③开始滴定速度不宜太快,若开始滴定速度太快,使滴入的 $KMnO_4$ 来不及和 $C_2O_4^{2-}$ 反应,发生分解反应:$4MnO_4^- + 12H^+ = 4Mn^{2+} + 5O_2 + 6H_2O$。有时也可加入少量 Mn^{2+} 作催化剂以加速反应。

7. 高锰酸盐指数是指在一定条件下,以高锰酸钾为氧化剂,处理水样时所消耗的量,以氧的 mg/L 表示。高锰酸盐指数常用高锰酸钾法测定,分酸性和碱性法两种。

高锰酸盐指数是一个相对的条件性指标,其测定结果与溶液的酸度、$KMnO_4$ 溶液的浓度、加热的温度和作用时间等有关。因此,测定高锰酸盐指数时必须按规定步骤和条件操作,使测定结果具有可比性。测定高锰酸盐指数时必须注意水样中 Cl^- 含量。当 Cl^->300 mg/ L 时,在强酸性溶液中,Cl^- 易被氧化而消耗 $KMnO_4$,使测定结果带来较大误差。为此,可将水样稀释后再行测定或改用碱性高锰酸钾法测定。测定高锰酸盐指数时,水样采集后,应加入 H_2SO_4 溶液使 pH<2,以抑制微生物活动。样品采集后应尽快分析,必要时在 0～5 ℃冷藏保存,并在 48 h 内测定。

8. $K_2Cr_2O_7$ 法有如下特点:$K_2Cr_2O_7$ 易提纯、较稳定,在 140～150 ℃干燥后,可作为基准物质直接配制标准溶液;$K_2Cr_2O_7$ 标准溶液非常稳定,可以长期保存在密闭容器内,溶液浓度不变;在室温下,$K_2Cr_2O_7$ 不与 Cl^- 反应,故可以在 HCl 介质中作滴定剂;$K_2Cr_2O_7$ 法需用指示剂。

9—13. 略

第 8 章 沉淀滴定法

一、填空题

1. K_2CrO_4　6.5～7.2

2. $AgNO_3$　K_2CrO_4　5×10^{-3} mol/L　低　高

3. 沉淀呈胶体状态　在滴定前应将溶液稀释并加糊精或淀粉等高分子化合物作为保护剂

4. 直接滴定法　反滴定法

5. 在滴定过程中需剧烈摇动

6. 负电荷　正电荷

二、选择题

1.C　2.A　3.C　4.D　5.A　6.A

三、计算题

1.0.1 mol/L

2.33.7%,66.3%

第9章　环境与化学

略

第10章　能源与化学

1.煤在我国能源消费结构中位居榜首(约占70%),煤的年消费量在10亿吨以上,其中30%用于发电和炼焦,50%用于各种工业锅炉、窑炉,只有20%用于人类生活。就是说煤的大部分是直接燃烧掉的,其中C、H、S及N分别变成CO_2、H_2O、SO_2及NO_x。这种热效率的利用并不高,如煤球燃烧的热效率只20%~30%,蜂窝煤高一点,可达50%,而碎煤则不到20%。

2.一次能源是指从自然界获取,可以直接利用而不必改变其基本形态的能源。二次能源则是由一次能源经过加工或转换成另一种形态的能源产品。

3.可燃冰是指甲烷分子藏在冰晶体的空隙中形成的,甲烷分子和水分子之间以范德华力(范德瓦耳斯力)相互作用,高压是形成甲烷水合物的必要条件,因此,自然界中的甲烷水合物主要存在于深度达300 m以上的深海海底。

5.“西气东输”工程是西部大开发宏伟战略的一个重要内容。它把西部的资源和东部的市场连接起来,必将推动我国经济发展,特别是在中西部发展中发挥重大作用。同时,东部地区更多地采用天然气作为能源,这对改善我国燃料结构,保护环境,实行可持续发展具有深远的意义。“西气东输”工程将大大加快新疆地区以及中西部沿线地区的经济发展,相应增加财政收入和就业机会,带来巨大的经济效益和社会效益。这一重大工程的实施,还将促进我国能源结构和产业结构调整,带动钢铁、建材、石油化工、电力等相关行业的发展。沿线城市可用清洁燃料取代部分电厂、窑炉、化工企业和居民生产使用的燃油和煤炭将有效改善大气环境提高人民生活质量。

9.热机的效率η是由以下关系所决定的。

$$\eta = \frac{T_2 - T_1}{T_2}$$

即热机工作时,为了使热能够自发地流动,从而使一部分热转化为功,必须要有温度不同的两个热源:一个温度较低(T_1),另一个温度较高(T_2)。从上式可知,若$T_1 = T_2$,$\eta = 0$,因为在两个温度相同的热源间,不可能发生恒定的单方向的热传递过程。所以无法使热机工作,其效率为0。若$T_1 = 0$ K,则$\eta = 1$。但绝对零度的热源在现实生活中是不能提供的,因此一般情况下,$\eta<1$,这就是著名的“卡诺定理”。由此引出了热力学第二定律:一个自行动作的机器,不可能把热从低温物体传递到高温物体中去,或者说功可以全部转化为热,但任何循环工作的热机都不能从单一热源取出热能使之全部转化为有用功,而不产生其他影响。

10. 129.7 kg

第 11 章　材料与化学

1. 按材料的发展水平来归纳,大致可分为五代。第一代为天然材料,第二代为烧炼材料,第三代为合成材料,第四代为可设计材料,第五代为智能材料。

第 12 章　现代化学的研究进展

1. 向交叉学科的发展,结合材料科学、环境科学、生命科学等。

2. 在提供有效药物方面做出了重要贡献,提高了在分子水平上对生物化学过程的了解程度。

3. 现代化学在推动我们弄清环境中的化学问题时起关键作用,以及在认识环境过程和保护环境中分析化学将与反应动力学共起“核心作用”。

4. 材料科学已经从过去的成分分析和一般结构分析发展到趋向于微观和亚微观结构这两个层次上去探求物质的功能与物质的结构之间的内在关系,去寻找物质分子间相互作用的微观反应规律,去进行同时、快速、准确的定性和定量。因此需要现代化学的分析方法和理论来解决材料科学问题,同时也对现代化学提出了新的课题以及新的挑战。

参考文献

[1] 刘鸿文. 材料力学[M]. 北京:高等教育出版社,2000.
[2] 王秀玲,崔迎. 环境化学[M]. 上海:华东理工大学出版社,2013.
[3] 王明德. 大学化学[M]. 西安:西安交通大学出版社,2014.
[4] 甘孟瑜,曾政权. 大学化学[M]. 重庆:重庆大学出版社,2014.
[5] 王芳. 大学化学[M]. 北京:北京大学出版社,2014.
[6] 杨秋华,曲建强. 大学化学[M]. 天津:天津大学出版社,2009.
[7] 胡常伟,周歌. 大学化学[M]. 北京:化学工业出版社,2013.
[8] 武汉大学. 分析化学[M]. 北京:高等教育出版社,2008.
[9] 陈兴国,何疆,陈宏丽,等. 分析化学[M]. 北京:高等教育出版社,2012.
[10] 高红武,周清. 应用化学[M]. 北京:中国环境科学出版社,2005.
[11] 黄方一. 无机及分析化学[M]. 武汉:华中师范大学出版社,2005.
[12] 鲁性贵,李杏元,李国平. 化学基础[M]. 武汉:华中师范大学出版社,2009.
[13] 李运涛. 无机及分析化学[M]. 北京:化学工业出版社,2010.
[14] 周建庆. 无机及分析化学[M]. 合肥:安徽科学技术出版社,2010.
[15] 董德明,康春莉,花修艺. 环境化学[M]. 北京:北京大学出版社,2010.
[16] 宿辉,白云起. 工程化学[M]. 北京:北京大学出版社,2012.
[17] 冯务群,李菁. 分析化学[M]. 郑州:河南科学技术出版社,2012.
[18] 徐云升,陈军,胡海强. 基础化学实验[M]. 广州:华南理工大学出版社,2012.
[19] 张兴晶,王继库. 化工基础实验[M]. 北京:北京大学出版社,2013.
[20] 李梅君,陈娅如. 普通化学[M]. 上海:华东理工大学出版社,2013.
[21] 杨秋华,曲建强. 大学化学[M]. 天津:天津大学出版社,2009.
[22] 杨宏秀,傅希贤,宋秀宽. 大学化学[M]. 天津:天津大学出版社,2001.
[23] 何培之,王世驹,李续娥. 普通化学[M]. 北京:科学出版社,2001.
[24] 浙江大学化学教研组. 普通化学[M]. 北京:高等教育出版社,1996.
[25] 曲保中,朱炳林,周伟红. 新大学化学[M]. 北京:科学出版社,2007.
[26] 华南理工大学无机化学教研室. 大学化学教程[M]. 北京:化学工业出版社,1999.
[27] 强亮生,徐崇泉. 工科大学化学[M]. 北京:高等教育出版社,2009.
[28] 庞志成,王越. 燃料电池的进展及应用前景[J]. 化工进展,2000,19(3):33-36.

[29] 梁文平,唐晋.当代化学的一个重要前沿——绿色化学[J].化学进展,2000,12(2):228-230.

[30] 郭炳昆,李新海,杨松青.化学电源——电池原理及制造技术[M].长沙:中南工业大学出版社,2000.

[31] 张留成.高分子材料导论[M].北京:化学工业出版社,1993.

[32] 肖超渤,胡运华.高分子化学[M].武汉:武汉大学出版社,1998.

[33] 强亮生,徐崇泉,郝素娥,等.大学化学课程建设的实践与效果[J].中国大学教学,2005,180(8):15-16.